平面波基底の第一原理計算法

原理と計算技術・汎用コードの理解のために

香山 正憲 著

内田老鶴圃

本書の全部あるいは一部を断わりなく転載または
複写(コピー)することは，著作権および出版権の
侵害となる場合がありますのでご注意下さい．

序　文

　本書は，VASP，CASTEP など多くの汎用コードが開発され，規範的手法となっている「平面波基底の第一原理計算法」に焦点を絞り，その原理と計算技術を詳しく説明するものである．

　著者は 90 年代より「平面波基底の第一原理計算」の独自コード開発に取り組み，詳細なノートを作成してきた．また，大学院集中講義や研究者向けのセミナーで手法や計算技術の概要や詳細を講義してきた．本書は，そうした際の資料や経験，受講者からの質問や要望に基づく．

　理論や手法に関する資料や書籍はあるが，手法と計算技術を中心に，具体的に何をどう計算しているか，どういう工夫や技術で高精度化・高効率化が実現されているか等，コード開発の立場からの詳細資料はそれほど多くない．実際に計算を開始しようとする人や新規手法やコード開発を志す人にとって，この種のまとまった情報，説明は有益である．

　著者は，約 40 年にわたり計算材料科学の研究に従事してきた．研究を始めた当時，汎用コードはほとんどなく，自作が当たり前の時代であった．Tight-binding 法の独自コード開発に続き，第一原理計算のコード開発に着手した．1985 年の Car-Parrinello 法以降，この方向が新しい時代を拓くとの予感，期待があった．理論や手法を厳密に理解し，詳細なアルゴリズムを考えねばならず，今から思えば思い切った決断であったが，やりがいのあるものであった．やがて仲間も広がり，粒界・界面・欠陥への適用，局所応力・エネルギー法の開発など，道が拓けた．

　第 1 章でも触れるが，90 年代から新世紀にかけては，Car-Parrinello 法に代表される大規模第一原理計算の実現，オーダー N 法などの新規手法開発や機械学習など informatics との連携が開始されるなど，計算科学や計算材料科学の「革命期」であり，その中で研究生活をおくれたことは実に幸運であった．また著者の世代は，いわゆる汎用機からベクトル型スパコン，並列ワークステーション，超並列スパコンと，計算機の変遷にフルで遭遇した世代であり，計算機システムに適合したアルゴリズムの採用，既存コードの修正を体験してきた．この点からも理論や手法と共に，具体的な計算技術やアルゴリズムの重要性を痛感してきた．

i

ii　序　文

　現在の研究者には，そのような作業よりも，汎用コードを使いこなすことで，材料科学や物質科学を一層豊かにし，さらには，それを基盤に新規手法やコードの開発，各種 informatics との連携・融合など，計算材料科学の進化・発展を図ることが期待される．そのためにも，著者が研究開発で得た様々な知見，情報を若い世代に何らかの形で伝えたいと考えている．本書が，若い世代による新たな開発や計算科学や計算材料科学の発展に役立つことを期待したい．

　最後に，計算材料科学に導いていただいた故堂山昌男先生（東京大学名誉教授），山本良一先生（東京大学名誉教授），計算材料科学の「革命期」を共に奮戦した，石橋章司，田中真悟，田村友幸，椎原良典，澤村明賢，Guang-Hong Lu の各氏をはじめとする共同研究者の皆様，様々な場でご指導や励ましをいただいた先生方，研究者の皆様，常に温かいサポートをいただいた職場の皆様に，深く感謝致します．

　2024 年 9 月

香山　正憲

目　　次

序　文……………………………………………………………………………i

第1章　はじめに………………………………………………………1

1.1　「平面波基底の第一原理計算法」と本書の目的　1

1.2　汎用コードの開発・普及に至る歴史　2

1.3　本書の内容と特徴　4

第2章　第一原理計算の基礎：
　　　基本的近似と密度汎関数理論………………………… 7

2.1　断熱近似と平均場近似　7

2.2　密度汎関数理論　7

2.3　Kohn-Sham 方程式　9

2.4　軌道エネルギー　12

2.5　局所密度近似と密度勾配近似　13

2.6　式の証明　15

第3章　第一原理計算の基礎：
　　　周期的ポテンシャル場における固有値・固有関数……………19

3.1　格子と逆格子　19

3.2　ブロッホの定理　22

3.3　ブリルアンゾーンとバンド　23

3.4　ブリルアンゾーン内積分と $\vec{k}$ 点メッシュ　27

3.5　系の対称性とブリルアンゾーンの既約領域　30

3.6　第一原理計算の手順：SCF ループ　33

3.7　バンド構造図と状態密度　35

iii

iv　目　次

第4章　第一原理擬ポテンシャル法（NCPP 法）の原理 ·················· **37**

4.1　固体の電子構造計算の難しさと各種の第一原理計算法　37

4.2　擬ポテンシャルの考え方　40

4.3　第一原理擬ポテンシャルの組み立て法（その1）：
　　　自由原子の全電子計算　42

4.4　第一原理擬ポテンシャルの組み立て法（その2）：
　　　ポテンシャルの作り替え　46

4.5　擬ポテンシャルの局所項と非局所項　50

4.6　擬ポテンシャルの精度を保証するもの　51

4.7　全エネルギーとハミルトニアン　53

4.8　式の証明　54

第5章　NCPP 法から USPP 法へ ··· **59**

5.1　NCPP 法の発展：複数の参照エネルギーの方法　59

5.2　ノルム保存条件の緩和とその補償　66

5.3　USPP 法の原理と概要　72

5.4　自由原子のハミルトニアンと unscreening　75

5.5　USPP 法の実際の計算　77

5.6　式の証明　78

第6章　PAW 法の原理と概要 ··· **81**

6.1　PAW 法の基本的考え方　81

6.2　PAW 法での全エネルギーとハミルトニアン　84

6.3　自由原子のハミルトニアンと unscreening　96

6.4　PAW 法と USPP 法の比較　98

6.5　原子球内項の計算　99

6.6　NCPP 法から USPP 法，PAW 法への展開　101

目　次　v

第7章　NCPP法での平面波基底とハミルトニアンの詳細 ············ **105**

7.1　格子周期関数のフーリエ級数展開　105

7.2　波動関数の平面波基底展開と打ち切りエネルギー　107

7.3　平面波基底での固有ベクトルと対称操作　110

7.4　電子密度分布　112

7.5　平面波基底でのハミルトニアン：
　　　運動エネルギー項と局所ポテンシャル項　113

7.6　平面波基底でのハミルトニアン：
　　　非局所擬ポテンシャル項　117

7.7　式の証明　120

第8章　NCPP法での全エネルギーと原子に働く力の詳細 ············ **123**

8.1　全エネルギーの各項の逆空間表現　123

8.2　Ewald法と発散項の処理　126

8.3　原子に働く力の計算法　131

8.4　式の証明　135

第9章　大規模電子構造計算の計算技術 ················ **147**

9.1　高速フーリエ変換(FFT)の概要とメッシュ密度　147

9.2　高速フーリエ変換の活用：電子密度分布計算と$H\phi$計算　150

9.3　Car-Parrinello法と直接最小化法　156

9.4　大規模行列固有状態計算の高速化技法　160

9.5　残差最小化に基づく高速化技法　165

9.6　S演算子を含む場合　168

第10章　各種の計算方法・計算技術 ················ **171**

10.1　Monkhorst-Packの$\vec{k}$点サンプリング　171

10.2　Gaussian broadening法　178

10.3　部分内殻補正法　180

10.4　GGA関連の計算技術　183

vi 目 次

10.5 応力計算法　187

10.6 静電相互作用の別表現　200

10.7 PAW 法での原子に働く力　214

第11章 まとめ …………………………………………………… 217

11.1 各章のまとめ　217

11.2 第一原理計算を用いた研究の振興のために　221

参考文献…………………………………………………………………… 223

総 索 引…………………………………………………………………… 227

欧字先頭語索引…………………………………………………………… 233

1

第1章

はじめに

1.1 「平面波基底の第一原理計算法」と本書の目的

VASP, CASTEP, ABINIT, PHASE など*1「平面波基底の第一原理計算法」の汎用コードが物質・材料の研究開発の場で頻繁に使用されている．様々な物質の安定構造や凝集エネルギー，諸性質から，結晶中の欠陥や表面・界面，アモルファス，ナノ構造等に関わる諸現象まで，電子や原子の挙動の高精度計算を通じて解明することができる．実験観察と組み合わせて物性発現の機構を明らかにしたり，機械学習やデータベースと組み合わせて物質・材料の探索・予測・設計の可能性を広げるなど，物質科学や材料科学・工学に大きなインパクトを与えている．

第一原理計算とは，量子力学や統計力学の理論のみに基づいて，物質・材料中の電子や原子の挙動を高精度に再現・予測する計算である．「平面波基底の第一原理計算法」は，結晶や周期系（欠陥や表面，界面を含むスーパーセル）についての第一原理計算を実行する手法で，分子やクラスターを扱う「分子軌道法」と区別して，バンド理論に基づく「バンド計算法」に分類される[1-4]．第一原理計算では，電子の波動関数を何らかの「基底関数」の線形結合で表現する．平面波基底の第一原理計算は，基底関数に「平面波」を用いる手法である．

本書は，汎用コードで実行される「平面波基底の第一原理計算法」の理論，手法，計算技術をわかりやすく解説する．特に汎用コードが共通に持つ三つの主要部分，①密度汎関数理論やブロッホの定理に関わる理論や手法，②平面波基底を用いる第一原理擬ポテンシャル法（NCPP 法，USPP 法，PAW 法）で電子構造や全エネルギー，原

---

*1　https://www.vasp.at,
　　https://www.castep.org,
　　https://www.abinit.org,
　　https://www.advancesoft.jp

2   第1章 はじめに

子に働く力を計算する手法，③大規模電子構造計算を高速に実行するための数値計算技術について，詳しく論じる．

　「平面波基底の第一原理計算」の原理と計算技術に絞って，重要ポイントを過不足なく整理して記述する教科書は稀有である．汎用コードを用いて第一原理計算を始める，あるいは，それを深く使いこなしたい学生，院生，研究者，技術者を対象としている．必ずしも固体物理を専門としない人を読者に想定している*2．なぜなら汎用コードの恩恵を最も受けるのは，化学や材料科学・工学など，様々な物質・材料の研究開発に直接に携わっている人が多いためである．もちろん，新規のコードを開発したい，あるいは既存のコードを改良したい方にも計算技術の整理した情報を提供できる．

1.2 汎用コードの開発・普及に至る歴史

　VASP など「平面波基底の第一原理計算」の汎用コードの開発・普及に至る歴史を簡単に振り返る．1920〜30 年代の量子力学の確立以降，原子や分子，結晶固体中の電子の挙動を高精度に解明する理論や方法が，量子化学や固体物理の分野で連綿と研究され，電子計算機の進歩により，計算技術として構築されてきた．分子を扱う量子化学の第一原理計算（分子軌道法）*3 は，Gaussian シリーズなどの汎用コードが比較的早くから開発され（1970 年代），誰でも実行できる環境が整備された．一方，アプローチが大きく異なる結晶固体や周期系の第一原理計算（バンド計算）は，20 世紀のうちは，限られた研究グループが独自に開発したコードで実行する程度であり，汎用コード開発は遅れていた．当時の手法や計算技術，計算機性能の制約から，単純な結晶や周期系しか扱えず，用途も物性研究に限られていたためである．

　その状況が大きく変わった契機は，1985 年の Car と Parrinello の「第一原理分子動力学法」（CP 法）[5] の開発である．これは，理論や手法の基幹部分がほぼ確立して

---

*2　本書は，初等の量子力学（一粒子系の量子力学）や固体物理の入門書（格子，逆格子，ブリルアンゾーン等の議論）を学んだ程度の学生，院生，研究者，技術者を読者として想定している．式の説明を丁寧に行い，参考書等も掲載する．

*3　量子化学計算（分子軌道法）は，主に孤立系の分子やクラスターを扱うもので，無限の周期系を扱うバンド計算とは別途の発展を遂げてきた．本書では扱わない．

1.2 汎用コードの開発・普及に至る歴史　3

いた「平面波基底の第一原理計算法」で最も計算時間のかかる「固有状態計算」の部分を，従来の行列対角化法に比して，桁違いに高速に遂行する新たな計算技術（アルゴリズム）の提案であった．同時期のスパコンや並列ワークステーションの開発もあり，複雑な欠陥や表面・界面，乱れた構造についての大規模スーパーセルの第一原理計算を可能とする計算技術として注目された．物性研究に限られていた第一原理計算の用途が，様々な物質・材料の特性解明や設計にまで広がる可能性が出てきた．

これ以降，世界的に第一原理計算（バンド計算）の理論・手法・計算技術の研究開発が活性化し，多くの研究者が参入した[1-4]．特に欧州を中心に共同研究や研究情報の共有を図るプロジェクト（Psi-k プロジェクト 1994 年〜）*4 が行われ，研究開発が加速された．CP 法に関連した各種の大規模固有状態計算の高速化技術が急速に開発・整備され，さらに第一原理計算の精度や適用性を高める基礎理論や新規手法の開発も同時に進んだ．密度汎関数理論の発展，平面波基底の計算手法としての NCPP 法から USPP 法，PAW 法への発展等である．同時期には，走査プローブ顕微鏡や高分解能の電子顕微鏡，放射光技術等，原子・電子レベルの実験観察技術の革新もあり，計算精度の検証も容易になった．こうした研究開発の成果として，CASTEP，VASP，ABINIT などの汎用コード開発が進展し，世紀末から今世紀にかけて世界的に普及が進んだ．

著者は，90 年代から「平面波基底の第一原理計算法」の独自コード開発に取り組んだ．当時は論文情報しかなく，徒手空拳であったが，やがて仲間も広がった．著者の所属する研究機関では VASP や CASTEP と同等の計算が実行でき，新機能も有する独自コード開発に成功している*5．我国でもいくつかのグループが独自開発を行い，汎用コードとして公開されているものもある*6．第一原理計算の理論・手法・計算技術の研究やコード開発をめぐる当時の熱気は今も記憶に新しい．

こうした革命の時期を経て，今や物質・材料の研究開発の場で，汎用コードを用いた第一原理計算の実行は普通の研究手段となりつつある．現在の課題は，「平面波基底の第一原理計算法」の原理と計算技術を理解し，汎用コードを正しくかつ豊かに使

---

*4　https://psi-k.net

*5　https://qmas.jp

*6　以下のサイトに第一原理計算関係の汎用ソフトの一覧がある：
　　https://ma.issp.u-tokyo.ac.jp/app/

4　第1章　はじめに

いこなす人材の育成である*7.

1.3　本書の内容と特徴

　本書では，第2,3章で密度汎関数理論やブロッホの定理など，基礎理論をわかりやすく説明する．第4章では，平面波基底の電子構造計算手法としてノルム保存擬ポテンシャル（NCPP）法の原理を説明し，第5,6章で，その発展形としてUSPP（ウルトラソフト擬ポテンシャル）法，PAW（projector augmented wave）法の概要を説明する．第7,8章では，NCPP法について，平面波基底での波動関数，電子密度分布，ハミルトニアン，全エネルギー，原子に働く力等の表式を具体的に紹介する．第9章では，高速フーリエ変換の活用法やCP法に端を発する大規模電子構造計算の高速化技法等の計算技術を説明する．ここまでで汎用コードの基幹部分の説明が完了する（初学者は，第2,3,4,7,9章から先に学ばれることを推奨する）．追加の補遺として，第10章で，効率的ブリルアンゾーン内積分法，部分内殻補正法，GGA，応力計算法，静電相互作用の別の表現法など，個別の重要な手法や計算技術を紹介する．

　本書の特徴（利点）は以下のようにまとめられる．いずれも従来の教科書・参考書にない試みである．

　1.　汎用コードで実行される「平面波基底の第一原理計算法」の主要部分，①基礎理論（密度汎関数理論やブロッホの定理），②平面波基底の電子構造計算手法（NCPP法，USPP法，PAW法），③高速計算の計算技術（高速フーリエ変換の活用，大規模電子構造計算の高速化技法他）に焦点を絞り，各々を深く説明する．本書だけで「平面波基底の第一原理計算法」の全容が計算技術含めてほぼ理解できる*8.

　2.　初学者にわかりにくいブリルアンゾーン内積分の問題，NCPP法・USPP法・PAW法の三手法の違いと互いの関係の問題，Car-Parrinello法以降の大規模電子構

---

*7　この目的のため2022年9月より日本金属学会「まてりあ」誌で平面波基底の第一原理計算法の講義を四回にわたって連載した．

　本書はそれを大幅に膨らませ（約四倍），より詳細で丁寧な説明にしたものである．

造計算の高速化技法の様々な variation の問題等を特に丁寧に説明する．これらの詳細説明は，国内外の他の書籍にはあまりないものである．

3. 理論や計算手法における数式の展開の詳しい説明や証明を可能な限り記述する．理論や手法の説明は，既存の教科書や汎用コードのサイトにもあるが，エッセンスのみで，原著論文を紹介するだけの場合も多い．初学者には原著論文の式の展開を理解することは容易ではない．理解できないままでは疑念が残り，学習意欲を失う場合もある．それらを突破する手助けをしたい．先述のように物理が専門でない読者も想定して説明する．

4. 汎用コードでは，対象に応じて各種計算条件をパラメータ等で設定する．各種のカットオフ半径や実空間・逆空間のメッシュ密度やフーリエ展開の $\vec{G}$ 点の範囲，収束判定条件など，精度と計算効率の両面から設定される．本書では，これらの条件の目的や意味を詳述する．これらの理解を通じて正確で効率的な計算の実行が可能となる．

5. 計算技術やアルゴリズムは，教科書や参考書ではあまり触れられないが，大規模な第一原理計算を可能にした「鍵」はこの部分にある．高速フーリエ変換の具体的使用法や波動関数，電子密度分布の「繰り返し法」による収束方法の概要等を理解することで，汎用コードでの演算の実際を理解し，演算時間や必要なメモリーサイズの見積もり，効率的な演算の実行が可能となる．

6. 独自コード開発に携わった経験から，なるべく式を「プログラミング直前の形」に書き下し，具体的な計算手順やアルゴリズムと関連づけて説明する．本書の多くの

---

*8 初学者が何を学んで何を理解すべきかをきちんと明示することが重要である．それが示された効率的な教科書，参考書は多くない．藤原[3]，マーチン[4]は，①〜③すべてを含み，最近の研究まで含めた非常に優れた書籍だが，第一原理計算全体を扱っており，初学者が「平面波基底の方法」に関わる記述だけを選ぶのは必ずしも容易ではない．また，各項目や式の説明が，物理分野以外の読者には必ずしもわかりやすいとは言えず，ハードルが少し高い印象である（私見）．本書はその弱点を補うことを目指している．

6　第1章　はじめに

内容は，著者らが実際にコードを開発し，テストしてきたものである．計算コードの開発，改良に携わる人にも有用である．本書は，NCPP法の簡単なコード開発を独力で行える程度の詳細情報を含んでいる．

　まとめると，本書は，汎用コードを用いて「平面波基底の第一原理計算」を実行する(したい)人にとって，必要な原理や手法，計算技術を，式の展開や証明まで含めて，かなり深く教示し，どのように演算が行われるかを説明するものである．従来なら，複数の書籍や多数の原著論文，ネット情報で学んでいたことを，この一冊で学べる，実践的かつ教育的なものである．原理や計算技術の全容の説明や詳細情報を欲している学生，院生，研究者，技術者の要望に応えられるものと自負している．

2

第2章

第一原理計算の基礎：
基本的近似と密度汎関数理論

2.1 断熱近似と平均場近似

通常の第一原理計算における基本的近似は，断熱近似と平均場近似(独立粒子近似)である．原子核に比べて桁違いに小さな質量の電子は，原子核の動きに速やかに追随し，そのときの原子配置に対し瞬時に最安定状態を取るとみなせる．したがって，固定した原子配置に対して電子構造を計算する(**断熱近似，Born-Oppenheimer 近似**)．多くの現象はこの立場で扱えるが，電子系と原子系の間に直接のエネルギー移動が生じる現象(格子振動による電子の散乱など，**電子格子相互作用**)は扱えない．

一方，物質中の電子集団は，静電相互作用とパウリの原理のもとで複雑な多体相互作用により運動しており，単純な解析的取り扱いは不可能である．通常，各電子が他の電子からの平均的ポテンシャル場の中で独立に運動していると言う描像を用いる(**平均場近似，独立粒子近似**)．

パウリの原理からフェルミ粒子である電子の集団の全体の多体波動関数 $\Psi(\vec{r}_1, \vec{r}_2, \ldots, \vec{r}_N)$ は，スピンを含めた電子の交換に対しマイナスになる(反対称)．この性質を満たす多体波動関数の形の一つが Slater 行列式で，ここから平均場近似として，多電子が互いに①静電相互作用と②**交換相互作用**を持って平均場中を運動する描像が構築される(**Hartree-Fock 近似**)．この段階では，①，②以外の電子間のダイナミックな相互作用(③**相関相互作用(電子相関)**)は取り入れられない．次節の密度汎関数理論は，平均場近似の描像を介しながら，①，②，③の多電子間の相互作用をすべて取り入れる試みである．

2.2 密度汎関数理論

多電子間の相互作用の取り扱いが計算の精度を決定する．バンド計算では**密度汎関数理論**(density functional theory；**DFT**) [6, 7] を用いる．分子を扱う量子化学では多

8 第2章 第一原理計算の基礎：基本的近似と密度汎関数理論

体波動関数 $\Psi(\vec{r}_1, \ldots, \vec{r}_N)$ の組み立て(異なる電子配置の Slater 行列式の線形結合な
ど)を工夫する理論が発達したが，密度汎関数理論は，多体波動関数ではなく電子密
度分布 $\rho(\vec{r})$ に着目する．これは，場所 $\vec{r}$ に電子が存在する確率，電子雲の密度分布
である．

密度汎関数理論の根幹は，以下の **Hohenberg-Kohn の定理**である[6]．

定理1：原子核(正イオン)など外部からのポテンシャル場 $V_{ext}(\vec{r})$ の下での電子集
団の基底状態(絶対零度の最安定状態)は，ただ一つの電子密度分布 $\rho(\vec{r})$ を持つ．逆
にその $\rho(\vec{r})$ をもたらす外場も $V_{ext}(\vec{r})$ だけであり(定数差を除く)，対応する基底状
態の多体波動関数 $\Psi(\vec{r}_1, \ldots, \vec{r}_N)$ も唯一である．したがって全エネルギーなど系の物
理量が $\rho(\vec{r})$ の汎関数で表される．

定理2：基底状態の $\rho(\vec{r})$ は，全エネルギー汎関数 $E_{tot}[\rho]$ を最小にする $\rho(\vec{r})$ であ
る．

汎関数とは，関数の関数と言う意味である．通常の関数は，値 x に対し値 $F(x)$ が
対応するが，汎関数は関数形 $f(x)$ に対し値 $F[f]$ が対応する(本書では四角括弧の
記号 $[f]$ が関数 f の汎関数を意味する)．また，汎関数 $F[f]$ は関数 f で微分できる
(**汎関数微分**：$\delta F[f]/\delta f$)．

定理1は背理法から証明される(証明は，2.6 式の証明(A)参照)．異なる外場
V_{ext}, V'_{ext} が同じ基底状態の $\rho(\vec{r})$ を生むとすると矛盾が生じるので，ρ と V_{ext} は一
対一である．その V_{ext} を含む多体ハミルトニアン $\mathcal{H}$ のシュレディンガー方程式
$\mathcal{H}\Psi = E\Psi$ を解くことで，多体波動関数 Ψ も一意的に決まるはずである．基底状態
の ρ により，Ψ も V_{ext} も決まるので，(Ψ を扱わなくても)ρ の汎関数で全エネル
ギーが表される．Ψ で表される様々な物理量も ρ の汎関数で原理的に表現できるこ
とになる．$V_{ext} \to \Psi, \rho$ は当然だが，この定理は $\rho \to V_{ext}, \Psi$ であることを主張するの
である．次元が膨大な $\Psi(\vec{r}_1, \ldots, \vec{r}_N)$ を扱わなくても，三次元の $\rho(\vec{r})$ を扱えば多電
子問題が基底状態では厳密に解けることを意味する．

定理2について，全エネルギーは，ρ と一対一に対応する多体波動関数 Ψ での $\mathcal{H}$
の期待値 $\langle\Psi|\mathcal{H}|\Psi\rangle$ と同じであり(原子核間相互作用を除いて)，量子力学の変分原理
から基底状態の Ψ が期待値を最小にする．したがって基底状態の $\rho(\vec{r})$ が全エネル
ギー汎関数を最小にすると言える．

二つの定理の証明は単純そうに見えるが，縮退のある場合（複数の Ψ の存在）やどのような ρ にも必ず V_{ext} があると言えるかなど，厳密性が長年議論されてきた．基本的に正しいことが証明されている．本書では詳しくは扱わないが，金森ら[1]，小口[2]，藤原[3]，マーチン[4]の該当部分を参照されたい．これらの定理の意味と証明は初めて見ると何かしら腑に落ちないものを感じるかもしれない．従来の多体波動関数を扱う理論に比して発想の飛躍があり，DFT は真に革新的な理論と言える．背景や提案の経緯は高田[8]，大野[9]などの専門書に詳しい．大野[9]は入門用だが，両方共高度である．

さて，全エネルギー汎関数 $E_{\mathrm{tot}}[\rho]$ は次のように表現できる．

$$E_{\mathrm{tot}}[\rho] = T[\rho] + U[\rho] + \int V_{\mathrm{ext}}(\vec{r})\rho(\vec{r})\,d\vec{r} + E_{\mathrm{I-J}} \tag{2-1}$$

$T[\rho]$ と $U[\rho]$ は，ρ の電子集団の運動エネルギー，電子間相互作用エネルギーで，第3項が（原子核からの）外場とのポテンシャルエネルギー，第4項が原子核間の静電相互作用エネルギーである（価電子と正イオンの系を扱う場合，外場は正イオンからのもの，第4項は正イオン間）．最初の3項が ρ の汎関数である．積分が一定の条件下でこれを最小化する ρ を求めれば電子構造と全エネルギーの問題が解けたことになる．しかし，T と U の汎関数の具体的な形が自明ではない．T と ρ の間の関係は簡単ではなさそうである．この問題を解く処方箋を与えるのが 2.3 節の Kohn-Sham 方程式である．

2.3 Kohn-Sham 方程式

Kohn と Sham[7]は，多電子の集団を互いに直接の相互作用を持たない独立粒子の集団に置き換えることで，(2-1)式の $E_{\mathrm{tot}}[\rho]$ の形を具体化し，ρ についての最小化を実行する方法を提案した．仮想的な非相互作用系の電子集団は，規格直交化された一電子波動関数のセット $\{\phi_i(\vec{r})\}$，ただし

$$\int \phi_i^*(\vec{r})\phi_j(\vec{r})\,d\vec{r} = \delta_{ij}$$

で表され，$\rho(\vec{r})$ は各電子の電子密度分布の重ね合わせ

$$\rho(\vec{r}) = 2\sum_i^{\mathrm{occ}} |\phi_i(\vec{r})|^2 \tag{2-2}$$

で表される（スピン非分極とし，2はスピンの和，i の和は全占有状態の和）．この場

10　第2章　第一原理計算の基礎：基本的な近似と密度汎関数理論

合，電子系の運動エネルギーは

$$T_\text{s} = 2\sum_i^\text{occ} \int \psi_i^*(\vec{r}) \left(-\frac{\hbar^2}{2m}\nabla^2 \right) \psi_i(\vec{r}) \, d\vec{r} \tag{2-3}$$

となる $\left(-\dfrac{\hbar^2}{2m}\nabla^2 \right.$ は運動エネルギー演算子，$\nabla^2 = \dfrac{\partial^2}{\partial x^2} + \dfrac{\partial^2}{\partial y^2} + \dfrac{\partial^2}{\partial z^2} \right)$．(2-1)式の

$U[\rho]$ は古典的な**静電相互作用(Hartree)エネルギー**

$$E_\text{H}[\rho] = \frac{e^2}{2} \iint \frac{\rho(\vec{r})\rho(\vec{r}')}{|\vec{r}-\vec{r}'|} \, d\vec{r} d\vec{r}'$$

も含むはずで，(2-1)式は以下のように変形される．

$$\begin{aligned}
E_\text{tot}[\rho] &= T_\text{s}[\rho] + \int V_\text{ext}(\vec{r})\rho(\vec{r}) \, d\vec{r} + E_\text{H}[\rho] + (U[\rho] + T[\rho] - T_\text{s}[\rho] - E_\text{H}[\rho]) \\
&\quad + E_\text{I-J} \\
&= T_\text{s}[\rho] + \int V_\text{ext}(\vec{r})\rho(\vec{r}) \, d\vec{r} + E_\text{H}[\rho] + E_\text{xc}[\rho] + E_\text{I-J}
\end{aligned} \tag{2-4}$$

$E_\text{xc}[\rho]$ は**交換相関エネルギー**で，

$$E_\text{xc}[\rho] = U[\rho] + T[\rho] - T_\text{s}[\rho] - E_\text{H}[\rho]$$

であり，ρ の汎関数である．もともと(2-1)式で $T + U$ に含まれる複雑な多体効果が，(2-3)式の T_s と古典的な E_H を差し引いた残りの E_xc に押し込められている．

(2-4)式の $E_\text{tot}[\rho]$ に対し，ρ についての(ρ の積分値一定の条件付きの)最小化を行えば良い．一方，(2-3)式の T_s の形から，(2-2)式を通じて E_tot を占有された一電子波動関数のセット $\{\psi_i(\vec{r})\}$ の汎関数 $E_\text{tot}[\{\psi_i\}]$ として，$\{\psi_i\}$ の規格直交条件

$$\langle \psi_i | \psi_j \rangle = \int \psi_i^*(\vec{r})\psi_j(\vec{r}) \, d\vec{r} = \delta_{ij}$$

付きの最小化を行うほうが簡単である．Lagrange 未定係数法で

$$\Omega_\text{tot}[\{\psi_i\}] = E_\text{tot}[\{\psi_i\}] - \sum_{ij} \lambda_{ij}(\langle \psi_i | \psi_j \rangle - \delta_{ij}) \tag{2-5}$$

の変分の条件式 $\delta\Omega_\text{tot}[\{\psi_i\}]/\delta\psi_i^* = 0$ を扱う．直交化は別過程で付加するとすれば

$$\Omega_\text{tot}[\{\psi_i\}] = E_\text{tot}[\{\psi_i\}] - \sum_i^\text{occ} \lambda_i(\langle \psi_i | \psi_i \rangle - 1) \tag{2-6}$$

で，変分の条件式は

$$\delta\Omega_\text{tot}[\{\psi_i\}]/\delta\psi_i^* = \delta E_\text{tot}[\{\psi_i\}]/\delta\psi_i^* - \lambda_i \psi_i = 0 \tag{2-7}$$

となる．汎関数微分 $\delta E_\text{tot}[\{\psi_i\}]/\delta\psi_i^*$ は，(2-4)式の第1項からの $\delta T_\text{s}/\delta\psi_i^*$ を(2-3)式

を用いて行い，(2-4)式の第2項～第4項については，ρ での汎関数微分の後，$\delta\rho/\delta\psi_i^*$ を掛ける．(2-4)式の第5項の E_{I-J} は ρ も ψ_i も含まないので関与しない．こうして

$$\delta E_{\mathrm{tot}}[\{\psi_i\}]/\delta\psi_i^* = \delta T_{\mathrm{s}}[\{\psi_i\}]/\delta\psi_i^*$$

$$+ \delta\left\{\int V_{\mathrm{ext}}(\vec{r})\rho(\vec{r})d\vec{r} + \frac{e^2}{2}\iint\frac{\rho(\vec{r})\rho(\vec{r}')}{|\vec{r}-\vec{r}'|}d\vec{r}d\vec{r}' + E_{\mathrm{xc}}[\rho]\right\}/\delta\rho\cdot\delta\rho/\delta\psi_i^*$$

$$= \left[-\frac{\hbar^2}{2m}\nabla^2 + V_{\mathrm{ext}}(\vec{r}) + e^2\int\frac{\rho(\vec{r}')}{|\vec{r}-\vec{r}'|}d\vec{r}' + \delta E_{\mathrm{xc}}[\rho]/\delta\rho\right]\psi_i = H\psi_i \qquad (2\text{-}8)$$

となる．

(2-8)式を(2-7)式に代入し，λ_i を E_i にすれば，以下の **Kohn-Sham 方程式**になる．

$$H\psi_i(\vec{r}) = \left[-\frac{\hbar^2}{2m}\nabla^2 + V_{\mathrm{eff}}(\vec{r})\right]\psi_i(\vec{r}) = E_i\psi_i(\vec{r}) \qquad (2\text{-}9)$$

$$V_{\mathrm{eff}}(\vec{r}) = V_{\mathrm{ext}}(\vec{r}) + V_{\mathrm{H}}(\vec{r}) + \mu_{\mathrm{xc}}(\vec{r}) \qquad (2\text{-}10)$$

$$V_{\mathrm{H}}(\vec{r}) = e^2\int\frac{\rho(\vec{r}')}{|\vec{r}-\vec{r}'|}d\vec{r}' \qquad (2\text{-}11)$$

$$\mu_{\mathrm{xc}}(\vec{r}) = \delta E_{\mathrm{xc}}[\rho]/\delta\rho \qquad (2\text{-}12)$$

これは，占有された一電子波動関数のセット $\{\psi_i(\vec{r})\}$ を決める方程式で，$V_{\mathrm{eff}}(\vec{r})$ は，原子核（正イオン）からの外場 $V_{\mathrm{ext}}(\vec{r})$，電子からの静電ポテンシャル $V_{\mathrm{H}}(\vec{r})$，複雑な多体相互作用を表す**交換相関ポテンシャル** $\mu_{\mathrm{xc}}(\vec{r})$ の和である．μ_{xc} は汎関数 E_{xc} の汎関数微分で，それ自体も ρ の汎関数である．

(2-2)，(2-3)式はスピンを区別して扱わないので2が係数についている．(2-8)式は，一つのスピンの状態についての汎関数微分なので係数2はつかない．$\delta E_{\mathrm{tot}}[\{\psi_i\}]/\delta\psi_i^* = H\psi_i$ の関係が重要である（第8,9章で用いる）．なお，ψ_i^* でなく ψ_i についての汎関数微分を行っても，ψ_i^* についての同様の方程式になり同じである（8.3節で扱う）．

(2-10)式の V_{eff} は系の全電子に共通である．静電ポテンシャル V_{H} は，全電子からの寄与で，各状態 ψ_i の自分自身からの寄与（自己相互作用）も含むが，μ_{xc} 内の交換項で打ち消される．電子相関の強い系では，この打ち消しがうまくいかず精度を悪くする（この問題は 2.5 節の後半で触れる）．一方，電子スピンについて区別せずに扱ってきたが，スピン分極する系では，up と down の各スピンの波動関数 $\psi_i^\sigma(\sigma = \uparrow \mathrm{or}\downarrow)$

12　**第2章　第一原理計算の基礎：基本的な近似と密度汎関数理論**

で別々に Kohn-Sham 方程式が組み立てられ，交換相関ポテンシャル μ_{xc} が μ_{xc}^{σ} でスピン毎に異なる．

(2-9)式はシュレディンガー方程式の形 $H\psi_i = E_i\psi_i$ をしており，全占有状態の固有値 E_i，固有関数 ψ_i を求める問題となる（一粒子系の量子力学）．ハミルトニアン H はエルミート演算子，E_i は実数で，異なる固有状態の波動関数は互いに直交する．V_{eff} は ρ の寄与（$\{\psi_i(\vec{r})\}$ の寄与）を含むので，方程式は入力と出力の $\rho(\vec{r})$ が一致するように解く．これを**自己無撞着**（self-consistent field；**SCF**）**計算**と言う．最終的な SCF 解の $\{\psi_i(\vec{r})\}$ からの $\rho(\vec{r})$ が E_{tot} を最小にする基底状態の電子密度分布である．

以上のように，多体問題が一体問題を自己無撞着に解く問題に置き換わった．なお，(2-9)式の両辺に左から ψ_i^* を作用させて積分し，占有状態の和を取ると，右辺は $2\sum_i^{\text{occ}} E_i$ となり（2 はスピンの和），左辺の各項は ρ や ψ_i^* を掛けた積分となり，(2-4)式との比較から次式が導出される．

$$E_{\text{tot}}[\rho] = 2\sum_i^{\text{occ}} E_i - \frac{1}{2}\int V_{\text{H}}(\vec{r})\rho(\vec{r})\,d\vec{r} + E_{\text{xc}}[\rho] - \int \mu_{\text{xc}}(\vec{r})\rho(\vec{r})\,d\vec{r} + E_{\text{I-J}}$$

$$(2\text{-}13)$$

右辺第 2 項は，第 1 項に含まれる(2-11)式からの $\int V_{\text{H}}(\vec{r})\rho(\vec{r})\,d\vec{r}$ が，(2-4)式の E_{H} の 2 倍になるためである．右辺の第 3，4 項は，同様に第 1 項に含まれる μ_{xc} を含む積分項 $\int \mu_{\text{xc}}(\vec{r})\rho(\vec{r})\,d\vec{r}$ が本来の項 $E_{\text{xc}}[\rho]$ と異なるためである．

2.4　軌道エネルギー

密度汎関数理論から，(2-1)式（(2-4)式）の全エネルギー汎関数 E_{tot} を最小化する電子密度分布 ρ が，基底状態の正しい ρ と E_{tot} を与える．一方，Kohn-Sham 方程式（(2-9)式）の一電子波動関数のセット $\{\psi_i\}$ は，（極論すれば）(2-2)式を通じて(2-1)式（(2-4)式）の最小化を実現する手段（パラメータ）である．(2-3)式の運動エネルギーの一電子波動関数による表現 T_{s} も，$T[\rho] + U[\rho]$ に封じ込められた多体相互作用を扱う際の一つの選択である．つまり，Kohn-Sham 方程式の一電子波動関数 ψ_i とその準位（軌道エネルギー）E_i の物理的な意味が明確でないと言う弱点がある．非相互作用系の一電子波動関数とその準位と言う概念がモデルであるためである．

一方，各固有状態の占有率 f_i ($0 \leq f_i \leq 1$) を考えると，全エネルギー E_{tot} の f_i での微分と軌道エネルギー E_i の間に

$$\frac{\partial E_{\mathrm{tot}}}{\partial f_i} = E_i \qquad (2\text{-}14)$$

の関係がある（**Janak の定理**[10]）．証明は，2.6 式の証明（B）．E_i はその準位の電子数の微少変化に対する（一電子分の）全エネルギー変化で，$-E_i$ が各準位の電子を取り出す励起エネルギーに相当する．金属の最高占有準位の E_i については，実際に占有率の微少変化が可能で，励起エネルギー（イオン化エネルギー）の実験値と対応すると考えられている．他の準位や他の系の E_i については，E_i 自体の占有率依存性や占有率の微少変化が可能とは言えないことから，実験との厳密な対応はできないが，多くの場合，観測されるバンド構造（多電子系のスペクトル）を定性的には再現する．

2.5　局所密度近似と密度勾配近似

　密度汎関数理論の最大の問題点は，$\rho(\vec{r})$ の汎関数である交換相関エネルギー $E_{\mathrm{xc}}[\rho]$ とその汎関数微分である交換相関ポテンシャル $\mu_{\mathrm{xc}}[\rho]$ の厳密な形がわからないことである．一方，一様電子ガス（一様な正電荷バックグラウンド下で互いに相互作用する，一様密度の電子集団）については，理論や数値計算から関数形がわかっている．そこで，$\rho(\vec{r})$ の空間変動が小さいとし，$\vec{r}$ の各地点の電子密度を一様電子ガスの表式に入れて用いる簡便法が**局所密度近似**（local density approximation；**LDA**）である[11]．$\varepsilon_{\mathrm{xc}}(\vec{r})$ を**交換相関エネルギー密度**として

$$E_{\mathrm{xc}}[\rho] = \int \varepsilon_{\mathrm{xc}}(\vec{r}) \rho(\vec{r}) d\vec{r} \qquad (2\text{-}15)$$

$$\mu_{\mathrm{xc}}(\vec{r}) = \delta E_{\mathrm{xc}}[\rho]/\delta \rho = \varepsilon_{\mathrm{xc}}(\vec{r}) + d\varepsilon_{\mathrm{xc}}/d\rho \cdot \rho(\vec{r}) \qquad (2\text{-}16)$$

となる．電子密度値 ρ に対する $\varepsilon_{\mathrm{xc}}$ 値が用意されている[11]．実際には電子 1 個分の**Wigner-Seitz 半径**

$$r_{\mathrm{s}} = \left(\frac{3}{4\pi} \rho^{-1} \right)^{1/3}$$

の関数で与えられる．実空間メッシュ点 $\vec{r}_m$ 毎に $\rho(\vec{r}_m)$ の値から r_{s} を求めて，$\varepsilon_{\mathrm{xc}}(\vec{r}_m), \mu_{\mathrm{xc}}(\vec{r}_m)$ の値を計算する．なお，r_{s} の関数で与えられる $\varepsilon_{\mathrm{xc}}$ について，(2-16)式の μ_{xc} は，

14 第2章 第一原理計算の基礎：基本的な近似と密度汎関数理論

$$\rho^{-1} = \frac{4\pi}{3} r_{\mathrm{s}}^3, \ -\rho^{-2} d\rho = 4\pi r_{\mathrm{s}}^2 dr_{\mathrm{s}}, \ d\rho = -\frac{3}{r_{\mathrm{s}}} \rho dr_{\mathrm{s}}$$

から，r_{s} の関数として

$$\mu_{\mathrm{xc}}(r_{\mathrm{s}}) = \varepsilon_{\mathrm{xc}}(r_{\mathrm{s}}) - \frac{r_{\mathrm{s}}}{3} \frac{d\varepsilon_{\mathrm{xc}}(r_{\mathrm{s}})}{dr_{\mathrm{s}}} \tag{2-17}$$

で与えられる．

　実際には $\rho(\vec{r})$ の空間変動は小さくない．そこで，電子密度値に加えて密度勾配 $\nabla\rho(\vec{r})$（厳密には $|\nabla\rho(\vec{r})|$）も取り入れて $E_{\mathrm{xc}}, \mu_{\mathrm{xc}}$ を表す**一般化密度勾配近似**（generalized gradient approximation；**GGA**）[12, 13] も開発されている（10.4 節で計算法の概要を紹介する）．LDA を用いた計算は，物質の凝集エネルギーを高めに，ボンド長を短めに再現する傾向があるが（実験値との誤差 2〜5% 内外），GGA ではかなり改善される．Fe の最安定構造が強磁性の bcc 構造であることも GGA で初めて再現される（金森ら[1]の第5章）．また，ファンデルワールス相互作用は動的な電子相関に起因し，従来の LDA，GGA では扱えなかったが，最近，密度汎関数理論の枠内で扱う手法が開発されている[14]．

　一方，従来の LDA，GGA の深刻な弱点として，$3d$ 遷移金属を含む化合物など，電子相関が強い系について，金属か非金属かなど基本的な電子構造の再現も難しい場合がある．2.3 節で触れた自己相互作用の交換項による打ち消しが不十分である問題に起因すると考えられ，自己相互作用補正，GGA ＋ U（LDA ＋ U）法，ハイブリッド法（Hartree-Fock 法の厳密な交換項を部分的に導入する方法）などで改善が試みられている[3, 4, 9]．

　また，LDA，GGA 共に，絶縁体・半導体のバンドギャップ値は実験値の $1/2$〜$2/3$ に過小評価される．この問題も，自己相互作用が残ることが準位や有効ポテンシャルの占有数依存性を生み，Janak の定理が単純には成り立たなくなるためと言える[9]．もちろん，密度汎関数理論は基底状態を扱う理論であり，励起状態に関わる物性（光学的性質等）には適さない．多体問題に立ち返り，準粒子法（多体摂動論に基づく Green 関数法，GW 近似）でスペクトル計算をする試みが行われている[3, 4, 8, 9]．密度汎関数理論でなく，多体波動関数で多体問題を厳密に解いて全エネルギーや安定構造を扱う手法としては，量子モンテカルロ法[15]が結晶固体に適用されている．

2.6 式の証明

(A) Hohenberg-Kohn の定理 1 の証明

[証明] 外場 V_{ext} の下で基底状態の多電子波動関数 $\Psi(\vec{r}_1, \ldots, \vec{r}_N)$ が電子密度分布 $\rho(\vec{r})$ を持つとき,異なる外場 V'_{ext} の下での基底状態の波動関数 $\Psi'(\vec{r}_1, \ldots, \vec{r}_N)$ も同じ $\rho(\vec{r})$ を持つとすると矛盾が生じることを示す.

多粒子系の量子力学で,ハミルトニアン $\mathcal{H} = \hat{T} + \hat{U} + \hat{V}$ と多体波動関数 Ψ を考える.$\hat{T}, \hat{U}, \hat{V}$ は,各々運動エネルギー,電子間静電相互作用,外場で,全粒子 ($\hat{U}$ は粒子間) に作用させる演算子の形である.$\rho(\vec{r})$ は密度演算子 $\hat{\rho}$ を挟んで $\rho = \langle \Psi | \hat{\rho} | \Psi \rangle$ の形で,外場の作用は

$$\langle \Psi | \hat{V} | \Psi \rangle = \langle \Psi | \sum_{i=1}^{N} V_{\text{ext}}(\vec{r}_i) | \Psi \rangle = \int V_{\text{ext}}(\vec{r}) \rho(\vec{r}) d\vec{r}$$

である(多粒子系の量子力学で,ブラ " $\langle$ " とケット " $\rangle$ " で挟む積分は全粒子の座標で行う).

Ψ が外場 $V_{\text{ext}}(\vec{r})$ の下での基底状態,Ψ' が異なる外場 $V'_{\text{ext}}(\vec{r})$ の下での基底状態なので,上記の表現を使ってシュレディンガー方程式は以下となる.

$$\mathcal{H}\Psi = (\hat{T} + \hat{U} + \hat{V})\Psi = E\Psi,$$
$$\mathcal{H}'\Psi' = (\hat{T} + \hat{U} + \hat{V}')\Psi' = E'\Psi' \tag{2-18}$$

E, E' は各外場下の電子集団の基底状態の全エネルギーである.このとき Ψ' は $\mathcal{H}$ の基底状態ではないので,不等式

$$E = \langle \Psi | \mathcal{H} | \Psi \rangle < \langle \Psi' | \mathcal{H} | \Psi' \rangle$$
$$= \langle \Psi' | \mathcal{H}' - \hat{V}' + \hat{V} | \Psi' \rangle = E' + \langle \Psi' | \hat{V} - \hat{V}' | \Psi' \rangle$$
$$= E' + \int (V_{\text{ext}}(\vec{r}) - V'_{\text{ext}}(\vec{r})) \rho(\vec{r}) d\vec{r} \tag{2-19}$$

が成り立つ.Ψ と Ψ' は同じ ρ を持つ仮定なので最終形の積分項が出る.Ψ と Ψ',$\mathcal{H}$ と $\mathcal{H}'$ を入れ替えて同じ検討をすると

$$E' = \langle \Psi' | \mathcal{H}' | \Psi' \rangle < \langle \Psi | \mathcal{H}' | \Psi \rangle$$
$$= \langle \Psi | \mathcal{H} - \hat{V} + \hat{V}' | \Psi \rangle = E + \int (V'_{\text{ext}}(\vec{r}) - V_{\text{ext}}(\vec{r})) \rho(\vec{r}) d\vec{r} \tag{2-20}$$

16   第 2 章   第一原理計算の基礎：基本的近似と密度汎関数理論

となる．(2-19), (2-20)式の両辺を足すと積分項が互いに打ち消され，両方とも左辺
＜右辺なので次式になる．

$$E + E' < E' + E \tag{2-21}$$

これは矛盾である．多電子集団は異なる外場の下の基底状態が同じ電子密度分布
$\rho(\vec{r})$ を持つことはない．　　　　　　　　　　　　　　　　　　　　　（証明終わり）

(B)　Janak の定理 ((2-14)式) $\dfrac{\partial E_{\mathrm{tot}}}{\partial f_i} = E_i$ の証明

【証明】　各状態の占有率 f_i を含めた電子密度分布 $\rho(\vec{r})$，運動エネルギー T_{s} の表式
は以下になる．

$$\rho(\vec{r}) = \sum_i f_i |\psi_i(\vec{r})|^2 \tag{2-22}$$

$$T_{\mathrm{s}} = \sum_i f_i \int \psi_i^*(\vec{r}) \left(-\frac{\hbar^2}{2m} \nabla^2 \right) \psi_i(\vec{r}) \, d\vec{r} \tag{2-23}$$

ここでは状態 i はスピン含めて考える（(2-2), (2-3)式と少し異なることに注意）．E_{tot}
は (2-4)式に上記 $\rho(\vec{r})$, T_{s} を入れたもので，各 ψ_i^* での汎関数微分から Kohn-Sham
方程式

$$\left(-\frac{\hbar^2}{2m} \nabla^2 + V_{\mathrm{eff}} \right) \psi_i = H\psi_i = E_i \psi_i$$

が成り立つ．一方，次式も成り立つ．

$$E_i = \int \psi_i^* H \psi_i \, d\vec{r} = \int \psi_i^* \left(-\frac{\hbar^2}{2m} \nabla^2 \right) \psi_i \, d\vec{r} + \int \psi_i^* V_{\mathrm{eff}} \psi_i \, d\vec{r} \tag{2-24}$$

ここで，$\dfrac{\partial E_{\mathrm{tot}}}{\partial f_i}$ を考える（偏微分であり，汎関数微分ではない）．(2-4)式の第 1 項 T_{s}
の偏微分，(2-4)式の第 2, 3, 4 項をまとめたものの偏微分を考えると次式になる．

$$\frac{\partial E_{\mathrm{tot}}}{\partial f_i} = \frac{\partial T_{\mathrm{s}}}{\partial f_i} + \frac{\partial (E_{\mathrm{L}} + E_{\mathrm{H}} + E_{\mathrm{xc}})}{\partial f_i} = \frac{\partial T_{\mathrm{s}}}{\partial f_i} + \int V_{\mathrm{eff}}(\vec{r}) \frac{\partial \rho(\vec{r})}{\partial f_i} \, d\vec{r} \tag{2-25}$$

第 2 項は ρ で汎関数微分したのち，ρ を f_i で偏微分する．一方，(2-23)式について
以下のようになる（ここでは，ψ_j の f_i 依存性も含めて検討する）．

$$\frac{\partial T_{\mathrm{s}}}{\partial f_i} = \int \psi_i^*(\vec{r}) \left(-\frac{\hbar^2}{2m} \nabla^2 \right) \psi_i(\vec{r}) \, d\vec{r} + \sum_j f_j \int \int \left\{ \frac{\partial \psi_j^*}{\partial f_i} \left(-\frac{\hbar^2}{2m} \nabla^2 \right) \psi_j + c.c. \right\} d\vec{r}$$

$$
= E_i - \int \psi_i^*(\vec{r})\, V_{\mathrm{eff}}(\vec{r})\, \psi_i(\vec{r})\, d\vec{r} + \sum_j f_j \int \left\{ \frac{\partial \psi_j^*}{\partial f_i} \left(-\frac{\hbar^2}{2m}\nabla^2 \right) \psi_j + c.c. \right\} d\vec{r}
\tag{2-26}
$$

2行目の第1, 2項で(2-24)式を使っている. (2-22)式について同様に以下になる.

$$
\frac{\partial \rho(\vec{r})}{\partial f_i} = |\psi_i(\vec{r})|^2 + \sum_j f_j \left\{ \frac{\partial \psi_j^*(\vec{r})}{\partial f_i} \psi_j(\vec{r}) + c.c. \right\}
\tag{2-27}
$$

(2-26), (2-27)式を(2-25)式に入れると

$$
\begin{aligned}
\frac{\partial E_{\mathrm{tot}}}{\partial f_i} &= E_i - \int \psi_i^*(\vec{r})\, V_{\mathrm{eff}}(\vec{r})\, \psi_i(\vec{r})\, d\vec{r} + \sum_j f_j \int \left\{ \frac{\partial \psi_j^*}{\partial f_i} \left(-\frac{\hbar^2}{2m}\nabla^2 \right) \psi_j + c.c. \right\} d\vec{r} \\
&\quad + \int V_{\mathrm{eff}}(\vec{r}) \left[|\psi_i(\vec{r})|^2 + \sum_j f_j \left\{ \frac{\partial \psi_j^*(\vec{r})}{\partial f_i} \psi_j(\vec{r}) + c.c. \right\} \right] d\vec{r} \\
&= E_i + \sum_j f_j \int \left\{ \frac{\partial \psi_j^*}{\partial f_i} \left(-\frac{\hbar^2}{2m}\nabla^2 \right) \psi_j + c.c. \right\} d\vec{r} \\
&\quad + \int V_{\mathrm{eff}}(\vec{r}) \sum_j f_j \left\{ \frac{\partial \psi_j^*(\vec{r})}{\partial f_i} \psi_j(\vec{r}) + c.c. \right\} d\vec{r} \\
&= E_i + \sum_j f_j \int \left\{ \frac{\partial \psi_j^*(\vec{r})}{\partial f_i} \left(-\frac{\hbar^2}{2m}\nabla^2 + V_{\mathrm{eff}}(\vec{r}) \right) \psi_j(\vec{r}) + c.c. \right\} d\vec{r} \\
&= E_i + \sum_j f_j E_j \int \left\{ \frac{\partial \psi_j^*(\vec{r})}{\partial f_i} \psi_j(\vec{r}) + c.c. \right\} d\vec{r} \\
&= E_i + \sum_j f_j E_j\, \partial \int |\psi_j(\vec{r})|^2 d\vec{r} / \partial f_i = E_i
\end{aligned}
\tag{2-28}
$$

最終行で $\left(-\dfrac{\hbar^2}{2m}\nabla^2 + V_{\mathrm{eff}}(\vec{r}) \right) \psi_j(\vec{r}) = E_j \psi_j(\vec{r})$ を使い, $\int |\psi_j(\vec{r})|^2 d\vec{r} = 1$(定数)なので, 第2項の微分はゼロである. これは(2-14)式にほかならない. (証明終わり)

以上は理論の枠内での証明である[10]. 実際には, 本文でも触れたように E_i や V_{eff} の占有数依存が系や $E_{\mathrm{xc}}, \mu_{\mathrm{xc}}$ の近似に応じてあり得る.

第3章

第一原理計算の基礎：
周期的ポテンシャル場における固有値・固有関数

3.1 格子と逆格子

　本章では，結晶やスーパーセルの周期系に密度汎関数理論を適用する方法論を論じる．結晶(周期系)でのKohn-Sham方程式の固有状態が**逆格子空間**($\vec{k}$**空間**)の$\vec{k}$点で識別され，占有状態の和((2-2)式や(2-13)式)が$\vec{k}$空間の占有部分の三次元積分で計算される等，初学者にはわかりにくい問題がある．「平面波基底の第一原理計算」以外の第一原理計算手法も含めたバンド計算の一般論である．

　結晶(周期系)では格子点毎に同じ単位胞が繰り返す(図3-1)．**格子点**(単位胞)の位置を示す**格子ベクトル**$\vec{R}$は，**基本並進ベクトル**$\vec{a}_1, \vec{a}_2, \vec{a}_3$を用いて，

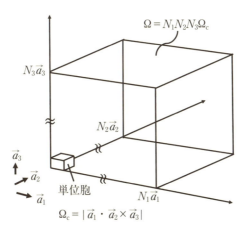

図3-1 結晶の単位胞の並びとボルン-フォン カルマンの周期境界条件．単位胞(体積Ω_c)が基本並進ベクトル$\vec{a}_1, \vec{a}_2, \vec{a}_3$の周期で繰り返す．一方，三方向に$N_1\vec{a}_1$, $N_2\vec{a}_2$, $N_3\vec{a}_3$の大きなサイズの体積Ωの結晶部分が，さらに外側に(巡回的に)繰り返すボルン-フォン カルマンの境界条件を考える．

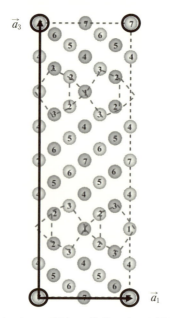

図 3-2 結晶粒界のスーパーセルの例（bcc 結晶の〈110〉対応粒界）．四隅の太丸が格子点 $\vec{R}$ で，$\vec{a}_1, \vec{a}_2, \vec{a}_3$ で周期的に繰り返す．$\vec{a}_2$ は図に垂直方向．$\vec{a}_1, \vec{a}_2, \vec{a}_3$ で構成される平行六面体（直方体）が単位胞で，原子位置は内部座標 $\vec{t}_a$ で与えられる．粒界は (111) 原子層が積層した構造で，界面の完全結晶と異なる配列部分を破線で示す．界面に沿って $\vec{a}_1, \vec{a}_2$ の二次元周期を持つ．界面垂直方向には対称な二界面が繰り返すことで，$\vec{a}_3$ の周期性ができる．原子の円内の数字は界面からの原子層数．

$$\vec{R} = l_1 \vec{a}_1 + l_2 \vec{a}_2 + l_3 \vec{a}_3 \quad (l_1, l_2, l_3 \text{ は整数})$$

である．単位胞は $\vec{a}_1, \vec{a}_2, \vec{a}_3$ を稜とする平行六面体に取ることができ，原子位置は単位胞内相対位置ベクトル $\vec{t}_a$ を用いて $\vec{R} + \vec{t}_a$ である．**図 3-2** にスーパーセルの例も示す．

結晶やスーパーセルでは，Kohn-Sham 方程式のポテンシャル $V_{\text{eff}}(\vec{r})$（(2-10) 式）が格子周期性（**並進対称性**）を持つ．その周期系の任意の格子ベクトル $\vec{R}$ の並進に対し

$$V_{\text{eff}}(\vec{r} + \vec{R}) = V_{\text{eff}}(\vec{r}) \tag{3-1}$$

となる．ポテンシャルは単位胞毎に同じものが無限に繰り返すわけである．

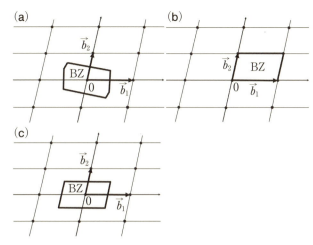

図 3-3 ブリルアンゾーンの様々な取り方．（a）近接逆格子点への垂直二等分面で構成する多面体(第一 BZ)，（b）基本逆格子ベクトル $\vec{b}_1, \vec{b}_2, \vec{b}_3$ を稜とする平行六面体，（c）原点を中心に持つ同様の平行六面体．黒い丸が $\vec{G}$ 点．$\vec{k}$ の固有状態と $\vec{k}+\vec{G}$ の固有状態は同値なので，$\vec{G}$ のシフトから，どの取り方も BZ 内積分の観点では等価である．対称性や特異点の解析の点では，（a）の取り方が優れている．

一方，**基本逆格子ベクトル**が，実空間の格子に対応して

$$\vec{b}_1 = 2\pi \vec{a}_2 \times \vec{a}_3 / \vec{a}_1 \cdot \vec{a}_2 \times \vec{a}_3,$$
$$\vec{b}_2 = 2\pi \vec{a}_3 \times \vec{a}_1 / \vec{a}_1 \cdot \vec{a}_2 \times \vec{a}_3,$$
$$\vec{b}_3 = 2\pi \vec{a}_1 \times \vec{a}_2 / \vec{a}_1 \cdot \vec{a}_2 \times \vec{a}_3 \tag{3-2}$$

で定義され，$\vec{a}_i \cdot \vec{b}_j = 2\pi \delta_{ij}$ を満たす．**逆格子点(逆格子ベクトル)**が

$$\vec{G} = m_1 \vec{b}_1 + m_2 \vec{b}_2 + m_3 \vec{b}_3 \quad (m_1, m_2, m_3 \text{は整数})$$

のように，周期的に繰り返す逆格子空間($\vec{k}$空間)が設定できる．格子ベクトル $\vec{R}$ との内積は常に

$$\vec{G} \cdot \vec{R} = 2\pi M \quad (M \text{は整数}) \tag{3-3}$$

である(実空間も逆空間も x, y, z 軸方向は共通)．実格子の単位胞に対応して，逆格子空間($\vec{k}$空間)の単位胞が**ブリルアンゾーン**(Brillouin zone，以下 **BZ** と略記)である(**図 3-3**)．$\vec{b}_1, \vec{b}_2, \vec{b}_3$ を稜とする平行六面体でも良いが，通常，逆格子点を中心に近

接する逆格子点へのベクトルの垂直二等分面で区切られた同じ体積の領域が取られる（第一BZ）．実空間の単位胞の体積は $\vec{a}_1, \vec{a}_2, \vec{a}_3$ による平行六面体の体積

$$\Omega_c = |\vec{a}_1 \cdot \vec{a}_2 \times \vec{a}_3|$$

で，逆格子空間の BZ の体積は $\vec{b}_1, \vec{b}_2, \vec{b}_3$ による平行六面体の体積

$$|\vec{b}_1 \cdot \vec{b}_2 \times \vec{b}_3| = (2\pi)^3 \Omega_c^{-1}$$

である．実空間の単位胞の体積 Ω_c が大きいほど BZ の体積は小さくなる．

3.2 ブロッホの定理

格子ベクトル $\{\vec{R}\}$，逆格子ベクトル $\{\vec{G}\}$（記号 $\{\ \}$ は系全体の集合の意味）で特徴付けられる周期系において Kohn-Sham 方程式の固有値，固有関数（固有状態の波動関数）を考える．(3-1)式のように並進対称性を持つ系での固有状態は，必ず以下の特徴を持つ：①固有状態は，波数ベクトル $\vec{k}$ で識別され，$\vec{k}$ はその周期系の第一 BZ 内に限られる．②固有関数は以下の形を持つ．

$$\psi_{\vec{k}n}(\vec{r}) = U_{\vec{k}n}(\vec{r}) \exp[i\vec{k} \cdot \vec{r}] \tag{3-4}$$

$U_{\vec{k}n}(\vec{r})$ は格子周期関数で，任意の $\vec{R}$ の並進について

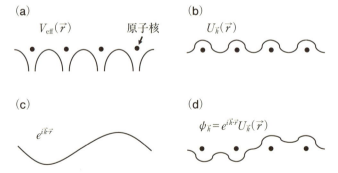

図 3-4 結晶中の固有関数の概念図．（a）格子の周期的ポテンシャル $V_{\text{eff}}(\vec{r})$ のもとでは，ブロッホの定理から，（b）格子周期関数 $U_{\vec{k}}(\vec{r})$ と（c）平面波 $e^{i\vec{k}\cdot\vec{r}}$ の積の形を（d）電子の固有関数が有する．$U_{\vec{k}}(\vec{r})$ や $e^{i\vec{k}\cdot\vec{r}}$ は複素数であるが，簡単のため模式的に示す．スーパーセルの場合，各単位胞に多数の原子があるので，（a）の周期的ポテンシャルの各単位胞の様子は複雑になる．

$$U_{\vec{k}n}(\vec{r}+\vec{R})=U_{\vec{k}n}(\vec{r}) \tag{3-5}$$

を満たす（n はバンド指標（3.3 節（1）参照））.

　以上の①，②が**ブロッホの定理**（Bloch's theorem）である．**図 3-4** に（3-4），（3-5）式からの固有関数 $\psi_{\vec{k}n}(\vec{r})$，平面波 $\exp[i\vec{k}\cdot\vec{r}]$，格子周期関数 $U_{\vec{k}n}(\vec{r})$ の様子の例を示す．（3-4）式から，固有状態 $\psi_{\vec{k}n}(\vec{r})$ の電子密度分布（2-2）式への寄与 $|\psi_{\vec{k}n}(\vec{r})|^2$ は，exp 項が消えて $|U_{\vec{k}n}(\vec{r})|^2$ であり，（3-5）式から，その分布も格子周期関数である．

　ブロッホの定理は，**群論**（group theory）を用いて導出される[16,17]．群論から直接に導出されるブロッホの定理の別表現として，③並進対称性を持つ系の固有関数は，系の任意の $\vec{R}$ の並進操作 $T_{\vec{R}}$ に対し，必ず

$$T_{\vec{R}}\psi_{\vec{k}n}(\vec{r})=\psi_{\vec{k}n}(\vec{r}+\vec{R})=\exp[i\vec{k}\cdot\vec{R}]\psi_{\vec{k}n}(\vec{r}) \tag{3-6}$$

のように表される構造を持つ（$\vec{k}$ は第一 BZ 内に限られる）．これは，上記①，②と同値であることが証明される．

　図 3-1 のマクロの周期境界条件（**ボルン-フォン カルマン**（Born-von Karman）**の周期境界条件**）では，$\vec{a}_1,\vec{a}_2,\vec{a}_3$ 方向に各々 $N_1\vec{a}_1,N_2\vec{a}_2,N_3\vec{a}_3$ のサイズで単位胞が並んだ体積

$$\Omega=N\Omega_{\rm c} \quad (N=N_1N_2N_3,\ N は巨視的な数)$$

の結晶部分が，マクロに繰り返すと考える．そこでは，総計 N 個の格子点 $\{\vec{R}\}$ に対応する並進操作 $T_{\vec{R}}$ も波動関数 $\psi(\vec{r})$ も，$T_{\vec{R}+N_i\vec{a}_i}=T_{\vec{R}}$，$\psi(\vec{r}+N_i\vec{a}_i)=\psi(\vec{r})$ （$i=1\sim3$）のように「巡回的に」接続すると想定する（$N_1\sim N_3$ を事実上無限大と考えれば問題ない）．そうすると群論の定理から，並進操作 $T_{\vec{R}}$ の集合は巡回群（アーベル群）を構成し，そこでの固有関数の持つ条件として（3-6）式が導出される（一次元既約表現，詳しい説明はバーンズ[16]，香山[17]参照）．なお，スーパーセルの場合も同様に，欠陥や表面・界面を含む大きなセル（単位胞）が N 個繰り返す仮想的なマクロの周期を考え，そこでの $T_{\vec{R}}$ と固有関数を考える．

3.3　ブリルアンゾーンとバンド

（1）　BZ と固有状態

固有状態を識別する $\vec{k}$ は，原点を中心とした第一 BZ 内に限ることができる．**図**

24　第3章　第一原理計算の基礎：周期的ポテンシャル場における固有値・固有関数

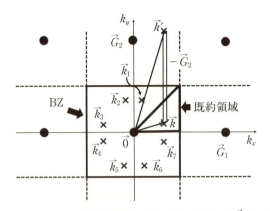

図 3-5　ブリルアンゾーンと既約領域（正方晶の例）．黒丸が $\vec{G}$ 点．図に垂直方向が k_z 軸，BZ は k_x-k_y 面が正方形，k_z 軸に沿って正と負の正四角柱．$\vec{k}'$ から $\vec{k}$ への大きな矢印は，第一 BZ 外の $\vec{k}'$ の固有状態を逆格子ベクトルで第一 BZ 内の $\vec{k}$ の固有状態にシフトする例を示す．既約領域は k_z が正の領域の三角柱の wedge（1/16 の部分）．$\vec{k}_1$〜$\vec{k}_7$ 点は，既約領域の $\vec{k}$ 点を系の対称操作の S 行列で回転した $S\vec{k}$ 点を示す．反転対称のある正方晶（D_{4h} など）は 16 個の対称操作を持ち，$S\vec{k}$ により既約領域が BZ 全体を埋める．反転対称のない場合（C_{4v} など），対称操作数は 8 個だが，時間反転対称により $-\vec{k}$ や $-S\vec{k}$ も同じ固有値や複素共役の固有関数になり BZ 全体を埋めるので，既約領域は同じである（1/16）．

3-5 に示すように，第一 BZ から外に出た $\vec{k}'$ を持つ固有状態，例えば，$U(\vec{r})$ を格子周期関数として，波動関数が $U(\vec{r})\exp[i\vec{k}'\cdot\vec{r}]$ の電子状態を考える．何らかの逆格子ベクトル $\vec{G}$ で $\vec{k}'-\vec{G}=\vec{k}$ として $\vec{k}$ が第一 BZ に入るようにすることができ，波動関数は

$$U(\vec{r})\exp[i\vec{k}'\cdot\vec{r}] = U(\vec{r})\exp[i\vec{G}\cdot\vec{r}]\exp[i\vec{k}\cdot\vec{r}] = U(\vec{r})U_{\vec{G}}(\vec{r})\exp[i\vec{k}\cdot\vec{r}]$$

と表せる．

$$U_{\vec{G}}(\vec{r}) = \exp[i\vec{G}\cdot\vec{r}]$$

が(3-3)式から格子周期関数なので $U(\vec{r})U_{\vec{G}}(\vec{r})$ も格子周期関数となり，(3-4)，(3-5)式から $U(\vec{r})\exp[i\vec{k}'\cdot\vec{r}]$ は BZ 内の $\vec{k}$ の固有状態とみなせる．これは $\vec{k}$ の固有状態と $\vec{k}+\vec{G}$ の固有状態は同値ということである．

したがって，原点を含む第一 BZ 内の $\vec{k}$ 点で Kohn-Sham 方程式の固有値 $E_{\vec{k}n}$，固有関数 $\psi_{\vec{k}n}(\vec{r})$ が求まれば，周期系の電子構造が解けたことになる．$E_{\vec{k}n}, \psi_{\vec{k}n}$ の添え

3.3 ブリルアンゾーンとバンド

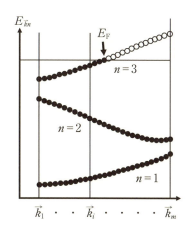

図 3-6 ブリルアンゾーン内の $\vec{k}$ 点，バンド指標 n，固有値 $E_{\vec{k}n}$ の様子(BZ 内の線分に沿った稠密な $\vec{k}$ 点の $E_{\vec{k}n}$ の値の模式図). 非金属(半導体，絶縁体)では価電子バンドがフルに占有される. 金属では, 上部のバンドに最高占有準位(フェルミ準位) E_F があり，バンド(BZ)は，占有部分($E_{\vec{k}n} \leq E_\mathrm{F}$)と非占有部分($E_{\vec{k}n} > E_\mathrm{F}$)に分かれる. 各々黒丸と白丸で示す. BZ 内の $\vec{k}$ 点の総数(識別される固有状態数)は, 結晶(周期系)の単位胞の総数 N に等しい(ボルン-フォン カルマンの周期境界条件での N). 各状態(各黒丸)に up と down のスピンで 2 電子が入るので，一つのバンド(BZ)に $2N$ 個の電子(単位胞当たりでは 2 電子)が収容される.

字の n はバンド指標である. $\vec{k}$ 点毎に(単位胞当たりの電子数に応じて)複数個の固有状態を求め, 固有エネルギー $E_{\vec{k}n}$ の低い順に番号 n を付ける. 低い順に電子に占有される. n の異なる固有状態は互いに直交する.

$$\int \psi_{\vec{k}n}^*(\vec{r}) \psi_{\vec{k}n'}(\vec{r}) d\vec{r} = \delta_{nn'}$$

$\vec{k}$ の異なる固有状態ももちろん直交する.

$$\int \psi_{\vec{k}n}^*(\vec{r}) \psi_{\vec{k}'n}(\vec{r}) d\vec{r} = \delta_{\vec{k}\vec{k}'}$$

図 3-6 に $\vec{k}$ 点, バンド指標 n, 固有値 $E_{\vec{k}n}$ の様子を示す. バンド指標 n 毎に $E_{\vec{k}n}$, $\psi_{\vec{k}n}$ は BZ 内で $\vec{k}$ に対して少しずつ変化し, $\vec{k}$ の連続関数とみなせる. n 毎の BZ 内の連続な固有状態の集団を「バンド」と呼ぶ(複数のバンドがエネルギー的に重なる場合もある). $\vec{k}$ に応じた $E_{\vec{k}n}$ の変化の様子をバンド構造(バンド分散)と言う. $E_{\vec{k}n}, \psi_{\vec{k}n}$

26　第3章　第一原理計算の基礎：周期的ポテンシャル場における固有値・固有関数

は，各バンド内で連続に変化するので，すべての詳細な$\vec{k}$点で計算しなくても適当なメッシュやサンプルした$\vec{k}_i$点で計算すれば良い．金属系では，上部のバンドにフェルミ準位(最高占有準位)E_Fが存在し，そのバンドでは BZ 内に占有領域$(E_{\vec{k}n} \leq E_F)$と非占有領域$(E_{\vec{k}n} > E_F)$が生じる(図 3-6 の $n=3$ のバンドの黒丸と白丸)．

(2) BZ が収容する電子数

BZ 内には，(概念的に)稠密に$\vec{k}$点が存在する．周期系の単位胞(格子点)の総数 N と BZ 内の$\vec{k}$点の総数は理念上，同じである．上述の(3-6)式をめぐるブロッホの定理の議論では，図 3-1 のマクロの周期境界条件(ボルン-フォン カルマンの周期境界条件)で $N_1\vec{a}_1, N_2\vec{a}_2, N_3\vec{a}_3$ のサイズで繰り返す体積 $\Omega = N\Omega_c (N = N_1N_2N_3)$ の巨視的な結晶部分を考えた．そこでの並進自由度(格子点)の総数 N に等しくなるように BZ 内の$\vec{k}$点の総数(識別される固有状態の総数，スピン除く)も定義される[17]．したがって，BZ 内には，バンド毎に$\vec{k}$で識別される N 個の固有状態がある．フェルミ粒子なので各固有状態にスピン含めて 2 電子ずつが入り，トータル $2N$ 個の電子が一つのバンド(BZ)に入る(図 3-6，スピン非分極)．

単位胞(スーパーセル)当たりの価電子総数を N_e 個とすると(平面波基底の第一原理計算では価電子のみを扱う)，上述の体積 $\Omega = N\Omega_c$ の部分の総価電子数は N_eN 個である．一つのバンド(BZ)に入る電子数が $2N$ なので，占有されるバンド数 n は$\vec{k}$点毎に平均で $N_eN/2N = N_e/2$ となる．一方，単位胞当たりで見ると，スピン含めて 2 電子を一つの BZ (一つのバンド)が収容する．単位胞当たりの価電子数 N_e を 2 で割って，平均で $N_e/2$ 個のバンドが埋まると言える．

実際の計算で各$\vec{k}$点毎にバンド指標 n を M 個まで求めるとして$(n=1 \sim M)$，非金属系(半導体や絶縁体)では $M = N_e/2$，金属系では$\vec{k}$点毎に占有する状態数が異なり(図 3-6)，フェルミ準位 E_F を決めるためにも非占有のバンドも少し含めるので，$M = N_e/2 + \alpha$ となる．第 9 章で論じる固有状態の収束計算では M が重要である．遷移金属を扱う場合など，d 軌道で構成される空の伝導バンドも十分に含めるように $M(\alpha)$ を大きくしないと計算の収束が遅い場合があり，注意が必要である．

3.4 ブリルアンゾーン内積分と $\vec{k}$ 点メッシュ

(1) BZ 内積分

(2-2), (2-3), (2-13)式等における，占有状態 i についての固有関数や固有エネルギーに関する和は，周期系では各 n のバンド毎の BZ 内の $\vec{k}$ 点の占有領域の $\vec{k}$ 空間積分になる．実際には，メッシュ点など離散的な $\vec{k}_i$ 点で $E_{\vec{k}_i n}, \psi_{\vec{k}_i n}$ を求め，それらの重み付き和で実行する．例えば，(2-2)式の電子密度分布は，各固有状態の密度分布 $|\psi_{\vec{k} n}(\vec{r})|^2$ の $\vec{k}$ 空間積分で

$$\rho(\vec{r}) = \sum_n^{\text{occ}} 2 \frac{\Omega_c}{(2\pi)^3} \int_{\text{BZ}} f_{\vec{k} n} |\psi_{\vec{k} n}(\vec{r})|^2 d\vec{k}$$

$$= \sum_n^{\text{occ}} \sum_i w_{\vec{k}_i n} |\psi_{\vec{k}_i n}(\vec{r})|^2 = \sum_n^{\text{occ}} \sum_i w_{\vec{k}_i n} |U_{\vec{k}_i n}(\vec{r})|^2 \tag{3-7}$$

で与えられる．1行目の $\vec{k}$ 空間積分では，2がスピン，$\dfrac{\Omega_c}{(2\pi)^3}$ は BZ 体積で割る規格化因子(BZ 内にスピン含めて2状態に規格化)，$f_{\vec{k} n}$ は $\vec{k}$ 点のバンド n の状態の占有率で，占有で1，非占有で0である．非金属では，すべての $\vec{k}$ 点で $f_{\vec{k} n} = 1$．(3-7)式の2行目は，BZ 内積分を離散メッシュの $\vec{k}_i$ 点の値の重み付きの和で実行する．重み $w_{\vec{k}_i n}$ は，$\vec{k}_i$ 点の積分重み w_i (BZ 全体で $\sum_i w_i = 1$)とスピン自由度2と占有率 $f_{\vec{k}_i n}$ を掛けて $w_{\vec{k}_i n} = 2 f_{\vec{k}_i n} w_i$ としたものである．スピン分極がある場合，スピン σ (up と down)毎に占有率は $f_{\vec{k}_i n}^{\sigma}$，重みは $w_{\vec{k}_i n}^{\sigma} = f_{\vec{k}_i n}^{\sigma} w_i$ で，$|\psi_{\vec{k}_i n}^{\sigma}(\vec{r})|^2$ の積分を行う．

(2) 積分用 $\vec{k}$ 点メッシュ

BZ 内積分用の $\vec{k}$ 点のメッシュは，積分精度と効率の両面から構築される．**Monkhorst-Pack の $\vec{k}$ 点サンプリング(MP 法)**[18]が頻繁に使われる．BZ 内積分の観点では，上記の $\vec{k}$ と $\vec{k} + \vec{G}$ の固有状態の同値性から図3-3の三通りの BZ はどれも同じだが，MP 法では原点を中心にした平行六面体に取る(図3-3(c))．平行六面体の各平行二面間を等間隔で切って均一の微小平行六面体ブロックに分ける(例えば $\vec{b}_1$, $\vec{b}_2$, $\vec{b}_3$ に沿って N_r, N_s, N_t 分割)．この微小ブロックの中心の $\vec{k}$ 点のセット $\{\vec{k}_i\}$ を均一重み $w_i = 1/N_{\vec{k}}$ で用いる($N_{\vec{k}}$ は微小ブロック総数，$N_{\vec{k}} = N_r N_s N_t$)．なお，$N_r$, N_s, N_t の大きさの比が，なるべく平行六面体の三つの平行二面間距離の大きさの比

28 第3章 第一原理計算の基礎：周期的ポテンシャル場における固有値・固有関数

に近くなるよう等方的に取る.

MP法メッシュによる(3-7)式2行目の数値積分は単純な均等メッシュの台形則積分ではなく，$\vec{k}$空間の被積分関数（上記の例では$|\psi_{\vec{k}n}(\vec{r})|^2$）が逆格子ベクトル周期関数

$$|\psi_{\vec{k}n}(\vec{r})|^2 = |\psi_{\vec{k}+\vec{G},n}(\vec{r})|^2$$

であるので，実空間の格子ベクトルのフーリエ級数で展開できることを利用する特別の方法である（**特殊点法**）. そのため非金属系に関しては，メッシュ密度が粗くても精度はかなり良い（この原理は10.1節で詳述する）.

(3) 金属的な場合

MP法メッシュは金属的な系にも用いられるが，フェルミ面の存在のため，$\vec{k}_i$点がフェルミ面の内部（$E_{\vec{k}_i n} \leq E_\mathrm{F}$）と外部（$E_{\vec{k}_i n} > E_\mathrm{F}$）で占有率$f_{\vec{k}_i n}$が1から0に急峻に変わる. $\vec{k}$点メッシュが粗い場合，数値積分は，フェルミ面の形とは異なる凸凹の体積部分（$E_{\vec{k}_i n} \leq E_\mathrm{F}$の微小ブロックの集合体）の積分になってしまうため（**図3-7**（a）），細かいメッシュが必要になる. 比較的粗いメッシュでも積分精度を上げる方法として，E_Fに近い準位（フェルミ面に近い$\vec{k}_i$点）の占有率$f_{\vec{k}_i n}$に**ボケ**（smearing, broadening）を導入し，$E_{\vec{k}_i n}$とE_Fとの関係（フェルミ面と$\vec{k}_i$点の関係）に応じて$f_{\vec{k}_i n}$を1と0の間でなだらかに変化させる方法が有効である.

図3-7（b）に示すように，各$\vec{k}_i$点の微小ブロックの体積のうち，フェルミ面内部に含まれる部分のfraction（0～1の間）から$\vec{k}_i$点の占有率$f_{\vec{k}n}$を見積もると考えれば（微小ブロック内の被積分関数の値は$\vec{k}_i$点での値と同じという仮定のもとで）フェルミ面形状に，より適合した積分が可能となる. 実際には体積のfractionは直接には扱わず，$f_{\vec{k}_i n}$を$E_{\vec{k}_i n}$とE_Fの関数である，少しなだらかなstep様関数で与える. step様関数は，状態のエネルギー軸上の分布をGaussian[19,20]やエルミート多項式[21]で表すことで導出される（Gaussianの方法の詳細は10.2節）.

こうしたsmearing法は，金属系でのSCF計算の安定な遂行の点からも重要で，むしろ，その目的で改良や提案がされてきた（SCFループについては3.6節，9.4節（4）参照）. SCF計算のループでE_Fの近傍の状態の占有率がループ毎に急激に変わると電子密度分布やポテンシャルも急変し，振動が起き，しばしば収束が困難になる. E_Fの近傍の状態の占有，非占有の区別をsmearingすることで，漸近的な収束が図れる.

金属でも非金属でも，完全結晶のBZ内積分の$\vec{k}$点メッシュ密度（総数$N_{\vec{k}}$）は，い

3.4 ブリルアンゾーン内積分と$\vec{k}$点メッシュ

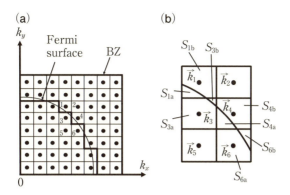

図 3-7 金属的な系でのブリルアンゾーンの占有部分の$\vec{k}$空間積分．
(a) BZ 内のメッシュの$\vec{k}$点(黒丸)とフェルミ面を示す(既約領域が$k_x \geq 0$，$k_y \geq 0$の領域で，$k_z = 0$の面上の模式図)．$\vec{k}$空間の物理量$A(\vec{k})$を占有部分(フェルミ面内部)で積分する．メッシュの$\vec{k}_i$点の単純な数値積分$\sum_i 2wf_{\vec{k}_i n}A(\vec{k}_i)$の場合(2 はスピン，$w$は$\vec{k}$点の均一重み)，各$\vec{k}_i$での占有率$f_{\vec{k}_i n}$を$E_{\vec{k}_i n}$と$E_F$の関係($\vec{k}_i$がフェルミ面の内か外か)で1か0として行うと，太線で示す凸凹のブロックの部分の和になる．No.1〜No.6は(b)に示す$\vec{k}_1 \sim \vec{k}_6$のブロック．

(b) 占有率$f_{\vec{k}_i n}$に1〜0の間のfractionを導入して精度を上げる方法．上記の単純な方法では，図3-7(b)の部分($\vec{k}_1 \sim \vec{k}_6$のブロック)の寄与は，
$$2w\{A(\vec{k}_3) + A(\vec{k}_5) + A(\vec{k}_6)\}$$
である．一方，各$\vec{k}_i$のブロック毎にフェルミ面の内と外の領域の大きさをS_{ia}，S_{ib}とし($S_{ia} + S_{ib} = S$で一定)，各$\vec{k}_i$のブロックのフェルミ面内部のfraction S_{ia}/Sをその状態の占有率$f_{\vec{k}_i n}$に用いれば，寄与は，
$$\frac{2w}{S}\{S_{1a}A(\vec{k}_1) + S_{3a}A(\vec{k}_3) + S_{4a}A(\vec{k}_4) + SA(\vec{k}_5) + S_{6a}A(\vec{k}_6)\}$$
となり，精度が上がる．**Gaussian broadening 法**等[19-21]では，この fraction (占有率$f_{\vec{k}_i n}$)を$E_{\vec{k}_i n}$とE_Fとの関係に基づく step 様関数で与える．

くつかの値でテストし，収束状況で決める．同じ物質ならスーパーセルの場合もメッシュ密度は基本的に同様で良い．スーパーセル体積をΩ_sとして，完全結晶の単位胞体積Ω_cとすれば，スーパーセルでの$\vec{k}$点総数$N_{\vec{k}}^s$はBZの体積の関係から

$$N_{\vec{k}}^s \approx \frac{\Omega_c}{\Omega_s}N_{\vec{k}} \tag{3-8}$$

で概算される．スーパーセルが大きいほど$\vec{k}$点数が減らせる．

30　第3章　第一原理計算の基礎：周期的ポテンシャル場における固有値・固有関数

3.5　系の対称性とブリルアンゾーンの既約領域

(1)　時間反転対称の効果

　積分用のメッシュの $\vec{k}$ 点を抽出する領域は，BZ 全体である．一方，**時間反転対称性**と結晶系の持つ**対称操作** $\{S|\vec{t}_S\}$ を利用して，$\vec{k}$ 点の抽出領域を**既約領域**(irreducible part)に絞ることができる[16](図 3-5)．既約領域の $\vec{k}$ 点について固有値，固有関数を求めれば，それらは $S\vec{k}$ や $-\vec{k}$ での固有値や固有関数と特別の関係があり，BZ 全体の $\vec{k}$ 点で固有値，固有関数を求めたことになるのである．

　まず，時間反転対称性から，$-\vec{k}$ の固有値 $E_{-\vec{k}n}$ は $\vec{k}$ の固有値 $E_{\vec{k}n}$ と同じ値で，固有関数 $\phi_{-\vec{k}n}$ も $\psi_{\vec{k}n}$ と互いに複素共役の関係がある[16,22]．ただし，外部磁場やスピン軌道相互作用(重い元素に現れる相対論効果)がある場合には成り立たない．ここで，時間反転演算子 T は波動関数を複素共役にする複素共役演算子で，$\vec{k}$ の固有状態 $\psi_{\vec{k}n}$ の Kohn-Sham 方程式の両辺に作用させると

$$TH\psi_{\vec{k}n} = TE_{\vec{k}n}\psi_{\vec{k}n},$$
$$HT\psi_{\vec{k}n} = E_{\vec{k}n}T\psi_{\vec{k}n},$$
$$H\psi_{\vec{k}n}^* = E_{\vec{k}n}\psi_{\vec{k}n}^* \tag{3-9}$$

となる．H と T は可換で，$T\psi_{\vec{k}n}$ は $\psi_{\vec{k}n}^*$ になり，固有値 $E_{\vec{k}n}$ の方程式を満たす．(3-4)式を複素共役にすると

$$\psi_{\vec{k}n}^*(\vec{r}) = U_{\vec{k}n}^*(\vec{r})\exp[-i\vec{k}\cdot\vec{r}]$$

で，$U_{\vec{k}n}^*(\vec{r})$ が格子周期関数であることは複素共役にしても変わらないので，(3-9)式の $\psi_{\vec{k}n}^*(\vec{r})$ は $-\vec{k}$ の固有関数 $\phi_{-\vec{k}n}$ である($e^{i\theta}$ を掛ける位相の不定性はある)．(3-9)式の $E_{\vec{k}n}$ は $-\vec{k}$ の固有値 $E_{-\vec{k}n}$ と言える．こうして $\vec{k}$ の固有値，固有関数を求めれば，$-\vec{k}$ のものも求めたことになり，必要な $\vec{k}$ 点の領域は少なくとも BZ の半分に絞られる．

(2)　結晶構造の持つ対称性の効果

　次に原子配列の持つ対称性の効果である．結晶(周期系)が対称操作 $\{S|\vec{t}_S\}$ を持つと言うのは，格子ベクトルと内部座標の全体 $\{\vec{R}+\vec{t}_a\}$ が，(原点を中心に)行列 S の**点対称操作**(回転，鏡映，反転)を施した後，S に応じた $\vec{t}_S$ の並進(基本並進ベクトル

3.5 系の対称性とブリルアンゾーンの既約領域　　31

より小さい並進, 「らせん」「映進」にのみ存在)を施す操作($\vec{r}' = \{S|\vec{t}_S\}\vec{r} = S\vec{r} + \vec{t}_S$)
で不変(元のものと重なる)と言うことである[16]. 結晶系毎に対称操作 $\{S|\vec{t}_S\}$ の種
類・数が決まっている(**空間群**). スーパーセルの持つ対称操作は元の結晶より少なく
なるが, どれかの結晶系と同様のものを持つ場合が多い.

　重要な定理として, 結晶(周期系)が対称操作 $\{S|\vec{t}_S\}$ を持つ(その操作でポテンシャ
ル V_{eff} が不変)なら, その結晶(周期系)の $S\vec{k}$ での固有値 $E_{S\vec{k}n}$ が $\vec{k}$ の固有値 $E_{\vec{k}n}$ と同
じ値で, $S\vec{k}$ での固有関数 $\psi_{S\vec{k}n}$ は $\vec{k}$ の固有関数 $\psi_{\vec{k}n}$ を $\{S|\vec{t}_S\}$ で移したものになる.

　この定理は以下のように証明される. 対称操作

$$\vec{r}' = \{S|\vec{t}_S\}\vec{r} = S\vec{r} + \vec{t}_S$$

を関数 $f(\vec{r})$ に作用させると, 括弧内の $\vec{r}$ には逆変換で

$$\{S|\vec{t}_S\}f(\vec{r}) = f(\{S|\vec{t}_S\}^{-1}\vec{r}) = f(S^{-1}(\vec{r} - \vec{t}_S)) \tag{3-10}$$

と表される. $\vec{k}$ での固有値 $E_{\vec{k}n}$, 固有関数 $\psi_{\vec{k}n}$ の Kohn-Sham 方程式の両辺に作用さ
せると

$$\{S|\vec{t}_S\}H\psi_{\vec{k}n} = \{S|\vec{t}_S\}E_{\vec{k}n}\psi_{\vec{k}n},$$
$$H\{S|\vec{t}_S\}\psi_{\vec{k}n} = E_{\vec{k}n}\{S|\vec{t}_S\}\psi_{\vec{k}n} \tag{3-11}$$

となる. H と $\{S|\vec{t}_S\}$ が可換であるためである(ポテンシャル V_{eff} が対称操作で不
変). この式から波動関数 $\{S|\vec{t}_S\}\psi_{\vec{k}n}$ が $\vec{k}$ の固有状態 $\psi_{\vec{k}n}$ と同じ固有値 $E_{\vec{k}n}$ を持つ固
有状態と言える.

　一方, 波動関数 $\{S|\vec{t}_S\}\psi_{\vec{k}n}$ は, (3-10)式と(3-4)式を用いて

$$\begin{aligned}
\{S|\vec{t}_S\}\psi_{\vec{k}n}(\vec{r}) &= \{S|\vec{t}_S\}U_{\vec{k}n}(\vec{r})\exp[i\vec{k}\cdot\vec{r}] \\
&= U_{\vec{k}n}(S^{-1}(\vec{r}-\vec{t}_S))\exp[i\vec{k}\cdot S^{-1}(\vec{r}-\vec{t}_S)] \\
&= \exp[-iS\vec{k}\cdot\vec{t}_S]U_{\vec{k}n}(S^{-1}(\vec{r}-\vec{t}_S))\exp[iS\vec{k}\cdot\vec{r}] \tag{3-12}
\end{aligned}$$

となる. 内積の関係式

$$\vec{k}\cdot S^{-1}\vec{r} = S\vec{k}\cdot\vec{r}$$

を用いている. (3-12)式の $\exp[-iS\vec{k}\cdot\vec{t}_S]U_{\vec{k}n}(S^{-1}(\vec{r}-\vec{t}_S))$ の $\vec{r}$ に $\vec{R}$ の並進操作を
入れると

$$\begin{aligned}
U_{\vec{k}n}(S^{-1}(\vec{r}+\vec{R}-\vec{t}_S)) &= U_{\vec{k}n}(S^{-1}(\vec{r}-\vec{t}_S)+S^{-1}\vec{R}) \\
&= U_{\vec{k}n}(S^{-1}(\vec{r}-\vec{t}_S)+\vec{R}') = U_{\vec{k}n}(S^{-1}(\vec{r}-\vec{t}_S)) \tag{3-13}
\end{aligned}$$

のように不変であり，$\exp[-iS\vec{k}\cdot\vec{t}_S]U_{\vec{k}n}(S^{-1}(\vec{r}-\vec{t}_S))$ は格子周期関数 $U_{S\vec{k}n}(\vec{r})$ とみなせる．$\vec{R}'=S^{-1}\vec{R}$ が同じ格子系の格子ベクトルであり（S や S^{-1} の操作で同じ格子系に移る），$U_{\vec{k}n}(\vec{r})$ が格子周期関数であるからである．以上から

$$\{S|\vec{t}_S\}\psi_{\vec{k}n}(\vec{r}) = U_{S\vec{k}n}(\vec{r})\exp[iS\vec{k}\cdot\vec{r}] = \psi_{S\vec{k}n}(\vec{r}) \tag{3-14}$$

と表せる．$\{S|\vec{t}_S\}\psi_{\vec{k}n}(\vec{r})$ はブロッホの定理を満たす $S\vec{k}$ の固有状態 $\psi_{S\vec{k}n}(\vec{r})$ と言える（$e^{i\theta}$ を掛ける複素数の位相の不定性はある）．

こうして，$\vec{k}$ での固有値 $E_{\vec{k}n}$，固有関数 $\psi_{\vec{k}n}(\vec{r})$ が求まれば，$S\vec{k}$ での固有値 $E_{S\vec{k}n}$ は同じ値で，$S\vec{k}$ での固有関数 $\psi_{S\vec{k}n}(\vec{r})$ は $\psi_{\vec{k}n}(\vec{r})$ を実空間で対称操作したものである．$\vec{k}$ と $S\vec{k}$ の固有関数の電子密度分布

$$|\psi_{\vec{k}n}(\vec{r})|^2 = |U_{\vec{k}n}(\vec{r})|^2, \quad |\psi_{S\vec{k}n}(\vec{r})|^2 = |U_{S\vec{k}n}(\vec{r})|^2 = |U_{\vec{k}n}(S^{-1}(\vec{r}-\vec{t}_S))|^2$$

についても，(3-12)，(3-13)式から後者は前者を $\{S|\vec{t}_S\}$ の操作で移したものである．なお，各種結晶系の対称性の分類（空間群）の詳しい議論はバーンズ[16]等を参照のこと．

(3) 既約領域

時間反転対称と結晶系の原子配列の持つ対称性の効果から，BZ 内で計算すべき最小の $\vec{k}$ 点の領域「既約領域」を考える（汎用コードでは自動的に決定される場合が多い）．ここでは BZ は原点から近接する $\vec{G}$ 点への垂直二等分面で区切った通常の取り方（第一 BZ）とする（図 3-3（a））．

対称操作 $\{S|\vec{t}_S\}$ に空間反転を含む結晶系（**空間反転対称性**を持つ系）では，既約領域は「その領域の $\vec{k}$ 点を系のすべての対称操作の行列 S を施した $S\vec{k}$ で BZ の全体が（重複せずに）埋め尽くせる領域」である．対称操作の数を N_S として，BZ の $1/N_S$ の領域になる．空間反転対称性を持たない系では，「BZ の半分を $S\vec{k}$ で埋め尽くせる領域」である．残りの領域には時間反転対称性による $S\vec{k}$ と $-S\vec{k}$ の関係を利用する．例えば，空間反転を持ち，対称操作が 48 個の diamond 構造では，既約領域は BZ 全体の 1/48 の部分，反転対称のない zinc-blende 構造では，対称操作は 24 個だが，時間反転対称を使って既約領域は同じく 1/48 である．

点対称操作 S は，$\vec{k}$ 空間においても結晶と同様の特定の軸や面についての操作で，軸や面は原点を通る．したがって，既約領域は BZ 内で必ず原点を頂点に持つ楔型（wedge）の多面体になる（図 3-5）．既約領域の楔形多面体の境界の面，エッジ（線

分），頂点の $\vec{k}$ 点では，系の対称操作のうち，どれかの S 行列で移した $S\vec{k}$ 点が同じ $\vec{k}$ 点 $(S\vec{k} = \vec{k}$ または $S\vec{k} = \vec{k} + \vec{G})$ になることが起こる（自分自身や同値な $\vec{k}$ 点に移る）．(3-11)〜(3-14) 式の議論から，そこでは $\vec{k}$ の固有状態をその対称操作 $\{S|\vec{t}_S\}$ で移した波動関数も同じ $\vec{k}$ の固有状態で（固有値も同じ），**対称性による縮退**（複数の同じ固有値の状態が生じる現象）が起きると言える．また，ゾーン境界では，固有値 E_{kn} の $\vec{k}$ についての勾配がゼロになる**特異点**も生じる[3]．

縮退や特異点の $\vec{k}$ 点は，電子構造の分析や実験との比較で重要であるが，BZ 内積分の観点ではメッシュ点に適さないので，MP 法では，なるべく既約領域の表面・エッジ・頂点は避けて，微小ブロックの中心に取る（10.1 節 (3) の議論参照）．なお，MP 法では，最初に図 3-3 (c) の取り方で BZ 全体の $\vec{k}$ のメッシュ点を決めた後，($\vec{k}$ と $\vec{k} + \vec{G}$ の同値の関係も使い）既約領域内の $\vec{k}$ 点だけ残し，他は削除する．

なお，金属的な場合のフェルミ面の存在は，上記の既約領域の議論に何も影響を及ぼさない．フェルミ面自体が対称性を持ち，既約領域中のフェルミ面を S 行列で移したものが全体のフェルミ面である．

3.6 第一原理計算の手順：SCF ループ

以上の議論を踏まえて，第一原理計算は次のような手順となる（**図 3-8**）．

①実格子 $\{\vec{R}\}$ から逆格子 $\{\vec{G}\}$，BZ を組み立て，既約領域と $\vec{k}$ 点メッシュ，解くべき n の数 (M)，各種計算条件を設定する．

②単位胞内初期原子座標 $\{\vec{t}_a\}$ の設定，初期の input の電子密度分布 $\rho_{\mathrm{in}}(\vec{r})$ の設定（自由原子の電子密度分布の重ね合わせ等）．

③原子配列と $\rho_{\mathrm{in}}(\vec{r})$ を (2-9)〜(2-12) 式に入れて，ポテンシャル

$$V_{\mathrm{eff}}(\vec{r}) = V_{\mathrm{ext}}(\vec{r}) + V_{\mathrm{H}}(\vec{r}) + \mu_{\mathrm{xc}}(\vec{r}),$$

ハミルトニアンを組み立てる（詳細は第 7 章）．

④$\vec{k}$ 点毎に Kohn-Sham 方程式を解き，固有値 E_{kn}，固有関数 ψ_{kn} を求める（詳細は第 9 章）．

⑤求めた全 $\vec{k}$ 点，全 n の固有状態をエネルギーの低い順に並べ，フェルミ準位 E_{F} を決め，各状態の占有率 f_{kn} を決める．

⑥占有された固有関数の電子密度分布 $|\psi_{kn}(\vec{r})|^2$ の BZ 内積分（重み付き和）から，output の電子密度分布 $\rho_{\mathrm{out}}(\vec{r})$ を計算（(3-7) 式）．

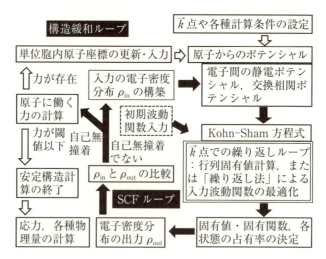

図 3-8 第一原理計算の手順．SCF ループと構造緩和ループ．右下の二重四角部分が狭義のバンド計算で，Kohn-Sham 方程式の固有値・固有関数を $\vec{k}$ 点毎に求める．最近のアルゴリズムでは，入力した初期波動関数(破線の四角部分)の「繰り返し法」による最適化として解く(第9章参照)．

⑦ $\rho_{in}(\vec{r})$ と $\rho_{out}(\vec{r})$ を比較，SCF の収束判定．未収束なら差 $\rho_{out}(\vec{r}) - \rho_{in}(\vec{r})$ の情報を用いて次回の $\rho_{in}(\vec{r})$ を構築(charge mixing)，③に戻る．

⑧以上の過程を $\rho_{in}(\vec{r})$ と $\rho_{out}(\vec{r})$ が一致するまで繰り返す(SCF ループ)．SCF の収束判定条件は，例えば，単位胞内全メッシュ点 $\vec{r}_m$ で

$$|\rho_{out}(\vec{r}_m) - \rho_{in}(\vec{r}_m)| \leq \Delta \qquad (3\text{-}15)$$

のように入出力差が閾値 Δ 以下になること．Δ の値は，例えば $10^{-8} \sim 10^{-7}$ electrons/a.u.^{3} 程度である(1 a.u. = 0.529 Å)．実空間メッシュ $\{\vec{r}_m\}$ は，単位胞の平行六面体の各平行面間を細かく等間隔面で区切って均一に作成する(9.1 節の高速フーリエ変換のメッシュ)．簡単な charge-mixing 法としては，例えば

$$\rho_{in}^{N+1}(\vec{r}_m) = \rho_{in}^N(\vec{r}_m) + \alpha(\rho_{out}^N(\vec{r}_m) - \rho_{in}^N(\vec{r}_m)) \qquad (3\text{-}16)$$

のように，メッシュ点 $\vec{r}_m$ 毎に N 回目ループの入力と出力の差 $\rho_{out}^N - \rho_{in}^N$ の α 倍 ($\alpha < 1$) を N 回目の入力 ρ_{in}^N に加えて $N+1$ 回目の入力 ρ_{in}^{N+1} を作成する．金属や大

きなスーパーセルでは，SCF ループ過程で入出力差 $\rho_{out}^N - \rho_{in}^N$ が N の進行と共に振動し，収束が困難になる場合があるので α を小さくする．後述（第 9 章）のように ρ のフーリエ成分の混合を扱ったり，振動を防ぐ工夫等[23]，各種の charge-mixing 法が提案されている．

SCF ループを経て $\{\psi_{\vec{k}n}(\vec{r})\}$ と $\rho(\vec{r})$ が求まれば，(2-4)式（または(2-13)式）から全エネルギーが決まる（第 8 章）．原子に働く力（第 8 章）や応力（第 10 章）が計算できる．力に従って原子変位を与える過程を繰り返せば安定原子配列が求まる．応力に従って格子ベクトルを変えて計算を繰り返せば，格子定数や単位胞（格子）の形が最適化できる．

3.7　バンド構造図と状態密度

バンド構造図や**状態密度**（density of states；DOS）の計算は，SCF 計算が終了した後，確定した $\rho(\vec{r})$ による $V_{eff}(\vec{r})$ のもと，様々な $\vec{k}$ 点についての Kohn-Sham 方程式の固有値計算で行う．$V_{eff}(\vec{r})$ を固定したままの計算である（SCF ループは不要）．$\vec{k}$ 点は SCF 計算で用いた $\vec{k}$ 空間積分用のもの（3.4 節）とは異なる．バンド構造図では，特別の対称性を持つ BZ 内のエッジや頂点の $\vec{k}$ 点で計算され，縮退や特異点含めて $E_{\vec{k}n}$ の変化の様子（バンドの分散）を探る．状態密度は，既約領域のできるだけ緻密な均一メッシュの $\vec{k}$ 点（MP 法のような微小ブロックの中心ではなく，微小ブロックの頂点）で固有値計算を行い，エネルギー軸でのヒストグラム（各エネルギー刻みに存在する固有状態の数）から求める．内挿補間から連続曲線の状態密度を求める方法もある（四面体（tetrahedron）法[24]）．

図 3-9 にバンド構造図と状態密度図の例を示す[25]．3.5 節でも触れたように既約領域のエッジや頂点の $\vec{k}$ 点では対称性による縮退や特異点が生じており，状態密度の形に大きな影響を与える．

36　第3章　第一原理計算の基礎：周期的ポテンシャル場における固有値・固有関数

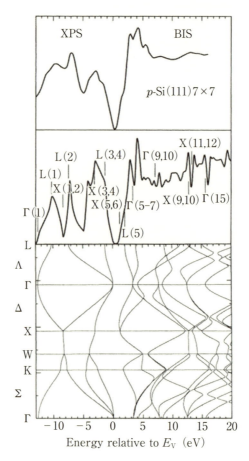

図 3-9　Si のバンド構造図（下）と状態密度（中）の計算例[25]．光電子分光（XPS）と逆光電子分光（BIS）での状態密度の測定結果（上）も示す．バンド構造図は状態密度と比べるため横向きにしてある．diamond 構造のブリルアンゾーンの既約領域の対称性の高い線分（Σ, Δ, Λ）や頂点（Γ, K, W, X, L）[16]での固有値を示す．状態密度図には，各ピークがどの $\vec{k}$ 点の何番目の固有状態の挙動に関係するかが記入されている．

4

第4章

第一原理擬ポテンシャル法（NCPP 法）の原理

4.1 固体の電子構造計算の難しさと各種の第一原理計算法

3.6 節の過程③，④で，$\vec{k}$ 点毎にハミルトニアンを組み立て，Kohn-Sham 方程式の固有値・固有関数を求める部分が「狭義のバンド計算法」である．本書で論じる第一原理擬ポテンシャル法も含め，様々な手法が開発されてきた[1-4]．まずバンド計算手法の全体の様子を紹介する．

Kohn-Sham 方程式 $H\psi = E\psi$ は，通常，波動関数 ψ を互いに規格直交した基底関数系 $\{\phi_i\}$，ただし

$$\langle \phi_i | \phi_j \rangle = \int \phi_i^* \phi_j d\vec{r} = \delta_{ij}$$

の線形結合

$$\psi = \sum_j C_j \phi_j \quad (\{C_j\} \text{ は展開係数})$$

で表し，行列固有値問題として解かれる．基底関数での展開を代入し，左から $\langle \phi_i |$ を作用させ

$$H\sum_j C_j \phi_j = E\sum_j C_j \phi_j,$$

$$\sum_j \langle \phi_i | H | \phi_j \rangle C_j = EC_i \tag{4-1}$$

となる．なお，ブラ“$\langle$”，ケット“$\rangle$”の表現の意味は，波動関数 $\varphi(\vec{r}), \psi(\vec{r})$，演算子 A につき，

$$|\varphi\rangle = \varphi(\vec{r}), \quad \langle \varphi | \psi \rangle = \int \varphi^*(\vec{r}) \psi(\vec{r}) d\vec{r}, \quad \langle \varphi | A | \psi \rangle = \int \varphi^*(\vec{r}) A\psi(\vec{r}) d\vec{r}$$

である．こうして，エルミート行列

$$[H]_{ij} = \langle \phi_i | H | \phi_j \rangle = \int \phi_i^* H \phi_j d\vec{r}$$

について，$H\vec{C} = E\vec{C}$ の固有値 E（実数），固有ベクトル $\vec{C}$（$\{C_j\}$，複素数）を求める問題になる．基底関数系が直交化していない場合，重なり行列 $[S]_{ij} = \langle \phi_i | \phi_j \rangle$ を含む

第4章 第一原理擬ポテンシャル法(NCPP法)の原理

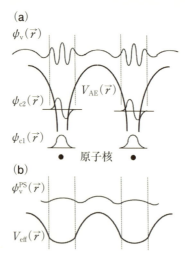

図4-1 (a)固体(結晶)中の全電子ポテンシャル V_{AE} と固有状態の波動関数(内殻軌道 ψ_{c1}, ψ_{c2}, 価電子バンド ψ_v)の概念図．図の上下方向はポテンシャルと各状態の固有エネルギーのエネルギー軸での相対位置を示し，左右方向は原子の並びでのポテンシャルや波動関数の空間変化を示す．破線は原子核から半径 r_c の領域．波動関数は，ブロッホの定理の形 $\psi_{kn}(\vec{r}) = e^{i\vec{k}\cdot\vec{r}} U_{kn}(\vec{r})$ の $U_{kn}(\vec{r})$ の部分の概念図(図3-4)．複素数だが単純化して示す．価電子波動関数 ψ_v は，内殻軌道との直交化の要請 $\int \psi_v^*(\vec{r}) \psi_c(\vec{r}) d\vec{r} = 0$ のため半径 r_c 内で振動する(ノードを持つ)．

(b)半径 r_c 内を底上げした擬ポテンシャルのもとでの解である擬波動関数 ψ_v^{PS} は，原子球内で振動(ノード)を持たない．擬ポテンシャルは半径 r_c 外では正しいポテンシャル V_{AE} に接続するので，擬波動関数 ψ_v^{PS} も正しい波動関数 ψ_v になる．

$H\vec{C} = ES\vec{C}$ の固有値問題となる．なお，基底関数自体がブロッホの定理((3-4), (3-5)式)を満たす必要があり，$H\vec{C} = E\vec{C}$ の固有値方程式は $\vec{k}$ 点毎に組み立てられる．前述のように適当なインプットの電子密度分布から H を組み立て，$\vec{k}$ 点毎に固有値問題を解き，新たな電子密度分布で H を更新，自己無撞着(SCF)になるまで繰り返す．

適当な数で高効率に電子の波動関数が表現できる基底関数系が望ましい．多数の基底関数が必要になると(4-1)式の行列サイズが大きくなり，固有値計算に時間がかかる．固体中の電子構造計算は，この基底関数の構築で困難が存在する．その要因は，

4.1 固体の電子構造計算の難しさと各種の第一原理計算法　39

原子核近傍の極めて深いポテンシャル場と原子間領域の比較的平坦なポテンシャル場の両方の存在である（**図 4-1**（a））．原子核近傍に着目すれば，①深い球対称場の解である原子軌道様関数の基底関数が考えられる．結晶中の繋がった原子間の平坦場に着目すれば，②滑らかな広がった波動関数を表すのに適した自由電子的な平面波の基底関数が考えられる．

①の方法では原子間領域の表現に難点があり，②の方法では原子核近傍の表現に難点がある．図 4-1（a）に示すように，価電子の波動関数 ϕ_V は原子間領域ではスムーズだが，原子核近傍では内殻軌道 ϕ_c との直交化

$$\int \phi_V^*(\vec{r})\phi_c(\vec{r})d\vec{r} = 0$$

の要請のため，局所的に顕著に振動し，その部分は平面波基底での展開に適さない．局所的に大きく変動する波動関数を平面波基底で表すには，短い波長の多数の平面波が必要になり，行列のサイズが巨大になる（第 7 章参照）．一方，両者の間を取り，③原子核近傍では原子軌道様（球面波展開）で，原子間領域でそれを平面波に繋ぐ基底関数の構築も考案されている．

第一原理バンド計算法は，①の系統の手法として，**第一原理 LCAO**（linear combination of atomic orbitals）**法**（混合基底法含む）[26]，③の系統の手法として，**線形化法**[27]（**FLAPW**（full-potential linearized augmented plane wave）**法**[28]，**FP-LMTO**（full-potential linear muffin-tin orbital）**法**[29]など），②の系統の手法として，平面波基底を用いる**第一原理擬ポテンシャル法（ノルム保存擬ポテンシャル**（norm-conserving pseudopotential；**NCPP**）**法**[30,31]，**ウルトラソフト擬ポテンシャル**（ultrasoft pseudopotential；**USPP**）**法**[32,33]，**PAW**（projector augmented wave）**法**[34,35]）が開発されている．③の分類の手法が最も高精度だが，内殻軌道から価電子バンドまで全電子を扱うので（**全電子法**とも呼ばれる），計算負荷が大きいのが弱点である．

本書では，②の分類の手法を扱う．「第一原理擬ポテンシャル法」と総称される方法で，NCPP 法，USPP 法，PAW 法の順に開発され，効率と精度が向上してきた．共通する基本概念・原理は NCPP 法で確立されたので，本章では，NCPP 法の原理と概要を説明する．NCPP 法の発展としての USPP 法，PAW 法は次章以降（第 5,6 章）で紹介する．これらの手法では，平面波基底を用いることで，波動関数や電子密度分布，ハミルトニアン，全エネルギーの取り扱いが効率化され，大規模固有状態計

40　第4章　第一原理擬ポテンシャル法(NCPP法)の原理

算の高速化技法(第9章)と組み合わせることで，大規模構造や第一原理分子動力学法の計算が可能となる．

4.2　擬ポテンシャルの考え方

　NCPP法などの第一原理擬ポテンシャル法では，平面波基底での計算を実現するために，まず，価電子バンドのみを扱い，内殻軌道は自由原子(孤立原子)と同様のものが存在するとし，直接には扱わない．さらに，前節で触れた，価電子バンドの波動関数が原子核近傍で顕著に振動する(ノードを持つ)問題について，原子球内で振動を持たないスムーズな代替物(擬波動関数)を扱う(振動を持たない擬波動関数を生む偽のポテンシャルを扱う)．これが本手法の鍵である(USPP法，PAW法も基本的に同様)．

　まず，固体中の電子構造について，全電子(内殻電子，価電子を区別しない)に厳密に密度汎関数理論を適用した場合を考える(図4-1(a))．(2-10)式のSCFのポテンシャル $V_{eff}(\vec{r}) = V_{ext}(\vec{r}) + V_H(\vec{r}) + \mu_{xc}(\vec{r})$ は，全電子に共通で，$V_{ext}(\vec{r})$ が裸の原子核からのクーロン場，$V_H(\vec{r}) + \mu_{xc}(\vec{r})$ が内殻電子と価電子の全体の電子密度分布で決まる静電ポテンシャルと交換相関ポテンシャルである．全電子のポテンシャルを強調する意味で，今後，$V_{AE}(\vec{r})$ と表記する(AEはall electronの意)．各原子位置で内殻軌道の波動関数が存在する領域の内と外をカットオフ半径 r_c で分けると(r_c は元素毎に異なる値)，原子核近傍の r_c 球内で $V_{AE}(\vec{r})$ は自由原子と同様の深い球対称場で，自由原子と同様の内殻軌道が固体中でも低い準位の固有状態とみなせる(図4-1(a)の ϕ_{c1}, ϕ_{c2})．内殻軌道は原子間結合には直接には寄与しない．一方，半径 r_c の球外の原子間領域には価電子しかないので，そこでの $V_{AE}(\vec{r})$ は，実質，価電子の感じるポテンシャルで，内殻電子で遮蔽された $V_{ext}(\vec{r})$(正イオンのクーロン場の和に相当)と内外の価電子による $V_H(\vec{r}) + \mu_{xc}(\vec{r})$ である．ここで r_c 球外の価電子から見れば，球外で正しいポテンシャルを生みさえすれば，球内を何かで置き換えても良いという考えが浮かぶ．

　価電子バンドの波動関数(図4-1(a)の ϕ_v)は，r_c 球外でスムーズに変化し，平面波基底展開に適するが，r_c 球内では，内殻軌道との直交化の要請のために顕著に振動する(ノードを持つ)．波動関数の r_c 球内の振動は，波動関数が感じる深いポテンシャル $V_{AE}(\vec{r})$ を振動による運動エネルギー上昇で補い，内殻準位より高いエネルギーになる意味も持つ．(2-9)式から固有エネルギーは

$$\varepsilon_{\mathrm{v}} = \int \phi_{\mathrm{v}}^{*}(\vec{r}) H \phi_{\mathrm{v}}(\vec{r}) d\vec{r}$$

$$= \int \phi_{\mathrm{v}}^{*}(\vec{r}) \left(-\frac{\hbar^2}{2m} \nabla^2 \right) \phi_{\mathrm{v}}(\vec{r}) d\vec{r} + \int \phi_{\mathrm{v}}^{*}(\vec{r}) V_{\mathrm{AE}}(\vec{r}) \phi_{\mathrm{v}}(\vec{r}) d\vec{r}$$

で，運動エネルギー演算子 $-\dfrac{\hbar^2}{2m} \nabla^2$ から，波動関数は空間変動が大きいほど高運動エネルギーである．

r_{c} 球内の深いポテンシャルと内殻軌道の存在が ψ_{v} の振動（ノード）の起源なので，電子構造計算から内殻軌道を除外し，価電子だけを対象に，各原子位置の r_{c} 球内で底が浅くなり，r_{c} 球外では正しい全電子ポテンシャル $V_{\mathrm{AE}}(\vec{r})$ になる「人工的ポテンシャル」での密度汎関数理論の実行を考える（図 4-1（b））．実際，①各原子位置の r_{c} 球内を底上げすれば，そこではスムーズで振動しない価電子波動関数を生み，②価電子の波動関数の $|\psi_{\mathrm{v}}|^2$ の積分（ノルム）が各原子の r_{c} 球内で正しく保たれるようにすれば（方法は後述），r_{c} 球外の領域で正しい全電子ポテンシャル $V_{\mathrm{AE}}(\vec{r})$ になるはずで，そうすると，③r_{c} 球外で全電子計算による価電子の正しい波動関数を再現し，④r_{c} 球内のポテンシャルの底上げと波動関数の振動の消失が相殺して，固有エネルギーも正しく再現される可能性がある．

固体中で，上記①〜④の要請を満たす，価電子の感じる「人工的ポテンシャル」を，原子毎の価電子の感じるポテンシャル（擬ポテンシャル）の和の形で，かつ系の価電子集団の SCF 計算による $V_{\mathrm{H}}(\vec{r}) + \mu_{\mathrm{xc}}(\vec{r})$ の遮蔽と組み合わせた形で構築できれば極めて有益である．そういう**第一原理擬ポテンシャル**（first-principles pseudopotential）が元素毎に構築可能で，様々な環境で使えることが Hamann らによって示された[30,31]．作成条件からノルム保存擬ポテンシャルと呼ばれる．

その構築法と原理は次節以降で説明する．固体において，(2-10)式の原子核のクーロン場の和である $V_{\mathrm{ext}}(\vec{r})$ の代わりに各原子の擬ポテンシャルの和 $V_{\mathrm{PS}}(\vec{r})$ を用いて（PS は pseudo の意味），その下での価電子系についてだけの密度汎関数理論（Kohn-Sham 方程式）の SCF 計算を実行する．ポテンシャル場は

$$V_{\mathrm{eff}}(\vec{r}) = V_{\mathrm{PS}}(\vec{r}) + V_{\mathrm{H}}(\vec{r}) + \mu_{\mathrm{xc}}(\vec{r}) \tag{4-2}$$

となる．$V_{\mathrm{H}}(\vec{r})$ と $\mu_{\mathrm{xc}}(\vec{r})$ は $V_{\mathrm{PS}}(\vec{r})$ の下での固体中の SCF の価電子密度分布による静電ポテンシャルと交換相関ポテンシャルである．$V_{\mathrm{PS}}(\vec{r})$ は，原子種 a 毎にあらか

42 第4章 第一原理擬ポテンシャル法(NCPP法)の原理

じめ構築された原子の擬ポテンシャル V_a^{PS} の総和で，周期系では

$$V_{PS}(\vec{r}) = \sum_{\vec{R}} \sum_a V_a^{PS}(\vec{r} - \vec{t}_a - \vec{R}) \tag{4-3}$$

である．V_a^{PS} は価電子のみに作用する．原子毎に半径 r_c 内では底上げされた形(ただし，後述のように軌道角運動量成分毎に異なる形)で，r_c 外では原子から価電子を除いた正イオンのクーロン場になる(内殻電子で遮蔽された原子核からの静電ポテンシャル)．最終的な固体中の価電子の SCF 計算後の(4-2)式のポテンシャル場 $V_{eff}(\vec{r})$ のもと，固体中の価電子波動関数挙動が上記の①〜④を満たすのである．

擬ポテンシャルの擬(pseudo)は「偽」と言う意味である．出力される固体中の価電子の波動関数は，各原子位置の r_c 球内で(ノルムは正しいが)ノードが取り除かれ，真の波動関数とは異なるので，**擬波動関数**(pseudo wave function)と呼ばれる(原子球外では正しい)．その代わり平面波基底だけで効率的に展開でき，その利点は極めて大きい．磁性など，r_c 球内の波動関数挙動が関わる現象では精度の落ちる物理量もあるが，凝集エネルギーや安定原子配列など，r_c 球外の価電子挙動や原子間結合が支配する物理量は，高精度に計算できる．

4.3 第一原理擬ポテンシャルの組み立て法(その1)： 自由原子の全電子計算

(1) 自由原子の Kohn-Sham 方程式

Hamann らが創始した第一原理擬ポテンシャル(ノルム保存擬ポテンシャル)の構築法を本節と次節で説明する．

元素毎に，自由原子(孤立原子)の全電子計算(内殻電子と価電子のすべての原子軌道計算)で，原子の全電子ポテンシャル $V_{AE}(\vec{r})$ と原子軌道の波動関数を求めることから始める．原子軌道計算の詳細は例えばスレーター[36]，和光[37]にある(Bachelet ら[31]，Hamann[38]にも情報がある)．

自由原子の Kohn-Sham 方程式は，ポテンシャル $V_{AE}(\vec{r})$ が球対称場(電子密度分布も球対称)のため，変数分離により動径座標成分と方位座標成分の方程式に分けて解かれる．$\nabla^2 \psi_i$ の極座標表示 (r, θ, ϕ)

$$\nabla^2 \psi_i = \frac{1}{r^2} \frac{\partial}{\partial r} \left(r^2 \frac{\partial \psi_i}{\partial r} \right) + \frac{1}{r^2 \sin \theta} \frac{\partial}{\partial \theta} \left(\sin \theta \frac{\partial \psi_i}{\partial \theta} \right) + \frac{1}{r^2 \sin^2 \theta} \frac{\partial^2 \psi_i}{\partial \phi^2} \tag{4-4}$$

4.3 第一原理擬ポテンシャルの組み立て法(その1)：自由原子の全電子計算　43

から，原子軌道の波動関数を $\psi_i(\vec{r}) = R_{nl}(r) Y_{lm}(\theta, \phi)$ と表すと，Kohn-Sham 方程式は以下のようになる(導出法は，4.8 式の証明(A)).

$$-\frac{\hbar^2}{2m}\frac{d^2}{dr^2}rR_{nl}(r) + \left\{\frac{\hbar^2 l(l+1)}{2mr^2} + V_{\mathrm{AE}}(r)\right\}rR_{nl}(r) = \varepsilon_{nl}rR_{nl}(r) \tag{4-5}$$

$$\left\{\frac{1}{\sin\theta}\frac{\partial}{\partial\theta}\left(\sin\theta\frac{\partial}{\partial\theta}\right) + \frac{1}{\sin^2\theta}\frac{\partial^2}{\partial\phi^2}\right\}Y_{lm}(\theta, \phi) = -l(l+1)Y_{lm}(\theta, \phi) \tag{4-6}$$

(4-5)式は，動径波動関数 $R_{nl}(r)$ を求める方程式で，固有エネルギー(原子準位)ε_{nl}, 球対称ポテンシャル場 $V_{\mathrm{AE}}(r)$ はこの式にのみ入る．原子核近傍の深いポテンシャル場で電子が非常に高速になるので，(4-5)式は実際には相対論効果を取り入れた形を用いる(scalar relativistic のやり方[38]が用いられるが，二成分 Dirac 方程式を扱う場合もある[31])．簡単のためそれを除いた非相対論形を表示している(後述の価電子軌道からの擬ポテンシャル構築は，この表式で良い)．(4-6)式の方位座標成分の方程式の解 $Y_{lm}(\theta, \phi)$ は球面調和関数

$$Y_{lm}(\theta, \phi) = (-1)^m\sqrt{\frac{2l+1}{4\pi}\frac{(l-m)!}{(l+m)!}}P_l^m(\cos\theta)e^{im\phi} \tag{4-7}$$

である[39,40]．$P_l^m(x)$ はルジャンドル陪関数．$Y_{lm}(\theta, \phi)$ は

$$\iint Y_{lm}^*(\theta, \phi)Y_{l'm'}(\theta, \phi)\sin\theta\,d\theta d\phi = \delta_{ll'}\delta_{mm'}$$

で規格直交化している．

　$R_{nl}(r)$ と $Y_{lm}(\theta, \phi)$ の積 $R_{nl}(r)Y_{lm}(\theta, \phi)$ が原子軌道の波動関数で，$R_{nl}(r)$ 自体は(4-5)式の形から実関数に取れる．n は主量子数($n = 1, 2, 3, \ldots$), l は軌道角運動量量子数($l = 0 \sim n-1$), m は磁気量子数($m = -l \sim +l$)．$l = 0, 1, 2$ が s, p, d 軌道である．磁気量子数 m と(4-5)式の電子質量 m との区別に注意のこと．波動関数 $R_{nl}(r)Y_{lm}(\theta, \phi)$ の規格化は，極座標積分 $d\vec{r} = r^2\sin\theta\,drd\theta d\phi$ で行い，$Y_{lm}(\theta, \phi)$ は方位座標で規格化されているので，動径波動関数が $\int_0^\infty R_{nl}^2(r)r^2dr = 1$ と規格化される．

(2)　動径方程式の数値解法

　(4-6)式の解は自明なので，専ら球対称場 $V_{\mathrm{AE}}(r)$ の(4-5)式の動径方程式(常微分方程式)を数値計算で解く(動径波動関数は $R_{nl}(r)$ だが，直接的には $rR_{nl}(r)$ を扱う)．動径方程式は磁気量子数 m とは無関係である．初期インプットの $V_{\mathrm{AE}}(r)$ から

44　第4章　第一原理擬ポテンシャル法 (NCPP法) の原理

始めて，SCF ループで $V_{AE}(r)$ を更新していく．まず，与えられた $V_{AE}(r)$ に対し，各 n, l で $rR_{nl}(r)$ を解く．原点 (原子核位置) から r 座標の細かいメッシュ (原子に近いほど細かい対数メッシュ) を刻み，$V_{AE}(r)$ のメッシュ点データに基づき，方程式から $rR_{nl}(r)$ のメッシュ点の値を逐次的に積分して求める (実際には座標変換で r の対数メッシュを等間隔メッシュの微分方程式に換えて解く)．例えば，常微分方程式の数値解法の一つ予測子修正子法を用いる[38,41]．連続した数点の $rR_{nl}(r)$ のメッシュ点データから隣接のメッシュ点データを次々に与える数値積分手法である．$r=0$ と $r=\infty$ での $rR_{nl}(r)$ の漸近解から両端の数点のメッシュ点の値を見積もり，$r=0$ と $r=\infty$ の両端から中央に向けて解いていく．暫定的な ε_{nl} を使って行い，両方からの $rR_{nl}(r)$ が一次微分まで繋がる条件から ε_{nl} を決める．

(4-5) 式の各 l で，n が $l+1$ から増える順に $rR_{nl}(r)$ を解く．例えば，$l=0$ に対し，n が $1, 2, 3, 4$ ($1s, 2s, 3s, 4s$ 軌道)，$l=1$ に対し，n が $2, 3, 4$ ($2p, 3p, 4p$ 軌道)，$l=2$ に対し，n が $3, 4, 5$ ($3d, 4d, 5d$ 軌道) と言う具合である．異なる l の軌道間は $Y_{lm}(\theta, \phi)$ により自動的に直交するが，同じ l で異なる n の軌道間 ($R_{nl}(r)$ と $R_{n'l}(r)$ 間) は次式

$$\int_0^\infty R_{nl}(r) R_{n'l}(r) r^2 dr = \delta_{nn'} \tag{4-8}$$

を満たすよう動径波動関数の直交化が必要である (積分に r^2 が入るのは極座標積分の $d\vec{r} = r^2 \sin\theta \, dr d\theta d\phi$ による)．下の準位と直交するように n が増える順に解けば，$rR_{nl}(r)$ がゼロとなる点 (ノード) が順に増えることになる (図 4-2 (a))．

与えられた $V_{AE}(r)$ に対し，上記のようにすべての占有された原子軌道の波動関数を求めた後，それを用いてアウトプットの電子密度分布を計算する．自由原子の点 $\vec{r}$ での電子密度は

$$\begin{aligned}
\rho(\vec{r}) &= \sum_{nl} \sum_{m=-l}^{+l} f_{nlm} |R_{nl}(r) Y_{lm}(\theta, \phi)|^2 \\
&= \sum_{nl} |R_{nl}(r)|^2 \sum_{m=-l}^{+l} f_{nlm} Y_{lm}^*(\theta, \phi) Y_{lm}(\theta, \phi) \\
&= \sum_{nl} \frac{f_{nl} |R_{nl}(r)|^2}{4\pi} = \rho_a(r)
\end{aligned} \tag{4-9}$$

で与えられる．nlm 軌道の占有数 f_{nlm} (スピン含む) は，nl につきすべての m で同じとし，球面調和関数の和の公式[40]

$$\sum_{m=-l}^{+l} Y_{lm}^*(\theta, \phi) Y_{lm}(\theta, \phi) = \frac{2l+1}{4\pi}$$

4.3 第一原理擬ポテンシャルの組み立て法(その1):自由原子の全電子計算　45

から,

$$f_{nl} = (2l+1)f_{nlm}$$

であり, (4-9)式は球対称分布 $\rho_a(r)$ となる(原子核からの距離 r のみの関数). f_{nl} は, 内殻と価電子の各 nl 軌道の電子数である. 原子の全電子数は, (4-9)式の極座標積分を行うと, 方位座標積分から 4π が出て,

$$\sum_{nl} f_{nl} \int_0^\infty |R_{nl}(r)|^2 r^2 dr$$

となり, $R_{nl}(r)$ の規格化から $\sum_{nl} f_{nl}$ である.

　ポテンシャル場は, 原子核のクーロン場と(4-9)式の $\rho_a(r)$ からの $V_{\mathrm{H}}(r)$, $\mu_{\mathrm{xc}}(r)$ の和である(すべて球対称). $V_{\mathrm{H}}(r)$ は, ガウスの法則から次式で計算される[36].

$$V_{\mathrm{H}}(r) = \frac{e^2}{r} \int_0^r 4\pi r_1^2 \rho_a(r_1)\, dr_1 + e^2 \int_r^\infty \frac{1}{r_1} 4\pi r_1^2 \rho_a(r_1)\, dr_1 \tag{4-10}$$

第1項は半径 r の場所で r の内側の球内総電荷量による電場, 第2項は r の外側の球殻($r_1 \sim r_1 + dr_1$)の電荷が作る電場の寄与.

　こうして $\rho_a(r)$ からの $V_{\mathrm{H}}(r)$ と $\mu_{\mathrm{xc}}(r)$ で $V_{\mathrm{AE}}(r)$ を組み立て, 前回の $V_{\mathrm{AE}}(r)$ と mixing することで新たなインプットの $V_{\mathrm{AE}}(r)$ を構築し, SCF ループを繰り返す (3.6節で触れた SCF 過程をポテンシャルの mixing で行う). 最終的に SCF の $\rho_a(r)$ と $V_{\mathrm{AE}}(r)$, 各軌道の $R_{nl}(r)$, ε_{nl} のセットが決まる.

(3)　動径波動関数の様子

　図 4-2(a)に $l=0, n=1\sim3$ ($1s\sim3s$)の動径波動関数($rR_{nl}(r)$)と全電子ポテンシャル $V_{\mathrm{AE}}(r)$ の様子を示す. $V_{\mathrm{AE}}(r)$ は全電子にとって共通である. 上述のように原点以外で $rR_{nl}(r)=0$ となる r 点($rR_{nl}(r)$ の正負が変わる地点)をノードと言い, (4-8)式の動径波動関数間の直交化の要請に起因する. $R_{nl}(r)$ は実関数で, 全領域で正の $1s$ 軌道($n=1, l=0$)の $rR_{1s}(r)$ に対し, $2s$ 軌道($n=2, l=0$)の $rR_{2s}(r)$ は(4-8)式の積分をゼロにするためにノードが一つで正負に変わる必要がある. $rR_{3s}(r)$ はノードが二つで, ノード数は $n-l-1$ で増える. 同様に $2p\sim4p$ 軌道, $3d\sim5d$ 軌道でも $rR_{nl}(r)$ のノードが 0 から順に増える. n の大きい上の準位ほどノードが増えるのは, 前節の議論のように運動エネルギーの上昇から当然である. また, 原子核からの電場の遮蔽の点から上の準位ほど $|rR_{nl}(r)|$ の最大点 $r_{\max}$ は遠方になる.

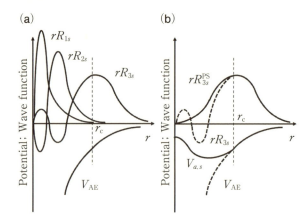

図 4-2 （a）自由原子の全電子計算による動径波動関数 $R_{nl}(r)$. $l=0, n=1 \sim 3$ （1s〜3s軌道）の $rR_{nl}(r)$ の様子の概念図. 全電子に密度汎関数理論を適用した結果. V_{AE} が SCF の全電子ポテンシャル. n が増えるほど下の準位との直交化の要請（(4-8)式）で，ノード($r=0$ 以外で $rR_{nl}(r)=0$ になる地点）が増える.

（b）最外殻の 3s 軌道の動径波動関数 $rR_{3s}(r)$ と全電子ポテンシャル $V_{AE}(r)$ からの $s(l=0)$ 成分の擬ポテンシャル $V_{a,s}(r)$ の構築. 3s 軌道につき，$0 \leq r \leq r_c$ で $V_{AE}(r)$ を底上げした擬ポテンシャル $V_{a,s}(r)$ が，(4-11)式で下記条件を満たす擬動径波動関数 $R_{3s}^{PS}(r)$ を出力するように $V_{a,s}(r)$ を調整．条件：①r_c で $R_{3s}^{PS}(r)$ が $R_{3s}(r)$ に，$V_{a,s}(r)$ が $V_{AE}(r)$ に，各々滑らかに接続，②$R_{3s}^{PS}(r)$ の r_c 内ノルム $\int_0^{r_c} |rR_{3s}^{PS}(r)|^2 dr$ が $R_{3s}(r)$ のものと同じ，③ノードを持たず，かつ④正しい固有エネルギーを持つ．

こうした原子の価電子軌道における，同じ l の内殻軌道との直交化のためのノードは，図 4-1(a)の固体（結晶）での価電子波動関数の原子核近傍での振動（ノード）と同じ現象である.

4.4　第一原理擬ポテンシャルの組み立て法（その 2）：ポテンシャルの作り替え

(1)　擬ポテンシャルの作成条件

元素毎の擬ポテンシャルの構築は，前節の自由原子の全電子計算で得られた全電子

4.4 第一原理擬ポテンシャルの組み立て法(その2):ポテンシャルの作り替え　47

ポテンシャル $V_{AE}(r)$ と最外殻の n についての $l=0,1,2$ 等 $(s,p,d$ 等)の価電子軌道
(Al や Si なら $3s\,(n=3,l=0)$, $3p\,(n=3,l=1)$, $3d\,(n=3,l=2)$)の動径波動関数
$R_{nl}(r)$ に着目する. 各 l の最外殻の価電子軌道毎に, 動径方程式(4-5)式において,
全電子ポテンシャル $V_{AE}(r)$ を, 原子核近傍のカットオフ半径 r_c 以内($0 \le r \le r_c$)の
領域で変形(底上げ)した擬ポテンシャル $V_{a,l}(r)$ で置き換え($V_{a,l}(r)$ は $r=r_c$ で
$V_{AE}(r)$ に滑らかに接続), その領域の $rR_{nl}(r)$ を解くことを考える. 図4-2(b)に示
すように r_c は価電子軌道の最外ノードより外側, 最大点 r_{max} 付近あるいは内側であ
る.

次の(4-11)式について, 底上げした $V_{a,l}(r)$ の元でノードのない解 $rR_{nl}^{PS}(r)$ を
$r=r_c$ で($V_{AE}(r)$ での解である)$rR_{nl}(r)$ に滑らかに接続するように解くのである.

$$-\frac{\hbar^2}{2m}\frac{d^2}{dr^2}rR_{nl}^{PS}(r)+\left\{\frac{\hbar^2 l(l+1)}{2mr^2}+V_{a,l}(r)\right\}rR_{nl}^{PS}(r)=\varepsilon_{nl}rR_{nl}^{PS}(r),\ 0\le r\le r_c$$

$$(4\text{-}11)$$

固有エネルギーは全電子計算からの ε_{nl} に固定, SCF 計算ではなく固定したポテン
シャル $V_{a,l}(r)$ の下で $rR_{nl}^{PS}(r)$ をメッシュ点の数値として上記の原子軌道計算のよ
うに逐次法で求める.

得られる $R_{nl}^{PS}(r)$(**擬動径波動関数**)が下記条件を満たすまで, $V_{a,l}(r)$ の変形とそ
の下での $R_{nl}^{PS}(r)$ 計算を再帰的に繰り返し, 調整する. $R_{nl}^{PS}(r)$ の条件は

①r_c 以内のノルム $\int_0^{r_c}|rR_{nl}^{PS}(r)|^2 dr$ が $V_{AE}(r)$ のもとでの真の動径波動関数

　$R_{nl}(r)$ のものと一致し,

②$r \ge r_c$ で $R_{nl}^{PS}(r)$ が真の動径波動関数 $R_{nl}(r)$ に滑らかに接続し,

③正しい固有エネルギー ε_{nl} を持ち, かつ

④ノードを持たないことである.

(4-11)式をメッシュ点で解くだけであり, 方程式の形から局所的なポテンシャル
$V_{AE}(r)$ や $V_{a,l}(r)$ の形状と $R_{nl}(r)$ や $R_{nl}^{PS}(r)$($rR_{nl}(r)$ や $rR_{nl}^{PS}(r)$)の挙動は一対一に
対応する. したがって, r_c 以内のポテンシャルの局所形状の人為的変形で擬動径波
動関数の条件①～④を満たさせることが可能である.

(2) 擬ポテンシャルの構築過程

図 4-2(b)は, ノード二つの $3s$ 軌道 $rR_{3s}(r)$ と $V_{AE}(r)$ から出発し, 条件を満た

48 第4章 第一原理擬ポテンシャル法（NCPP法）の原理

す，ノードのない $rR_{3s}^{\mathrm{PS}}(r)$ を出力する $l=0$（s 成分）の $V_{a,s}(r)$ を構築する様子である．$r=r_{\mathrm{c}}$ での接続条件

$$V_{a,l}(r) = V_{\mathrm{AE}}(r), \quad rR_{nl}^{\mathrm{PS}}(r) = rR_{nl}(r)$$

のもと，$0 \leq r \leq r_{\mathrm{c}}$ で底上げした $V_{a,l}(r)$ を調整し，ε_{nl} を固定した(4-11)式で条件を満たす $rR_{nl}^{\mathrm{PS}}(r)$ を出力させる．具体的調整には多様な方法があり得る．Hamann らは，V_{AE} に解析関数を加え，$0 \leq r \leq r_{\mathrm{c}}$ でなだらかに底上げし，条件②～④を満たすようにさせた後，条件①を満たすように $rR_{nl}^{\mathrm{PS}}(r)$ の形を調整し，(4-11)式の反転で $V_{a,l}(r)$ を再調整している[30,31]．ε_{nl} の固定した(4-5)式や(4-11)式は，$V_{\mathrm{AE}}(r)$ や $V_{a,l}(r)$ のメッシュ点データに対し $rR_{nl}(r)$ や $rR_{nl}^{\mathrm{PS}}(r)$ のメッシュ点データを出力する方程式だが，下式のように逆に $rR_{nl}(r)$ や $rR_{nl}^{\mathrm{PS}}(r)$ のメッシュ点データから反転し，それを出力する $V_{\mathrm{AE}}(r)$ や $V_{a,l}(r)$ のデータが決められる．

$$V_{a,l}(r) = \frac{1}{rR_{nl}^{\mathrm{PS}}(r)} \frac{\hbar^2}{2m} \frac{d^2}{dr^2} rR_{nl}^{\mathrm{PS}}(r) + \varepsilon_{nl} - \frac{\hbar^2 l(l+1)}{2mr^2} \tag{4-12}$$

　以上の過程を最外殻のすべての l の価電子軌道で行い，$\{V_{a,l}(r)\}$ のセットを構築する（通常，$l=0,1,2$ まで）．最後に各 l の $V_{a,l}(r)$ の下での価電子の擬動径波動関数を(4-11)式で計算し，占有状態の価電子の擬波動関数からの価電子密度分布を求め，それによる遮蔽の寄与 $V_{\mathrm{H}}(r) + \mu_{\mathrm{xc}}(r)$ を計算する．各 l の $V_{a,l}(r)$ から共通にこの $V_{\mathrm{H}}(r) + \mu_{\mathrm{xc}}(r)$ を差し引き（unscreening），（裸の）擬ポテンシャル $V_{a,l}^{\mathrm{PS}}(r)$（すべての l のセット $\{V_{a,l}^{\mathrm{PS}}(r)\}$）を得る．こうすることで，(4-2)，(4-3)式の意味での価電子の遮蔽を含まない原子の擬ポテンシャルが構築される．

　図4-3 に構築した $\{V_{a,l}^{\mathrm{PS}}(r)\}$ の例を示す．各 $V_{a,l}^{\mathrm{PS}}(r)$ は半径 r_{c} 外では共通にイオン価（原子の価電子数）を Z_a として正イオンのクーロン場 $-e^2 Z_a/r$ になる（電子から見るのでマイナス）．Z_a 個の価電子の $V_{\mathrm{H}}, \mu_{\mathrm{xc}}$ を除去するからである（内殻電子で遮蔽された原子核のクーロン場になる）．$V_{a,l}^{\mathrm{PS}}(r)$ は $V_{a,l}(r)$ と同様，r_{c} 内で $l(s,p,d$ 波）成分毎に形が異なる．screened の $V_{a,l}(r)$ と unscreening 後の $V_{a,l}^{\mathrm{PS}}(r)$ との区別に注意のこと．裸のポテンシャルとして（価電子からの $V_{\mathrm{H}}, \mu_{\mathrm{xc}}$ と合わせて）(4-2)式で用いるのが後者である．前者は V_{AE} を作り変えたそのままのもので，上述のように原子の動径方程式(4-11)を $V_{a,l}(r)$ の下で解いて，擬動径波動関数から価電子密度分布を求め，unscreening に用いる．

　条件①～④を満たしさえすれば，ポテンシャルの構築法や形には自由度や多様性が

4.4 第一原理擬ポテンシャルの組み立て法(その2)：ポテンシャルの作り替え　49

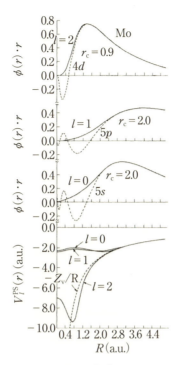

図 4-3 第一原理擬ポテンシャルの構築例[30]．Mo の擬ポテンシャル．a.u. は原子単位で，横軸の距離は 1 a.u. ≈ 0.529 Å，縦軸のエネルギーは 1 a.u. = 1 Rydberg ≈ 13.6 eV．上三つのパネルに示すように，最外殻の s, p, d 軌道 ($l = 0, 1, 2$) について，r_c 内で真の動径波動関数 $rR_{nl}(r)$ (破線) はノードを持つ．一方，ノードを持たない，r_c でスムーズに $rR_{nl}(r)$ に接続し，ノルムを保存する擬動径波動関数 $rR_{nl}^{PS}(r)$ (実線)が，(4-11)式で出力されるように (最下段に示す) s, p, d 成分毎の擬ポテンシャル $V_{a,l}^{PS}(r)$ が構築される (unscreening 後のものを示す)．

ある．上記の $V_{AE}(r)$ の底上げから始める方法以外に，条件を満たすスムーズな擬動径波動関数 $R_{nl}^{PS}(r)$ の構築を先に行い，(4-12)式のように(4-11)式の反転からそれを出力するポテンシャル $V_{a,l}(r)$ を逆に決める方法[42]，ポテンシャルと波動関数の r_c での内と外の接続の仕方を高次微分までスムーズに連結させる工夫[43]など，各種構築法が提案されている．これらでは，必要な平面波基底数を減らすように(7.2節参照)浅くスムーズな擬ポテンシャルを生む工夫が行われている．

50   第4章　第一原理擬ポテンシャル法（NCPP法）の原理

なお，元素毎のカットオフ半径 r_c は，図4-3の例のように l 毎に異なる値 $r_{c,l}$ を用いることも行われる．最外殻の各 l の $|rR_{nl}(r)|$ が最大値になる地点 r_{max} と最外のノードの間に取られることが多い．

4.5　擬ポテンシャルの局所項と非局所項

原子毎の擬ポテンシャル $\{V_{a,l}^{PS}(r)\}$ は，r_c 内で l 毎に形が異なる（図4-3）．(4-2)，(4-3)式の形の V_{PS} を Kohn-Sham 方程式で用いる際には，$H\phi(V_{PS}\phi)$ の形で波動関数 ϕ に作用させる．その際，ϕ から各原子を中心に s 波，p 波，d 波の各成分（$l = 0, 1, 2$ の成分）を射影演算子（後述）を用いて抜き出し，l の波の成分に同じ l の $V_{a,l}^{PS}(r)$ を作用させることになる．

一方，$\{V_{a,l}^{PS}(r)\}$ は，l に関わらず r_c 外で共通形 $-e^2Z_a/r$ になる．そこで，r_c 以内で適当な局所形を持ち，r_c 外で $-e^2Z_a/r$ になる共通の局所（local）成分 $V_{local}^a(r)$ を考える（適当な一つの l の $V_{a,l}^{PS}(r)$ をそのまま $V_{local}^a(r)$ に選んでも良い）．非局所（non-local）成分を l 毎の $V_{local}^a(r)$ との差として

$$\Delta V_{a,l}^{NL}(r) = V_{a,l}^{PS}(r) - V_{local}^a(r) \tag{4-13}$$

と定義すると，$\Delta V_{a,l}^{NL}(r)$ は r_c 内でのみ成分を持つ（r_c 外でゼロ）．

こうして，(4-3)式の形の原子毎の $V_a^{PS}(\vec{r})$ は，全空間でそのまま作用する局所項 $V_{local}^a(r)$（r_c 外で $-e^2Z_a/r$）と r_c 内のみで l 波成分毎に働く非局所項 $V_{NL}^a(\vec{r})$ の和になる．非局所項は，l 波への**射影演算子**

$$|l\rangle\langle l| = \sum_{m=-l}^{+l} |Y_{lm}(\theta, \phi)\rangle\langle Y_{lm}(\theta, \phi)|$$

を用いて次式のようになる（$Y_{lm}(\theta, \phi)$ は(4-7)式の球面調和関数）．

$$\begin{aligned} V_a^{PS}(\vec{r}) &= V_{local}^a(r) + V_{NL}^a(\vec{r}) \\ &= V_{local}^a(r) + \sum_l \sum_{m=-l}^{+l} |Y_{lm}(\hat{r})\rangle \Delta V_{a,l}^{NL}(r) \langle Y_{lm}(\hat{r})| \end{aligned} \tag{4-14}$$

$\hat{r} = (\theta, \phi)$ である．こうして，l 波成分毎に

$$V_{local}^a(r) + \Delta V_{a,l}^{NL}(r) = V_{a,l}^{PS}(r)$$

が作用することになる．波動関数への射影演算子の作用の様子は次章以降で説明する．非局所項の作用が各原子の r_c 内に限られることは取り扱いに便利である．なお，非局所項と射影演算子の表現は，さらに分離型やプロジェクターに発展する（第5章

4.6 擬ポテンシャルの精度を保証するもの 51

で扱う).

4.6 擬ポテンシャルの精度を保証するもの

自由原子の価電子軌道の波動関数やエネルギー準位の条件で作成された元素毎の擬ポテンシャルを固体に埋め込んで使用して，固体中の表面・欠陥を含めた様々な場所の価電子挙動が高精度に計算できる理由は，擬ポテンシャルが様々な環境で電子の散乱の性質を正しく再現する transferability を持つからである．

一般に原子やイオンの球対称場の動径方程式(4-5)の解につき，l 毎に次の恒等式が成り立つ(導出法は，4.8 式の証明(B)参照).

$$\int_0^{r_c} \{rR_{nl}(\varepsilon_{nl}, r)\}^2 dr = \left(-\frac{\hbar^2}{2m}\right)\{r_c R_{nl}(\varepsilon_{nl}, r_c)\}^2 \partial D_{nl}(\varepsilon_{nl}, r_c)/\partial \varepsilon \qquad (4\text{-}15)$$

$R_{nl}(\varepsilon, r)$ は(4-5)式の所与のポテンシャルでの解の動径波動関数で，固有エネルギー ε の関数でもあるとして，束縛状態から非束縛の散乱波まで含めて定義される．$R_{nl}(\varepsilon_{nl}, r)$ はエネルギー ε_{nl} での解，$R_{nl}(\varepsilon_{nl}, r_c)$ はその r_c での値，$D_{nl}(\varepsilon, r)$ は $R_{nl}(\varepsilon, r)$ の r での**対数微分**

$$\partial \ln R_{nl}(\varepsilon, r)/\partial r = R_{nl}(\varepsilon, r)^{-1}\partial R_{nl}(\varepsilon, r)/\partial r,$$

$\partial D_{nl}(\varepsilon_{nl}, r_c)/\partial \varepsilon$ は対数微分のエネルギー微分の ε_{nl}, r_c での値である．

(4-15)式の左辺は動径波動関数の半径 r_c 内のノルムである．右辺の動径波動関数の対数微分 $D_{nl}(\varepsilon_{nl}, r_c)$ は，球対称ポテンシャル場の r_c での電子の散乱の性質を表す[1-4]．$\partial D_{nl}(\varepsilon_{nl}, r_c)/\partial \varepsilon$ は，そのエネルギーに対する変化である．この式は，ポテンシャル場の電子に対する r_c での散乱の性質とそのエネルギー変化は，左辺のノルムが決めると言う意味になる．

$R_{nl}^{PS}(r)$ と擬ポテンシャル $V_{a,l}(r)$(unscreening 前のもの)は，$r \geq r_c$ で(4-5)式と接続する(4-11)式の動径方程式を満たすので，(4-15)式は $R_{nl}^{PS}(r)$ についても成り立ち，擬ポテンシャルの価電子に対する散乱の性質の式とみなせる．左辺のノルムは，$R_{nl}^{PS}(r)$ の場合も正しい動径波動関数のものと同じに作られているので，擬ポテンシャルの r_c での散乱の性質とその ε_{nl} の周りのエネルギー変化は，全電子計算の正しいものと同じになる．したがって，ノルム保存擬ポテンシャルは，様々な環境で，構築時に用いた ε_{nl} の周りの一定のエネルギー範囲で，価電子のエネルギーや r_c 外の波動関数挙動を正しく出力する．この性質を擬ポテンシャルの transferability と言う．

52 第4章 第一原理擬ポテンシャル法(NCPP法)の原理

なお，より厳密に様々なインプットの ε に対し，全電子計算(4-5)式と擬ポテンシャルの(4-11)式から，$R_{nl}(\varepsilon, r)$ と $R_{nl}^{\mathrm{PS}}(\varepsilon, r)$ を求め，各々の対数微分 $D_{nl}(\varepsilon, r_{\mathrm{c}})$ を ε の関数として計算し，両者の一致を確認することも行われる[30]．

一方，本章では触れなかったが，擬ポテンシャル作成の自由原子の全電子計算での電子配置(4.3節(2)の f_{nl})は，最外殻について基底状態でなく，部分的にイオン化や励起した配置で実行することも行われる[30, 31]．擬ポテンシャル作成のための最外殻軌道の全電子波動関数は束縛状態が望ましいとされてきたが，自由原子の基底状態で非占有である軌道は，しばしば発散状態になる．そこで，例えば Si で基底状態の配置 $3s^{2.0}3p^{2.0}3d^{0.0}$ の代わりに $3s^{2.0}3p^{0.5}3d^{0.5}$ の電子配置を使い，d 軌道を束縛状態に替え，その全電子波動関数を用いて擬ポテンシャルを構築する．unscreening により配置の効果は除去されるが，電子配置の選択に任意性があるので気になる．この問題も transferability で説明される．精度や信頼性に使用環境依存性がほとんどないのと同じ意味で作成環境(全電子計算での電子配置)への依存性も顕著ではない．なぜならそのように作成された擬ポテンシャルでもノルム保存条件を満たす限り，使用環境への transferability を持つからである(もちろん，擬ポテンシャルの作成環境と使用環境が近いほど高精度)．なお，次章で論じるように，一般化擬ポテンシャル法の開発(5.1節)以降，どのような場合も電子配置は基底状態で良い(擬ポテンシャル構築のための全電子波動関数は非束縛状態でかまわない)．

ところで，(4-15)式は，(4-5)式((4-11)式)からの導出の過程で，ポテンシャルの形が捨象される(4.8 式の証明(B)参照)．原子の動径波動関数の固有値方程式の解である限り，動径波動関数(擬動径波動関数)のノルム((4-15)式左辺)が r_{c} 内で正しければ，ポテンシャルは transferability を持つ．第5, 6章で説明する擬波動関数のノルムが保存されない擬ポテンシャル法(USPP法，PAW法)では，原子の固有値方程式の段階で(後述の S 演算子を用いて)半径 r_{c} 内のノルムの補填を行い，動径波動関数のノルムが保存される仕組みを導入して精度を担保する．

一方，擬ポテンシャルは，unscreening により価電子の遮蔽のない裸のポテンシャルとして様々な環境下で用いるが，実際の SCF 計算での価電子の遮蔽挙動を考えると，必ずしも原子近傍の r_{c} 内の擬ポテンシャルの形が，(4-11)式での作成時の screened の擬ポテンシャル $V_{a,l}$ と同じ形に再現される保証はない．ずれが大きいと transferability が成り立たない可能性がある．この問題は，様々な価電子配置の原子の全電子計算と擬ポテンシャルでの計算で検討された[44]．通常選ばれる程度の半径

r_c の原子球内では，どのような配置でも価電子密度分布に大きな差はない．このことも transferability を支えている．逆に言うと，r_c が大きすぎたり，原子間が互いの r_c が重なるほど接近すると問題が生じる．

　なお，汎用コードでは，元素毎に r_c の値を含めて，試され済の擬ポテンシャルが用意されている．

4.7　全エネルギーとハミルトニアン

　構築したノルム保存擬ポテンシャルを用いてバルクの第一原理計算を行う場合の Kohn-Sham 方程式のハミルトニアンは，(2-9)～(2-12)，(4-2)，(4-3)，(4-14)式を参考に以下のようになる．

$$
\begin{aligned}
H = & -\frac{\hbar^2}{2m}\nabla^2 + V_{\mathrm{PS}}(\vec{r}) + V_{\mathrm{H}}(\vec{r}) + \mu_{\mathrm{xc}}(\vec{r}) \\
= & -\frac{\hbar^2}{2m}\nabla^2 + \sum_I V_a^{\mathrm{PS}}(\vec{r}-\vec{R}_I) + V_{\mathrm{H}}(\vec{r}) + \mu_{\mathrm{xc}}(\vec{r}) \\
= & -\frac{\hbar^2}{2m}\nabla^2 + \sum_I V_{\mathrm{local}}^a(\vec{r}-\vec{R}_I) \\
& + \sum_I \sum_l \sum_{m=-l}^{+l} |Y_{lm}(\widehat{r-R_I})\rangle \Delta V_{a,l}^{\mathrm{NL}}(\vec{r}-\vec{R}_I)\langle Y_{lm}(\widehat{r-R_I})| + V_{\mathrm{H}}(\vec{r}) + \mu_{\mathrm{xc}}(\vec{r})
\end{aligned}
\tag{4-16}
$$

一般の原子配列 $\{\vec{R}_I\}$ について表現している（周期構造の場合の表現は第7章）．局所擬ポテンシャル V_{local}^a（上述のように unscreening 後のもの）は遠方で正イオンのクーロン形で，無限遠まで作用する．非局所擬ポテンシャルは，各原子位置の r_c 内で射影演算子により各 l 波成分を抜き出して作用させる．$\widehat{r-R_I}$ は $\vec{R}_I$ 位置からの方位座標 (θ,ϕ) である．

　バルクの全エネルギーは，(2-2)～(2-4)式を参考に以下のようになる．

$$
\begin{aligned}
E_{\mathrm{tot}} = & E_{\mathrm{kin}} + E_{\mathrm{L}} + E_{\mathrm{NL}} + E_{\mathrm{H}} + E_{\mathrm{xc}} + E_{\mathrm{I-J}} \\
= & \sum_{\vec{k}n}^{\mathrm{occ}} f_{\vec{k}n} \langle \Psi_{\vec{k}n}| -\frac{\hbar^2}{2m}\nabla^2 |\Psi_{\vec{k}n}\rangle + \int \left\{ \sum_I V_{\mathrm{local}}^a(\vec{r}-\vec{R}_I) \right\} \rho(\vec{r})\,d\vec{r} \\
& + \sum_{\vec{k}n}^{\mathrm{occ}} f_{\vec{k}n} \sum_I \sum_l \sum_{m=-l}^{+l} \langle \Psi_{\vec{k}n}|Y_{lm}\rangle \Delta V_{a,l}^{\mathrm{NL}}(\vec{r}-\vec{R}_I)\langle Y_{lm}|\Psi_{\vec{k}n}\rangle \\
& + \frac{e^2}{2}\iint \frac{\rho(\vec{r})\rho(\vec{r}')}{|\vec{r}-\vec{r}'|}\,d\vec{r}d\vec{r}' + E_{\mathrm{xc}}[\rho(\vec{r})] + E_{\mathrm{I-J}}
\end{aligned}
\tag{4-17}
$$

54 第4章　第一原理擬ポテンシャル法（NCPP法）の原理

系の固有状態の波動関数を $\Psi_{\vec{k}n}$ で表し，スピン含む占有数を $f_{\vec{k}n}$（$f_{\vec{k}n}$ は $0\sim2$），電子密度分布は

$$\rho(\vec{r}) = \sum_{\vec{k}n}^{\mathrm{occ}} f_{\vec{k}n} |\Psi_{\vec{k}n}(\vec{r})|^2$$

である（SCF のもの）．E_{kin} は電子系の運動エネルギー，E_{L}，E_{NL} は局所，非局所の擬ポテンシャルエネルギー，E_{H}，E_{xc} は電子間の静電相互作用エネルギー，交換相関エネルギー，$E_{\mathrm{I-J}}$ は正イオン間静電相互作用．原子配列に周期性を明示的に入れた詳細表現は，第8章で扱う．

4.8　式の証明

（A）　球対称場の変数分離の Kohn-Sham 方程式（4-5），（4-6）式の導出

［証明］　(4-4)式の $\nabla^2\psi_i$ の極座標表示 (r,θ,ϕ)

$$\nabla^2\psi_i = \frac{1}{r^2}\frac{\partial}{\partial r}\left(r^2\frac{\partial\psi_i}{\partial r}\right) + \frac{1}{r^2\sin\theta}\frac{\partial}{\partial\theta}\left(\sin\theta\frac{\partial\psi_i}{\partial\theta}\right) + \frac{1}{r^2\sin^2\theta}\frac{\partial^2\psi_i}{\partial\phi^2}$$

から，球対称ポテンシャル $V_{\mathrm{AE}}(r)$ での (2-9)式の Kohn-Sham 方程式に波動関数 $\psi_i(\vec{r}) = R_{nl}(r)Y_{lm}(\theta,\phi)$ を代入すると以下のようになる．

$$-\frac{\hbar^2}{2m}\left[\frac{1}{r^2}\frac{\partial}{\partial r}\left(r^2\frac{\partial R_{nl}(r)Y_{lm}(\theta,\phi)}{\partial r}\right) + \frac{1}{r^2\sin\theta}\frac{\partial}{\partial\theta}\left(\sin\theta\frac{\partial R_{nl}(r)Y_{lm}(\theta,\phi)}{\partial\theta}\right)\right.$$

$$\left.+ \frac{1}{r^2\sin^2\theta}\frac{\partial^2 R_{nl}(r)Y_{lm}(\theta,\phi)}{\partial\phi^2}\right] + V_{\mathrm{AE}}(r)R_{nl}(r)Y_{lm}(\theta,\phi) = \varepsilon_{nl}R_{nl}(r)Y_{lm}(\theta,\phi)$$

$$(4\text{-}18)$$

両辺に r^2 を掛けて $R_{nl}(r)Y_{lm}(\theta,\phi)$ で割り，整理する．

$$-\frac{\hbar^2}{2m}\left[\frac{1}{R_{nl}(r)}\frac{\partial}{\partial r}\left(r^2\frac{\partial R_{nl}(r)}{\partial r}\right) + \frac{1}{Y_{lm}(\theta,\phi)}\frac{1}{\sin\theta}\frac{\partial}{\partial\theta}\left(\sin\theta\frac{\partial Y_{lm}(\theta,\phi)}{\partial\theta}\right)\right.$$

$$\left.+ \frac{1}{Y_{lm}(\theta,\phi)}\frac{1}{\sin^2\theta}\frac{\partial^2 Y_{lm}(\theta,\phi)}{\partial\phi^2}\right] + r^2 V_{\mathrm{AE}}(r) = r^2\varepsilon_{nl},$$

$$-\frac{\hbar^2}{2m}\frac{1}{R_{nl}(r)}\frac{\partial}{\partial r}\left(r^2\frac{\partial R_{nl}(r)}{\partial r}\right) + r^2(V_{\mathrm{AE}}(r) - \varepsilon_{nl})$$

$$= \frac{\hbar^2}{2m}\left[\frac{1}{Y_{lm}(\theta,\phi)} \frac{1}{\sin\theta} \frac{\partial}{\partial\theta}\left(\sin\theta \frac{\partial Y_{lm}(\theta,\phi)}{\partial\theta}\right) + \frac{1}{Y_{lm}(\theta,\phi)} \frac{1}{\sin^2\theta} \frac{\partial^2 Y_{lm}(\theta,\phi)}{\partial\phi^2}\right]$$

$$(4\text{-}19)$$

左辺が r の関数，右辺が θ, ϕ の関数なので，等式が成り立つには両辺が定数でなければならない．λ と置くと

$$-\frac{\hbar^2}{2m}\frac{1}{R_{nl}(r)}\frac{\partial}{\partial r}\left(r^2\frac{\partial R_{nl}(r)}{\partial r}\right) + r^2(V_{\mathrm{AE}}(r) - \varepsilon_{nl}) = \lambda$$

$$\frac{\hbar^2}{2m}\left[\frac{1}{Y_{lm}(\theta,\phi)} \frac{1}{\sin\theta} \frac{\partial}{\partial\theta}\left(\sin\theta \frac{\partial Y_{lm}(\theta,\phi)}{\partial\theta}\right) + \frac{1}{Y_{lm}(\theta,\phi)} \frac{1}{\sin^2\theta} \frac{\partial^2 Y_{lm}(\theta,\phi)}{\partial\phi^2}\right] = \lambda$$

各式を変形して

$$-\frac{\hbar^2}{2m}\frac{1}{r}\frac{\partial}{\partial r}\left(r^2\frac{\partial R_{nl}(r)}{\partial r}\right) + r(V_{\mathrm{AE}}(r) - \varepsilon_{nl})R_{nl}(r) = \frac{1}{r^2}\lambda r R_{nl}(r) \qquad (4\text{-}20)$$

$$\frac{1}{\sin\theta}\frac{\partial}{\partial\theta}\left(\sin\theta\frac{\partial Y_{lm}(\theta,\phi)}{\partial\theta}\right) + \frac{1}{\sin^2\theta}\frac{\partial^2 Y_{lm}(\theta,\phi)}{\partial\phi^2} = \frac{2m}{\hbar^2}\lambda Y_{lm}(\theta,\phi) \qquad (4\text{-}21)$$

動径方程式をさらに変形し，$rR_{nl}(r)$ の式として表現する．

$$-\frac{\hbar^2}{2m}\frac{d^2}{dr^2}rR_{nl}(r) + \left(-\frac{\lambda}{r^2} + V_{\mathrm{AE}}(r)\right)rR_{nl}(r) = \varepsilon_{nl}rR_{nl}(r) \qquad (4\text{-}22)$$

ここで，球面調和関数 $Y_{lm}(\theta,\phi)$ がもともと満たす関係式[40]

$$\frac{1}{\sin\theta}\frac{\partial}{\partial\theta}\left(\sin\theta\frac{\partial Y_{lm}(\theta,\phi)}{\partial\theta}\right) + \frac{1}{\sin^2\theta}\frac{\partial^2 Y_{lm}(\theta,\phi)}{\partial\phi^2} = -l(l+1)Y_{lm}(\theta,\phi) \quad (4\text{-}23)$$

から，

$$\frac{2m}{\hbar^2}\lambda = -l(l+1)$$

のはずであり，

$$\lambda = -\frac{\hbar^2 l(l+1)}{2m}$$

となる．したがって，動径座標成分，方位座標成分の方程式は以下のようになる．

$$-\frac{\hbar^2}{2m}\frac{d^2}{dr^2}rR_{nl}(r) + \left\{\frac{\hbar^2 l(l+1)}{2mr^2} + V_{\mathrm{AE}}(r)\right\}rR_{nl}(r) = \varepsilon_{nl}rR_{nl}(r)$$

$$\left\{\frac{1}{\sin\theta}\frac{\partial}{\partial\theta}\left(\sin\theta\frac{\partial}{\partial\theta}\right) + \frac{1}{\sin^2\theta}\frac{\partial^2}{\partial\phi^2}\right\}Y_{lm}(\theta,\phi) = -l(l+1)Y_{lm}(\theta,\phi)$$

これらは，(4-5),(4-6)式に等しい．　　　　　　　　　　　　　　　　　（証明終わり）

56 第4章 第一原理擬ポテンシャル法(NCPP法)の原理

(B) 動径波動関数の対数微分とノルムとの関係式の導出

[証明] (4-15)式の導出を説明する. (4-5)式を,固定した球対称ポテンシャル場 $V(r)$ のもとでのエネルギー ε の動径波動関数 $R_{nl}(\varepsilon, r)$ の偏微分方程式として一般化すると

$$-\frac{\hbar^2}{2m}\frac{\partial^2}{\partial r^2}rR_{nl}(\varepsilon, r) + \left\{\frac{\hbar^2 l(l+1)}{2mr^2} + V(r)\right\}rR_{nl}(\varepsilon, r) = \varepsilon rR_{nl}(\varepsilon, r) \quad (4\text{-}24)$$

である. $R_{nl}(\varepsilon, r)$ はエネルギー ε に応じて束縛状態から非束縛の散乱波まで含めた式として扱える. (4-24)式の左辺と右辺をエネルギーで微分すると

$$-\frac{\hbar^2}{2m}\frac{\partial^2}{\partial r^2}r\dot{R}_{nl}(\varepsilon, r) + \left\{\frac{\hbar^2 l(l+1)}{2mr^2} + V(r)\right\}r\dot{R}_{nl}(\varepsilon, r) = rR_{nl}(\varepsilon, r) + \varepsilon r\dot{R}_{nl}(\varepsilon, r)$$

$$(4\text{-}25)$$

となる. $\dot{R}_{nl}(\varepsilon, r)$ は動径波動関数のエネルギー微分. (4-24)式の両辺に左から $r\dot{R}_{nl}$ を掛けたものを,(4-25)式の両辺に左から rR_{nl} を掛けたものから差し引くと, $V(r)$ と $l(l+1)$ を含む部分が消えて次式が得られる.

$$-\frac{\hbar^2}{2m}\left\{rR_{nl}(\varepsilon, r)\frac{\partial^2}{\partial r^2}r\dot{R}_{nl}(\varepsilon, r) - r\dot{R}_{nl}(\varepsilon, r)\frac{\partial^2}{\partial r^2}rR_{nl}(\varepsilon, r)\right\} = r^2 R_{nl}^2(\varepsilon, r) \quad (4\text{-}26)$$

ポテンシャル $V(r)$ の具体形がここで消えることに注意. 両辺を $r=0$ から r_c まで積分すると左辺は

$$-\frac{\hbar^2}{2m}\int_0^{r_c}\left\{rR_{nl}\frac{\partial^2}{\partial r^2}r\dot{R}_{nl} - r\dot{R}_{nl}\frac{\partial^2}{\partial r^2}rR_{nl}\right\}dr$$

$$= -\frac{\hbar^2}{2m}\left\{\left[rR_{nl}\frac{\partial}{\partial r}r\dot{R}_{nl}\right]_0^{r_c} - \int_0^{r_c}\frac{\partial}{\partial r}rR_{nl}\frac{\partial}{\partial r}r\dot{R}_{nl}dr - \left[r\dot{R}_{nl}\frac{\partial}{\partial r}rR_{nl}\right]_0^{r_c}\right.$$

$$\left. + \int_0^{r_c}\frac{\partial}{\partial r}r\dot{R}_{nl}\frac{\partial}{\partial r}rR_{nl}dr\right\}$$

$$= -\frac{\hbar^2}{2m}\left\{\left[rR_{nl}\frac{\partial}{\partial r}r\dot{R}_{nl}\right]_0^{r_c} - \left[r\dot{R}_{nl}\frac{\partial}{\partial r}rR_{nl}\right]_0^{r_c}\right\}$$

$$= -\frac{\hbar^2}{2m}\left\{\left[r^2 R_{nl}\frac{\partial}{\partial r}\dot{R}_{nl}\right]_{r=r_c} - \left[r^2\dot{R}_{nl}\frac{\partial}{\partial r}R_{nl}\right]_{r=r_c}\right\} \quad (4\text{-}27)$$

となる. 一方,

$$-\frac{\hbar^2}{2m}r^2 R_{nl}^2\frac{\partial}{\partial\varepsilon}\frac{\partial}{\partial r}\ln R_{nl}(\varepsilon, r)$$

を考えると

$$-\frac{\hbar^2}{2m}r^2 R_{nl}^2 \frac{\partial}{\partial\varepsilon}\frac{\partial}{\partial r}\ln R_{nl}(\varepsilon, r) = -\frac{\hbar^2}{2m}r^2 R_{nl}^2 \frac{\partial}{\partial\varepsilon}\left(\frac{\partial R_{nl}}{\partial r}\Big/ R_{nl}\right)$$

$$= -\frac{\hbar^2}{2m}r^2 R_{nl}\frac{\partial \dot{R}_{nl}}{\partial r} + \frac{\hbar^2}{2m}r^2 R_{nl}^2 \frac{\partial R_{nl}}{\partial r}\frac{\dot{R}_{nl}}{R_{nl}^2}$$

$$= -\frac{\hbar^2}{2m}\left(r^2 R_{nl}\frac{\partial \dot{R}_{nl}}{\partial r} - r^2 \frac{\partial R_{nl}}{\partial r}\dot{R}_{nl}\right) \qquad (4\text{-}28)$$

(4-27)式と(4-28)式の比較から，(4-26)式の左辺の $r=0$ から r_c までの積分が(4-28)式の左辺に $r=r_c$ を入れたもの

$$-\frac{\hbar^2}{2m}\left[r^2 R_{nl}^2 \frac{\partial}{\partial\varepsilon}\frac{\partial}{\partial r}\ln R_{nl}(\varepsilon, r)\right]_{r=r_c}$$

に等しいことがわかる．これが(4-26)式の右辺の同様の積分と等しいので，以下が成り立つ．

$$\int_0^{r_c} r^2 R_{nl}^2(\varepsilon, r)\,dr = -\frac{\hbar^2}{2m}r_c^2 R_{nl}^2(\varepsilon, r_c)\frac{\partial}{\partial\varepsilon}\frac{\partial}{\partial r}\ln R_{nl}(\varepsilon, r_c) \qquad (4\text{-}29)$$

エネルギー値 ε_{nl} を入れ，対数微分を

$$D_{nl}(\varepsilon_{nl}, r_c) = \frac{\partial}{\partial r}\ln R_{nl}(\varepsilon_{nl}, r_c)$$

とすれば

$$\int_0^{r_c}\{r R_{nl}(\varepsilon_{nl}, r)\}^2 dr = \left(-\frac{\hbar^2}{2m}\right)\{r_c R_{nl}(\varepsilon_{nl}, r_c)\}^2 \partial D_{nl}(\varepsilon_{nl}, r_c)/\partial\varepsilon \qquad (4\text{-}30)$$

となる．これは(4-15)式である． (証明終わり)

5

第5章

NCPP 法から USPP 法へ

5.1 NCPP 法の発展：複数の参照エネルギーの方法

(1) 従来の NCPP 法のまとめ

本節では，NCPP 法が発展して，USPP 法，PAW 法に繋がる形に到達した経緯を
まとめる．本章と第6章で扱う USPP 法と PAW 法を理解するためには，この発展
の経緯が欠かせない．NCPP 法の確立[30, 31]後，その理論的枠内で，① Kleinman-
Bylander の**分離型擬ポテンシャル**[45]，② Hamann の**一般化擬ポテンシャル**[38]，
さらに③**複数の参照エネルギーの方法**[32, 46]と言う発展があり，①～③を合わせた方
法が USPP 法，PAW 法に繋がった．なお，第5章と第6章では，$\hbar = 1$，$m = 1$，
$e = 1$ の Hartree 原子単位系を用い，運動エネルギー演算子は

$$T = -\frac{1}{2} \nabla^2,$$

静電相互作用に e^2 は不要で（$e^2 = 1$），また，擬ポテンシャルや擬波動関数の記号・
表記が第4章のものと少し異なることに注意．

まず，第4章の NCPP 法の擬ポテンシャル構築法の概要をあらためてまとめる．
自由原子の全電子 SCF 計算ですべての占有状態と全電子ポテンシャル $V_{AE}(r)$（球対
称場）を求めた後，この $V_{AE}(r)$ に固定した Kohn-Sham 方程式を，最外殻の l 毎に
（先に求めた）固有エネルギー ε_l を input して解くと，（先に求めたものと同じ）価電子
の全電子波動関数 Φ_{lm} があらためて得られる．

$$(T + V_{AE})\Phi_{lm} = \varepsilon_l \Phi_{lm}, \quad \Phi_{lm}(\vec{r}) = \phi_l(r) Y_{lm}(\bar{r}) \tag{5-1}$$

変数分離で動径波動関数 $\phi_l(r)$ の微分方程式を原点からメッシュ点（原点に近いほど
密なメッシュ）で解くだけの計算である．$\Phi_{lm}(\vec{r})$ は $\phi_l(r)$ と球面調和関数 $Y_{lm}(\bar{r})$ の
積．

次に，全電子ポテンシャル $V_{AE}(r)$，最外殻の各 l の $\Phi_{lm}(\vec{r})$，固有エネルギー ε_l に

60 第5章 NCPP法からUSPP法へ

対し，擬ポテンシャル $V_l(r)$ を，下記の条件を満たす，ノードを持たない擬波動関数 $\widetilde{\Phi}_{lm}(\vec{r})$（擬動径波動関数 $\widetilde{\phi}_l(r)$）を（$V_l(r)$ を用いた）次式が出力するよう，l 毎に人工的に構築する（$l = 0, 1, 2$ 等）．波型のチルダマーク ～ はノードを持たない擬波動関数を意味する．

$$(T + V_l)\widetilde{\Phi}_{lm} = \varepsilon_l \widetilde{\Phi}_{lm}, \quad \widetilde{\Phi}_{lm}(\vec{r}) = \widetilde{\phi}_l(r) Y_{lm}(\hat{r}) \quad (0 \le r \le r_c), \tag{5-2}$$

$$V_l(r) = V_{AE}(r), \quad \widetilde{\phi}_l(r) = \phi_l(r) \quad (r \ge r_c) \tag{5-3}$$

$$\int_0^{r_c} |\widetilde{\phi}_l(r)|^2 r^2 dr = \int_0^{r_c} |\phi_l(r)|^2 r^2 dr \tag{5-4}$$

(5-2) 式は $0 \le r \le r_c$ の領域で (5-1) 式の V_{AE} を底上げした形の擬ポテンシャル $V_l(r)$ で置き換えたもの．$V_l(r)$ は $r = r_c$ でスムーズに $V_{AE}(r)$ に接続する．$V_l(r)$ のもとでの (5-2) 式の解 $\widetilde{\phi}_l(r)$ が，$0 \le r \le r_c$ でノードを持たず，$r = r_c$ でスムーズに $\phi_l(r)$ に接続し，正しい固有値 ε_l を持ち，(5-4) 式のように r_c 内のノルム（波動関数の二乗の積分）を保存する（全電子波動関数 $\phi_l(r)$ のノルムと同じ値になる）ように，$V_l(r)$ を再帰的に調整する（先に条件を満たす $\widetilde{\phi}_l$ を決めて，(5-2) 式の反転で $V_l(r)$ を求める方法もある）．

　なお，r_c は第4章で議論したように，元素毎に自由原子の全電子計算での最外殻価電子軌道の動径波動関数の最外ノードの外側で波動関数のピークの内側付近に取る．l 毎に異なる値 $r_{c,l}$ を用いたり，V_l が V_{AE} に接続する距離も他と異なる値を用いる場合もあるが，本書では簡単のため元素毎にすべて r_c とする．USPP法，PAW法でも同様である．

　さて，構築した最外殻のすべての l の $V_l(r)$ に対し，l によらない共通部分を局所擬ポテンシャル $V_{local}(r)$，l 毎の非局所項を

$$\Delta V_l(r) = V_l(r) - V_{local}(r)$$

とする．すべての l につき $r \ge r_c$ で $V_l(r) = V_{AE}(r)$ なので，$r \ge r_c$ で $V_{local}(r) = V_{AE}(r)$ であり，$\Delta V_l(r)$ は $r \ge r_c$ でゼロ，$0 \le r \le r_c$ でのみ成分を持つ．l 毎に異なる $\Delta V_l(r)$ は，球面調和関数 $Y_{lm}(\hat{r})$ を射影演算子に用いて波動関数から l 波成分を抜き出して作用させる．こうして，原子の擬ポテンシャルは以下になる．

$$V_{SC}^{PS} = V_{local}(r) + \sum_l \sum_{m=-l}^{+l} |Y_{lm}(\hat{r})\rangle \Delta V_l(r) \langle Y_{lm}(\hat{r})| \tag{5-5}$$

波動関数への作用の様子は，5.6 式の証明 (A) 参照．V_{SC}^{PS} の記号の SC は screened の意で，$V_{local}(r)$ が unscreening 前のものであることを意味する．バルクに埋め込

んで SCF 計算で使用するには unscreening が必要(自由原子の占有価電子軌道分につ
いて,擬ポテンシャルの解である擬波動関数 $\tilde{\Phi}_i$ からの電子密度分布による V_H, μ_{xc}
を V_{local} から差し引く).第4章では全 $V_l(r)$ の unscreening を先に行い,V_{local} と
ΔV_l を決めたので V_{local} は unscreening 後のものだったが,本章と第6章の V_{local} は
unscreening 前のものである(unscreening 後のものは V_{local}^{US} と表記).

(2) 分離型擬ポテンシャルとプロジェクター

Kleinmann-Bylander(KB)型の分離型擬ポテンシャルでは,(5-5)式の非局所項と
射影演算子を以下の形の演算子で置き換える[45].

$$V_{SC}^{PS} = V_{local}(r) + \sum_l \sum_{m=-l}^{+l} |\Delta V_l \tilde{\phi}_l Y_{lm}\rangle \frac{1}{C_l} \langle \Delta V_l \tilde{\phi}_l Y_{lm}| \tag{5-6}$$

l 成分の非局所擬ポテンシャル $\Delta V_l(r)$ と擬ポテンシャル構築時の擬波動関数
$\tilde{\Phi}_{lm}(\vec{r}) = \tilde{\phi}_l(r) Y_{lm}(\hat{r})$((5-2)式)との積

$$\Delta V_l \tilde{\Phi}_{lm} = \Delta V_l \tilde{\phi}_l Y_{lm}$$

を射影演算子(プロジェクター)として使用する.上記のように $\Delta V_l(r)$ は r_c を超え
るとゼロで演算子の及ぶ範囲は r_c 球内である.C_l は定数で

$$\langle \tilde{\phi}_l Y_{lm} | \Delta V_l | \tilde{\phi}_l Y_{lm} \rangle = \langle \tilde{\phi}_l | \Delta V_l | \tilde{\phi}_l \rangle$$

である.(5-6)式の非局所部分 V_{NL} をバルクの波動関数 $\psi(\vec{r})$ に作用させ,$V_{NL}\psi(\vec{r})$
を計算すると,$\psi(\vec{r})$ は半径 r_c の原子球内で $\tilde{\phi}_l Y_{lm}$ のセットで展開されると言えるの
で,(5-5)式の非分離型の作用 $V_{NL}\psi(\vec{r})$ と同じになる(5.6 式の証明(A)参照).

分離型は,平面波基底での取り扱いで極めて有利となる(第7章).基底関数を ξ_1,
ξ_2, ξ_3 等(第7章の $|\vec{k}+\vec{G}\rangle$ 等)とし,ハミルトニアンの行列要素を考える((4-1)式).
行列要素への非局所項の寄与

$$\langle \xi_i | V_{NL} | \xi_j \rangle = \int \xi_i^*(\vec{r}) V_{NL} \xi_j(\vec{r}) d\vec{r}$$

は,(5-6)式の分離型では片方のプロジェクターのみの積分

$$\langle \Delta V_l \tilde{\phi}_l Y_{lm} | \xi_j \rangle = \int_\Omega \Delta V_l(r) \tilde{\phi}_l(r) Y_{lm}^*(\theta, \phi) \xi_j(\vec{r}) d\vec{r} \tag{5-7}$$

を全基底 $\{\xi_j\}$ であらかじめ用意しておけば,行列要素はそれらの複素共役との積の
lm についての和として

$$\langle \xi_i | V_{NL} | \xi_j \rangle = \sum_l \sum_{m=-l}^{+l} \frac{1}{C_l} (\langle \Delta V_l \tilde{\phi}_l Y_{lm} | \xi_i \rangle)^* \langle \Delta V_l \tilde{\phi}_l Y_{lm} | \xi_j \rangle \tag{5-8}$$

62　第5章　NCPP法からUSPP法へ

でいつでも組み立てられる(原子が多数ある場合，原子についての加算になる)．一方，非分離型(5-5)式では，プロジェクターに挟まれた $\Delta V_l(r)$ の動径座標の積分を左右の基底関数の積分と同時に実行するので，行列要素 $\langle \xi_i|V_{\mathrm{NL}}|\xi_j \rangle$ をそのままの形で用意せねばならない．基底数の二乗のオーダーで，計算負荷と記憶容量が膨大となる(分離型では一乗オーダー)．

ところで，(5-2)式の原子の擬ポテンシャル構築の式を $V_l(r)=V_{\mathrm{local}}(r)+\Delta V_l(r)$ と表して変形すると

$$(T+V_{\mathrm{local}}+\Delta V_l)\tilde{\phi}_l(r)Y_{lm}(\bar{r})=\varepsilon_l\tilde{\phi}_l(r)Y_{lm}(\bar{r}),$$

$$(\varepsilon_l-T-V_{\mathrm{local}})\tilde{\phi}_l(r)Y_{lm}(\bar{r})=\Delta V_l(r)\tilde{\phi}_l(r)Y_{lm}(\bar{r})$$

$$=\bar{\chi}_l(r)Y_{lm}(\bar{r})=\widetilde{X}_{lm}(\bar{r}) \tag{5-9}$$

となる．(5-9)式の $\widetilde{X}_{lm}$ は $\Delta V_l(r)$ と $\tilde{\phi}_l(r)Y_{lm}(\bar{r})$ の積で，(5-6)式の KB 型ポテンシャルの構成要素と同一である($\bar{\chi}_l(r)$ は $\Delta V_l(r)$ と同様に r_c を超えるとゼロ)．したがって，KB 型の擬ポテンシャルは次式でも表せる．

$$V_{\mathrm{SC}}^{\mathrm{PS}}=V_{\mathrm{local}}(r)+\sum_l\sum_{m=-l}^{+l}\frac{|\widetilde{X}_{lm}\rangle\langle\widetilde{X}_{lm}|}{\langle\widetilde{\Phi}_{lm}|\widetilde{X}_{lm}\rangle} \tag{5-10}$$

分母は上記の C_l と同じで下記である．

$$\langle\widetilde{\Phi}_{lm}|\widetilde{X}_{lm}\rangle=\langle\tilde{\phi}_l|\bar{\chi}_l\rangle=\langle\tilde{\phi}_l|\Delta V_l|\tilde{\phi}_l\rangle$$

(5-9)，(5-10)式の意味は大きい．原子(元素)毎に $V_l(r)$ や $\Delta V_l(r)$ を決めなくても，先に局所擬ポテンシャル $V_{\mathrm{local}}(r)$ と擬動径波動関数 $\tilde{\phi}_l(r)$ を NCPP の条件を満たすように適当に構築し，(5-9)式の動径方程式 $(\varepsilon_l-T-V_{\mathrm{local}})\tilde{\phi}_l(r)$ に入れ，$\tilde{\phi}_l(r)$ の r メッシュ点毎に $-T$ の微分演算子と $(\varepsilon_l-V_{\mathrm{local}})$ を掛ける作用を行って加えれば，動径関数 $\bar{\chi}_l(r)$ がメッシュ点毎に求まる．$Y_{lm}(\bar{r})$ を掛けてプロジェクター $\widetilde{X}_{lm}(\bar{r})$ を組み立てれば，(5-10)式のように分離型擬ポテンシャルになる．先に $V_{\mathrm{local}}(r)$ と各 l の $\tilde{\phi}_l(r)$ を決めるだけで良い．$V_l(r)$ や $\Delta V_l(r)$ は(5-9)式で自動的に決まる(V_l の再帰的調整は不要)．$\tilde{\phi}_l(r)$ は(5-2)式を解かなくても，$r=r_c$ で $\phi_l(r)$ に接続し，ノルムを保存するノードレスの滑らかな形のものなら，$V_{\mathrm{local}}(r)$ や $\Delta V_l(r)$ と別途に人為的に決めて構わない[32, 46]．

(3)　一般化擬ポテンシャル

次の飛躍が Hamann の一般化擬ポテンシャル[38]である．従来の NCPP 法では，

(5-1)式の自由原子の全電子計算の最外殻の価電子軌道の解 $\phi_l(r)$ ($\Phi_{lm}(\vec{r})$) は束縛状態($r \to \infty$ で動径波動関数 $\phi_l(r)$ がゼロに収束，固有エネルギー ε_l が決まっている)であることが擬ポテンシャル構築のために必須とされた．しかし，(4.6節でも触れたように)自由原子の基底状態でも非占有の軌道(例えば d)は，しばしば非束縛状態(発散状態)になる．そのため，最外殻の価電子軌道を適当な束縛状態にするために，最外殻の電子配置を部分的にイオン化や励起したものにして全電子計算を行い，擬ポテンシャルを構築した[30, 31]．

しかし，一般化擬ポテンシャルでは，価電子軌道が発散状態($r \to \infty$ で動径波動関数が発散，ε_l は固有値でない適当な値)であっても，(5-1)式で基底状態で求めた $V_{AE}(r)$ に対し(発散状態は基底状態で非占有なのでもとから V_{AE} には入っていない)，適当な ε_l を input して適当な距離 R ($R > r_c$) まで $\phi_l(r)$ を解き，R までで規格化した全電子波動関数 $\phi_l(r)$ ($\Phi_{lm}(\vec{r})$) に対して，NCPP 法の条件を満たす $\tilde{\phi}_l(r)$ ($\tilde{\Phi}_{lm}(\vec{r})$)，$V_l(r)$ を構築すれば良いことが示された[38]．束縛状態も非束縛状態も r_c までの $\tilde{\phi}_l(r)$ ($\tilde{\Phi}_{lm}(\vec{r})$) を作るために $\phi_l(r)$ ($\Phi_{lm}(\vec{r})$) を $r \to \infty$ まで用意する必要はないわけである．

(4) 複数の参照エネルギーの方法

次の飛躍が各 l に対し複数の参照エネルギーの導入である(generalized separable pseudopotentials と呼ばれる方法[32, 46])．これまでの分離型かつ一般化擬ポテンシャルに対し，l 毎に $\tau = 1, 2$ の二種類の参照エネルギー $\varepsilon_{l, \tau}$ を導入する(三種類以上でも良い)．参照エネルギーは(5-1)，(5-2)式や(5-9)式など，擬ポテンシャル構築の自由原子の価電子軌道の方程式で用いるもので，4.6節の動径波動関数の対数微分の議論から，そのエネルギーの周囲の一定の範囲でノルム保存擬ポテンシャルの散乱の性質の正しさが保証される．

今，同じ l の価電子原子軌道として，自由原子の通常の最外殻の占有状態(束縛状態，$\varepsilon_{l, 1} = \varepsilon_l$)と励起状態(非束縛状態，$\varepsilon_{l, 2} = \varepsilon_l + \Delta\varepsilon$，$\Delta\varepsilon$ は $\varepsilon_{l, 1}$ と $\varepsilon_{l, 2}$ が価電子バンド幅を覆うよう調整)の $\varepsilon_{l, \tau}$ ($\tau = 1, 2$) の各々を(5-1)式に入れて全電子の動径波動関数を R まで解き(一般化擬ポテンシャル，基底状態の V_{AE} のもと $\varepsilon_{l, \tau}$ を与えて解く)，全電子波動関数 $\Phi_{lm, 1}(\vec{r})$，$\Phi_{lm, 2}(\vec{r})$ (動径波動関数 $\phi_{l, 1}(r)$，$\phi_{l, 2}(r)$) を求める．次に共通の底上げしたソフトな $V_{local}(r)$ を $r = r_c$ で $V_{AE}(r)$ にスムーズに接続するように決める(全 l と全 τ に共通)．同様に $\tilde{\phi}_{l, 1}(r)$，$\tilde{\phi}_{l, 2}(r)$ をノルム保存とノードレスの条

64　第5章　NCPP 法から USPP 法へ

件を満たし，$r=r_c$ で $\phi_{l,1}(r), \phi_{l,2}(r)$ にスムーズに接続するように与え（同じく R まで）$Y_{lm}(\hat{r})$ を掛けて擬波動関数 $\tilde{\Phi}_{lm,1}(\hat{r}), \tilde{\Phi}_{lm,2}(\hat{r})$ を構築する（5.1 節(2)のように $\tilde{\phi}_{l,1}, \tilde{\phi}_{l,2}$ は V_{local} と無関係に独立に決めて良い）．(5-9)式に $V_{local}(r)$ と各々 $\varepsilon_{l,1}$, $\varepsilon_{l,2}, \tilde{\Phi}_{lm,1}(\hat{r}), \tilde{\Phi}_{lm,2}(\hat{r})$ を入れると，二つのプロジェクター $\tilde{X}_{lm,1}(\hat{r}), \tilde{X}_{lm,2}(\hat{r})$（動径成分 $\tilde{\chi}_{l,1}(r), \tilde{\chi}_{l,2}(r)$）が求まる．$\tilde{X}_{lm,\tau}(\hat{r})$ の動径関数 $\tilde{\chi}_{l,\tau}(\hat{r})$ は $\Delta V_{l,\tau}(r)\tilde{\phi}_{l,\tau}(r)$ に相当するが（(5-9)式），前述の議論のように $\Delta V_{l,\tau}(r)$ 自体は直接には扱わなくてよい．

　各 lm の二つのプロジェクター $\tilde{X}_{lm,\tau}(\hat{r})$ $(\tau=1,2)$ で(5-10)式のような形のポテンシャルを構築するため，$\tilde{\Phi}_{lm,1}(\hat{r}), \tilde{\Phi}_{lm,2}(\hat{r})$（各々 $\tilde{\phi}_{l,1}(r)Y_{lm}(\hat{r}), \tilde{\phi}_{l,2}(r)Y_{lm}(\hat{r})$）に対し，以下の手順でプロジェクターの dual 化（$\tilde{\Phi}_{lm,\tau}$ と一対一の射影を可能にする作り替え）を行い，新プロジェクター $\tilde{p}_{lm,\tau}(\hat{r})$ $(\tau=1,2)$ を構築する．

$$B_{l,\tau\tau'}=[B_l]_{\tau\tau'}=\langle\tilde{\Phi}_{lm,\tau}(\hat{r})|\tilde{X}_{lm,\tau'}(\hat{r})\rangle_R=\langle\tilde{\phi}_{l,\tau}(r)|\tilde{\chi}_{l,\tau'}(r)\rangle_R \tag{5-11}$$

$$|\tilde{p}_{lm,\tau}\rangle=\sum_{\tau'}[B_l^{-1}]_{\tau'\tau}|\tilde{X}_{lm,\tau'}\rangle \tag{5-12}$$

(5-11)式の原子の擬波動関数とプロジェクターの積分の下付きの R は，動径成分の積分を原子位置から距離 R まで行うことを意味する（方位座標は全角で積分）．一般化擬ポテンシャルの立場で，擬波動関数 $\tilde{\Phi}_{lm,\tau}$ や $\tilde{X}_{lm,\tau}$ の動径成分は R までで定義されている $(R\geq r_c)$．$\tilde{X}_{lm,\tau}$ は r_c を超えるとゼロなので，r_c までの積分でも良い．$B_{l,\tau\tau'}$ は $Y_{lm}(\hat{r})$ の規格直交条件から同じ lm の $\tilde{\Phi}_{lm,\tau}$ と $\tilde{X}_{lm,\tau'}$ 間のみで成分を持ち，l に依存し，l 毎に $\tau\tau'$ の 2×2 行列である．$[B_l^{-1}]_{\tau\tau'}$ は $[B_l]_{\tau\tau'}$ の逆行列である．

　新プロジェクター $|\tilde{p}_{lm,\tau}\rangle$ は各 lm に二種 $(\tau=1,2)$ の動径関数と $Y_{lm}(\hat{r})$ の積で，動径成分は $\tilde{X}_{lm,\tau}$ の動径成分 $\tilde{\chi}_{l,\tau}$ の線形結合で，同様に r_c を超えるとゼロである．(5-11), (5-12)式から以下のように $\tilde{\Phi}_{lm,\tau}$ と $|\tilde{p}_{lm,\tau}\rangle$ は dual 化している（$|\tilde{p}_{lm,1}\rangle$ は $\tilde{\Phi}_{lm,1}$ だけを，$|\tilde{p}_{lm,2}\rangle$ は $\tilde{\Phi}_{lm,2}$ だけを射影する）．

$$\begin{aligned}\langle\tilde{\Phi}_{lm,\tau}(\hat{r})|\tilde{p}_{lm,\tau'}\rangle_R&=\langle\tilde{\Phi}_{lm,\tau}(\hat{r})|\sum_k[B_l^{-1}]_{k\tau'}|\tilde{X}_{lm,k}\rangle_R\\&=\sum_k[B_l^{-1}]_{k\tau'}\langle\tilde{\Phi}_{lm,\tau}(\hat{r})|\tilde{X}_{lm,k}\rangle_R\\&=\sum_k[B_l^{-1}]_{k\tau'}[B_l]_{\tau k}=\delta_{\tau\tau'}\end{aligned} \tag{5-13}$$

lm まで含めると

$$\langle\tilde{\Phi}_{lm,\tau}(\hat{r})|\tilde{p}_{l'm',\tau'}\rangle_R=\delta_{ll'}\,\delta_{mm'}\,\delta_{\tau\tau'}$$

である．なお，(5-12)式から次式も成り立つ．

5.1 NCPP 法の発展：複数の参照エネルギーの方法　65

$$|\widetilde{X}_{lm,\tau}\rangle = \sum_{\tau'}[B_l]_{\tau'\tau}|\tilde{p}_{lm,\tau'}\rangle \tag{5-14}$$

ここでのプロジェクター dual 化の方法は，Vanderbilt[32]によるもので，Blöchl の別のやり方もある[34]．本質は変わらない．

こうして，複数の参照エネルギーの方法での分離型擬ポテンシャルの(5-10)式に相当する展開形は次式になる．

$$V_{\mathrm{SC}}^{\mathrm{PS}} = V_{\mathrm{local}}(r) + \sum_l \sum_{\tau,\,\tau'} \sum_{m=-l}^{+l} |\tilde{p}_{lm,\tau}\rangle B_{l,\tau\tau'} \langle \tilde{p}_{lm,\tau'}| \tag{5-15}$$

τ, τ' が1，2をスパンし，lm 毎に四種の和になる．この形の非局所擬ポテンシャルの波動関数への作用が(5-10)式と同等であることは，5.6 式の証明(B)参照．τ の自由度が加わっても分離型ポテンシャルの取り扱いは KB 型((5-6)，(5-10)式)と変わらない．(5-7)式のような基底関数とプロジェクターの積の積分 $\{\langle \tilde{p}_{lm,\tau}|\xi_i\rangle\}$ を用意すれば，行列要素 $\langle \xi_i|V_{\mathrm{NL}}|\xi_j\rangle$ が $\langle \tilde{p}_{lm,\tau}|\xi_j\rangle$，$(\langle \tilde{p}_{lm,\tau}|\xi_i\rangle)^*$，$B_{l,\tau\tau'}$ の積についての l, m，τ, τ' の和で(5-8)式のように与えられる．

なお，$B_{l,\tau\tau'}$ は(5-9)式より以下のように解釈できる．

$$\begin{aligned}
B_{l,\tau\tau'} = [B_l]_{\tau\tau'} &= \langle \widetilde{\Phi}_{lm,\tau}(\vec{r})|\widetilde{X}_{lm,\tau'}(\vec{r})\rangle_R \\
&= \langle \widetilde{\Phi}_{lm,\tau}(\vec{r})|(\varepsilon_{l,\tau'} - T - V_{\mathrm{local}})|\widetilde{\Phi}_{lm,\tau'}(\vec{r})\rangle_R \\
&= \langle \widetilde{\Phi}_{lm,\tau}(\vec{r})|T + V_{l,\tau'}|\widetilde{\Phi}_{lm,\tau'}(\vec{r})\rangle_R - \langle \widetilde{\Phi}_{lm,\tau}(\vec{r})|T + V_{\mathrm{local}}|\widetilde{\Phi}_{lm,\tau'}(\vec{r})\rangle_R \\
&= \langle \widetilde{\Phi}_{lm,\tau}(\vec{r})|(V_{l,\tau'} - V_{\mathrm{local}})|\widetilde{\Phi}_{lm,\tau'}(\vec{r})\rangle_R \\
&= \langle \widetilde{\Phi}_{lm,\tau}(\vec{r})|\Delta V_{l,\tau'}|\widetilde{\Phi}_{lm,\tau'}(\vec{r})\rangle_R
\end{aligned} \tag{5-16}$$

$V_{l,\tau} = V_{\mathrm{local}} + \Delta V_{l,\tau}$ は，(5-9)式の最初の式のように $\widetilde{\Phi}_{lm,\tau}$ をエネルギー準位 $\varepsilon_{l,\tau}$ の解とする擬ポテンシャルである(R までで良い)．複数の参照エネルギーなので τ と τ' で2×2，参照エネルギーが一つの場合，(5-16)式は(5-6)式の KB 型擬ポテンシャルの非局所項の $\widetilde{\Phi}_{lm}$ 間要素 $\langle \widetilde{\Phi}_{lm}|\Delta V_l|\widetilde{\Phi}_{lm}\rangle$ と同じになる．

ここで，プロジェクター構築のために最初に準備された原子の(ノルム保存の)各擬波動関数 $\widetilde{\Phi}_{l'm',k}(\vec{r})$($R$ までで定義されている)が，(5-15)式の複数の参照エネルギーの擬ポテンシャルの原子の固有値方程式 $(T + V_{\mathrm{SC}}^{\mathrm{PS}})\widetilde{\Phi} = \varepsilon\widetilde{\Phi}$ の解となることを示す．左辺に $\widetilde{\Phi}_{l'm',k}$ を入れると

$$\begin{aligned}
&(T + V_{\mathrm{local}})\widetilde{\Phi}_{l'm',k}(\vec{r}) + \sum_l \sum_{\tau,\,\tau'} \sum_{m=-l}^{+l} |\tilde{p}_{lm,\tau}\rangle B_{l,\tau\tau'} \langle \tilde{p}_{lm,\tau'}|\widetilde{\Phi}_{l'm',k}(\vec{r}) \\
&= (T + V_{\mathrm{local}})\widetilde{\Phi}_{l'm',k}(\vec{r}) + \sum_{\tau,\,\tau'} |\tilde{p}_{l'm',\tau}\rangle B_{l',\tau\tau'}\delta_{\tau'k} \\
&= (T + V_{\mathrm{local}})\widetilde{\Phi}_{l'm',k}(\vec{r}) + \sum_{\tau} |\tilde{p}_{l'm',\tau}\rangle B_{l',\tau k}
\end{aligned}$$

66   第5章 NCPP 法から USPP 法へ

$$= (T + V_{\text{local}})\tilde{\Phi}_{l'm',k}(\vec{r}) + \tilde{X}_{l'm',k}(\vec{r}) = \varepsilon_{l',k}\tilde{\Phi}_{l'm',k}(\vec{r}) \tag{5-17}$$

となり，方程式を満たす（R までの範囲で良い）．1 行目から 2 行目で(5-13)式を，3 行目から 4 行目で(5-14)式を使い，最終行で(5-9)式

$$\tilde{X}_{l'm',k}(\vec{r}) = (\varepsilon_{l',k} - T - V_{\text{local}})\tilde{\Phi}_{l'm',k}(\vec{r})$$

を使い，右辺の $\varepsilon_{l',k}\tilde{\Phi}_{l'm',k}(\vec{r})$ が出てくる．

こうして，(5-15)式の形の擬ポテンシャルについて，各 l で $\tau = 1, 2$ の二つの準位 $\varepsilon_{l,\tau}$ で構築した $\tilde{\Phi}_{lm,\tau}(\vec{r})$ の各々が原子の固有値方程式(5-17)を満たし，$\tilde{\Phi}_{lm,\tau}(\vec{r})$ のノルムは保存されている．4.6 節の議論から，この擬ポテンシャルは，広範な二つのエネルギー準位 $\varepsilon_{l,1}, \varepsilon_{l,2}$ の周りで正しい散乱の性質を保持する．

この手法でのバルクの全エネルギーは，第 4 章の通常の NCPP 法の表式(4-17)式との対比で以下となる（f_{kn} はスピン含めた占有数）．

$$E_{\text{tot}} = E_{\text{kin}} + E_{\text{L}} + E_{\text{NL}} + E_{\text{H}} + E_{\text{xc}} + E_{\text{I-J}}$$

$$= \sum_{kn}^{\text{occ}} f_{kn}\langle \Psi_{kn}| T |\Psi_{kn}\rangle + \int \left\{ \sum_I V_{\text{local}}^{US,I}(\vec{r} - \vec{R}_I) \right\} \rho(\vec{r}) d\vec{r}$$

$$+ \sum_{kn}^{\text{occ}} f_{kn} \sum_I \sum_l \sum_{\tau,\tau'} \sum_{m=-l}^{+l} \langle \Psi_{kn}| \tilde{p}_{lm,\tau}^I \rangle B_{l,\tau\tau'}^I \langle \tilde{p}_{lm,\tau'}^I |\Psi_{kn}\rangle$$

$$+ \frac{1}{2}\iint \frac{\rho(\vec{r})\rho(\vec{r}')}{|\vec{r} - \vec{r}'|} d\vec{r}d\vec{r}' + E_{\text{xc}}[\rho(\vec{r})] + E_{\text{I-J}} \tag{5-18}$$

局所・非局所の擬ポテンシャルやプロジェクターの肩付の I は，$\vec{R}_I$ 位置の原子のものを意味する（この式では，原子配列は一般的な表記で，周期配列としては記述されていない）．上述のように SCF 計算で用いる V_{local} は unscreening した V_{local}^{US} である．

5.2 ノルム保存条件の緩和とその補償

（1） ノルムを保存しない擬波動関数と正しい波動関数

前節の最終形では，元素毎に，複数の参照エネルギー $\varepsilon_{l,\tau}(\tau = 1, 2)$ で，自由原子の全電子ポテンシャル V_{AE} 下で l 毎に $r = R\ (R > r_{\text{c}})$ まで解いた**全電子波動関数** $\{\Phi_{lm,\tau}\}$（**AE partial waves** と呼ぶ），$r = r_{\text{c}}$ で $\{\Phi_{lm,\tau}\}$ とスムーズに接続し，ノードを持たず，r_{c} までのノルムを保存する**擬波動関数** $\{\tilde{\Phi}_{lm,\tau}\}$（**PS partial waves** と呼ぶ）を構築し，さらに $r = r_{\text{c}}$ で V_{AE} とスムーズに接続する，底の浅いソフトな局所擬ポテンシャル V_{local} を構築した．これらを(5-9)式に入力してプロジェクター $\{\tilde{X}_{lm,\tau}\}$ を

5.2 ノルム保存条件の緩和とその補償   67

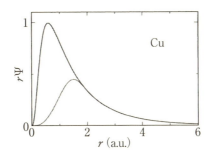

図 5-1 ノルム保存条件を緩和した PS partial waves の構築例[33]．Cu の 3d 軌道のもの．実線は全電子計算による動径波動関数($r\Psi$)，破線がノルムを保存しない擬動径波動関数($r\tilde{\Psi}$)．前者を AE partial waves で，後者を PS partial waves で使用する．$r_c = 2$ a.u.(1.058 Å)．r_c 外では両者は同じだが，r_c 内は後者のノルムが顕著に小さい．

作り，$\{\tilde{\Phi}_{lm,\tau}\}$ と dual 化させた新プロジェクター $\{\tilde{p}_{lm,\tau}\}$ を構築すれば，(5-15)式のように一般化分離型擬ポテンシャルとして使える．これらの道具は，($\{\tilde{\Phi}_{lm,\tau}\}$ のノルム保存条件を除き)すべて USPP 法，PAW 法で引き継がれる．

一方，平面波基底の NCPP 法ではいかに平面波基底の数を減らすかが肝要で，擬ポテンシャルや擬波動関数が局所的に大きく変動すると不利になる．様々な工夫が行われてきたが[42,43]，同じ l の軌道が内殻にない 2p 軌道や 3d 軌道が価電子である元素(第二周期典型元素，3d 遷移金属等)では，全電子の価電子軌道自体が原子核近傍に比較的局在する．そのため，ノルム保存条件を満たす PS partial waves $\{\tilde{\Phi}_{lm,\tau}\}$ 自体が原子核近傍に大きなピークで存在する．(後述のように)バルクの擬波動関数は，原子球内では $\{\tilde{\Phi}_{lm,\tau}\}$ で展開される挙動をするので，原子核近傍で大きなピークの $\{\tilde{\Phi}_{lm,\tau}\}$ は，擬波動関数の平面波基底展開に不利である．

そこで，上記の複数の参照エネルギーの方法で，元素毎の PS partial waves $\{\tilde{\Phi}_{lm,\tau}\}$ の構築において，ノルム保存条件

$$q_{ij} = \langle \Phi_i | \Phi_j \rangle_R - \langle \tilde{\Phi}_i | \tilde{\Phi}_j \rangle_R = 0$$

を緩和し($i = lm,\tau$, $j = l'm',\tau'$)，原子球内で変動の小さいスムーズな $\{\tilde{\Phi}_{lm,\tau}\}$ を構築して使用することが提案され，USPP 法[32,33]，PAW 法[34,35]が開発された．**図 5-1** にノルム保存条件を緩和した PS partial waves の構築例を示す．

バルクの擬波動関数 $\tilde{\Psi}_{kn}(\vec{r})$ は，半径 r_c の各原子球内で(5-15)式の擬ポテンシャル

68　第5章　NCPP法からUSPP法へ

$$V_{\text{local}} + \sum_l \sum_{\tau, \tau'} \sum_{m=-l}^{+l} | \tilde{p}_{lm, \tau} \rangle B_{l, \tau \tau'} \langle \tilde{p}_{lm, \tau'} |$$

の配列のもと PS partial waves $\{\tilde{\Phi}_{lm, \tau}(\vec{r})\}$ で展開される挙動をし，展開係数は

$$\langle \tilde{p}_{lm, \tau}^I | \tilde{\Psi}_{\vec{k}n}(\vec{r}) \rangle = \int_{\Omega_I} \tilde{p}_{lm, \tau}^{I*}(\vec{r}) \tilde{\Psi}_{\vec{k}n}(\vec{r}) d\vec{r}$$

である．なぜなら，$\{\tilde{\Phi}_{lm, \tau}\}$ は(5-17)式の各 l での原子球内の固有値方程式の解であるからである．ここで，ノルム非保存の PS partial waves では，$\tilde{\Psi}_{\vec{k}n}$ の原子球内挙動がスムーズになり，必要な平面波基底数を減らすが，原子球内でノルムが不足し，transferability(4.6節)や総電荷量の点で問題が生じる．

そこで，原子球内を同じ係数での AE partial waves $\{\Phi_{lm, \tau}^I(\vec{r})\}$ による展開で置き換え，ノルムの正しいバルクの波動関数 $\Psi_{\vec{k}n}(\vec{r})$ を次式のように再構築する．

$$\Psi_{\vec{k}n}(\vec{r}) = \tilde{\Psi}_{\vec{k}n}(\vec{r}) + \sum_I \sum_{lm, \tau} (\Phi_{lm, \tau}^I(\vec{r}) - \tilde{\Phi}_{lm, \tau}^I(\vec{r})) \langle \tilde{p}_{lm, \tau}^I | \tilde{\Psi}_{\vec{k}n}(\vec{r}) \rangle \quad (5\text{-}19)$$

肩付の I は，プロジェクターや partial waves が原子 I(位置 $\vec{R}_I$)にあることを示す．$i = lm, \tau$ で簡略化して書くと

$$\Psi_{\vec{k}n}(\vec{r}) = \tilde{\Psi}_{\vec{k}n}(\vec{r}) + \sum_I \sum_i (\Phi_i^I - \tilde{\Phi}_i^I) \langle \tilde{p}_i^I | \tilde{\Psi}_{\vec{k}n}(\vec{r})$$

$$= (1 + \sum_I \sum_i (\Phi_i^I - \tilde{\Phi}_i^I) \langle \tilde{p}_i^I |) \tilde{\Psi}_{\vec{k}n}(\vec{r}) \quad (5\text{-}20)$$

である．もともと自由原子の V_{AE} 下で解かれた Φ_i^I は原子球内で内殻軌道と直交するので，波動関数 $\Psi_{\vec{k}n}$ は全電子波動関数の形である(この点は第6章の PAW 法で再度論じる)．

ノルムの正しいバルクの波動関数 $\Psi_{\vec{k}n}(\vec{r})$ のノルムの空間分布は(5-20)式から以下のようになる．

$$|\Psi_{\vec{k}n}(\vec{r})|^2 = \Psi_{\vec{k}n}^*(\vec{r}) \Psi_{\vec{k}n}(\vec{r})$$

$$= \tilde{\Psi}_{\vec{k}n}^*(\vec{r})(1 + \sum_I \sum_i | \tilde{p}_i^I \rangle (\Phi_i^{I*} - \tilde{\Phi}_i^{I*}))(1 + \sum_I \sum_i (\Phi_i^I - \tilde{\Phi}_i^I) \langle \tilde{p}_i^I |) \tilde{\Psi}_{\vec{k}n}(\vec{r})$$

$$= \tilde{\Psi}_{\vec{k}n}^*(\vec{r}) \tilde{\Psi}_{\vec{k}n}(\vec{r}) + \sum_I \sum_{ij} \langle \tilde{\Psi}_{\vec{k}n} | \tilde{p}_i^I \rangle \langle \tilde{p}_j^I | \tilde{\Psi}_{\vec{k}n} \rangle (\Phi_i^{I*} - \tilde{\Phi}_i^{I*})(\Phi_j^I - \tilde{\Phi}_j^I)$$

$$+ \sum_I \sum_i \langle \tilde{\Psi}_{\vec{k}n} | \tilde{p}_i^I \rangle (\Phi_i^{I*} - \tilde{\Phi}_i^{I*}) \tilde{\Psi}_{\vec{k}n}(\vec{r})$$

$$+ \sum_I \sum_i \tilde{\Psi}_{\vec{k}n}^*(\vec{r})(\Phi_i^I - \tilde{\Phi}_i^I) \langle \tilde{p}_i^I | \tilde{\Psi}_{\vec{k}n} \rangle$$

最終形の第2項は，別々の原子 I と J の和も含むように感じるが，$\Psi_{\vec{k}n}^*(\vec{r}) \Psi_{\vec{k}n}(\vec{r})$ の積が共通の位置 $\vec{r}$ の関数の積なので共通の原子 I の和で良い．第3, 4項に各原子球内での**完全性の式**

$$\sum_j |\tilde{p}_j^I\rangle\langle\tilde{\Phi}_j^I| = \sum_j |\tilde{\Phi}_j^I\rangle\langle\tilde{p}_j^I| = 1$$

を挿入すると以下になる(完全性の式も第6章のPAW法で再度論じる).

$$
\begin{aligned}
|\Psi_{\vec{k}n}(\vec{r})|^2 &= \tilde{\Psi}_{\vec{k}n}^*(\vec{r})\tilde{\Psi}_{\vec{k}n}(\vec{r}) + \sum_I\sum_{ij}\langle\tilde{\Psi}_{\vec{k}n}|\tilde{p}_i^I\rangle\langle\tilde{p}_j^I|\tilde{\Psi}_{\vec{k}n}\rangle(\Phi_i^{I*}-\tilde{\Phi}_i^{I*})(\Phi_j^I-\tilde{\Phi}_j^I) \\
&\quad + \sum_I\sum_{ij}\langle\tilde{\Psi}_{\vec{k}n}|\tilde{p}_i^I\rangle(\Phi_i^{I*}-\tilde{\Phi}_i^{I*})\tilde{\Phi}_j^I\langle\tilde{p}_j^I|\tilde{\Psi}_{\vec{k}n}\rangle \\
&\quad + \sum_I\sum_{ij}\langle\tilde{\Psi}_{\vec{k}n}|\tilde{p}_i^I\rangle\tilde{\Phi}_j^{I*}(\Phi_i^I-\tilde{\Phi}_i^I)\langle\tilde{p}_i^I|\tilde{\Psi}_{\vec{k}n}\rangle \\
&= \tilde{\Psi}_{\vec{k}n}^*(\vec{r})\tilde{\Psi}_{\vec{k}n}(\vec{r}) + \sum_I\sum_{ij}\langle\tilde{\Psi}_{\vec{k}n}|\tilde{p}_i^I\rangle\langle\tilde{p}_j^I|\tilde{\Psi}_{\vec{k}n}\rangle \\
&\quad \times [(\Phi_i^{I*}-\tilde{\Phi}_i^{I*})(\Phi_j^I-\tilde{\Phi}_j^I)+(\Phi_i^{I*}-\tilde{\Phi}_i^{I*})\tilde{\Phi}_j^I+\Phi_i^{I*}(\Phi_j^I-\tilde{\Phi}_j^I)] \\
&= \tilde{\Psi}_{\vec{k}n}^*(\vec{r})\tilde{\Psi}_{\vec{k}n}(\vec{r}) + \sum_I\sum_{ij}\langle\tilde{\Psi}_{\vec{k}n}|\tilde{p}_i^I\rangle\langle\tilde{p}_j^I|\tilde{\Psi}_{\vec{k}n}\rangle(\Phi_i^{I*}(\vec{r})\Phi_j^I(\vec{r})-\tilde{\Phi}_i^{I*}(\vec{r})\tilde{\Phi}_j^I(\vec{r})) \\
&= |\tilde{\Psi}_{\vec{k}n}(\vec{r})|^2 + \sum_I\sum_{ij}\langle\tilde{\Psi}_{\vec{k}n}|\tilde{p}_i^I\rangle Q_{ij}^I(\vec{r})\langle\tilde{p}_j^I|\tilde{\Psi}_{\vec{k}n}\rangle \qquad (5\text{-}21)
\end{aligned}
$$

最終形では,第1項の擬波動関数のノルムの分布 $|\tilde{\Psi}_{\vec{k}n}(\vec{r})|^2$ に対し,第2項で

$$Q_{ij}^I(\vec{r}) = \Phi_i^{I*}(\vec{r})\Phi_j^I(\vec{r}) - \tilde{\Phi}_i^{I*}(\vec{r})\tilde{\Phi}_j^I(\vec{r})$$

と射影成分の積の形で,I の原子球内のノルムが補填される.

原子球内のノルムの補填の演算子

$$\sum_{ij} |\tilde{p}_i^I\rangle Q_{ij}^I(\vec{r})\langle\tilde{p}_j^I|$$

の起源は,(5-20)式のノルムの正しい波動関数を $\Psi_{\vec{k}n}^*(\vec{r})\Psi_{\vec{k}n}(\vec{r})$ の形に組み立てたことである.左と右の $\tilde{p}_i^I$ と $\tilde{p}_j^I$ の i と j には相関はなく(I は共通),I 原子の全プロジェクターをスパンする.一方,(5-15)式の擬ポテンシャル演算子

$$\sum_l\sum_{\tau,\tau'}\sum_{m=-l}^{+l} |\tilde{p}_{lm,\tau}\rangle B_{l,\tau\tau'}\langle\tilde{p}_{lm,\tau'}|$$

は,l 波を抜き出して作用させるので,左右のプロジェクターの lm は同じである.もちろん,行列要素にゼロを含めれば,一般形

$$\sum_{ij} |\tilde{p}_i\rangle B_{ij}\langle\tilde{p}_j|, \quad B_{ij} = \delta_{l_il_j}\delta_{m_im_j}B_{l_i,\tau_i\tau_j}$$

でも表現できる.

(2) S 演算子を用いた波動関数の規格直交化と補償電荷

(5-20)式の正しい波動関数 $\Psi_{\vec{k}n}(\vec{r})$ の規格化を,(5-21)式の $|\Psi_{\vec{k}n}(\vec{r})|^2$ の分布の積分で考えると以下になる.

70　第5章　NCPP 法から USPP 法へ

$$\langle \Psi_{kn} | \Psi_{kn} \rangle = \int |\Psi_{kn}(\hat{r})|^2 d\hat{r}$$

$$= \langle \tilde{\Psi}_{kn} | \tilde{\Psi}_{kn} \rangle + \sum_I \sum_{ij} \langle \tilde{\Psi}_{kn} | \tilde{p}_i^I \rangle q_{ij}^I \langle \tilde{p}_j^I | \tilde{\Psi}_{kn} \rangle$$

$$= \langle \tilde{\Psi}_{kn} | S | \tilde{\Psi}_{kn} \rangle = 1,$$

$$S = 1 + \sum_I \sum_{ij} | \tilde{p}_i^I \rangle q_{ij}^I \langle \tilde{p}_j^I | \tag{5-22}$$

q_{ij}^I は (5-21) 式の $Q_{ij}^I(\hat{r})$ の I 原子球内積分（半径 R または r_c）で次式である.

$$q_{ij}^I = \int_{\Omega_I} Q_{ij}^I(\hat{r}) d\hat{r} = \langle \Phi_i^I | \Phi_j^I \rangle_R - \langle \tilde{\Phi}_i^I | \tilde{\Phi}_j^I \rangle_R = (\langle \phi_i^I | \phi_j^I \rangle_R - \langle \tilde{\phi}_i^I | \tilde{\phi}_j^I \rangle_R) \delta_{l_i l_j} \delta_{m_i m_j} \tag{5-23}$$

最終形は

$$\int Y_{l_i m_i}^*(\hat{r}) Y_{l_j m_j}(\hat{r}) d\Omega = \delta_{l_i l_j} \delta_{m_i m_j}$$

から lm の同じ ij 間のみ残る（$d\Omega = \sin \theta \, d\theta d\phi$）. q_{ij}^I は l の動径関数の積分で表現され（動径関数は m に依存しない），τ, τ' につき 2×2 で

$$q_{ij}^I = q_{l, \tau\tau'}^I = \langle \phi_{l, \tau}^I | \phi_{l, \tau'}^I \rangle_R - \langle \tilde{\phi}_{l, \tau}^I | \tilde{\phi}_{l, \tau'}^I \rangle_R \tag{5-24}$$

である. したがって，**S 演算子** (overlap operator) は次のように表せる.

$$S = 1 + \sum_I \sum_l \sum_{\tau, \tau'} \sum_{m=-l}^{+l} | \tilde{p}_{lm, \tau}^I \rangle q_{l, \tau\tau'}^I \langle \tilde{p}_{lm, \tau'}^I | \tag{5-25}$$

より一般に

$$S = 1 + \sum_I \sum_{ij} | \tilde{p}_i^I \rangle q_{ij}^I \langle \tilde{p}_j^I |, \quad q_{ij}^I = \delta_{l_i l_j} \delta_{m_i m_j} q_{l_i, \tau_i \tau_j}^I \tag{5-26}$$

の表現も可能. 前述の

$$\sum_{ij} | \tilde{p}_i^I \rangle Q_{ij}^I(\hat{r}) \langle \tilde{p}_j^I |$$

の ij は I 原子の全プロジェクター間だが，

$$\sum_{ij} | \tilde{p}_i^I \rangle q_{ij}^I \langle \tilde{p}_j^I |$$

の ij は積分後なので同じ lm 間に限られる.

(5-22) 式は，S 演算子を介したバルクの擬波動関数 $\tilde{\Psi}_{kn}(\hat{r})$ の規格化を通じて，正しいバルクの波動関数 $\Psi_{kn}(\hat{r})$ の規格化が実現されることを意味する. 同様に規格直交化は以下で表現される.

$$\langle \Psi_{kn} | \Psi_{kn'} \rangle = \langle \tilde{\Psi}_{kn} | S | \tilde{\Psi}_{kn'} \rangle$$

$$= \langle \tilde{\Psi}_{kn} | \tilde{\Psi}_{kn'} \rangle + \sum_I \sum_{ij} \langle \tilde{\Psi}_{kn} | \tilde{p}_i^I \rangle q_{ij}^I \langle \tilde{p}_j^I | \tilde{\Psi}_{kn'} \rangle = \delta_{nn'} \tag{5-27}$$

こうして，ノルム非保存の方法 (USPP 法，PAW 法) では，バルクの擬波動関数 $\tilde{\Psi}_i$

5.2 ノルム保存条件の緩和とその補償　71

の規格直交化が S 演算子を介して行われ，$\tilde{\Psi}_i$ の Kohn-Sham 方程式は，

$$\delta(E_{\mathrm{tot}} - \sum_{jk}\lambda_{jk}(\langle\tilde{\Psi}_j|S|\tilde{\Psi}_k\rangle - \delta_{jk}))/\delta\tilde{\Psi}_i^* = 0$$

の条件（第 2 章参照）から S 行列を含む

$$H\tilde{\Psi}_i = \varepsilon S\tilde{\Psi}_i$$

の形になる．

次に系全体の電子密度分布は $\rho(\vec{r}) = \sum_{\vec{k}n}^{\mathrm{occ}} f_{\vec{k}n}|\Psi_{\vec{k}n}(\vec{r})|^2$（$f_{\vec{k}n}$ はスピン含めた占有数）で，正しい波動関数のノルムの分布(5-21)式を代入し，以下になる．

$$\rho(\vec{r}) = \sum_{\vec{k}n}^{\mathrm{occ}} f_{\vec{k}n}|\tilde{\Psi}_{\vec{k}n}(\vec{r})|^2 + \sum_I\sum_{ij}\{\sum_{\vec{k}n}^{\mathrm{occ}} f_{\vec{k}n}\langle\tilde{\Psi}_{\vec{k}n}|\tilde{p}_i^I\rangle\langle\tilde{p}_j^I|\tilde{\Psi}_{\vec{k}n}\rangle\}Q_{ij}^I(\vec{r})$$

$$= \tilde{\rho}(\vec{r}) + \sum_I\sum_{ij}\rho_{ij}^I Q_{ij}^I(\vec{r}) \tag{5-28}$$

$$\tilde{\rho}(\vec{r}) = \sum_{\vec{k}n}^{\mathrm{occ}} f_{\vec{k}n}|\tilde{\Psi}_{\vec{k}n}(\vec{r})|^2, \quad \rho_{ij}^I = \sum_{\vec{k}n}^{\mathrm{occ}} f_{\vec{k}n}\langle\tilde{\Psi}_{\vec{k}n}|\tilde{p}_i^I\rangle\langle\tilde{p}_j^I|\tilde{\Psi}_{\vec{k}n}\rangle,$$

$$Q_{ij}^I(\vec{r}) = \Phi_i^{I*}(\vec{r})\Phi_j^I(\vec{r}) - \tilde{\Phi}_i^{I*}(\vec{r})\tilde{\Phi}_j^I(\vec{r}) \tag{5-29}$$

(5-28)式の第 2 項が「**補償電荷**」である．$Q_{ij}^I(\vec{r})$ と**プロジェクター関数** ρ_{ij}^I の積で，各原子球内で $\tilde{\rho}(\vec{r})$ から

$$\sum_{ij}\rho_{ij}^I\tilde{\Phi}_i^{I*}(\vec{r})\tilde{\Phi}_j^I(\vec{r})$$

を差し引き，

$$\sum_{ij}\rho_{ij}^I\Phi_i^{I*}(\vec{r})\Phi_j^I(\vec{r})$$

と入れ替える．$i = lm, \tau$ で，i と j の和は各原子の全プロジェクターをスパンする（ρ_{ij}^I，Q_{ij}^I は q_{ij}^I と違い，i と j が同じ lm でなくても成分がある）．

ノルム非保存の方法では，少ない平面波で表現できるスムーズな $\tilde{\Psi}_{\vec{k}n}$ を扱いながら，その欠点を S 演算子を通じた規格直交化と $\rho(\vec{r})$ への補償電荷の導入で補う．重要なことは，(5-22), (5-25), (5-28)式等の S 演算子や補償電荷の表現式は自明でなく，(5-19), (5-20)式のプロジェクターを用いた「ノルムの正しい波動関数」の再構築とそのノルムの分布の分析((5-21)式)が元になっている．USPP 法の原著論文 Vanderbilit[32], Laasonen ら[33]は，この説明がないのでわかりにくい．ここでは，PAW 法の考え方（第 6 章）を先取りすることで，S 演算子と補償電荷の表現の由来を説明した．

5.3 USPP 法の原理と概要

(1) 自由原子での固有値方程式

USPP 法は, 5.1 節の複数の参照エネルギーの方法((5-11)〜(5-18)式)に, 5.2 節のノルム保存条件の緩和に伴う「S演算子や補償電荷」を組み合わせる[32,33]. 元素毎の AE partial waves $\{\Phi_i\}$, (ノルム保存条件を緩和した)PS partial waves $\{\tilde{\Phi}_i\}$, プロジェクター$\{\tilde{p}_i\}$, 局所擬ポテンシャル V_{local}, 参照準位 ε_i, 行列要素 $B_{ij}(B_{l,\tau\tau'})$, $q_{ij}(q_{l,\tau\tau'})$, Q_{ij} 等を使用する($i = lm, \tau, \ j = l'm', \tau'$).

(5-17)式のノルム保存の PS partial waves $\{\tilde{\Phi}_{lm,\tau}(\vec{r})\}$ が満たす原子の固有値方程式にS演算子, (5-25)式の単原子版

$$S = 1 + \sum_l \sum_{\tau,\tau'} \sum_{m=-l}^{+l} |\tilde{p}_{lm,\tau}\rangle q_{l,\tau\tau'} \langle \tilde{p}_{lm,\tau'}|$$

を組み込んだ USPP 法の原子の固有値方程式 $H\tilde{\Phi} = \varepsilon S\tilde{\Phi}$ は, 次のようになる(Laasonen ら[33], (21)式に相当).

$$(T + V_{\text{local}} + \sum_l \sum_{\tau,\tau'} \sum_{m=-l}^{+l} |\tilde{p}_{lm,\tau}\rangle (B_{l,\tau\tau'} + \varepsilon_{l,\tau'} q_{l,\tau\tau'}) \langle \tilde{p}_{lm,\tau'}|)\tilde{\Phi}_i$$

$$= \varepsilon(1 + \sum_l \sum_{\tau,\tau'} \sum_{m=-l}^{+l} |\tilde{p}_{lm,\tau}\rangle q_{l,\tau\tau'} \langle \tilde{p}_{lm,\tau'}|)\tilde{\Phi}_i \qquad (5\text{-}30)$$

この式の左辺の $\tilde{\Phi}_i$ に $\tilde{\Phi}_{l'm',k}$ を入れ, (5-17)式の展開を用いれば

$$\varepsilon_{l',k}\tilde{\Phi}_{l'm',k} + \varepsilon_{l',k}\sum_\tau q_{l',\tau k}|\tilde{p}_{l'm',\tau}\rangle$$

となり, 右辺に $\tilde{\Phi}_{l'm',k}$ を入れたものと同じになる. このとき, 左から $\tilde{\Phi}_{l'm',k}^*$ を作用させて積分すると

$$\varepsilon_{l',k}(\langle \tilde{\Phi}_{l'm',k}|\tilde{\Phi}_{l'm',k}\rangle_R + q_{l',kk})$$

で, ノルムの不足分が $q_{l',kk}$ で補填されることがわかる(各積分は R までで, 方程式も R まで満たされれば良い). 右辺で S 演算子によりノルムが補償されることは, 4.6 節の議論のように, USPP 法の擬ポテンシャルの transferability が保証されると言える.

(5-30)式の非局所擬ポテンシャルの行列要素 $B_{l,\tau\tau'} + \varepsilon_{l,\tau'} q_{l,\tau\tau'}$ は, (5-1), (5-9), (5-11), (5-16), (5-24)式も参考に以下のように変形できる.

$$B_{l,\tau\tau'} + \varepsilon_{l,\tau'} q_{l,\tau\tau'}$$

$$
\begin{aligned}
&= \langle \tilde{\Phi}_{lm,\tau} | \tilde{X}_{lm,\tau'} \rangle_R + \varepsilon_{l,\tau'} \{ \langle \Phi_{lm,\tau} | \Phi_{lm,\tau'} \rangle_R - \langle \tilde{\Phi}_{lm,\tau} | \tilde{\Phi}_{lm,\tau'} \rangle_R \} \\
&= \langle \tilde{\Phi}_{lm,\tau} | (\varepsilon_{l,\tau'} - T - V_{\text{local}}) | \tilde{\Phi}_{lm,\tau'} \rangle_R + \varepsilon_{l,\tau'} \{ \langle \Phi_{lm,\tau} | \Phi_{lm,\tau'} \rangle_R - \langle \tilde{\Phi}_{lm,\tau} | \tilde{\Phi}_{lm,\tau'} \rangle_R \} \\
&= \langle \Phi_{lm,\tau} | (T + V_{\text{AE}}) | \Phi_{lm,\tau'} \rangle_R - \langle \tilde{\Phi}_{lm,\tau} | (T + V_{\text{local}}) | \tilde{\Phi}_{lm,\tau'} \rangle_R \quad (5\text{-}31)
\end{aligned}
$$

この式と (5-16) 式の $B_{l,\tau\tau'}$ との比較が興味深い. なお, (5-11) ~ (5-17) 式は, $\{\tilde{\Phi}_{lm,\tau}\}$ のノルム保存条件の有無に関わらず成り立つことに注意.

ここまでの擬ポテンシャルを含んだ自由原子の固有値方程式((5-2), (5-17), (5-30)式)は, そのポテンシャルの下で一度波動関数を解くだけのもので, 4.6 節, (4-15)式の議論のように散乱の性質を確認するためのものである. ここまでの擬ポテンシャルは, 裸の擬ポテンシャルが自由原子の占有価電子軌道の擬波動関数による電子密度分布からの $V_{\text{H}}, \mu_{\text{xc}}$ で遮蔽(screen)されたもので, SCF 計算で使うためには((5-18)式で触れたように)遮蔽分を取り去る必要がある. この unscreening については 5.4 節で検討する.

(2) バルクでの USPP 法の全エネルギーとハミルトニアン

USPP 法での結晶やスーパーセルの全エネルギーとハミルトニアンを考える[33]. 元素毎の $\{\Phi_i\}, \{\tilde{\Phi}_i\}, \{\tilde{p}_i\}, V_{\text{local}}, \varepsilon_i, B_{ij}, q_{ij}, Q_{ij}$ に加え, (5-30) 式の V_{local} と $B_{l,\tau\tau'} + \varepsilon_{l,\tau'} q_{l,\tau\tau'}$ を unscreening させたものとして, $V_{\text{local}}^{\text{US}}, D_{ij}^0$ を用いる.

系の全エネルギーは, 全体の擬波動関数 $\tilde{\Psi}_{\vec{k}n}(\vec{r})$, 補償電荷を含む電子密度分布 $\rho(\vec{r})$((5-28), (5-29)式)について, NCPP 法(複数の参照エネルギーの方法)の(5-18)式も参考に以下のようになる.

$$
\begin{aligned}
E_{\text{tot}} &= E_{\text{kin}} + E_{\text{L}} + E_{\text{NL}} + E_{\text{H}} + E_{\text{xc}} + E_{\text{I-J}} \\
&= \sum_{\vec{k}n}^{\text{occ}} f_{\vec{k}n} \langle \tilde{\Psi}_{\vec{k}n} | T | \tilde{\Psi}_{\vec{k}n} \rangle + \int \left\{ \sum_I V_{\text{local}}^{\text{US},I}(\vec{r} - \vec{R}_I) \right\} \rho(\vec{r}) \, d\vec{r} \\
&\quad + \sum_{\vec{k}n}^{\text{occ}} f_{\vec{k}n} \sum_I \sum_{ij} \langle \tilde{\Psi}_{\vec{k}n} | \tilde{p}_i^I \rangle D_{ij}^{0,I} \langle \tilde{p}_j^I | \tilde{\Psi}_{\vec{k}n} \rangle + \frac{1}{2} \iint \frac{\rho(\vec{r})\rho(\vec{r}')}{|\vec{r} - \vec{r}'|} \, d\vec{r} d\vec{r}' \\
&\quad + E_{\text{xc}}[\rho(\vec{r})] + E_{\text{I-J}} \\
&= \sum_{\vec{k}n}^{\text{occ}} f_{\vec{k}n} \langle \tilde{\Psi}_{\vec{k}n} | T | \tilde{\Psi}_{\vec{k}n} \rangle + \int V_{\text{L}}(\vec{r}) \rho(\vec{r}) \, d\vec{r} + \sum_I \sum_{ij} \rho_{ij}^I D_{ij}^{0,I} \\
&\quad + \frac{1}{2} \iint \frac{\rho(\vec{r})\rho(\vec{r}')}{|\vec{r} - \vec{r}'|} \, d\vec{r} d\vec{r}' + E_{\text{xc}}[\rho(\vec{r})] + E_{\text{I-J}} \quad (5\text{-}32)
\end{aligned}
$$

ここで,

74　第5章　NCPP法からUSPP法へ

$$V_{\text{L}}(\vec{r}) = \sum_I V_{\text{local}}^{\text{US}, I}(\vec{r} - \vec{R}_I),$$

$$\rho_{ij}^I = \sum_{\dot{k}n}^{\text{occ}} f_{\dot{k}n} \langle \widetilde{\Psi}_{\dot{k}n} | \tilde{p}_i^I \rangle \langle \tilde{p}_j^I | \widetilde{\Psi}_{\dot{k}n} \rangle$$

である．$f_{\dot{k}n}$ はスピン含む占有数，$E_{\text{I-J}}$ は正イオン間静電相互作用，ρ_{ij}^I はプロジェクター関数．$V_{\text{local}}^{\text{US}, I}, D_{ij}^{0, I}, | \tilde{p}_i^I \rangle$ 等の肩付の I は，$\vec{R}_I$ にある原子の $V_{\text{local}}^{\text{US}}, D_{ij}^0, | \tilde{p}_i \rangle$ の意．$E_{\text{L}}, E_{\text{H}}, E_{\text{xc}}$ は補償電荷 $\sum_I \sum_{ij} \rho_{ij}^I Q_{ij}^I(\vec{r})$ を含む $\rho(\vec{r})$ についてのもの（以上はLaasonen ら[33]，(1)式に等しい）．

次に，(5-27)式の

$$\langle \widetilde{\Psi}_{\dot{k}n} | S | \widetilde{\Psi}_{\dot{k}n'} \rangle = \delta_{nn'}$$

の条件下で，(5-32)式に対し汎関数微分 $\delta E_{\text{tot}} / \delta \widetilde{\Psi}_{\dot{k}n}^*$ を実行すれば，バルクの Kohn-Sham 方程式

$$H \widetilde{\Psi}_{\dot{k}n} = \varepsilon S \widetilde{\Psi}_{\dot{k}n}$$

を得る．$\delta E_{\text{tot}} / \delta \widetilde{\Psi}_{\dot{k}n}^*$ によるハミルトニアンの導出は，E_{tot} 内に $\widetilde{\Psi}_{\dot{k}n}^*$ の直接依存項と ρ を通じた依存項があり，後者は ρ で汎関数微分した後，

$$\rho = \tilde{\rho} + \sum_I \sum_{ij} \rho_{ij}^I Q_{ij}^I$$

の $\widetilde{\Psi}_{\dot{k}n}^*$ による汎関数微分を掛ける．

$$\delta E_{\text{tot}} / \delta \widetilde{\Psi}_{\dot{k}n}^* = (\delta E_{\text{kin}} + \delta E_{\text{NL}}) / \delta \widetilde{\Psi}_{\dot{k}n}^* + (\delta E_{\text{L}} + \delta E_{\text{H}} + \delta E_{\text{xc}}) / \delta \rho$$

$$\times \left(\delta \tilde{\rho} / \delta \widetilde{\Psi}_{\dot{k}n}^* + \sum_I \sum_{ij} Q_{ij}^I(\vec{r}) \, \delta \rho_{ij}^I / \delta \widetilde{\Psi}_{\dot{k}n}^* \right)$$

$$= T \widetilde{\Psi}_{\dot{k}n} + \sum_I \sum_{ij} | \tilde{p}_i^I \rangle D_{ij}^{0, I} \langle \tilde{p}_j^I | \widetilde{\Psi}_{\dot{k}n} + (V_{\text{L}} + V_{\text{H}} + \mu_{\text{xc}}) \widetilde{\Psi}_{\dot{k}n}$$

$$+ \sum_I \sum_{ij} \int (V_{\text{L}} + V_{\text{H}} + \mu_{\text{xc}}) Q_{ij}^I(\vec{r}) \, d\vec{r} | \tilde{p}_i^I \rangle \langle \tilde{p}_j^I | \widetilde{\Psi}_{\dot{k}n} \qquad (5\text{-}33)$$

ここで，

$$V_{\text{eff}}(\vec{r}) = V_{\text{L}}(\vec{r}) + V_{\text{H}}(\vec{r}) + \mu_{\text{xc}}(\vec{r}), \;\; D_{ij}^I = D_{ij}^{0, I} + \int_{\Omega_I} V_{\text{eff}}(\vec{r}) Q_{ij}^I(\vec{r}) \, d\vec{r}$$

として

$$H = T + V_{\text{eff}}(\vec{r}) + \sum_I \sum_{ij} | \tilde{p}_i^I \rangle D_{ij}^I \langle \tilde{p}_j^I | \qquad (5\text{-}34)$$

となる．$V_{\text{H}}(\vec{r})$, $\mu_{\text{xc}}(\vec{r})$ は補償電荷を含む ρ による静電，交換相関ポテンシャルである．D_{ij}^I 内の

$$\int_{\Omega_I} V_{\text{eff}}(\vec{r}) Q_{ij}^I(\vec{r}) \, d\vec{r}$$

は，$Q_{ij}^I(\vec{r})$ が値を持つ範囲から原子 I の半径 r_c の原子球内積分である．球内の $V_{\text{eff}}(\vec{r})$ に特別の対称性はないので，i と j はすべての lm, τ の組み合わせで成分を持つ．

$$\sum_I \sum_{ij} |\tilde{p}_i^I\rangle \int_{\Omega_I} V_{\text{eff}}(\vec{r}) Q_{ij}^I(\vec{r}) d\vec{r} \langle \tilde{p}_j^I|$$

の形は補償電荷分のポテンシャルエネルギーの補填に対応する．ハミルトニアンの中に電子密度分布の効果が $V_{\text{H}}(\vec{r})$, $\mu_{\text{xc}}(\vec{r})$ として $V_{\text{eff}}(\vec{r})$ に入るが，D_{ij}^I 内の積分としても入る(以上は Laasonen ら[33]の(11)式と同じである)．

5.4 自由原子のハミルトニアンと unscreening

(5-34)式の USPP 法のハミルトニアン(Kohn-Sham 方程式)を自由原子に適用し，(5-30)式の(screen された擬ポテンシャルの)自由原子の固有値方程式との比較から，先に導入した V_{local} と $B_{l,\tau\tau'} + \varepsilon_{l,\tau'} q_{l,\tau\tau'}$ の unscreening である $V_{\text{local}}^{\text{US}}$, D_{ij}^0 を検討する．

(5-34)式の自由原子への適用は以下のようになる．自由原子の価電子の基底状態での占有された束縛状態の AE partial waves $\Phi_{lm,1}$ と PS partial waves $\tilde{\Phi}_{lm,1}$ を考える($\tau = 1$)．これらはもともと $r \to \infty$ で収束するので，$\tilde{\Phi}_{lm,1}$ を $r_c(R)$ で打ち切らずに $r \to \infty$ まで延長して定義した $\tilde{\Phi}_{lm,1}^{\text{ex}}$ も考え，r_c 球外にも広がった擬波動関数 $\tilde{\Psi}_{kn}$ の相当物として扱う．以下，占有状態を $i = lm, 1$ で指定，$\Phi_i, \tilde{\Phi}_i, \tilde{\Phi}_i^{\text{ex}}$ と表記する(一般の partial waves やプロジェクターは i でなく j, k で指定，j, k は i も含む)．補償電荷を加えた原子の基底状態の電子密度分布 ρ_a は，(5-28), (5-29)式を参考に以下で与えられる．

$$\rho_a(\vec{r}) = \sum_i^{\text{occ}} f_i \tilde{\Phi}_i^{\text{ex}*}(\vec{r}) \tilde{\Phi}_i^{\text{ex}}(\vec{r}) + \sum_{jk} Q_{jk}(\vec{r}) \sum_i^{\text{occ}} f_i \langle \tilde{\Phi}_i^{\text{ex}} | \tilde{p}_j \rangle \langle \tilde{p}_k | \tilde{\Phi}_i^{\text{ex}} \rangle$$
$$= \tilde{\rho}_a(\vec{r}) + \sum_i^{\text{occ}} f_i Q_{ii}(\vec{r}) \tag{5-35}$$

f_i は占有軌道の占有数(スピン含む)，基底状態のプロジェクター関数は

$$\rho_{jk}^a = \sum_i^{\text{occ}} f_i \langle \tilde{\Phi}_i^{\text{ex}} | \tilde{p}_j \rangle \langle \tilde{p}_k | \tilde{\Phi}_i^{\text{ex}} \rangle = \sum_i^{\text{occ}} f_i \delta_{ij} \delta_{ki}$$

であり($\tilde{\Phi}_i^{\text{ex}}$ が $r_c(R)$ まで $\tilde{\Phi}_i$ と共通なので $\tilde{p}_j$ と dual)，

$$\tilde{\rho}_a(\vec{r}) = \sum_i^{\text{occ}} f_i \tilde{\Phi}_i^{\text{ex}*}(\vec{r}) \tilde{\Phi}_i^{\text{ex}}(\vec{r})$$

76　第5章　NCPP 法から USPP 法へ

の r_c 内の足りないノルムを $\sum_i^{\mathrm{occ}} f_i Q_{ii}(\vec{r})$ で補う.$\tilde{\rho}_a(\vec{r})$ と $\sum_i^{\mathrm{occ}} f_i Q_{ii}(\vec{r})$ は,l の みに依存する動径関数と $\sum_{m=-l}^{l} Y_{lm}^*(\hat{r}) Y_{lm}(\hat{r})$ との積の l についての和である(f_i も l のみに依存).$\sum_{m=-l}^{l} Y_{lm}^*(\hat{r}) Y_{lm}(\hat{r})$ は,球面調和関数の加法定理[40]から,方 位座標に依存しない定数となる(4.3 節(2)参照).したがって,$\tilde{\rho}_a(\vec{r})$ と $\sum_i^{\mathrm{occ}} f_i Q_{ii}(\vec{r})$ は動径座標のみに依存(球対称),$\rho_a(\vec{r})$ は $\rho_a(r)$ と表記できる.

こうして,(5-34)式のハミルトニアンの基底状態の自由原子版は以下となる.

$$H = T + V_{\mathrm{eff}}(r) + \sum_{jk} |\tilde{p}_j\rangle D_{jk} \langle \tilde{p}_k|,$$

$$V_{\mathrm{eff}}(r) = V_{\mathrm{local}}^{\mathrm{US}}(r) + V_{\mathrm{H}}[\rho_a] + \mu_{\mathrm{xc}}[\rho_a],$$

$$D_{jk} = D_{jk}^0 + \int V_{\mathrm{eff}}(r) Q_{jk}(\vec{r}) d\vec{r} \tag{5-36}$$

$V_{\mathrm{H}}[\rho_a]$ と $\mu_{\mathrm{xc}}[\rho_a]$ は,自由原子の基底状態の価電子密度分布 ρ_a((5-35)式)による静 電,交換相関ポテンシャルで,球対称場である.$V_{\mathrm{local}}^{\mathrm{US}}(r)$ との和 $V_{\mathrm{eff}}(r)$ も球対称で ある.積分 $\int V_{\mathrm{eff}}(r) Q_{jk}(\vec{r}) d\vec{r}$ は半径 $R(r_c)$ 内で,$V_{\mathrm{eff}}(r)$ が球対称場なので Q_{jk} の $Y_{l_j m_j}^* \times Y_{l_k m_k}$ の方位座標積分が別途実行でき,$l_j = l_k, m_j = m_k$ のみが残る.$Q_{jk}(\vec{r})$ の 動径関数部分は l, τ, τ' のみに依存し,積分もそうである.

このハミルトニアンによる Kohn-Sham 方程式

$$H\tilde{\Phi} = \varepsilon S\tilde{\Phi}$$

が (5-30) 式と同じはずである.共に PS partial waves を解とする.(5-36)式の $V_{\mathrm{eff}}(r)$ は,(5-30)式の局所擬ポテンシャル $V_{\mathrm{local}}(r)$(unscreening していないもの) と等しく,D_{jk} は (5-30)式の $B_{l,\tau\tau'} + \varepsilon_{l,\tau'} q_{l,\tau\tau'}$ に等しいはず.したがって,両者の unscreening は以下となる.

$$V_{\mathrm{local}}^{\mathrm{US}}(r) = V_{\mathrm{local}}(r) - V_{\mathrm{H}}[\rho_a] - \mu_{\mathrm{xc}}[\rho_a] \tag{5-37}$$

$$D_{jk}^0 = B_{l,\tau\tau'} + \varepsilon_{l,\tau'} q_{l,\tau\tau'} - \int V_{\mathrm{local}}(r) Q_{jk}(\vec{r}) d\vec{r} \tag{5-38}$$

上記のように $\int V_{\mathrm{local}}(r) Q_{jk}(\vec{r}) d\vec{r}$ は,l と m が同じ jk 間のみが残り,$Q_{jk}(\vec{r})$ の動 径成分(l, τ, τ' のみに依存)のみの積分で,$B_{l,\tau\tau'}, q_{l,\tau\tau'}$ と同様に l 毎の 2×2 で,D_{jk}^0 も $D_{l,\tau\tau'}^0$ と表記できる.(5-35)式の $\rho_a(r)$ も他の量もすべて擬ポテンシャルや partial waves 構築時に用意できるので,unscreening 作業も容易に行える.なお,Laasonen ら[33]の unscreening の記述((24)式)には一部間違いがあるので注意のこと.

5.5 USPP 法の実際の計算

USPP 法は,複数の参照エネルギーの方法から PS partial waves のノルム保存条件を緩和し,その代わり補償電荷((5-28), (5-29)式)を入れた電子密度分布で全エネルギーを扱い((5-32)式), S 演算子((5-25), (5-26)式)を介して規格直交化した擬波動関数の Kohn-Sham 方程式を解く((5-34)式).

平面波基底での計算は,NCPP 法と同様の逆空間表現(第 7, 8 章)が用いられるが,電子密度分布 $\bar{\rho}(\vec{r}) + \sum_I \sum_{ij} \rho_{ij}^I Q_{ij}^I(\vec{r})$ に含まれる補償電荷 $\sum_I \sum_{ij} \rho_{ij}^I Q_{ij}^I(\vec{r})$ の取り扱いが鍵である.擬波動関数からの電子密度分布 $\bar{\rho}(\vec{r})$ は,NCPP 法と同様に高速フーリエ変換(FFT)のメッシュ点データで効率的に扱われるが(9.1, 9.2 節),AE partial waves に関わる補償電荷の空間変動は微細で鋭く,$\bar{\rho}(\vec{r})$ と同じ比較的離散的な FFT メッシュ点での扱いは無理である.そこで,原子球毎の $Q_{ij}^I(\vec{r})$ をモーメント展開し,モーメントは保存するが分布はスムーズなものと置き換える,粗($\bar{\rho}(\vec{r})$ 用)と密($\sum_I \sum_{ij} \rho_{ij}^I Q_{ij}^I(\vec{r})$ 用)の二通りの FFT メッシュを用意する等の工夫が行われる[33,35].$Q_{ij}^I(\vec{r})$ の AE partial waves の部分をノルム保存の PS partial waves に替える簡便法も行われる(ノードがないので好都合)[47].二通りの FFT メッシュについては 9.2 節(3)参照.

こうした補償電荷の取り扱いや S 演算子,多数のプロジェクターの存在で NCPP 法よりも計算の負荷が増すが,ノルム保存条件の緩和でバルクの擬波動関数 $\tilde{\Psi}_{kn}(\vec{r})$ の原子球内の振る舞いがはるかにスムーズになり,平面波基底数が大きく減り,トータルの計算の規模や量が低減化される(特に第二周期典型元素,$3d$ 遷移金属元素など).なお,S 演算子を含む Kohn-Sham 方程式 $H\tilde{\Psi}_i = \varepsilon S\tilde{\Psi}_i$ を解く問題や $S\tilde{\Psi}_i$ の演算については 9.6 節で説明する.

5.6 式の証明

(A) 非局所擬ポテンシャルの非分離型(5-5)式とKB型の分離型(5-6)式とで波動関数への作用が同じになることの証明

[証明] 非局所擬ポテンシャル V_{NL} の作用は半径 r_c の各原子球内のみである．擬ポテンシャルの配列下での全体の波動関数 $\psi(\vec{r})$ の各原子球内の挙動について，各 l の擬ポテンシャル $V_{local} + \Delta V_l$ の r_c 内の解である擬波動関数 (PS partial waves) $\tilde{\Phi}_{lm}(\vec{r}) = \tilde{\phi}_l(r) Y_{lm}(\hat{r})$ で展開できる(そのような構成に収束する)と考えられるので

$$\psi(\vec{r}) \simeq \sum_{lm} f_{lm} \tilde{\Phi}_{lm}(\vec{r}) = \sum_{lm} f_{lm} \tilde{\phi}_l(r) Y_{lm}(\hat{r}) \tag{5-39}$$

である(f_{lm} は展開係数)．非分離型と分離型の各々の V_{NL} に対し $V_{NL}\psi$ を計算してみる．非分離型では原子球内で

$$V_{NL}\psi(\vec{r}) \simeq \sum_l \sum_{m=-l}^{+l} |Y_{lm}(\hat{r})\rangle \Delta V_l(r) \langle Y_{lm}(\hat{r})| \sum_{l'm'} f_{l'm'} \tilde{\phi}_{l'}(r) Y_{l'm'}(\hat{r})$$

$$= \sum_l \Delta V_l(r) \tilde{\phi}_l(r) \sum_{m=-l}^{+l} f_{lm} Y_{lm}(\hat{r}) \tag{5-40}$$

となる($\langle Y_{lm}|Y_{l'm'}\rangle = \delta_{ll'}\delta_{mm'}$)．一方，分離型(KB型)では

$$V_{NL}\psi(\vec{r}) \simeq \sum_l \sum_{m=-l}^{+l} |\Delta V_l \tilde{\phi}_l Y_{lm}\rangle \frac{1}{C_l} \langle \Delta V_l \tilde{\phi}_l Y_{lm}| \sum_{l'm'} f_{l'm'} \tilde{\phi}_{l'}(r) Y_{l'm'}(\hat{r})$$

$$= \sum_l \sum_{m=-l}^{+l} |\Delta V_l \tilde{\phi}_l Y_{lm}\rangle \frac{1}{C_l} f_{lm} \langle \Delta V_l \tilde{\phi}_l \tilde{\phi}_l\rangle = \sum_l \sum_{m=-l}^{+l} f_{lm} |\Delta V_l \tilde{\phi}_l Y_{lm}\rangle$$

$$= \sum_l \Delta V_l(r) \tilde{\phi}_l(r) \sum_{m=-l}^{+l} f_{lm} Y_{lm}(\hat{r}) \tag{5-41}$$

となる．$c_l = \langle \tilde{\phi}_l | \Delta V_l | \tilde{\phi}_l \rangle$ で割る作業を行っている．両式は同じで，波動関数 ψ の原子球内の各 l 成分に l の非局所擬ポテンシャル ΔV_l を掛ける形になる．

ただし，非分離型では ψ の原子球内の l 成分の関数はどのようなものでも l 成分に ΔV_l が作用するが，KB型では，原子球内の l 成分があらかじめ原子で解いた $\{\tilde{\phi}_l\}$ の展開形でなければ c_l の打ち消しと矛盾する(波動関数が収束していけば問題ない)．

(証明終わり)

(B) 複数の参照エネルギーの方法における非局所擬ポテンシャル (5-15)式の波動関数への作用の様子

[証明] 全体の波動関数 $\psi(\vec{r})$ の原子球内の挙動について，l 毎に $\tau=1,2$ の参照エネルギーでの擬ポテンシャル $V_{\mathrm{local}}+\Delta V_{l,\tau}$ の r_{c} 内の解である擬波動関数(PS partial waves)

$$\tilde{\Phi}_{lm,\tau}(\vec{r})=\tilde{\phi}_{l,\tau}(r)\,Y_{lm}(\hat{r})$$

で展開されるとして

$$\psi(\vec{r})\simeq\sum_{lm,\tau}f_{lm,\tau}\tilde{\Phi}_{lm,\tau}(\vec{r})$$

である．$V_{\mathrm{NL}}\psi$ は(5-15)式から

$$V_{\mathrm{NL}}\psi(\vec{r})\simeq\sum_{l}\sum_{\tau,\tau'}\sum_{m=-l}^{+l}|\,\tilde{p}_{lm,\tau}\rangle\,B_{l,\tau\tau'}\langle\tilde{p}_{lm,\tau'}|\sum_{l'm',\tau'}f_{l'm',\tau'}\tilde{\Phi}_{l'm',\tau'}(\vec{r})$$

$$=\sum_{l}\sum_{\tau,\tau'}\sum_{m=-l}^{+l}|\,\tilde{p}_{lm,\tau}\rangle\,B_{l,\tau\tau'}f_{lm,\tau'}=\sum_{l}\sum_{\tau}\sum_{m=-l}^{+l}|\,\tilde{X}_{lm,\tau}\rangle\,f_{lm,\tau}$$

$$=\sum_{l}\sum_{\tau}\Delta V_{l,\tau}\sum_{m=-l}^{+l}f_{lm,\tau}\tilde{\Phi}_{lm,\tau}(\vec{r}) \tag{5-42}$$

2行目で $\tilde{p}_i$ と $\tilde{\Phi}_j$ の dual の関係((5-13)式)，(5-14)式の $\tilde{p}_i$ と $\tilde{X}_j$ の関係，および(5-9)式を使っている．こうして，ψ の原子球内の l 成分(および参照エネルギー τ)毎に非局所擬ポテンシャル $\Delta V_{l,\tau}(r)$ を作用させている．これは(5-16)式と整合している．(5-15)式の V_{NL} の形の正当性の証明でもある．　　　　　　　　(証明終わり)

第6章

PAW 法の原理と概要

6.1 PAW 法の基本的考え方

PAW 法は USPP 法と同様の理論的枠組みから出発する．複数の参照エネルギーの方法で，ノルム保存条件が緩和され，ノルムの不足を補償電荷や S 演算子で補う．元素毎に USPP 法と同じ AE partial waves $\{\Phi_i\}$，ノルム保存条件を緩和した PS partial waves $\{\tilde{\Phi}_i\}$，dual なプロジェクター $\{\tilde{p}_i\}$，局所擬ポテンシャル V_{local}，行列要素 q_{ij}, Q_{ij} が用意される．$i = lm, \tau$，$j = l'm', \tau'$ で，lm 毎に $\tau = 1, 2$ である．USPP 法で検討した $V_{\text{local}}^{\text{US}}$ も使用する（unscreening 法が少し異なる，6.3 節）．

各原子球内で (5-30) 式の USPP 法と同じ screen された擬ポテンシャルを考えると，バルクの擬波動関数 $\tilde{\Psi}_{kn}$ は半径 r_{c} の原子球内で PS partial waves の展開 $\sum_i \tilde{\Phi}_i \langle \tilde{p}_i^I | \tilde{\Psi}_{kn} \rangle$ で表されるが，ノルムを保存しないため AE partial waves の展開 $\sum_i \Phi_i \langle \tilde{p}_i^I | \tilde{\Psi}_{kn} \rangle$ で入れ替え，ノルムも振動挙動も正しい（内殻軌道と直交する）真の価電子波動関数 Ψ_{kn} と，それによる補償電荷を含む正しい価電子密度分布 $\rho(\vec{r})$ を再構築する．

真の波動関数は

$$\Psi_{kn}(\vec{r}) = \tilde{\Psi}_{kn}(\vec{r}) + \sum_I \sum_i (\Phi_i^I - \tilde{\Phi}_i^I) \langle \tilde{p}_i^I | \tilde{\Psi}_{kn} \rangle \tag{6-1}$$

となる（**図 6-1**）．(5-19), (5-20) 式と同様だが，PAW 法では，より厳密な立場から，各原子球内で $\{\Phi_i^I\}$, $\{\tilde{\Phi}_i^I\}$, $\{\tilde{p}_i^I\}$ のセットを十分に取れば，**完全性の式**

$$\sum_i |\tilde{\Phi}_i^I\rangle \langle \tilde{p}_i^I| = \sum_i |\tilde{p}_i^I\rangle \langle \tilde{\Phi}_i^I| = 1 \tag{6-2}$$

が成り立つとする．そうすると Ψ_{kn} の原子球内は pure に $\sum_i \Phi_i \langle \tilde{p}_i^I | \tilde{\Psi}_{kn} \rangle$ のみとなり，内殻軌道と直交した**全電子波動関数**が表現できる．(6-2) 式は 5.2 節で（議論なしに）用いたが，$\tilde{\Phi}_i^I$ と $\tilde{p}_i^I$ は dual（$\langle \tilde{\Phi}_i^I | \tilde{p}_j^I \rangle = \delta_{ij}$）で，$lm$ 毎に複数の $\{\tilde{\Phi}_i^I\}$, $\{\tilde{p}_i^I\}$ を用意するので成り立つと見て良い[34, 35]．

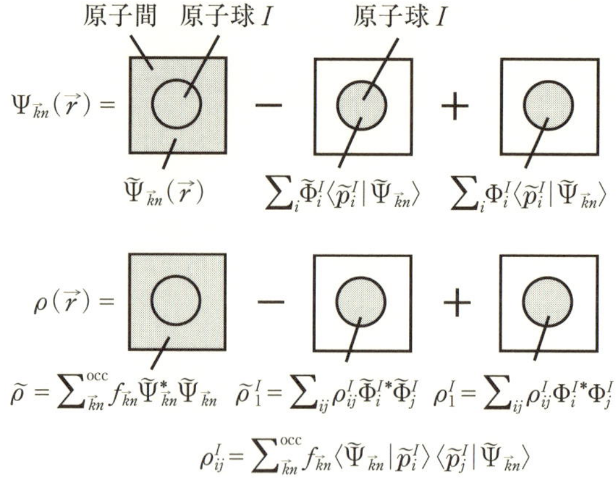

82　第6章　PAW法の原理と概要

$$\Psi_{\vec{k}n}(\vec{r}) = \boxed{} - \boxed{} + \boxed{}$$

原子間　原子球 I　　　原子球 I

$$\widetilde{\Psi}_{\vec{k}n}(\vec{r}) \qquad \sum_i \widetilde{\Phi}_i^I \langle \widetilde{p}_i^I | \widetilde{\Psi}_{\vec{k}n} \rangle \qquad \sum_i \Phi_i^I \langle \widetilde{p}_i^I | \widetilde{\Psi}_{\vec{k}n} \rangle$$

$$\rho(\vec{r}) = \boxed{} - \boxed{} + \boxed{}$$

$$\widetilde{\rho} = \sum_{\vec{k}n}^{\mathrm{occ}} f_{\vec{k}n} \widetilde{\Psi}_{\vec{k}n}^* \widetilde{\Psi}_{\vec{k}n} \qquad \widetilde{\rho}_1^I = \sum_{ij} \rho_{ij}^I \widetilde{\Phi}_i^{I*} \widetilde{\Phi}_j^I \qquad \rho_1^I = \sum_{ij} \rho_{ij}^I \Phi_i^{I*} \Phi_j^I$$

$$\rho_{ij}^I = \sum_{\vec{k}n}^{\mathrm{occ}} f_{\vec{k}n} \langle \widetilde{\Psi}_{\vec{k}n} | \widetilde{p}_i^I \rangle \langle \widetilde{p}_j^I | \widetilde{\Psi}_{\vec{k}n} \rangle$$

図 6-1　PAW 法での全電子波動関数 $\Psi_{\vec{k}n}(\vec{r})$ と正しい価電子密度分布 $\rho(\vec{r})$ の構築. 全系は各原子位置の原子球内領域（半径 r_c）と原子間領域に分けられる. 全系に広がる擬波動関数 $\widetilde{\Psi}_{\vec{k}n}(\vec{r})$ は原子 I の原子球内ではプロジェクター $\widetilde{p}_i^I$ を用いた PS partial waves での展開 $\sum_i \widetilde{\Phi}_i^I(\vec{r}) \langle \widetilde{p}_i^I | \widetilde{\Psi}_{\vec{k}n} \rangle$ で表現でき, それを差し引いて AE partial waves での展開 $\sum_i \Phi_i^I(\vec{r}) \langle \widetilde{p}_i^I | \widetilde{\Psi}_{\vec{k}n} \rangle$ で置き換え, 全電子波動関数 $\Psi_{\vec{k}n}(\vec{r})$ を構築する. 価電子密度分布 $\rho(\vec{r})$ は, 全電子波動関数 $\Psi_{\vec{k}n}(\vec{r})$ から

$$\rho(\vec{r}) = \sum_{\vec{k}n}^{\mathrm{occ}} f_{\vec{k}n} |\Psi_{\vec{k}n}(\vec{r})|^2$$

で構築される. その内実は, 全系の擬波動関数による密度分布

$$\widetilde{\rho}(\vec{r}) = \sum_{\vec{k}n}^{\mathrm{occ}} f_{\vec{k}n} |\widetilde{\Psi}_{\vec{k}n}(\vec{r})|^2$$

から, 原子球内での PS partial waves の展開による $\widetilde{\rho}_1^I$ を差し引き, AE partial waves による展開 ρ_1^I で入れ替える. $\rho_1^I - \widetilde{\rho}_1^I$ が補償電荷である.

擬波動関数 $\widetilde{\Psi}_{\vec{k}n}(\vec{r})$ から $\Psi_{\vec{k}n}(\vec{r})$ への transformation 演算子

$$\mathcal{T} = 1 + \sum_I \sum_i (\Phi_i^I - \widetilde{\Phi}_i^I) \langle \widetilde{p}_i^I |$$

を考えると, (6-1)式は

$$\Psi_{\vec{k}n}(\vec{r}) = \mathcal{T} \widetilde{\Psi}_{\vec{k}n}(\vec{r})$$

である[34]. $\Psi_{\vec{k}n}(\vec{r})$ による演算子 A の期待値は, (6-2)式の完全性を用いて以下が証明される.

$$\langle \Psi_{\vec{k}n} | A | \Psi_{\vec{k}n} \rangle = \langle \mathcal{T}\widetilde{\Psi}_{\vec{k}n} | A | \mathcal{T}\widetilde{\Psi}_{\vec{k}n} \rangle = \langle \widetilde{\Psi}_{\vec{k}n} | \mathcal{T}^\dagger A \mathcal{T} | \widetilde{\Psi}_{\vec{k}n} \rangle$$

$$= \langle \tilde{\Psi}_{\vec{k}n} | A | \tilde{\Psi}_{\vec{k}n} \rangle + \sum_I \sum_{ij} \langle \tilde{\Psi}_{\vec{k}n} | \tilde{p}_i^I \rangle (\langle \Phi_i^I | A | \Phi_j^I \rangle_R - \langle \tilde{\Phi}_i^I | A | \tilde{\Phi}_j^I \rangle_R) \langle \tilde{p}_j^I | \tilde{\Psi}_{\vec{k}n} \rangle$$

(6-3)

$$\sum_{\vec{k}n}^{\text{occ}} f_{\vec{k}n} \langle \Psi_{\vec{k}n} | A | \Psi_{\vec{k}n} \rangle$$

$$= \sum_{\vec{k}n}^{\text{occ}} f_{\vec{k}n} \langle \tilde{\Psi}_{\vec{k}n} | A | \tilde{\Psi}_{\vec{k}n} \rangle + \sum_I \sum_{ij} \rho_{ij}^I (\langle \Phi_i^I | A | \Phi_j^I \rangle_R - \langle \tilde{\Phi}_i^I | A | \tilde{\Phi}_j^I \rangle_R),$$

$$\rho_{ij}^I = \sum_{\vec{k}n}^{\text{occ}} f_{\vec{k}n} \langle \tilde{\Psi}_{\vec{k}n} | \tilde{p}_i^I \rangle \langle \tilde{p}_j^I | \tilde{\Psi}_{\vec{k}n} \rangle$$

(6-4)

$\langle \Phi_i^I | A | \Phi_j^I \rangle_R$ と $\langle \tilde{\Phi}_i^I | A | \tilde{\Phi}_j^I \rangle_R$ は AE と PS の partial waves が定義されている半径 R ($R \geq r_c$) 内の積分である ($r \geq r_c$ で $\tilde{\Phi}_i^I = \Phi_i^I$). バルクの擬波動関数による期待値から原子球内の PS partial waves による期待値を差し引き,AE partial waves のそれで置き換える. ρ_{ij}^I はプロジェクター関数である.

(6-3)式の演算子 A に実座標への射影演算子 $|\vec{r}\rangle \langle \vec{r}|$ を用いたものが(5-21)式で,(6-4)式の A に $|\vec{r}\rangle \langle \vec{r}|$ を用いたものが(5-28),(5-29)式の真の価電子密度分布 $\rho(\vec{r})$ であった.後者は表現を少し変えると

$$\rho(\vec{r}) = \tilde{\rho}(\vec{r}) + \sum_I \sum_{ij} \rho_{ij}^I Q_{ij}^I(\vec{r}) = \tilde{\rho}(\vec{r}) + \sum_I (\rho_1^I(\vec{r}) - \tilde{\rho}_1^I(\vec{r})),$$

$$\rho_1^I(\vec{r}) = \sum_{ij} \rho_{ij}^I \Phi_i^{I*}(\vec{r}) \Phi_j^I(\vec{r}), \quad \tilde{\rho}_1^I(\vec{r}) = \sum_{ij} \rho_{ij}^I \tilde{\Phi}_i^{I*}(\vec{r}) \tilde{\Phi}_j^I(\vec{r})$$

(6-5)

となる.ここで

$$\tilde{\rho}(\vec{r}) = \sum_{\vec{k}n}^{\text{occ}} f_{\vec{k}n} |\tilde{\Psi}_{\vec{k}n}(\vec{r})|^2, \quad \rho_{ij}^I = \sum_{\vec{k}n}^{\text{occ}} f_{\vec{k}n} \langle \tilde{\Psi}_{\vec{k}n} | \tilde{p}_i^I \rangle \langle \tilde{p}_j^I | \tilde{\Psi}_{\vec{k}n} \rangle$$

である.図 6-1 に示すように擬波動関数の価電子密度分布 $\tilde{\rho}(\vec{r})$ から,各原子球内で PS partial waves による $\tilde{\rho}_1^I(\vec{r})$ を差し引き,AE partial waves による $\rho_1^I(\vec{r})$ で置き換える.

USPP 法では,こうした波動関数の再構築からの S 演算子と補償電荷を扱ったが,再構築された波動関数や価電子密度分布の原子球内の詳細挙動は直接には扱わなかった.PAW 法では,(6-1),(6-5)式のように AE partial waves で表現される原子球内の波動関数と価電子密度分布の挙動を(次節で説明するように)全エネルギー(ハミルトニアン)で詳細に取り入れることで,内殻軌道と直交化した価電子の全電子波動関数としての最適化を行い,全電子法計算(厳密には frozen core の全電子法)に匹敵する精度を図る[34,35].この点が USPP 法と大きく異なる.

実際の変分計算は NCPP 法や USPP 法と同じく擬波動関数 $\tilde{\Psi}_{\vec{k}n}$ について行うので計算の規模はそれほど大きくならないが,$\tilde{\Psi}_{\vec{k}n}$ の最適化が(プロジェクターを介して)

84 第6章 PAW法の原理と概要

原子球内の振動（ノード）を持つ波動関数や価電子密度分布の部分の最適化を含めて行われる．内殻軌道と直交するリアルな全電子波動関数や価電子密度分布が扱えるので，磁性や超微細相互作用[48]など，NCPP法やUSPP法で十分に扱えなかった物理量が高精度で扱える．

6.2 PAW法での全エネルギーとハミルトニアン

(1) 運動エネルギー項

バルク（結晶やスーパーセル）でのPAW法の全エネルギーを順に説明する．まず，運動エネルギー項が(6-1)式の真の波動関数 $\Psi_{\vec{k}n}$ で計算される．運動エネルギー演算子 $T = -\dfrac{1}{2}\nabla^2$ を用いれば，(6-3), (6-4)式から以下となる．

$$\langle \Psi_{\vec{k}n} | T | \Psi_{\vec{k}n} \rangle$$
$$= \langle \tilde{\Psi}_{\vec{k}n} | T | \tilde{\Psi}_{\vec{k}n} \rangle + \sum_I \sum_{ij} \langle \tilde{\Psi}_{\vec{k}n} | \tilde{p}_i^I \rangle (\langle \Phi_i^I | T | \Phi_j^I \rangle_R - \langle \tilde{\Phi}_i^I | T | \tilde{\Phi}_j^I \rangle_R) \langle \tilde{p}_j^I | \tilde{\Psi}_{\vec{k}n} \rangle$$

$$(6\text{-}6)$$

$$E_{\text{kin}} = \sum_{\vec{k}n}^{\text{occ}} f_{\vec{k}n} \langle \Psi_{\vec{k}n} | T | \Psi_{\vec{k}n} \rangle$$
$$= \sum_{\vec{k}n}^{\text{occ}} f_{\vec{k}n} \langle \tilde{\Psi}_{\vec{k}n} | T | \tilde{\Psi}_{\vec{k}n} \rangle + \sum_I \sum_{ij} \rho_{ij}^I (\langle \Phi_i^I | T | \Phi_j^I \rangle_R - \langle \tilde{\Phi}_i^I | T | \tilde{\Phi}_j^I \rangle_R) \quad (6\text{-}7)$$

$\tilde{\Psi}_{\vec{k}n}$ による系全体の項からPS partial wavesで表される原子球内項を差し引き，AE partial wavesで表される項で入れ替える．

(2) 静電相互作用項

(a) 電荷密度分布の仕分け

価電子と正イオンの系全体の静電相互作用について，電荷密度分布の仕分けの工夫で，バルク項と原子球内項を分けた扱いが可能となる．まず，(6-5)式の正しい価電子密度分布

$$\rho(\vec{r}) = \tilde{\rho}(\vec{r}) + \sum_I \left(\rho_1^I(\vec{r}) - \tilde{\rho}_1^I(\vec{r}) \right)$$

に，各原子の厳密な核電荷と内殻電子の分布 $\rho_{\text{zc}}^I(\vec{r})$ を含めた全系の真の電荷密度分布

$$\rho_{\text{T}}(\vec{r}) = \rho(\vec{r}) + \sum_I \rho_{\text{zc}}^I(\vec{r})$$

6.2 PAW 法での全エネルギーとハミルトニアン　85

を考える．ここで，$\rho_T(\vec{r})$ は以下のように三つ $(\tilde{\rho}_T, \rho_T^1, \tilde{\rho}_T^1)$ に仕分けして表せる（**図 6-2**）．

$$\rho_T(\vec{r}) = \rho(\vec{r}) + \sum_I \rho_{zc}^I(\vec{r}) = \tilde{\rho}(\vec{r}) + \sum_I \left(\rho_1^I(\vec{r}) - \tilde{\rho}_1^I(\vec{r}) \right) + \sum_I \tilde{\rho}_{zc}^I(\vec{r})$$

$$= (\tilde{\rho} + \sum_I \tilde{\rho}^I + \sum_I \tilde{\rho}_{zc}^I) + (\sum_I \rho_1^I + \sum_I \rho_{zc}^I) - \left(\sum_I \tilde{\rho}_1^I + \sum_I \tilde{\rho}^I + \sum_I \tilde{\rho}_{zc}^I \right)$$

$$= \tilde{\rho}_T + \rho_T^1 - \tilde{\rho}_T^1 \tag{6-8}$$

$$\tilde{\rho}_T = \tilde{\rho} + \sum_I \tilde{\rho}^I + \sum_I \tilde{\rho}_{zc}^I = \tilde{\rho} + \hat{\rho} + \sum_I \tilde{\rho}_{zc}^I,$$

$$\rho_T^1 = \sum_I \rho_1^I + \sum_I \rho_{zc}^I = \sum_I (\rho_1^I + \rho_{zc}^I),$$

$$\tilde{\rho}_T^1 = \sum_I \tilde{\rho}_1^I + \sum_I \tilde{\rho}^I + \sum_I \tilde{\rho}_{zc}^I = \sum_I (\tilde{\rho}_1^I + \hat{\rho}^I + \tilde{\rho}_{zc}^I) \tag{6-9}$$

$\tilde{\rho}(\vec{r})$ は擬波動関数によるバルク全体の価電子密度分布，$\rho_1^I(\vec{r}) - \tilde{\rho}_1^I(\vec{r})$ が各原子球内の補償電荷分布．$\rho_1^I(\vec{r})$ と $\tilde{\rho}_1^I(\vec{r})$ は，(6-5)式の各々 AE partial waves，PS partial waves の展開で表される原子球内価電子密度分布である．$\rho_{zc}^I(\vec{r})$ は，原子の内殻電子と原子核による分布で（球対称），これによる静電ポテンシャルは内殻電子で遮蔽された核のクーロン場で，元素毎に最初に求めた原子の全電子ポテンシャル V_{AE} から価電子分を unscreening したものに相当（後述の $V_{AE}^{US}(V_{AE}^{US,I})$）．

一方，(6-8)式の 2 行目で $\sum_I \tilde{\rho}_{zc}^I$ と $\sum_I \hat{\rho}^I$ を新たに第 1 の括弧に加え，第 3 の括弧で差し引いている．人為的な項だが，差し引かれるので全体の静電相互作用は変わらない．$\tilde{\rho}_{zc}^I(\vec{r})$ は，局所擬ポテンシャル V_{local} を unscreening した $V_{local}^{US}(V_{local}^{US,I})$（(5-37)式参照）を「生む」イオンの電荷分布．V_{local}^{US} は原子核近傍では底が浅く，r_c 外で V_{AE}^{US} と同様の正イオンのクーロン場になる．$\hat{\rho}^I$ は，(6-5)式の原子球内の補償電荷分布

$$\rho_1^I(\vec{r}) - \tilde{\rho}_1^I(\vec{r}) = \sum_{ij} \rho_{ij}^I Q_{ij}^I(\vec{r})$$

を，原子球内の各モーメントを保持する条件でスムージングして構築したもの．もちろんノルム（$L = 0$ のモーメント）も保存する（詳しくは後述(4)項）．全体での分布として

$$\sum_I \hat{\rho}^I = \hat{\rho}$$

とする．

全体の電荷分布 ρ_T を仕分けした $\tilde{\rho}_T, \rho_T^1, \tilde{\rho}_T^1$ の三つは以下のような内実になる（(6-

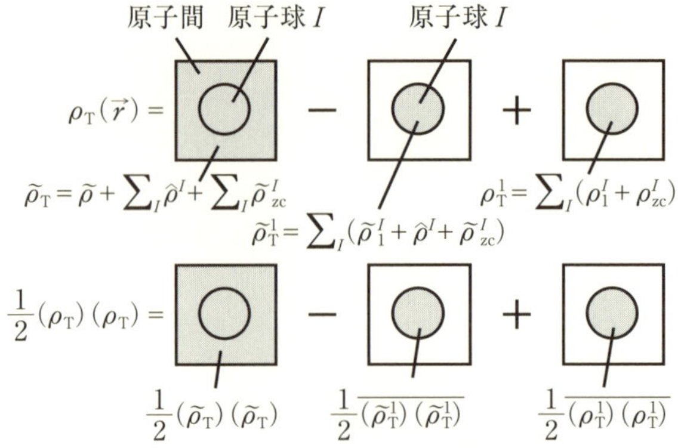

86　第6章　PAW法の原理と概要

図 6-2　PAW 法での価電子と正イオンの電荷密度分布の全体 ρ_T とその静電相互作用 $\frac{1}{2}(\rho_T)(\rho_T)$. 正しい価電子密度分布 ρ と正イオン（原子核と内殻電子）の電荷分布 ρ_{zc}^I の全体は

$$\rho_T = \rho + \sum_I \rho_{zc}^I = \tilde{\rho} - \sum_I \tilde{\rho}_1^I + \sum_I \rho_1^I + \sum_I \rho_{zc}^I$$

である. これを $\rho_T = \tilde{\rho}_T - \tilde{\rho}_T^1 + \rho_T^1$ と仕分けなおす.

$$\tilde{\rho}_T = \tilde{\rho} + \sum_I \hat{\rho}^I + \sum_I \tilde{\rho}_{zc}^I$$

は系全体,

$$\tilde{\rho}_T^1 = \sum_I (\tilde{\rho}_1^I + \hat{\rho}^I + \tilde{\rho}_{zc}^I), \quad \rho_T^1 = \sum_I (\rho_1^I + \rho_{zc}^I)$$

は各原子球内である. $\hat{\rho}^I$ は原子球内の補償電荷 $\rho_1^I - \tilde{\rho}_1^I$ をモーメントを保持してスムージングした電子密度分布, $\tilde{\rho}_{zc}^I$ は局所擬ポテンシャルを生む正イオンの電荷密度分布. この仕分けで $\rho_T^1 - \tilde{\rho}_T^1$ の原子球内モーメントはゼロである. そのため, 静電相互作用

$$\frac{1}{2}(\rho_T)(\rho_T) = \frac{1}{2}\iint \rho_T(\vec{r})\,\rho_T(\vec{r}')/|\vec{r} - \vec{r}'|\,d\vec{r}d\vec{r}'$$

は, 全系のソフトな電荷密度とポテンシャルの分布 $\tilde{\rho}_T$ の間の相互作用 $\frac{1}{2}(\tilde{\rho}_T)(\tilde{\rho}_T)$ から, 各原子球内で $\tilde{\rho}_T$ に相当する $\tilde{\rho}_T^1$ の原子球内の自己相互作用 $\frac{1}{2}\overline{(\tilde{\rho}_T^1)(\tilde{\rho}_T^1)}$ を差し引き, AE partial waves による正しい価電子密度分布 ρ_1^I と厳密な正イオン電荷分布 ρ_{zc}^I による ρ_T^1 の原子球内静電相互作用 $\frac{1}{2}\overline{(\rho_T^1)(\rho_T^1)}$ で入れ替える形になる.

6.2 PAW法での全エネルギーとハミルトニアン　87

9)式,図6-2).$\tilde{\rho}_T$は,原子球(半径r_c)と原子間の全体に広がり,スムーズな電子密度分布$\tilde{\rho}+\hat{\rho}$とソフトなポテンシャルを生むイオンの電荷分布$\sum_I\tilde{\rho}_{zc}^I$である(バルクのフーリエ展開等による扱いが容易になる).$\tilde{\rho}_T^1$は,各原子球内で$\tilde{\rho}_T$に相当する,スムーズな電子密度とソフトなポテンシャルを生むイオン電荷の分布.これを$\tilde{\rho}_T$から差し引き,リアルな(変化の大きな)価電子密度ρ_1^Iと内殻電子 + 原子核の電荷ρ_{zc}^Iの分布ρ_T^1で置き換える.

重要なことは,

$$\rho_T=\tilde{\rho}_T+\rho_T^1-\tilde{\rho}_T^1$$

の仕分けのうち,第2,3項目の$\rho_T^1-\tilde{\rho}_T^1$の各原子球内分布は$(\rho_1^I+\rho_{zc}^I)-(\tilde{\rho}_1^I+\hat{\rho}^I+\tilde{\rho}_{zc}^I)$で,原子球毎に$\rho_T^1-\tilde{\rho}_T^1$のモーメントが消える.$\rho_{zc}^I$と$\tilde{\rho}_{zc}^I$は,ともに正イオンの球対称電荷(ゼロ次モーメントのみ)で原子球内積分が同じなのでモーメントが同じで$\rho_{zc}^I-\tilde{\rho}_{zc}^I$のモーメントが消え,残りの$\rho_1^I-\tilde{\rho}_1^I-\hat{\rho}^I$も$\hat{\rho}^I$の定義($\rho_1^I-\tilde{\rho}_1^I$とモーメントが同じ)からモーメントが消える.したがって,$\rho_T^1-\tilde{\rho}_T^1$の項は原子球外部に静電相互作用を及ぼさない.原子球内部の静電相互作用だけ扱えば良い.急峻な密度変化や深いポテンシャルを生むρ_T^1を原子球内だけで扱えることは大きな利点である.

(b)　静電相互作用の仕分け

一般に電子や核の正負の電荷を密度分布$\rho(\vec{r})$で表すと,それらの静電相互作用エネルギーは

$$\frac{1}{2}(\rho)(\rho)=\frac{1}{2}\iint\rho(\vec{r})\rho(\vec{r}')/|\vec{r}-\vec{r}'|\,d\vec{r}d\vec{r}'$$

の表式で表せる(前述のように本章はHartree原子単位系なので$e^2=1$).全系の電荷分布ρ_Tの静電相互作用は(6-8)式から三つの仕分けを使って

$$\frac{1}{2}(\rho_T)(\rho_T)=\frac{1}{2}(\tilde{\rho}_T+\rho_T^1-\tilde{\rho}_T^1)(\tilde{\rho}_T+\rho_T^1-\tilde{\rho}_T^1)$$

$$=\frac{1}{2}(\tilde{\rho}_T)(\tilde{\rho}_T)+(\rho_T^1-\tilde{\rho}_T^1)\tilde{\rho}_T+\frac{1}{2}(\rho_T^1-\tilde{\rho}_T^1)(\rho_T^1-\tilde{\rho}_T^1)$$

$$\approx\frac{1}{2}(\tilde{\rho}_T)(\tilde{\rho}_T)+(\rho_T^1-\tilde{\rho}_T^1)\tilde{\rho}_T^1+\frac{1}{2}(\rho_T^1-\tilde{\rho}_T^1)(\rho_T^1-\tilde{\rho}_T^1) \qquad (6\text{-}10)$$

となる.上述のように$\rho_T^1-\tilde{\rho}_T^1$は原子球内でモーメントが消えるから,静電相互作用$(\rho_T^1-\tilde{\rho}_T^1)\tilde{\rho}_T^1$と$\frac{1}{2}(\rho_T^1-\tilde{\rho}_T^1)(\rho_T^1-\tilde{\rho}_T^1)$は各原子球内部でのみ扱えばよい.また2行目

88 第6章 PAW法の原理と概要

の $(\rho_T^1 - \tilde{\rho}_T^1)\tilde{\rho}_T$ を，3行目で $(\rho_T^1 - \tilde{\rho}_T^1)\tilde{\rho}_T^1$ で入れ替える変形が正当化される．

$\frac{1}{2}(\rho)(\rho)$ の表式のうち各原子球内のみの相互作用を bar で示すと，(6-10)式は以下に変形される．

$$\frac{1}{2}(\rho_T)(\rho_T) = \frac{1}{2}(\tilde{\rho}_T)(\tilde{\rho}_T) + \overline{(\rho_T^1 - \tilde{\rho}_T^1)\tilde{\rho}_T^1} + \frac{1}{2}\overline{(\rho_T^1 - \tilde{\rho}_T^1)(\rho_T^1 - \tilde{\rho}_T^1)}$$

$$= \frac{1}{2}(\tilde{\rho}_T)(\tilde{\rho}_T) + \frac{1}{2}\overline{(\rho_T^1)(\rho_T^1)} - \frac{1}{2}\overline{(\tilde{\rho}_T^1)(\tilde{\rho}_T^1)} \qquad (6\text{-}11)$$

最終形の第1項はバルク全体の静電相互作用として計算し，第2,3項は各原子球内のみの相互作用として計算する(図6-2)．

(6-11)式の第1項 $\frac{1}{2}(\tilde{\rho}_T)(\tilde{\rho}_T)$ は，バルクに広がるスムーズな電荷密度と浅いポテンシャルを生む正イオンの電荷分布の静電相互作用で，(6-9)式から以下のように展開される．

$$\frac{1}{2}(\tilde{\rho}_T)(\tilde{\rho}_T) = \frac{1}{2}(\tilde{\rho} + \hat{\rho} + \sum_I \tilde{\rho}_{zc}^I)(\tilde{\rho} + \hat{\rho} + \sum_I \tilde{\rho}_{zc}^I)$$

$$= \frac{1}{2}(\tilde{\rho} + \hat{\rho})(\tilde{\rho} + \hat{\rho}) + (\tilde{\rho} + \hat{\rho})(\sum_I \tilde{\rho}_{zc}^I) + \frac{1}{2}(\sum_I \tilde{\rho}_{zc}^I)(\sum_I \tilde{\rho}_{zc}^I)$$

$$= E_H[\tilde{\rho} + \hat{\rho}] + \int (\tilde{\rho}(\vec{r}) + \hat{\rho}(\vec{r})) \sum_I V_{local}^{US,I}(\vec{r} - \vec{R}_I) d\vec{r}$$

$$\quad + \frac{1}{2}\sum_I \sum_{J \neq I}(\tilde{\rho}_{zc}^I)(\tilde{\rho}_{zc}^J) + \frac{1}{2}\sum_I(\tilde{\rho}_{zc}^I)(\tilde{\rho}_{zc}^I)$$

$$= E_H[\tilde{\rho} + \hat{\rho}] + \int (\tilde{\rho}(\vec{r}) + \hat{\rho}(\vec{r})) V_L(\vec{r}) d\vec{r} + E_{I-J} + \frac{1}{2}\sum_I(\tilde{\rho}_{zc}^I)(\tilde{\rho}_{zc}^I)$$

$$\qquad (6\text{-}12)$$

$$E_H[\tilde{\rho} + \hat{\rho}] = \frac{1}{2}\iint (\tilde{\rho}(\vec{r}) + \hat{\rho}(\vec{r}))(\tilde{\rho}(\vec{r}') + \hat{\rho}(\vec{r}'))/|\vec{r} - \vec{r}'| d\vec{r} d\vec{r}',$$

$$V_{local}^{US,I}(\vec{r} - \vec{R}_I) = \int_{\Omega_I} \tilde{\rho}_{zc}^I(\vec{r}')/|\vec{r} - \vec{r}'| d\vec{r}', \quad V_L(\vec{r}) = \sum_I V_{local}^{US,I}(\vec{r} - \vec{R}_I) \qquad (6\text{-}13)$$

$E_H[\tilde{\rho} + \hat{\rho}]$ は $\tilde{\rho} + \hat{\rho}$ の静電相互作用，$(\tilde{\rho} + \hat{\rho})(\sum_I \tilde{\rho}_{zc}^I)$ は $\tilde{\rho}_{zc}^I$ が生むポテンシャル $V_{local}^{US,I}(\vec{r} - \vec{R}_I)$(unscreening された局所擬ポテンシャル)の総和と $\tilde{\rho} + \hat{\rho}$ の相互作用で，$\int (\tilde{\rho}(\vec{r}) + \hat{\rho}(\vec{r})) V_L(\vec{r}) d\vec{r}$ になる．$\frac{1}{2}(\sum_I \tilde{\rho}_{zc}^I)(\sum_I \tilde{\rho}_{zc}^I)$ のうち異なる原子間

6.2 PAW 法での全エネルギーとハミルトニアン　　89

の相互作用 $\frac{1}{2}\sum_I\sum_{J\neq I}(\tilde{\rho}_{zc}^I)(\tilde{\rho}_{zc}^J)$ は，原子球内で球対称電荷なのでガウスの法則よ

り点電荷の正イオン間のクーロン和 E_{I-J} になる．最後の $\frac{1}{2}\sum_I(\tilde{\rho}_{zc}^I)(\tilde{\rho}_{zc}^I)$ は原子球

内の自己相互作用だが，後述のように(6-11)式の第 3 項に含まれる同じ項と打ち消し

合う．

(6-11)式の第 2 項 $\frac{1}{2}\overline{(\rho_{\rm T}^1)(\rho_{\rm T}^1)}$ は，(6-9)式から各原子球内で

$$
\frac{1}{2}\overline{(\rho_{\rm T}^1)(\rho_{\rm T}^1)} = \frac{1}{2}\sum_I\overline{(\rho_1^I+\rho_{zc}^I)(\rho_1^I+\rho_{zc}^I)}
$$

$$
= \sum_I\left\{\frac{1}{2}\overline{(\rho_1^I)(\rho_1^I)} + \overline{(\rho_1^I)(\rho_{zc}^I)} + \frac{1}{2}\overline{(\rho_{zc}^I)(\rho_{zc}^I)}\right\}
$$

$$
= \sum_I\left\{E_{\rm H}^I[\rho_1^I] + \int_{\Omega_I}\rho_1^I(\vec{r})\,V_{\rm AE}^{{\rm US},I}(\vec{r})\,d\vec{r} + \frac{1}{2}\overline{(\rho_{zc}^I)(\rho_{zc}^I)}\right\} \qquad (6\text{-}14)
$$

$$
E_{\rm H}^I[\rho_1^I] = \frac{1}{2}\iint_{\Omega_I}\rho_1^I(\vec{r})\rho_1^I(\vec{r}')/|\vec{r}-\vec{r}'|\,d\vec{r}d\vec{r}',
$$

$$
V_{\rm AE}^{{\rm US},I}(\vec{r}) = \int_{\Omega_I}\rho_{zc}^I(\vec{r}')/|\vec{r}-\vec{r}'|\,d\vec{r}' \qquad (6\text{-}15)
$$

$\frac{1}{2}\overline{(\rho_1^I)(\rho_1^I)}$ が同じ原子球内の真の価電子密度分布 ρ_1^I 自身の静電相互作用 $E_{\rm H}^I[\rho_1^I]$，

$\overline{(\rho_1^I)(\rho_{zc}^I)}$ は原子球内で ρ_{zc}^I の生むポテンシャル $V_{\rm AE}^{{\rm US},I}$ (unscreening した $V_{\rm AE}$) と ρ_1^I

の原子球内相互作用である．$\frac{1}{2}\overline{(\rho_{zc}^I)(\rho_{zc}^I)}$ は，原子球内の原子核と内殻電子の分布

の自己相互作用であるが，PAW 法においても他の方法と同様にイオンと価電子がば

らばらに離れた状態をエネルギーの基準とするので，この項はイオン毎の定数で，無

視して良い．

(6-11)式の第 3 項 $\frac{1}{2}\overline{(\tilde{\rho}_{\rm T}^1)(\tilde{\rho}_{\rm T}^1)}$ は，(6-9)式から各原子球内で

$$
\frac{1}{2}\overline{(\tilde{\rho}_{\rm T}^1)(\tilde{\rho}_{\rm T}^1)} = \frac{1}{2}\sum_I\overline{(\tilde{\rho}_1^I+\hat{\rho}^I+\tilde{\rho}_{zc}^I)(\tilde{\rho}_1^I+\hat{\rho}^I+\tilde{\rho}_{zc}^I)}
$$

$$
= \sum_I\left\{\frac{1}{2}\overline{(\tilde{\rho}_1^I+\hat{\rho}^I)(\tilde{\rho}_1^I+\hat{\rho}^I)} + \overline{(\tilde{\rho}_1^I+\hat{\rho}^I)(\tilde{\rho}_{zc}^I)} + \frac{1}{2}\overline{(\tilde{\rho}_{zc}^I)(\tilde{\rho}_{zc}^I)}\right\}
$$

$$
= \sum_I\left\{E_{\rm H}^I\left[\tilde{\rho}_1^I+\hat{\rho}^I\right] + \int_{\Omega_I}\left(\tilde{\rho}_1^I(\vec{r})+\hat{\rho}^I(\vec{r})\right)V_{\rm local}^{{\rm US},I}(\vec{r})\,d\vec{r} + \frac{1}{2}\overline{(\tilde{\rho}_{zc}^I)(\tilde{\rho}_{zc}^I)}\right\}
$$

90   第6章　PAW法の原理と概要

(6-16)

$$E_{\mathrm{H}}^{I}\Big[\tilde{\rho}_{1}^{I}+\hat{\rho}^{I}\Big]=\frac{1}{2}\iint_{\Omega_{I}}(\tilde{\rho}_{1}^{I}(\vec{r})+\hat{\rho}^{I}(\vec{r}))(\tilde{\rho}_{1}^{I}(\vec{r}')+\hat{\rho}^{I}(\vec{r}'))/|\vec{r}-\vec{r}'|d\vec{r}d\vec{r}',$$

$$V_{\mathrm{local}}^{\mathrm{US},I}(\vec{r})=\int_{\Omega_{I}}\tilde{\rho}_{\mathrm{zc}}^{I}(\vec{r}')/|\vec{r}-\vec{r}'|d\vec{r}' \tag{6-17}$$

(6-16)式の2行目の第1項は，原子球内のスムージングした補償電荷付きの価電子密度分布 $\tilde{\rho}_{1}^{I}+\hat{\rho}^{I}$ 自身の静電相互作用 E_{H}^{I}，第2項の $\overline{(\tilde{\rho}_{1}^{I}+\hat{\rho}^{I})(\tilde{\rho}_{\mathrm{zc}}^{I})}$ は，$\tilde{\rho}_{\mathrm{zc}}^{I}$ の生むポテンシャル $V_{\mathrm{local}}^{\mathrm{US},I}$ と $\tilde{\rho}_{1}^{I}+\hat{\rho}^{I}$ との原子球内相互作用である．最後の $\frac{1}{2}\overline{(\tilde{\rho}_{\mathrm{zc}}^{I})(\tilde{\rho}_{\mathrm{zc}}^{I})}$ 項は，(6-12)式の最後の項と打ち消し合う．

　人為的な $\hat{\rho}^{I}$ や $\tilde{\rho}_{\mathrm{zc}}^{I}$ を導入しても，全体の静電相互作用は最終的に正しく表現されている．逆に，$\hat{\rho}$ や $\hat{\rho}^{I}$ のように原子球内の補償電荷をモーメントを保持するソフトな電荷分布で代替し，(6-9)式の $\tilde{\rho}_{\mathrm{T}}$ に入れ，$\tilde{\rho}_{\mathrm{T}}^{1}$ にも入れて差し引くことで，静電相互作用をバルクと原子球内に完全に分けて扱うことが可能になった．このやり方は全電子法に起源がある[49]．

(3)　PAW法での全エネルギー表式

　運動エネルギー((6-7)式)と静電相互作用エネルギー((6-11)～(6-17)式)は，すべてバルク全体の項から各原子球内の PS partial waves に関わる原子項を差し引き，AE partial waves に関わる原子項で入れ替える形である．交換相関エネルギーも同様の形に整理でき，全体をまとめると以下になる．

$$E_{\mathrm{tot}}=\tilde{E}+\sum_{I}(E_{1}^{I}-\tilde{E}_{1}^{I})+E_{\mathrm{I-J}} \tag{6-18}$$

$$\tilde{E}=\sum_{kn}^{\mathrm{occ}}f_{kn}\langle\tilde{\Psi}_{kn}|\,T\,|\tilde{\Psi}_{kn}\rangle+\int(\tilde{\rho}(\vec{r})+\hat{\rho}(\vec{r}))\,V_{\mathrm{L}}(\vec{r})\,d\vec{r}$$

$$+E_{\mathrm{H}}[\tilde{\rho}+\hat{\rho}]+E_{\mathrm{xc}}[\tilde{\rho}+\hat{\rho}+\tilde{\rho}_{\mathrm{c}}],$$

$$V_{\mathrm{L}}(\vec{r})=\sum_{I}V_{\mathrm{local}}^{\mathrm{US},I}(\vec{r}-\vec{R}_{I}),$$

$$E_{\mathrm{H}}[\tilde{\rho}+\hat{\rho}]=\frac{1}{2}\iint(\tilde{\rho}(\vec{r})+\hat{\rho}(\vec{r}))(\tilde{\rho}(\vec{r}')+\hat{\rho}(\vec{r}'))/|\vec{r}-\vec{r}'|d\vec{r}d\vec{r}' \tag{6-19}$$

$$E_{1}^{I}=\sum_{ij}\rho_{ij}^{I}\langle\Phi_{i}^{I}|\,T\,|\Phi_{j}^{I}\rangle_{R}+\int_{\Omega_{I}}\rho_{1}^{I}(\vec{r})\,V_{\mathrm{AE}}^{\mathrm{US},I}(\vec{r})\,d\vec{r}+E_{\mathrm{H}}^{I}[\rho_{1}^{I}]+E_{\mathrm{xc}}^{I}[\rho_{1}^{I}+\rho_{\mathrm{c}}^{I}],$$

$$E_{\mathrm{H}}^{I}[\rho_{1}^{I}]=\frac{1}{2}\iint_{\Omega_{I}}\rho_{1}^{I}(\vec{r})\rho_{1}^{I}(\vec{r}')/|\vec{r}-\vec{r}'|d\vec{r}d\vec{r}' \tag{6-20}$$

6.2 PAW法での全エネルギーとハミルトニアン　　91

$$\tilde{E}_1^I = \sum_{ij} \rho_{ij}^I \langle \tilde{\Phi}_i^I | T | \tilde{\Phi}_j^I \rangle_R + \int_{\Omega_I} \left(\tilde{\rho}_1^I(\vec{r}) + \hat{\rho}^I(\vec{r}) \right) V_{\text{local}}^{\text{US},I}(\vec{r}) \, d\vec{r}$$

$$+ E_{\text{H}}^I \left[\tilde{\rho}_1^I + \hat{\rho}^I \right] + E_{\text{xc}}^I [\tilde{\rho}_1^I + \hat{\rho}^I + \tilde{\rho}_{\text{c}}^I],$$

$$E_{\text{H}}^I [\tilde{\rho}_1^I + \hat{\rho}^I] = \frac{1}{2} \iint_{\Omega_I} (\tilde{\rho}_1^I(\vec{r}) + \hat{\rho}^I(\vec{r}))(\tilde{\rho}_1^I(\vec{r}') + \hat{\rho}^I(\vec{r}'))/|\vec{r} - \vec{r}'| \, d\vec{r} d\vec{r}' \tag{6-21}$$

$E_{\text{I-J}}$ は正イオン間の静電相互作用エネルギーである（例えば Ewald 法で求める）．(6-19)式の $\tilde{E}$ はスーパーセル全体で計算する．USPP 法の(5-32)式の E_{NL}, $E_{\text{I-J}}$ 以外の項と類似している（E_{NL} 項は本法では $\sum_I (E_1^I - \tilde{E}_1^I)$ に相当）．$\tilde{E}$ 内の E_{xc} では，

部分内殻補正(partial core correction) $\tilde{\rho}_{\text{c}}$ を入れている[50,51]．$\tilde{\rho}_{\text{c}} = \sum_I \tilde{\rho}_{\text{c}}^I$ で，$\tilde{\rho}_1^I$ は各元素で自由原子の全電子計算からの内殻電子密度分布を価電子と重なる領域について取り出したもの．価電子密度のみのときと比べ，$\tilde{\rho}_{\text{c}}^I$ を各原子位置で加えることでトータルの密度値に依存する交換相関エネルギーをより高精度に算出する（詳細は10.3節）．

(6-20), (6-21)式の E_1^I, $\tilde{E}_1^I$ は，各々原子球内で計算する．E_{H}^I, E_{xc}^I は原子球内の積分で与えられ，各式の第2項のポテンシャル $V_{\text{AE}}^{\text{US}}$ や $V_{\text{local}}^{\text{US},I}$ と球内電子密度との積の積分も原子球内である．E_1^I 内の E_{xc}^I は，自由原子の全電子計算からのフルの内殻電子密度 ρ_{c}^I を加えて扱う．急峻な分布だが原子球内の極座標で計算されるので扱える（6.5節）．$\tilde{E}_1^I$ 内の E_{xc}^I は，$\tilde{E}$ と同様に部分内殻補正 $\tilde{\rho}_{\text{c}}^I$ を加えて扱う．

一方，全エネルギーを別の仕分けで表現すると（**図6-3**）

$$E_{\text{tot}} = E_{\text{kin}} + E_{\text{L}} + E_{\text{H}} + E_{\text{xc}} + E_{\text{I-J}},$$

$$E_{\text{kin}} = \sum_{\vec{k}n}^{\text{occ}} f_{\vec{k}n} \langle \tilde{\Psi}_{\vec{k}n} | T | \tilde{\Psi}_{\vec{k}n} \rangle - \sum_I \sum_{ij} \rho_{ij}^I \langle \tilde{\Phi}_i^I | T | \tilde{\Phi}_j^I \rangle_R + \sum_I \sum_{ij} \rho_{ij}^I \langle \Phi_i^I | T | \Phi_j^I \rangle_R \tag{6-22}$$

$$E_{\text{L}} = \int (\tilde{\rho}(\vec{r}) + \hat{\rho}(\vec{r})) \sum_I V_{\text{local}}^{\text{US},I}(\vec{r} - \vec{R}_I) \, d\vec{r} - \sum_I \int_{\Omega_I} \left(\tilde{\rho}_1^I(\vec{r}) + \hat{\rho}^I(\vec{r}) \right) V_{\text{local}}^{\text{US},I}(\vec{r}) \, d\vec{r}$$

$$+ \sum_I \int_{\Omega_I} \rho_1^I(\vec{r}) \, V_{\text{AE}}^{\text{US},I}(\vec{r}) \, d\vec{r} \tag{6-23}$$

$$E_{\text{H}} = E_{\text{H}}[\tilde{\rho} + \hat{\rho}] - \sum_I E_{\text{H}}^I \left[\tilde{\rho}_1^I + \hat{\rho}^I \right] + \sum_I E_{\text{H}}^I [\rho_1^I] \tag{6-24}$$

$$E_{\text{xc}} = E_{\text{xc}}[\tilde{\rho} + \hat{\rho} + \tilde{\rho}_{\text{c}}] - \sum_I E_{\text{xc}}^I \left[\tilde{\rho}_1^I + \hat{\rho}^I + \tilde{\rho}_{\text{c}}^I \right] + \sum_I E_{\text{xc}}^I [\rho_1^I + \rho_{\text{c}}^I] \tag{6-25}$$

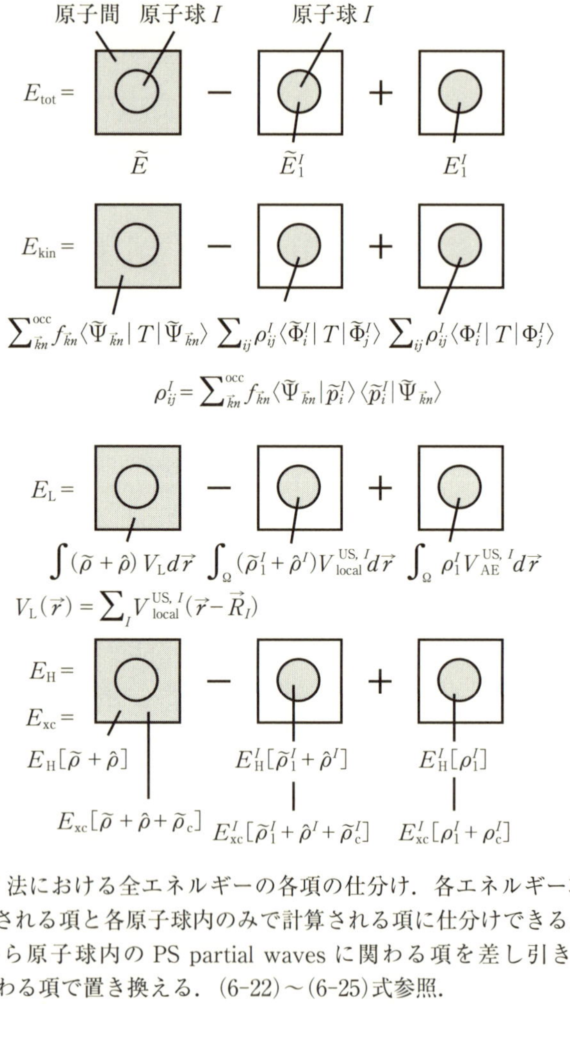

原子間　原子球 I　　　原子球 I

$$E_{\text{tot}} = \qquad - \qquad +$$

$$\tilde{E} \qquad\qquad \tilde{E}_1^I \qquad\qquad E_1^I$$

$$E_{\text{kin}} = \qquad - \qquad +$$

$$\sum_{\vec{k}n}^{\text{occ}} f_{\vec{k}n} \langle \tilde{\Psi}_{\vec{k}n} | T | \tilde{\Psi}_{\vec{k}n} \rangle \quad \sum_{ij} \rho_{ij}^I \langle \tilde{\Phi}_i^I | T | \tilde{\Phi}_j^I \rangle \quad \sum_{ij} \rho_{ij}^I \langle \Phi_i^I | T | \Phi_j^I \rangle$$

$$\rho_{ij}^I = \sum_{\vec{k}n}^{\text{occ}} f_{\vec{k}n} \langle \tilde{\Psi}_{\vec{k}n} | \tilde{p}_i^I \rangle \langle \tilde{p}_i^I | \tilde{\Psi}_{\vec{k}n} \rangle$$

$$E_{\text{L}} = \qquad - \qquad +$$

$$\int (\tilde{\rho} + \hat{\rho}) V_L d\vec{r} \quad \int_\Omega (\tilde{\rho}_1^I + \hat{\rho}^I) V_{\text{local}}^{\text{US},\, I} d\vec{r} \quad \int_\Omega \rho_1^I V_{\text{AE}}^{\text{US},\, I} d\vec{r}$$

$$V_{\text{L}}(\vec{r}) = \sum_I V_{\text{local}}^{\text{US},\, I}(\vec{r} - \vec{R}_I)$$

$$E_{\text{H}} =$$
$$E_{\text{xc}} = \qquad - \qquad +$$

$$E_{\text{H}}[\tilde{\rho} + \hat{\rho}] \qquad E_{\text{H}}^I[\tilde{\rho}_1^I + \hat{\rho}^I] \qquad E_{\text{H}}^I[\rho_1^I]$$

$$E_{\text{xc}}[\tilde{\rho} + \hat{\rho} + \tilde{\rho}_c] \quad E_{\text{xc}}^I[\tilde{\rho}_1^I + \hat{\rho}^I + \tilde{\rho}_c^I] \quad E_{\text{xc}}^I[\rho_1^I + \rho_c^I]$$

図 6-3 PAW 法における全エネルギーの各項の仕分け．各エネルギー項が，バルク全体で計算される項と各原子球内のみで計算される項に仕分けできる．全体で計算される項から原子球内の PS partial waves に関わる項を差し引き，AE partial waves に関わる項で置き換える．(6-22)～(6-25)式参照．

6.2 PAW 法での全エネルギーとハミルトニアン 93

となる．静電相互作用は正イオン-電子を E_L，電子-電子を E_H でまとめている．図 6-3 に示すように，$E_{kin}, E_L, E_H, E_{xc}$ の四種のエネルギーの各々で，バルク項から各原子球内の PS partial waves に関わる項を差し引き，AE partial waves に関わる項で置き換える形式である．E_L, E_H における無限遠までの相互作用はバルク項でのみ扱い，あとは各原子球内のみの値を取り替える作業になる．例えば，(6-23)式の E_L の第 1 項は無限遠までの相互作用が入るが，第 2, 3 項は各原子球内のみの相互作用である．こうした単純作業が可能になるのは，上述のように原子球内の $\rho_T^1 - \tilde{\rho}_T^1$ のモーメントが消えるためである．

図 6-3 は本手法の特徴を良く説明している．USPP 法 (5-32)式と異なり，原子球内の AE partial waves に関わる正しい波動関数や価電子密度分布の効果が直接に取り入れられている．以上の全エネルギー表式は，Kresse と Joubert[35] の (20) ～ (23) 式と基本的に合致している．

(4) モーメントを保持した補償電荷のスムージング

PAW 法では補償電荷

$$\rho_1^I(\vec{r}) - \tilde{\rho}_1^I(\vec{r}) = \sum_{ij} \rho_{ij}^I Q_{ij}^I(\vec{r})$$

をモーメントが保持されるようスムージングした $\tilde{\rho}^I(\vec{r})$ で扱う．元素種毎にあらかじめ

$$Q_{ij}^I(\vec{r}) = \Phi_i^{I*}(\vec{r})\Phi_j^I(\vec{r}) - \tilde{\Phi}_i^{I*}(\vec{r})\tilde{\Phi}_j^I(\vec{r})$$

が用意されている．ρ_{ij}^I は SCF 計算のサイクル毎に更新されるので，$Q_{ij}^I(\vec{r})$ の段階で各 $L = (l, m)$ のモーメント値を計算し，スムージングしておく．$Q_{ij}^I(\vec{r})$ は動径関数

$$Q_{ij, \text{rad}}^I(r) = \phi_i^I(r)\phi_j^I(r) - \tilde{\phi}_i^I(r)\tilde{\phi}_j^I(r)$$

に球面調和関数の積 $Y_{l_i m_i}^*(\hat{r}) Y_{l_j m_j}(\hat{r})$ を掛けた形で，L 次のモーメントは

$$q_{ij}^{I, L} = \int_{\Omega_I} Q_{ij}^I(\vec{r}) r^l Y_{lm}^*(\hat{r}) d\vec{r} = \int_0^{r_c} Q_{ij, \text{rad}}^I(r) r^{l+2} dr \int Y_{l_i m_i}^*(\hat{r}) Y_{lm}^*(\hat{r}) Y_{l_j m_j}(\hat{r}) d\Omega \tag{6-26}$$

である．三つの球面調和関数の積の積分は Gaunt 係数[52,53]，動径座標の積分は r のメッシュ積分で実行される．

スムージングのための関数を $g_l(r)$ として（例えば適当な距離 $r_{\text{comp}} \leq r_c$ で 0 となる球ベッセル関数の線形結合[35]）

$$\int_0^{r_{\text{comp}}} g_l(r)\, r^{l+2}\, dr = 1$$

の条件の下，モーメント値 $q_{ij}^{I,L}$ を掛けて

$$\widehat{Q}_{ij}^{I,L}(\vec{r}) = q_{ij}^{I,L} g_l(r)\, Y_{lm}(\hat{r}) \tag{6-27}$$

とすれば，これが $Q_{ij}^I(\vec{r})$ の各 $L=(l,m)$ のモーメントを保持したスムージングである．与えられた ρ_{ij}^I に対して

$$\bar{\rho}^I(\vec{r}) = \sum_{ij}\rho_{ij}^I \sum_L \widehat{Q}_{ij}^{I,L}(\vec{r}) \tag{6-28}$$

が目的とする分布である．$L=(l,m)$ のモーメント値 $\sum_{ij}\rho_{ij}^I q_{ij}^{I,L}$ が保存される．なお，保持するモーメントの L の範囲は partial waves の最大の l の二倍程度である[34]．

(5) PAW 法におけるハミルトニアン

USPP 法の例（5.3 節 (2)）を参考に $\langle \widetilde{\Psi}_{kn}|S|\widetilde{\Psi}_{kn'}\rangle = \delta_{nn'}$ の条件下で，(6-18)～(6-21)式の E_{tot} につき $\delta E_{\text{tot}}/\delta\widetilde{\Psi}_{kn}^*$ を実行し，$\widetilde{\Psi}_{kn}$ のための Kohn-Sham 方程式

$$H\widetilde{\Psi}_{kn} = \varepsilon S\widetilde{\Psi}_{kn}$$

を得る．$\delta E_{\text{tot}}/\delta\widetilde{\Psi}_{kn}^*$ によるハミルトニアンの導出は $\widetilde{\Psi}_{kn}^*$ への直接依存項と $\bar{\rho}$ や ρ_{ij}^I を通じた依存項から（(6-28)式も取り入れて）以下となる．なお

$$\rho_{ij}^I = \sum_{kn}^{\text{occ}} f_{kn}\langle \widetilde{\Psi}_{kn}|\tilde{p}_i^I\rangle\langle \tilde{p}_j^I|\widetilde{\Psi}_{kn}\rangle$$

である．

$$\delta E_{\text{tot}}/\delta\widetilde{\Psi}_{kn}^* = (\delta\widetilde{E} + \sum_I(\delta E_1^I - \delta\widetilde{E}_1^I))/\delta\widetilde{\Psi}_{kn}^* \tag{6-29}$$

$$\delta\widetilde{E}/\delta\widetilde{\Psi}_{kn}^* = T\widetilde{\Psi}_{kn} + V_{\text{eff}}(\vec{r})\widetilde{\Psi}_{kn} + \sum_I\sum_{ij}|\tilde{p}_i^I\rangle \widetilde{D}_{ij}^I\langle \tilde{p}_j^I|\widetilde{\Psi}_{kn},$$

$$\widetilde{D}_{ij}^I = \int_{\Omega_I} V_{\text{eff}}(\vec{r})\sum_L \widehat{Q}_{ij}^{I,L}(\vec{r})\, d\vec{r},$$

$$V_{\text{eff}}(\vec{r}) = V_{\text{L}}(\vec{r}) + V_{\text{H}}[\bar{\rho} + \tilde{\rho}] + \mu_{\text{xc}}[\bar{\rho} + \tilde{\rho} + \bar{\rho}_{\text{c}}], \quad V_{\text{L}}(\vec{r}) = \sum_I V_{\text{local}}^{\text{US},I}(\vec{r} - \vec{R}_I) \tag{6-30}$$

$$\delta E_1^I/\delta\widetilde{\Psi}_{kn}^* = \delta E_1^I/\delta\rho_{ij}^I \times \delta\rho_{ij}^I/\delta\widetilde{\Psi}_{kn}^* + \delta E_1^I/\delta\rho_1^I \times \delta\rho_1^I/\delta\widetilde{\Psi}_{kn}^* = \sum_{ij}|\tilde{p}_i^I\rangle D_{ij}^{1,I}\langle \tilde{p}_j^I|\widetilde{\Psi}_{kn},$$

$$D_{ij}^{1,I} = \langle \Phi_i^I|T + V_{\text{eff}}^I|\Phi_j^I\rangle_R,$$

6.2 PAW法での全エネルギーとハミルトニアン 95

$$V_{\text{eff}}^I(\vec{r}) = V_{\text{AE}}^{\text{US},I} + V_{\text{H}}^I[\rho_1^I] + \mu_{\text{xc}}^I[\rho_1^I + \rho_c^I] \tag{6-31}$$

$$\delta \tilde{E}_1^I / \delta \tilde{\Psi}_{kn}^* = \delta \tilde{E}_1^I / \delta \rho_{ij}^I \times \delta \rho_{ij}^I / \delta \tilde{\Psi}_{kn}^* + \delta \tilde{E}_1^I / \delta(\tilde{\rho}_1^I + \hat{\rho}^I) \times \delta(\tilde{\rho}_1^I + \hat{\rho}^I) / \delta \tilde{\Psi}_{kn}^*$$

$$= \sum_{ij} |\tilde{p}_i^I\rangle \tilde{D}_{ij}^{1,I} \langle \tilde{p}_j^I | \tilde{\Psi}_{kn},$$

$$\tilde{D}_{ij}^{1,I} = \langle \tilde{\Phi}_i^I | T + \tilde{V}_{\text{eff}}^I | \tilde{\Phi}_j^I \rangle_R + \int_{\Omega_I} \tilde{V}_{\text{eff}}^I(\vec{r}) \sum_L \hat{Q}_{ij}^{I,L}(\vec{r}) d\vec{r},$$

$$\tilde{V}_{\text{eff}}^I(\vec{r}) = V_{\text{local}}^{\text{US},I} + V_{\text{H}}^I[\tilde{\rho}_1^I + \hat{\rho}^I] + \mu_{\text{xc}}^I[\tilde{\rho}_1^I + \hat{\rho}^I + \tilde{\rho}_c^I] \tag{6-32}$$

ここで,

$$\tilde{\rho} = \sum_{kn}^{\text{occ}} f_{kn} \tilde{\Psi}_{kn}^* \tilde{\Psi}_{kn}, \quad \hat{\rho} = \sum_I \hat{\rho}^I, \quad \hat{\rho}^I = \sum_{ij} \rho_{ij}^I \sum_L \hat{Q}_{ij}^{I,L}$$

である. $\tilde{\rho}_c, \tilde{\rho}_c^I$ は全体および各原子の部分内殻補正(10.3節), ρ_c^I はフルの内殻電子密度分布である.

(6-30)式は, USPP法の(5-33), (5-34)式のように, (6-19)式の $\tilde{E}$ について, 第1項からの $\delta E_{\text{kin}} / \delta \tilde{\Psi}_{kn}^*$ と, 第2項から第4項までを $\rho = \tilde{\rho} + \hat{\rho}$ で汎関数微分し,

$$\delta \tilde{\rho} / \delta \tilde{\Psi}_{kn}^* + \sum_I \sum_{ij} \sum_L \hat{Q}_{ij}^{I,L}(\vec{r}) \delta \rho_{ij}^I / \delta \tilde{\Psi}_{kn}^*$$

を掛けたもの. V_{eff} はスーパーセル全体のポテンシャルである. (6-31)式は, (6-20)式の E_1^I 内の T の項を ρ_{ij}^I で微分し, ρ_{ij}^I を $\tilde{\Psi}_{kn}^*$ で汎関数微分, それ以外の項は ρ_1^I で汎関数微分し,

$$\rho_1^I = \sum_{ij} \rho_{ij}^I \Phi_i^{I*} \Phi_j^I$$

の内部の ρ_{ij}^I を $\tilde{\Psi}_{kn}^*$ で汎関数微分する. (6-32)式は, (6-21)式の $\tilde{E}_1^I$ 内の T の項を ρ_{ij}^I で微分し, ρ_{ij}^I を $\tilde{\Psi}_{kn}^*$ で汎関数微分, それ以外の項は $\tilde{\rho}_1^I + \hat{\rho}^I$ で汎関数微分し,

$$\tilde{\rho}_1^I = \sum_{ij} \rho_{ij}^I \tilde{\Phi}_i^{I*} \tilde{\Phi}_j^I, \quad \hat{\rho}^I = \sum_{ij} \rho_{ij}^I \sum_L \hat{Q}_{ij}^{I,L}$$

の内部の ρ_{ij}^I を各々 $\tilde{\Psi}_{kn}^*$ で汎関数微分した項の和である. (6-31), (6-32)式のポテンシャル $V_{\text{eff}}^I, \tilde{V}_{\text{eff}}^I$ は原子球内に限る. V_{H}^I と μ_{xc}^I は各々 E_{H}^I と E_{xc}^I の密度での汎関数微分による.

こうして, 全体のハミルトニアンは以下になる.

$$H = T + V_{\text{eff}}(\vec{r}) + \sum_I \sum_{ij} |\tilde{p}_i^I\rangle (\tilde{D}_{ij}^I + D_{ij}^{1,I} - \tilde{D}_{ij}^{1,I}) \langle \tilde{p}_j^I| \tag{6-33}$$

ij の和は各原子の $i = lm, \tau, \ j = l'm', \tau'$ についてである. SCFの観点では, バルク項では, 擬波動関数の電子密度分布 $\tilde{\rho}$ とプロジェクター関数 ρ_{ij}^I を介した補償電荷 $\hat{\rho}$ が $V_{\text{H}}(\vec{r})$ や $\mu_{\text{xc}}(\vec{r})$ として $V_{\text{eff}}(\vec{r})$ に入り, さらにそれが $\tilde{D}_{ij}^I$ にも入る. 原子項では,

96　第6章　PAW法の原理と概要

プロジェクター関数 ρ_{ij}^I を通じて電子構造の効果が $\rho_1^I, \tilde{\rho}_1^I, \hat{\rho}^I$ に入り，それらが V_H^I や μ_{xc}^I を通じて $V_{eff}^I, \tilde{V}_{eff}^I$ に入り，$D_{ij}^{1,I}, \tilde{D}_{ij}^{1,I}$ に入る．$\tilde{\Psi}_{kn}$ の変分計算であっても，$D_{ij}^{1,I} - \tilde{D}_{ij}^{1,I}$ 項を通じて原子球内を AE partial waves による正しい波動関数や価電子密度分布で入れ替える効果が入る．

以上のハミルトニアンの表式は，Kresse と Joubert[35] の (43)〜(47) 式と基本的に合致している．

6.3　自由原子のハミルトニアンと unscreening

PAW 法での自由原子のハミルトニアンから，6.2節 (2)，(3) で導入した V_{local} と V_{AE} の unscreening，$V_{local}^{US}, V_{AE}^{US}$ について検討する．V_{local}, V_{AE} は，5.1, 5.2節のように自由原子での PS partial waves，AE partial waves 構築時のものである．

5.4節の USPP 法の場合と同様に基底状態の自由原子の占有状態の partial waves として $i = lm, 1 (\tau = 1)$ で Φ_i と $\tilde{\Phi}_i$ を考える ($R(r_c)$ までで定義)．もともと $r \to \infty$ で収束するので，原子球外にも広がったバルクの $\tilde{\Psi}_{kn}$ に相当するものとして $\tilde{\Phi}_i^{ex}$ を考える (r_c までは $\tilde{\Phi}_i$ と共通)．自由原子の PAW 法なので単原子での半径 r_c の原子球とその外側を考え，$\tilde{\rho} + \hat{\rho}$ に相当する電子密度分布 ρ_a は，(6-5)，(6-28) 式や (5-35) 式も参考に，$\tilde{\Phi}_i^{ex}$ からの電子密度分布 $\tilde{\rho}_a$ とモーメントを保持する補償電荷 $\hat{\rho}_a$ との和である．

$$\rho_a(\vec{r}) = \sum_i^{occ} f_i \tilde{\Phi}_i^{ex*}(\vec{r}) \tilde{\Phi}_i^{ex}(\vec{r}) + \sum_{jk} \sum_L \hat{Q}_{jk}^{a,L}(\vec{r}) \sum_i^{occ} f_i \langle \tilde{\Phi}_i^{ex} | \tilde{p}_j \rangle \langle \tilde{p}_k | \tilde{\Phi}_i^{ex} \rangle$$
$$= \tilde{\rho}_a(\vec{r}) + \sum_i^{occ} f_i \sum_L \hat{Q}_{ii}^{a,L}(\vec{r}) = \tilde{\rho}_a(r) + \hat{\rho}_a(r) \qquad (6\text{-}34)$$

j, k は一般のプロジェクター．(5-35) 式のように自由原子の基底状態のプロジェクター関数は

$$\rho_{jk}^a = \sum_i^{occ} f_i \langle \tilde{\Phi}_i^{ex} | \tilde{p}_j \rangle \langle \tilde{p}_k | \tilde{\Phi}_i^{ex} \rangle = \sum_i^{occ} f_i \delta_{ij} \delta_{ki}$$

である (f_i はスピン含めた占有数)．$\tilde{\rho}_a$ は原子球外もカバー ($r \to \infty$ まで)，原子球内を $\hat{\rho}_a$ で補償．USPP 法の (5-35) 式と比べて補償電荷が少し異なる (モーメントを保つようにスムージングしたもの)．(5-35) 式と同様に $\hat{\rho}_a$ は球対称，

$$\hat{\rho}_a = \sum_i^{occ} f_i \sum_L \hat{Q}_{ii}^{a,L}(\vec{r})$$

もスムージング前の元の形が球対称なので，モーメントを保持する $\hat{\rho}_a$ もそうである．

6.3 自由原子のハミルトニアンと unscreening   97

一方, PAW 法の $\rho_1^I, \tilde{\rho}_1^I$((6-5)式)の自由原子版として, 基底状態のプロジェクター関数から

$$\rho_1^a = \sum_i^{\text{occ}} f_i \Phi_i^*(\vec{r})\Phi_i(\vec{r}), \quad \tilde{\rho}_1^a = \sum_i^{\text{occ}} f_i \tilde{\Phi}_i^*(\vec{r})\tilde{\Phi}_i(\vec{r}) \tag{6-35}$$

を扱う. ここでの $\Phi_i(\vec{r}), \tilde{\Phi}_i(\vec{r})$ は, $R(r_{\text{c}})$ までの partial waves である((6-34)式の $\tilde{\rho}_a$ は $\tilde{\Phi}_i^{\text{ex}}$ により無限遠までで定義). これら $\rho_1^a, \tilde{\rho}_1^a$ も $\tilde{\rho}_a$ と同様球対称(f_i が m に依存せず, $\sum_{m=-l}^{+l} Y_{lm}^*(\hat{r}) Y_{lm}(\hat{r})$ が定数). $\tilde{\rho}_1^a$ と $\tilde{\rho}_a$ は原子球内で共通である.

(6-30)～(6-33)式を参考に PAW 法での自由原子のハミルトニアンは以下となる.

$$H = T + V_{\text{eff}}(r) + \sum_{jk} |\tilde{p}_j\rangle (\tilde{D}_{jk}^a + D_{jk}^{1,a} - \tilde{D}_{jk}^{1,a})\langle\tilde{p}_k|,$$

$$V_{\text{eff}}(r) = V_{\text{local}}^{\text{US}}(r) + V_{\text{H}}[\tilde{\rho}_a + \tilde{\rho}_a] + \mu_{\text{xc}}[\tilde{\rho}_a + \tilde{\rho}_a + \tilde{\rho}_{\text{c}}^a],$$

$$\tilde{D}_{jk}^a = \int_{\Omega_a} V_{\text{eff}}(r) \sum_L \hat{Q}_{jk}^{a,L}(\vec{r}) d\vec{r} \tag{6-36}$$

$$D_{jk}^{1,a} = \langle\Phi_j| T + V_{\text{eff}}^a|\Phi_k\rangle_R,$$

$$V_{\text{eff}}^a(r) = V_{\text{AE}}^{\text{US}}(r) + V_{\text{H}}^a[\rho_1^a] + \mu_{\text{xc}}^a[\rho_1^a + \rho_{\text{c}}^a] \tag{6-37}$$

$$\tilde{D}_{jk}^{1,a} = \langle\tilde{\Phi}_j| T + \tilde{V}_{\text{eff}}^a|\tilde{\Phi}_k\rangle_R + \int_{\Omega_a} \tilde{V}_{\text{eff}}^a(r) \sum_L \hat{Q}_{jk}^{a,L}(\vec{r}) d\vec{r},$$

$$\tilde{V}_{\text{eff}}^a(r) = V_{\text{local}}^{\text{US}}(r) + V_{\text{H}}^a[\tilde{\rho}_1^a + \tilde{\rho}_a] + \mu_{\text{xc}}^a[\tilde{\rho}_1^a + \tilde{\rho}_a + \tilde{\rho}_{\text{c}}^a] \tag{6-38}$$

$V_{\text{eff}}(r)$ とその成分 $V_{\text{local}}^{\text{US}}, V_{\text{H}}, \mu_{\text{xc}}$ は原子全体, $V_{\text{eff}}^a, \tilde{V}_{\text{eff}}^a$ とその成分の $V_{\text{H}}^a, \mu_{\text{xc}}^a, V_{\text{AE}}^{\text{US}},$ $V_{\text{local}}^{\text{US}}$ は原子球内(r_{c} 内)で扱う. $\tilde{\rho}_{\text{c}}^a$ と ρ_{c}^a は部分内殻補正とフルの内殻電子密度分布である. すべての電子密度分布とポテンシャルは球対称.

(6-36)式の $\tilde{D}_{jk}^a$ の積分は補償電荷 $\hat{Q}_{jk}^{a,L}$ が原子球内のみなので原子球内, $D_{jk}^{1,a}$, $\tilde{D}_{jk}^{1,a}$ 内の各項や積分も原子球内のみ. $V_{\text{eff}}(r)$ と $\tilde{V}_{\text{eff}}^a(r)$ は原子球内では共通で, $\tilde{D}_{jk}^a$ と $\tilde{D}_{jk}^{1,a}$ 内の $\sum_L \hat{Q}_{jk}^{a,L}(\vec{r})$ の積分項は打ち消し合い,

$$\tilde{D}_{jk}^a + D_{jk}^{1,a} - \tilde{D}_{jk}^{1,a} = \langle\Phi_j| T + V_{\text{eff}}^a|\Phi_k\rangle_R - \langle\tilde{\Phi}_j| T + \tilde{V}_{\text{eff}}^a|\tilde{\Phi}_k\rangle_R$$

となる.

自由原子の基底状態なので, (6-36)式の 2 行目の V_{eff} は $V_{\text{local}}^{\text{US}}$ を screening したもので, 定義から V_{eff} は partial waves やプロジェクター構築時に設定した自由原子の V_{local} に等しいはず. $\tilde{V}_{\text{eff}}^a$ は原子球内で V_{eff} と共通なので同じく V_{local} である. 一方, (6-37)式の V_{eff}^a は $V_{\text{AE}}^{\text{US}}$ を AE partial waves による静電ポテンシャルとフルの内殻電子含めた交換相関ポテンシャルで screening したもので, 全電子計算で得た自由原子の V_{AE} に等しい. こうしてハミルトニアンは以下になる(j と k は同じ lm 間

のみである).

$$H = T + V_{\text{local}}(r) + \sum_{jk} |\tilde{p}_j\rangle (\langle \Phi_j | T + V_{\text{AE}} |\Phi_k\rangle_R - \langle \tilde{\Phi}_j | T + V_{\text{local}} |\tilde{\Phi}_k\rangle_R) \langle \tilde{p}_k|$$

(6-39)

この PAW 法の原子のハミルトニアンに S 演算子を加えた Kohn-Sham 方程式は, USPP 法の (5-30) 式と同じはず. (5-30) 式の非局所項の要素 $B_{l,\tau\tau'} + \varepsilon_{l,\tau} q_{l,\tau\tau'}$ が (5-31) 式で $\langle \Phi_{lm,\tau} | (T + V_{\text{AE}}) |\Phi_{lm,\tau'}\rangle_R - \langle \tilde{\Phi}_{lm,\tau} | (T + V_{\text{local}}) |\tilde{\Phi}_{lm,\tau'}\rangle_R$ になり, (6-39) 式と同じである. USPP 法と共通の PS partial waves $\{\tilde{\Phi}_i\}$ が解なので当然である. (5-30) 式の直後の議論のように PAW 法でも散乱の性質が正しく保たれる.

結局, PAW 法での $V_{\text{local}}^{\text{US}}, V_{\text{AE}}^{\text{US}}$ は, 最初の partial waves やプロジェクター構築時に設定された $V_{\text{local}}, V_{\text{AE}}$ (USPP 法と共通) を用いて, (6-36), (6-37) 式で V_{eff} を V_{local}, V_{eff}^a を V_{AE} と置き, unscreening すれば良い.

$$V_{\text{local}}^{\text{US}}(r) = V_{\text{local}}(r) - V_{\text{H}}[\tilde{\rho}_a + \hat{\rho}_a] - \mu_{\text{xc}}[\tilde{\rho}_a + \hat{\rho}_a + \tilde{\rho}_c^a]$$

(6-40)

$$V_{\text{AE}}^{\text{US}}(r) = V_{\text{AE}}(r) - V_{\text{H}}^a[\rho_1^a] - \mu_{\text{xc}}^a[\rho_1^a + \rho_c^a]$$

(6-41)

$\tilde{\rho}_a + \hat{\rho}_a$ は (6-34) 式の ρ_a で $\tilde{\Phi}_i^{\text{ex}}$ による $\tilde{\rho}_a$ は r_c を超えて $r \to \infty$ まで存在し, (6-40) 式は $r \to \infty$ まで処理される (r_c を超えるとイオン価のクーロン形になる). (6-41) 式の $V_{\text{AE}}^{\text{US}}$ は r_c で打ち切って良い.

PAW 法の $V_{\text{local}}^{\text{US}}$ は, 補償電荷や部分内殻補正の扱いが USPP 法と少し違うので, USPP 法の $V_{\text{local}}^{\text{US}}$ ((5-37) 式) と r_c 内が少し異なる. また, (5-38) 式の USPP 法の非局所擬ポテンシャル項の unscreening は PAW 法では考えなくて良い. ハミルトニアンの $\tilde{D}_{ij} + D_{ij}^{1,I} - \tilde{D}_{ij}^{1,I}$ (上述の場合は $\tilde{D}_{jk}^a + D_{jk}^{1,a} - \tilde{D}_{jk}^{1,a}$) の第 3 項に自動的に入るからである.

6.4 PAW 法と USPP 法の比較

原子球内の正しい価電子挙動を扱う PAW 法は, USPP 法とは全エネルギーが当然に異なる. ここでは, ハミルトニアンを比較する.

USPP 法の場合, (5-34) 式のプロジェクターの間の行列要素 D_{ij}^I を (5-31), (5-38) 式も使って変形すると以下のようになる.

$$D_{ij}^I = D_{ij}^{0,I} + \int_{\Omega_I} V_{\text{eff}}(\vec{r}) Q_{ij}^I(\vec{r}) d\vec{r}$$

$$= \langle \Phi_i^I | T + V_{\mathrm{AE}}^I | \Phi_j^I \rangle_R - \langle \tilde{\Phi}_i^I | T + V_{\mathrm{local}}^I | \tilde{\Phi}_j^I \rangle_R + \int_{\Omega_I} (V_{\mathrm{eff}}(\vec{r}) - V_{\mathrm{local}}(r)) Q_{ij}^I(\vec{r}) d\vec{r}$$

$$\tag{6-42}$$

一方, PAW 法の同様の行列要素は (6-30) ～ (6-33) 式から

$$\tilde{D}_{ij}^I + D_{ij}^{1,I} - \tilde{D}_{ij}^{1,I} = \langle \Phi_i^I | T + V_{\mathrm{eff}}^I | \Phi_j^I \rangle_R - \langle \tilde{\Phi}_i^I | T + \tilde{V}_{\mathrm{eff}}^I | \tilde{\Phi}_j^I \rangle_R$$

$$+ \int_{\Omega_I} (V_{\mathrm{eff}}(\vec{r}) - \tilde{V}_{\mathrm{eff}}^I(\vec{r})) \sum_L \hat{Q}_{ij}^{I,L}(\vec{r}) d\vec{r} \tag{6-43}$$

両者を比べると, V_{AE}^I と V_{eff}^I, V_{local}^I と $\tilde{V}_{\mathrm{eff}}^I$ の違いがあるが, 形は似ている. PAW法の原子球内ポテンシャル V_{eff}^I, $\tilde{V}_{\mathrm{eff}}^I$ ((6-31), (6-32) 式) はプロジェクター関数を含む $\rho_1^I, \tilde{\rho}_1^I, \bar{\rho}^I$ を介して占有電子状態 $\tilde{\Psi}_{\tilde{k}n}$ に依存するが, USPP 法の V_{AE}^I や V_{local}^I は擬ポテンシャル構築時の自由原子の固定値である. PAW 法では SCF の効果が原子球内のポテンシャル項に入り込み, $\tilde{\Psi}_{\tilde{k}n}$ の最適化に原子球内部の挙動も関わるわけである.

PAW 法の実際の計算の実行は, S 演算子や多数のプロジェクター, 補償電荷など USPP 法と共通の問題がある (5.5 節). USPP 法よりも systematic にスムージングした補償電荷を扱うが, やはり擬波動関数の電子密度を扱う高速フーリエ変換 (FFT) のメッシュよりも密なメッシュが必要であり, USPP 法と同様に二通りの FFT メッシュを用いる (9.2 節 (3) 参照). なお, $S\phi$ の演算や S 演算子がある場合の Kohn-Sham 方程式の解法については 9.6 節で説明する.

6.5 原子球内項の計算

PAW 法の USPP 法と異なる大きな特徴として, ハミルトニアンも全エネルギーもバルク項と原子球内項の計算が明確に分かれている点がある. バルク項の計算は, NCPP 法や USPP 法と同様に (第 7～9 章で説明するように) 逆空間表現により, フーリエ変換を駆使して行う. 一方, $E_1^I, \tilde{E}_1^I, D_{ij}^{1,I}, \tilde{D}_{ij}^{1,I}$ に存在する, 半径 $r_{\mathrm{c}}(R)$ の原子球内項は, 多くの場合, AE partial waves や PS partial waves, 補償電荷に関する原子球内積分にプロジェクター関数 ρ_{ij}^I を掛けた形である. ρ_{ij}^I は SCF 計算のサイクルの度に更新されるので, それ以外の原子球内積分の方をあらかじめ計算しメモリーしておく. 多くの場合, 動径座標のメッシュ積分なので容易である. なお, この関係の式の記述は Holzwarth ら [52] にある. 詳細は香山 [53] にもある.

100 第6章　PAW法の原理と概要

(6-20)式の E_1^I について，まず $\rho_{ij}^I \langle \Phi_i^I | T | \Phi_j^I \rangle_R$ は，元素種毎にあらかじめすべての ij の組み合わせで $\langle \Phi_i^I | T | \Phi_j^I \rangle_R$ を求めておく．例えば I 種原子について(5-1)式の

$$T | \Phi_j^I \rangle = (\varepsilon_j^I - V_{AE}^I) | \Phi_j^I \rangle$$

の関係から

$$\langle \Phi_i^I | T | \Phi_j^I \rangle_R = \langle \Phi_i^I | (\varepsilon_j^I - V_{AE}) | \Phi_j^I \rangle_R = \int_0^{r_c} \phi_i^I(r)(\varepsilon_j^I - V_{AE}^I(r)) \phi_j^I(r) r^2 dr \delta_{l_i l_j} \delta_{m_i m_j}$$

(6-44)

である（V_{AE}^I は球対称場）．

$$\Phi_i^I(\vec{r}) = \phi_i^I(r) Y_{l_i m_i}(\hat{r})$$

で，動径波動関数が $\phi_i^I(r)$．動径座標のメッシュ積分となる．

次に

$$\int_{\Omega_I} \rho_1^I(\hat{r}) V_{AE}^{US,I}(\hat{r}) d\hat{r} = \sum_{ij} \rho_{ij}^I \int_{\Omega_I} \Phi_i^{I*} \Phi_j^I V_{AE}^{US,I}(\hat{r}) d\hat{r}$$

については，以下の積分を元素種毎の ij の全組み合わせで計算しておく．

$$\int_{\Omega_I} \Phi_i^{I*} \Phi_j^I V_{AE}^{US,I}(\hat{r}) d\hat{r} = \int_0^{r_c} \phi_i^I(r) \phi_j^I(r) V_{AE}^{US,I}(r) r^2 dr \delta_{l_i l_j} \delta_{m_i m_j}$$

(6-45)

これも動径座標のメッシュ積分となる．

$E_H^I[\rho_1^I]$ については

$$\frac{1}{2} \iint_{\Omega_I} \rho_1^I(\hat{r}) \rho_1^I(\hat{r}') / |\vec{r} - \vec{r}'| d\hat{r} d\hat{r}'$$

$$= \frac{1}{2} \sum_{ij} \sum_{kl} \rho_{ij}^I \rho_{kl}^I \iint_{\Omega_I} \Phi_i^{I*}(\hat{r}) \Phi_j^I(\hat{r}) \Phi_k^{I*}(\hat{r}') \Phi_l^I(\hat{r}') / |\vec{r} - \vec{r}'| d\hat{r} d\hat{r}'$$

(6-46)

から，以下の積分を $ijkl$ の全組み合わせであらかじめ与えておく．

$$\frac{1}{2} \iint_{\Omega_I} \Phi_i^{I*}(\hat{r}) \Phi_j^I(\hat{r}) \Phi_k^{I*}(\hat{r}') \Phi_l^I(\hat{r}') / |\vec{r} - \vec{r}'| d\hat{r} d\hat{r}'$$

(6-47)

この積分は多重極展開[54]

$$1/|\vec{r} - \vec{r}'| = \sum_{lm} \frac{4\pi}{2l+1} \frac{r_<^l}{r_>^{l+1}} Y_{lm}(\hat{r}') Y_{lm}^*(\hat{r})$$

(6-48)

を利用する．$r_<^l$ と $r_>^{l+1}$ は $|\vec{r}|$ と $|\vec{r}'|$ で各々小さい方と大きい方と言う意味である．(6-47)式は最終的に以下のようになる．

$$\frac{1}{2} \sum_{lm} \frac{4\pi}{2l+1} \int Y_{lm}^*(\hat{r}) Y_{l_i m_i}^*(\hat{r}) Y_{l_j m_j}(\hat{r}) d\Omega \int Y_{lm}(\hat{r}') Y_{l_k m_k}^*(\hat{r}') Y_{l_l m_l}(\hat{r}') d\Omega'$$

$$\times \int_0^{r_c} r^2 dr \left\{ \int_0^r \frac{r'^l}{r^{l+1}} \phi_i^I(r) \phi_j^I(r) \phi_k^I(r') \phi_l^I(r') r'^2 dr' \right.$$

$$\left. + \int_r^{r_c} \frac{r^l}{r'^{l+1}} \phi_i^I(r) \phi_j^I(r) \phi_k^I(r') \phi_l^I(r') r'^2 dr' \right\} \qquad (6\text{-}49)$$

三つの球面調和関数の積の積分は Gaunt 係数[52,53]，動径座標の積分は r と r' の二重メッシュ積分である.

(6-21)式の $\widetilde{E}_1^I$ 関係での PS partial waves や補償電荷関係の関数の原子球内積分も類似した方法で計算される.（6-31),(6-32)式のハミルトニアンの $D_{ij}^{1,I}, \widetilde{D}_{ij}^{1,I}$ に含まれる原子球内積分も同様である．本書では省略する.

一方，交換相関エネルギーや交換相関ポテンシャルに関する原子球内項は，動径方向と角度方向のメッシュに切った $\vec{r}$ 点の電子密度値に基づく数値計算で行われる[52]．これら原子球内の極座標メッシュや上述の r メッシュは FFT よりもはるかに細かく，高精度である.

6.6 NCPP 法から USPP 法，PAW 法への展開

前章と本章では，NCPP 法からいかに USPP 法，PAW 法が構築されたかを論じ，それに基づいて USPP 法，PAW 法の原理と概要を説明した．三つの手法をなるべく共通の概念，物理量，式，記号，パラメータを用いて，変遷がわかるように記述した．原著論文で省略されている内容も推定して記述した．USPP 法，PAW 法を真に理解するには，NCPP 法からの発展の経緯の理解が欠かせないのである.

NCPP 法は，その理論的枠内において，分離型擬ポテンシャル，一般化擬ポテンシャル，複数の参照エネルギーの方法(generalized separable pseudopotentials)へと進化し，計算効率，汎用性，精度が向上した．そこでは，元素毎の自由原子の計算から，半径 r_c で全電子ポテンシャル V_{AE} にスムーズに接続する（底の浅い）局所擬ポテンシャル V_{local}，l 毎に複数の参照エネルギー $\varepsilon_{l,\tau}$ $(\tau = 1, 2)$ で V_{AE} のもとで解いた原子球内の AE partial waves $\{\Phi_i\}$，r_c で Φ_i にスムーズに接続しノルム保存条件を満たす（ノードレスの）PS partial waves $\{\widetilde{\Phi}_i\}$ を各々構築し $(i = lm, \tau)$，

$$\widetilde{X}_i = (\varepsilon_i - T - V_{local})\widetilde{\Phi}_i = \Delta V_i \widetilde{\Phi}_i$$

で構築したプロジェクター $\{\widetilde{X}_i\}$ を $\{\widetilde{\Phi}_i\}$ と dual 化して新プロジェクター $\{\tilde{p}_i\}$ を作成すれば $(\langle \widetilde{\Phi}_i | \tilde{p}_j \rangle = \delta_{ij})$，広いエネルギー範囲で高精度の分離型擬ポテンシャル

102　第6章　PAW法の原理と概要

$$V_{\mathrm{local}} + \sum_{ij} |\tilde{p}_i\rangle B_{ij} \langle \tilde{p}_j|$$

が得られる．ただし，V_{local} は unscreening 前のもの，$B_{ij} = \langle \tilde{\Phi}_i | \tilde{X}_j \rangle_R$ である．

　この擬ポテンシャルの配列のもと，バルクで解かれた擬波動関数 $\tilde{\Psi}_{kn}$ は，原子球外では，ノルム保存の擬ポテンシャルの正しい散乱の性質により全電子法と共通の正しい挙動をする一方，各原子球内では，ノードを持たない PS partial waves $\{\tilde{\Phi}_i^I\}$ で展開される（I は原子位置を指定）．展開係数は，dual 化したプロジェクター $\{\tilde{p}_i^I\}$ の射影で $\sum_i \tilde{\Phi}_i^I \langle \tilde{p}_i^I | \tilde{\Psi}_{kn} \rangle$ の形である．原子球の散乱の性質と共に原子球内の $\{\tilde{\Phi}_i^I\}$ での展開の観点が以降の発展で重要になる．

　USPP 法，PAW 法は，以上の道具立てを引き継ぐ．ここで $\{\tilde{\Phi}_i^I\}$ のノルム保存条件を緩和すれば，$\{\tilde{\Phi}_i^I\}$ の展開で表されるバルクの擬波動関数 $\tilde{\Psi}_{kn}$ の原子球内の挙動がスムーズになり，必要な平面波基底数が大幅に減らせ，USPP 法になる．しかし，原子球内でノルムが不足し，散乱の性質や電子密度分布で問題が生じる．そこで，$\tilde{\Psi}_{kn}$ の各原子球内の $\{\tilde{\Phi}_i^I\}$ での展開 $\sum_i \tilde{\Phi}_i^I \langle \tilde{p}_i^I | \tilde{\Psi}_{kn} \rangle$ を AE partial waves $\{\Phi_i^I\}$ での展開 $\sum_i \Phi_i^I \langle \tilde{p}_i^I | \tilde{\Psi}_{kn} \rangle$ で置き換え，ノルム保存の波動関数

$$\Psi_{kn} = \tilde{\Psi}_{kn} + \sum_I \sum_i (\Phi_i^I - \tilde{\Phi}_i^I) \langle \tilde{p}_i^I | \tilde{\Psi}_{kn} \rangle$$

を再構築する．$|\Psi_{kn}(\vec{r})|^2$ の空間分布や積分を検討することで，$\tilde{\Psi}_{kn}$ のノルムの不足を補う S 演算子や補償電荷が導入され，精度が回復する．

　PAW 法では，より厳密に，各原子球で十分な $\{\Phi_i^I\}, \{\tilde{\Phi}_i^I\}, \{\tilde{p}_i^I\}$ による完全性

$$\sum_i |\tilde{\Phi}_i^I\rangle \langle \tilde{p}_i^I| = \sum_i |\tilde{p}_i^I\rangle \langle \tilde{\Phi}_i^I| = 1$$

が成り立つとし，ノルムの正しい波動関数 Ψ_{kn} を全電子波動関数（原子球内が pure に内殻と直交する $\sum_i \Phi_i^I \langle \tilde{p}_i^I | \tilde{\Psi}_{kn} \rangle$ で表される）と捉え，原子球内の波動関数，価電子密度分布の詳細を全エネルギー（ハミルトニアン）に取り入れる．全体の変分計算はNCPP 法や USPP 法と同様に擬波動関数 $\tilde{\Psi}_{kn}$ について行うので計算負荷はそれほど増えないが，プロジェクターを介して，原子球内の波動関数や価電子密度分布も最適化される．各原子球の補償電荷をモーメントを保持しながらスムージングしたものに替えて配置することで，静電相互作用項含めて全エネルギーのすべての項が，バルク全体の項から原子球内の PS partial waves の展開で表現される項を差し引き，AE partial waves の展開で表現される項で差し替える統一的な形で得られる．こうして

6.6 NCPP 法から USPP 法，PAW 法への展開　　103

PAW 法では，frozen core の全電子法に匹敵する精度が得られ，磁性など，NCPP 法や USPP 法では正しく扱えなかった物性も高精度に扱えるようになった.

　最終進化形としての PAW 法は，平面波基底の立場から内殻軌道と直交する価電子波動関数を構築するわけで，古典的な**直交化平面波**(orthogonalized plane-wave；**OPW)法**[55]を高精度に実現したものと言える. 擬ポテンシャル法の歴史は OPW 法から始まり，様々な試行過程や進化を経て，最終的に OPW 法の高精度化に到達した. なお，原子球内の厳密な波動関数の展開を格子間の平面波基底でのスムーズな波動関数に接続させる方法論は，LAPW 法など全電子法[27-29]と共通する(PAW 法での複数のエネルギーの Φ_i による原子球内の展開に対し，LAPW 法では Φ_i とそのエネルギー微分 $\dot{\Phi}_i$ で展開する). PAW 法は 4.1 節で議論した②と③の手法を繋ぐものと言える.

　ところで，本章と前章で用いたプロジェクターや partial waves，補償電荷，各エネルギー項やハミルトニアンの要素等の記号や表記法が文献[32]〜[35]と少し異なるため，混乱されるかもしれない. 本書では原子位置や原子の種別を，例えば $\tilde{p}_i^I$ の形で肩付きの I で明示し，添え字の i には lm, τ の意味だけを与えている. 文献[32]〜[35]では，しばしば原子位置や種別も含めて，$i = I, lm, \tau$ の形で表しており，非常にわかりにくいのである. 本書の表記のほうが明解であることを指摘したい.

第7章

NCPP法での平面波基底とハミルトニアンの詳細

　本章と第8章では，NCPP法における平面波基底での波動関数や電子密度分布，ハミルトニアン，全エネルギー，原子に働く力の具体的な表式をまとめる．原子（擬ポテンシャル）が配列する系のハミルトニアンと全エネルギーは式(4-16)，(4-17)で簡単に紹介したが，ここでは結晶（周期系）における格子周期性をフルに活用した**逆空間表現**を考える[56-58]．なお，本章ではNCPP法の擬ポテンシャルや原子の擬波動関数，物理定数に関し，第4章で用いた記号，表記，単位系を使う（第5, 6章と少し異なるものもあるので注意）．

7.1　格子周期関数のフーリエ級数展開

　重要項目として，格子周期関数の**逆格子ベクトル・フーリエ級数展開**から説明する．格子周期関数は，(3-1)式の周期系のポテンシャル $V_{\mathrm{eff}}(\vec{r})$，(3-5)式の固有関数内の $U_{kn}(\vec{r})$，電子密度分布 $\rho(\vec{r})$ など多数あり，各単位胞で同じものが繰り返す．一般に格子周期関数

$$f(\vec{r}+\vec{R})=f(\vec{r})$$

は，$\{\vec{R}\}$ の格子系から組み立てた逆格子ベクトル $\{\vec{G}\}$ を用いて，フーリエ級数展開

$$f(\vec{r})=\sum_{\vec{G}}f(\vec{G})\exp[i\vec{G}\cdot\vec{r}] \tag{7-1}$$

で表現できる．フーリエ係数（フーリエ成分）は

$$f(\vec{G})=\frac{1}{\Omega_{\mathrm{c}}}\int_{\Omega_{\mathrm{c}}}f(\vec{r})\exp[-i\vec{G}\cdot\vec{r}]\,d\vec{r} \tag{7-2}$$

で与えられる．Ω_{c} は単位胞（周期セル）体積．$\vec{G}$ の $\exp[i\vec{G}\cdot\vec{r}]$ 自体が格子周期関数である．(3-3)式から次式が導かれる．

$$\exp[i\vec{G}\cdot(\vec{r}+\vec{R})]=\exp[i\vec{G}\cdot\vec{r}]$$

(7-2)式で $f(\vec{r})$ から様々な $\vec{G}$ の $\{f(\vec{G})\}$ を求めることをフーリエ変換（順変換），逆に(7-1)式で $\{f(\vec{G})\}$ から $f(\vec{r})$ を組み立てることをフーリエ逆変換と言う（括弧 $\{\ \}$

106 **第7章　NCPP 法での平面波基底とハミルトニアンの詳細**

は周期系全体の $\vec{G}$ や $\vec{R}$ についての集合の意味).

(7-1), (7-2)式の展開には，任意の逆格子ベクトル $\vec{G}, \vec{G}'$ について，次の関係式が必要である．

$$\frac{1}{\Omega_c}\int_{\Omega_c}\exp\left[-i\vec{G}\cdot\vec{r}\right]\exp\left[i\vec{G}'\cdot\vec{r}\right]d\vec{r}=\frac{1}{\Omega_c}\int_{\Omega_c}\exp\left[i(\vec{G}'-\vec{G})\cdot\vec{r}\right]d\vec{r}=\delta_{\vec{G}\vec{G}'} \quad (7\text{-}3)$$

積分範囲は単位胞内である．これは，以下のように証明される．

$$\vec{G}'-\vec{G}=l_1\vec{b}_1+l_2\vec{b}_2+l_3\vec{b}_3 \quad (l_i \text{ は整数})$$

と表すことができ，単位胞内(体積 $\Omega_c=\vec{a}_1\cdot\vec{a}_2\times\vec{a}_3$)の積分は，原点から基本格子ベクトル $\vec{a}_1,\vec{a}_2,\vec{a}_3$ の三方向に沿う平行六面体の積分で，

$$\vec{r}=\lambda_1\vec{a}_1+\lambda_2\vec{a}_2+\lambda_3\vec{a}_3$$

として各々 $\lambda_1,\lambda_2,\lambda_3$ の 0〜1 の範囲の積分に変換する．変数変換のヤコビアンが Ω_c で，以下となる[17,59]．

$$\frac{1}{\Omega_c}\int_{\Omega_c}\exp[-i\vec{G}\cdot\vec{r}]\exp[i\vec{G}'\cdot\vec{r}]d\vec{r}$$

$$=\frac{1}{\Omega_c}\int_{\Omega_c}\exp[i(\vec{G}'-\vec{G})\cdot\vec{r}]d\vec{r}$$

$$=\frac{1}{\Omega_c}\Omega_c\int_0^1 d\lambda_1 d\lambda_2 d\lambda_3\exp[i\sum_{j=1}^3 l_j\vec{b}_j\cdot\lambda_j\vec{a}_j]$$

$$=\int_0^1 d\lambda_1 d\lambda_2 d\lambda_3\exp[i2\pi l_1\lambda_1]\exp[i2\pi l_2\lambda_2]\exp[i2\pi l_3\lambda_3]$$

$$=\left[\frac{\exp[i2\pi l_1\lambda_1]}{i2\pi l_1}\right]_0^1\left[\frac{\exp[i2\pi l_2\lambda_2]}{i2\pi l_2}\right]_0^1\left[\frac{\exp[i2\pi l_3\lambda_3]}{i2\pi l_3}\right]_0^1$$

$$=\delta_{\vec{G}'-\vec{G},\,0}=\delta_{\vec{G},\,\vec{G}'} \quad (7\text{-}4)$$

(3-2)式から

$$\vec{a}_i\cdot\vec{b}_j=2\pi\delta_{ij}$$

を使っている．

$\exp[i\vec{G}\cdot\vec{r}]$ は，同じ位相の点 $\vec{r}$ が $\vec{G}$ に垂直な平面になる波(平面波)で，波長(同じ位相の平面間隔)が $2\pi/|\vec{G}|$ である．例えば $\vec{G}=m_1\vec{b}_1$ の場合，$\exp[i\vec{G}\cdot\vec{r}]$ は，(3-2)式から $\vec{a}_1,\vec{a}_2,\vec{a}_3$ の平行六面体で形成される単位胞のうち，$\vec{a}_2,\vec{a}_3$ で作る面と面の間を，$\vec{a}_1$ に沿って平行に m_1 分割する波長の波である．格子周期関数 $f(\vec{r})$ の単位胞内での値の変化を様々な波長と進行方向の平面波 $\exp[i\vec{G}\cdot\vec{r}]$ の重ね合わせで表す

わけである．$f(\vec{r})$ の値の変化がスムーズでない場合，(7-1)式の展開は，$\vec{G}=0$ から大きな $\vec{G}$（短波長の $\vec{G}$）まで必要で，

$$\vec{G} = m_1\vec{b}_1 + m_2\vec{b}_2 + m_3\vec{b}_3 \quad (m_i \text{ は整数})$$

の大きな絶対値の m_i まで含めた展開になる．

こうして，格子周期関数 $f(\vec{r})$ は，そのフーリエ係数のセット $\{f(\vec{G})\}$（$\vec{G}=0$ から始めてある大きさの $\vec{G}$ までの範囲）で扱うことができる．実際の演算は，**高速フーリエ変換**（fast Fourrier transformation；**FFT**）により効率的に実行される．FFT の詳細と $\vec{G}$ の大きさの条件（m_i の範囲）は後述する（9.1 節）．

7.2 波動関数の平面波基底展開と打ち切りエネルギー

(3-4)式のブロッホの定理を満たす固有関数 $\psi_{\vec{k}n}(\vec{r}) = e^{i\vec{k}\cdot\vec{r}}U_{\vec{k}n}(\vec{r})$ について，(3-5)式の格子周期関数 $U_{\vec{k}n}(\vec{r})$ のフーリエ級数展開を考えると，展開係数を $\{U_{\vec{k}n}(\vec{G})\}$ として

$$\psi_{\vec{k}n}(\vec{r}) = e^{i\vec{k}\cdot\vec{r}}U_{\vec{k}n}(\vec{r}) = e^{i\vec{k}\cdot\vec{r}}\sum_{\vec{G}}U_{\vec{k}n}(\vec{G})\exp[i\vec{G}\cdot\vec{r}]$$
$$= \sum_{\vec{G}}U_{\vec{k}n}(\vec{G})\exp[i(\vec{k}+\vec{G})\cdot\vec{r}] \tag{7-5}$$

と表現できる（n はバンド指標，$\vec{k}$ について下から n 番目の固有状態の意味，3.3 節参照）．この式は波動関数の平面波基底展開と見なせる．$\exp[i(\vec{k}+\vec{G})\cdot\vec{r}]$ が平面波基底，$\{U_{\vec{k}n}(\vec{G})\}$ が展開係数で，固有状態を指定する $\vec{k}$ を固定し，$\vec{G}$ についての和である．当然だが，平面波基底 $e^{i\vec{k}\cdot\vec{r}}e^{i\vec{G}\cdot\vec{r}}$ は，$e^{i\vec{G}\cdot\vec{r}}$ が $e^{i\vec{G}\cdot(\vec{r}+\vec{R})} = e^{i\vec{G}\cdot\vec{r}}$ から格子周期関数で，ブロッホの定理を満たす．

一方，3.1 節，図 3-1 の結晶のマクロの周期境界条件（ボルン-フォン カルマンの周期境界条件[17]）で，単位胞が $\vec{a}_1, \vec{a}_2, \vec{a}_3$ 方向に各々 $N_1\vec{a}_1, N_2\vec{a}_2, N_3\vec{a}_3$ の大きな周期で繰り返す，体積

$$\Omega = N\Omega_c \quad (N = N_1N_2N_3, \ N \text{ は巨視的な数})$$

の結晶部分で存在確率 1 に規格化された平面波基底

$$|\vec{k}+\vec{G}\rangle = \Omega^{-1/2}\exp[i(\vec{k}+\vec{G})\cdot\vec{r}]$$

を考えると

$$\psi_{\vec{k}n}(\vec{r}) = \sum_{\vec{G}}\Omega^{1/2}U_{\vec{k}n}(\vec{G})|\vec{k}+\vec{G}\rangle = \sum_{\vec{G}}C^n_{\vec{k}+\vec{G}}|\vec{k}+\vec{G}\rangle \tag{7-6}$$

108　第7章　NCPP法での平面波基底とハミルトニアンの詳細

となる．固有ベクトルは $\{C_{\vec{k}+\vec{G}}^n\} = \{\Omega^{1/2} U_{\vec{k}n}(\vec{G})\}$ である．$|\vec{k}+\vec{G}\rangle$ の表記は，波数ベクトル $\vec{k}+\vec{G}$ の規格化された平面波基底を意味し，逆向きの表記 $\langle\vec{k}+\vec{G}|$ は，左から複素共役の基底をかけて体積 Ω で積分する際に用いる．

　平面波基底間の規格直交性は

$$\langle\vec{k}+\vec{G}|\vec{k}+\vec{G}'\rangle = \frac{1}{\Omega}\int_\Omega \exp[-i(\vec{k}+\vec{G})\cdot\vec{r}]\exp[i(\vec{k}+\vec{G}')\cdot\vec{r}]d\vec{r}$$

$$= \frac{1}{\Omega}\int_\Omega \exp[i(\vec{G}'-\vec{G})\cdot\vec{r}]d\vec{r} = \delta_{\vec{G},\vec{G}'} \tag{7-7}$$

となり，(7-3)，(7-4)式と同様に証明できる．この式の積分領域は結晶 Ω 全体である（各単位胞 Ω_c 内でも直交性が証明される）．固有関数自体の結晶 Ω での規格化は

$$\int_\Omega \psi_{\vec{k}n}^*(\vec{r})\psi_{\vec{k}n}(\vec{r})d\vec{r} = \sum_{\vec{G}}\sum_{\vec{G}'}\frac{1}{\Omega}\int_\Omega C_{\vec{k}+\vec{G}}^{n*}C_{\vec{k}+\vec{G}'}^n \exp[i(\vec{G}'-\vec{G})\cdot\vec{r}]d\vec{r}$$

$$= \sum_{\vec{G}}\sum_{\vec{G}'}C_{\vec{k}+\vec{G}}^{n*}C_{\vec{k}+\vec{G}'}^n \delta_{\vec{G},\vec{G}'} = \sum_{\vec{G}}|C_{\vec{k}+\vec{G}}^n|^2 = 1 \tag{7-8}$$

となり，固有ベクトルの規格化条件である．

　固有状態は，固定した $\vec{k}$ に対し $\vec{G}$ の異なる平面波基底で展開するので，$\vec{k}$ の異なる平面波間の直交性は扱われないが，一般に，$\vec{k}$ の異なる平面波間の結晶全体での直交性は，(7-4)式に類似した $\exp[i(\vec{k}-\vec{k}')\cdot\vec{r}]$ の積分（ただし，積分領域が $N_1\vec{a}_1$，$N_2\vec{a}_2$，$N_3\vec{a}_3$ のボルン–フォン　カルマンの周期境界条件の結晶 Ω）で証明できる．これは，ボルン–フォン　カルマンの周期境界条件に関わる $\vec{k}$ 点の定義[17]から，$N_1\vec{a}_1$，$N_2\vec{a}_2$，$N_3\vec{a}_3$ の平行六面体の向かい合う二面間で $\exp[i(\vec{k}-\vec{k}')\cdot\vec{r}]$ の位相が揃い，(7-4)式の最終形のように消えるためである．

　平面波基底 $|\vec{k}+\vec{G}\rangle$ は，フーリエ級数展開の $\vec{G}$ の平面波と同様，$\vec{k}+\vec{G}$ による波長 $2\pi/|\vec{k}+\vec{G}|$ と進行方向を持つ．価電子の波動関数がノードを持たないスムーズなものであれば，(7-6)式は，$\vec{G}=0$ から始めてそれほど大きくない $\vec{G}(\vec{k}+\vec{G})$（それほど短くない波長）までの平面波の展開で表現できる．前節の格子周期関数のスムーズさとフーリエ級数展開の $\vec{G}$ の範囲の関係と同様である．

　平面波の運動エネルギーは

$$\langle\vec{k}+\vec{G}|-\frac{\hbar^2}{2m}\nabla^2|\vec{k}+\vec{G}\rangle$$

$$= \frac{1}{\Omega}\int_\Omega \exp[-i(\vec{k}+\vec{G})\cdot\vec{r}]\left(-\frac{\hbar^2}{2m}\nabla^2\right)\exp[i(\vec{k}+\vec{G})\cdot\vec{r}]d\vec{r}$$

7.2 波動関数の平面波基底展開と打ち切りエネルギー 109

$$= \frac{\hbar^2}{2m} |\vec{k} + \vec{G}|^2 \tag{7-9}$$

で，自由電子のそれに対応する．短波長（大きな $|\vec{k} + \vec{G}|$）ほど高エネルギーである．波動関数の平面波基底展開の $\vec{G}$ の範囲は，**平面波打ち切りエネルギー**（カットオフエネルギー）E_{cut} で指定される．

$$\frac{\hbar^2}{2m} |\vec{k} + \vec{G}|^2 \le E_{\mathrm{cut}} \tag{7-10}$$

運動エネルギーが E_{cut} 以下の平面波が基底に用いられる．平面波基底の波長の下限の指定に相当する．$\vec{k}$ は第一ブリルアンゾーン（以下 BZ）内なので，実質的に

$$\frac{\hbar^2}{2m} |\vec{G}|^2 \le E_{\mathrm{cut}}, \quad \frac{\hbar^2}{2m} G_{\mathrm{max}}^2 = E_{\mathrm{cut}}$$

から大きさが

$$G_{\mathrm{max}} = \left(\frac{2m}{\hbar^2} \right)^{1/2} E_{\mathrm{cut}}^{1/2}$$

以内の $\vec{G}$ 点を用いる．この条件から $\vec{k}$ 点毎の平面波基底の数 N_{G} は，逆格子空間で原点から半径 G_{max} の球内の $\vec{G}$ 点数で見積もられ，球体積

$$\frac{4\pi}{3} G_{\mathrm{max}}^3 = \frac{4\pi}{3} \left(\frac{2m}{\hbar^2} \right)^{3/2} E_{\mathrm{cut}}^{3/2}$$

と $\vec{G}$ 点当たりの体積（BZ 体積 $(2\pi)^3 \Omega_{\mathrm{c}}^{-1}$）から

$$N_{\mathrm{G}} \approx \frac{1}{6\pi^2} \left(\frac{2m}{\hbar^2} \right)^{3/2} E_{\mathrm{cut}}^{3/2} \Omega_{\mathrm{c}} \tag{7-11}$$

となる．体積 Ω_{c} の大きなスーパーセルほど BZ 体積が小さいので N_{G} が大きくなる．通常，$\vec{G}_1 = 0$ から始めて，$|\vec{G}|$ の大きさを小さい順に $\vec{G}_1, \vec{G}_2, \vec{G}_3$ から $\vec{G}_{N_{\mathrm{G}}}$ まで並べ，固有状態は $C_{\vec{k} + \vec{G}_1}^n, C_{\vec{k} + \vec{G}_2}^n, C_{\vec{k} + \vec{G}_3}^n$ から $C_{\vec{k} + \vec{G}_{N_{\mathrm{G}}}}^n$ までのサイズ N_{G} のベクトル（複素数）で表現される．

N_{G} は計算の負荷を決める（ハミルトニアンの行列サイズが $N_{\mathrm{G}} \times N_{\mathrm{G}}$）．$N_{\mathrm{G}}$ を減らすために必要な E_{cut} を減らしたい．しかし，**図 7-1** のように DFT の変分問題なので E_{cut} を十分に取らないと全エネルギー E_{tot} が収束しない．波動関数がスムーズなら（擬ポテンシャルが浅くスムーズなら）E_{cut} が小さくても E_{tot} が収束する．必要な E_{cut} は扱う物質（擬ポテンシャル）毎にいくつかの値で第一原理計算を行い，E_{tot} の収束の様子から決める．擬ポテンシャル形状を工夫して E_{cut} を小さくする努力が行わ

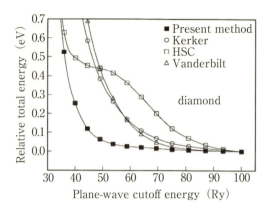

図 7-1 平面波基底のカットオフエネルギーE_{cut}に対する全エネルギーE_{tot}の収束の様子[43]．diamond について，作成条件や作成方法を変えた各種ノルム保存擬ポテンシャルでの比較．Present Method は，Troullier と Martins[43] の TM 型擬ポテンシャルの結果．ノルムを保存しない USPP 法，PAW 法では，もう少し小さい E_{cut} で収束する．なお，1 Ry ≈ 13.6 eV である．

れ（図 7-1），USPP 法や PAW 法の開発目的も E_{cut} の低減化であった．なお，E_{cut} (G_{max}) と前述のフーリエ変換で用いる $\vec{G}$ 点の範囲の関係については，9.1 節で説明する．

ところで，上記の議論では，平面波基底も固有関数も，マクロの結晶体積 Ω で規格化されるとした．それで問題ないが，後述の単位胞（スーパーセル）Ω_c 当たりの全エネルギーの議論では，単位胞 Ω_c 当たりで規格化されているとして扱うほうが表現上便利な場合もあり，適宜，そうした扱いも用いる．

7.3 平面波基底での固有ベクトルと対称操作

3.5 節の議論を踏まえ，平面波展開の固有ベクトル $\{C^n_{\vec{k}+\vec{G}}\}$ への対称性の効果を考える．まず，時間反転対称から $\vec{k}$ と $-\vec{k}$ の固有状態の関係式

$$\psi_{-\vec{k}n}(\vec{r}) = \psi^*_{\vec{k}n}(\vec{r})$$

が存在する（(3-9)式の議論参照，位相因子 $e^{i\theta}$ を掛ける不定性はある）．$\psi_{-\vec{k}n}(\vec{r})$ と $\psi^*_{\vec{k}n}(\vec{r})$ の各々の平面波基底表現から

7.3 平面波基底での固有ベクトルと対称操作　111

$$\sum_{\vec{G}} C^n_{-\vec{k}+\vec{G}}|-\vec{k}+\vec{G}\rangle = \sum_{\vec{G}} C^{n*}_{\vec{k}+\vec{G}}|-\vec{k}-\vec{G}\rangle = \sum_{\vec{G}} C^{n*}_{\vec{k}-\vec{G}}|-\vec{k}+\vec{G}\rangle$$

となる. $-\vec{k}$の固有ベクトルは, $\vec{k}$の固有ベクトル$\{C^n_{\vec{k}+\vec{G}}\}$で$\vec{G}$の符号を変えた基底の順で複素共役にしたものに等しく, 以下の関係になる.

$$\{C^n_{-\vec{k}+\vec{G}}\} = \{C^{n*}_{\vec{k}-\vec{G}}\} \tag{7-12}$$

次に対称操作$\{S|\vec{t}_S\}$を持つ結晶系で, $\vec{k}$と$S\vec{k}$での固有ベクトル$\{C^n_{\vec{k}+\vec{G}}\}$, $\{C^n_{S\vec{k}+\vec{G}}\}$の間の関係について, $S\vec{k}$の固有関数は$\vec{k}$の固有関数を$\{S|\vec{t}_S\}$の対称操作で移したもので

$$\{S|\vec{t}_S\}\psi_{\vec{k}n}(\vec{r}) = \psi_{S\vec{k}n}(\vec{r}) \tag{7-13}$$

である((3-14)式, 位相因子$e^{i\theta}$がかかる不定性はある). (7-6)式を左辺に入れると, (3-10)式から

$$\{S|\vec{t}_S\}\psi_{\vec{k}n}(\vec{r}) = \sum_{\vec{G}} C^n_{\vec{k}+\vec{G}}\{S|\vec{t}_S\}|\vec{k}+\vec{G}\rangle$$

$$= \Omega^{-1/2}\sum_{\vec{G}} C^n_{\vec{k}+\vec{G}}\exp[i(\vec{k}+\vec{G})\cdot S^{-1}(\vec{r}-\vec{t}_S)]$$

$$= \Omega^{-1/2}\sum_{\vec{G}} C^n_{\vec{k}+\vec{G}}\exp[i(S\vec{k}+S\vec{G})\cdot\vec{r}]\exp[-iS\vec{k}\cdot\vec{t}_S]\exp[-iS\vec{G}\cdot\vec{t}_S]$$

$$= \Omega^{-1/2}\exp[-iS\vec{k}\cdot\vec{t}_S]\sum_{\vec{G}} C^n_{\vec{k}+S^{-1}\vec{G}}\exp[i(S\vec{k}+\vec{G})\cdot\vec{r}]\exp[-i\vec{G}\cdot\vec{t}_S]$$

$$= \exp[-iS\vec{k}\cdot\vec{t}_S]\sum_{\vec{G}} \exp[-i\vec{G}\cdot\vec{t}_S]C^n_{\vec{k}+S^{-1}\vec{G}}|S\vec{k}+\vec{G}\rangle \tag{7-14}$$

4行目で$\vec{G}$の和を$S\vec{G}$の和に替えているが, $\vec{G}$は点対称操作の行列Sで一対一に移るので問題ない. (7-14)式の最終形は

$$\psi_{S\vec{k}n}(\vec{r}) = \sum_{\vec{G}} C^n_{S\vec{k}+\vec{G}}|S\vec{k}+\vec{G}\rangle \tag{7-15}$$

に等しいはずで, 以下の関係が成り立つ.

$$C^n_{S\vec{k}+\vec{G}} = \exp[-iS\vec{k}\cdot\vec{t}_S]\exp[-i\vec{G}\cdot\vec{t}_S]C^n_{\vec{k}+S^{-1}\vec{G}} \tag{7-16}$$

こうして, $\vec{k}$の固有ベクトル$\{C^n_{\vec{k}+\vec{G}}\}$を求めれば, $S\vec{k}$の固有ベクトル$\{C^n_{S\vec{k}+\vec{G}}\}$も(7-16)式から組み立てられる($S$の操作毎に$\vec{G}$と$S^{-1}\vec{G}$の関係を用意しておく). 固有ベクトルには, 位相因子$e^{i\theta}$を掛ける不定性があるので, (7-16)式の$\vec{G}$によらない係数$\exp[-iS\vec{k}\cdot\vec{t}_S]$は無視しても構わない.

後述の電子密度分布や全エネルギー, 原子に働く力等の計算では, 固有ベクトル成分を含む項の$\vec{k}$でのBZ内積分が行われる. BZ全体の領域の$\vec{k}$点の固有ベクトルが必要だが, 既約領域(3.5節(3))の$\vec{k}$点の固有ベクトルを求めれば, 既約領域外の$-\vec{k}$や$S\vec{k}$の固有ベクトルも(7-12), (7-16)式で求まり, 計算量が減らせる.

7.4 電子密度分布

固有関数(固有ベクトル)からの電子密度分布は, (3-7)式のように波動関数のノルムの二乗の占有状態の重ね合わせである. (7-6)式をそのまま代入すると

$$\rho(\vec{r}) = \sum_n^{\text{occ}} \sum_{\vec{k}_i} w_{\vec{k}_i n} |\psi_{\vec{k}_i n}(\vec{r})|^2$$

$$= \sum_n^{\text{occ}} \sum_{\vec{k}_i} w_{\vec{k}_i n} \sum_{\vec{G}} \sum_{\vec{G}'} C_{\vec{k}_i + \vec{G}}^{n*} C_{\vec{k}_i + \vec{G}'}^n \Omega_c^{-1} \exp[i(\vec{G}' - \vec{G}) \cdot \vec{r}]$$

$$= \sum_n^{\text{occ}} \sum_{\vec{k}_i} w_{\vec{k}_i n} \sum_{\vec{G}} \sum_{\vec{G}'} C_{\vec{k}_i + \vec{G}'}^{n*} C_{\vec{k}_i + \vec{G}' + \vec{G}}^n \Omega_c^{-1} \exp[i\vec{G} \cdot \vec{r}] \qquad (7\text{-}17)$$

$w_{\vec{k}_i n}$ は $\vec{k}$ 点重みとスピン含む占有率の積である(3.4節). 最終形から $\rho(\vec{r})$ のフーリエ変換 $\rho(\vec{G})$ が $\Omega_c^{-1} \sum_n^{\text{occ}} \sum_{\vec{k}_i} w_{\vec{k}_i n} \sum_{\vec{G}'} C_{\vec{k}_i + \vec{G}'}^{n*} C_{\vec{k}_i + \vec{G}' + \vec{G}}^n$ であることがわかる. 対称性を利用して $\vec{k}$ 点の領域を既約領域(IP)に限ると(7-16)式から

$$\rho(\vec{r}) = \sum_n^{\text{occ}} \sum_S \sum_{\vec{k}_i \subset \text{IP}} w_{\vec{k}_i n} \sum_{\vec{G}} \sum_{\vec{G}'} C_{\vec{k}_i + S^{-1}\vec{G}'}^{n*} C_{\vec{k}_i + S^{-1}(\vec{G}' + \vec{G})}^n \Omega_c^{-1} \exp[i\vec{G} \cdot (\vec{r} - \vec{t}_s)]$$
$$(7\text{-}18)$$

である. ここで $w_{\vec{k}_i n} = w_{S\vec{k}_i n}$ である. 点対称操作の行列 S は IP を BZ の半分に広げるだけのもので良い($\vec{k}$ と $-\vec{k}$ で $|\psi_{-\vec{k}n}(\vec{r})|^2 = |\psi_{\vec{k}n}(\vec{r})|^2$ であるため).

(7-17), (7-18)式は $\vec{G}$ 点についての二重ループなので, N_G^2 オーダーの膨大な演算となる. 実際の $\rho(\vec{r})$ の演算はこれを使わず, (3-7)式の $|U_{\vec{k}_i n}(\vec{r})|^2$ の重ね合わせの方法を高速フーリエ変換(FFT)と組み合わせて行い, 二重ループを回避する(9.2節で詳述). なお, (7-17), (7-18)式中の Ω_c^{-1} は本来は Ω^{-1} であるが, 前節の末尾に記したように, 基底関数や固有関数の規格化の範囲を結晶 Ω から単位胞 Ω_c に変えているため Ω_c^{-1} を使っている. 占有状態の和を単位胞当たりの電子数で勘定すればよい.

7.5 平面波基底でのハミルトニアン：
　　運動エネルギー項と局所ポテンシャル項

（1）　運動エネルギー項と静電ポテンシャル項，
　　　交換相関ポテンシャル項

NCPP 法での結晶（周期系）の Kohn-Sham 方程式のハミルトニアン（(4-16)式）

$$H = -\frac{\hbar^2}{2m}\nabla^2 + V_{PS} + V_H + \mu_{xc}$$

の平面波基底での行列表現

$$\langle \vec{k}+\vec{G}|H|\vec{k}+\vec{G}' \rangle$$

を考える（平面波基底は結晶 Ω で規格化しているとする）．既約領域の同じ $\vec{k}$ に対し $\vec{G}$ を変えた基底間の $N_G \times N_G$ エルミート行列である．運動エネルギー項は(7-7)，(7-9)式から

$$\langle \vec{k}+\vec{G}| -\frac{\hbar^2}{2m}\nabla^2 |\vec{k}+\vec{G}' \rangle = \frac{\hbar^2}{2m}|\vec{k}+\vec{G}|^2 \delta_{\vec{G},\vec{G}'} \tag{7-19}$$

で，対角項のみゼロでない．

ポテンシャル

$$V_{eff} = V_{PS} + V_H + \mu_{xc}$$

内の $V_{PS}(\vec{r})$ は，原子の擬ポテンシャル V_a^{PS} の総和で（(4-3) 式），V_a^{PS} は局所項 V_{local}^a と非局所項 V_{NL}^a の和（(4-14)式）で，以下のようになる．

$$V_{PS}(\vec{r}) = V_{local}^{PS}(\vec{r}) + V_{NL}^{PS}(\vec{r})$$

$$= \sum_{\vec{R}}\sum_a V_{local}^a(\vec{r}-\vec{t}_a-\vec{R}) + \sum_{\vec{R}}\sum_a V_{NL}^a(\vec{r}-\vec{t}_a-\vec{R}) \tag{7-20}$$

$\vec{R}$ の和は結晶 Ω の全格子点，a の和は単位胞内の内部座標 $\vec{t}_a$ の全原子．第 4 章の議論のように，この V_{local}^a は unscreening 済のものである（第 5, 6 章の US の肩付 V_{local}^{US} に相当）．

ポテンシャル V_{eff} の内，V_{local}^{PS} と V_H, μ_{xc} は，射影演算子を含まない局所形であるので，まとめて

$$V_{Local} = V_{local}^{PS} + V_H + \mu_{xc}$$

と表すと，以下のようになる（原子毎の局所擬ポテンシャル V_{local} と区別するため大

114　第7章　NCPP法での平面波基底とハミルトニアンの詳細

文字のLでV_{Local}と表記する).

$$V_{\text{eff}}(\vec{r}) = V_{\text{Local}}(\vec{r}) + V_{\text{NL}}^{\text{PS}}(\vec{r}) \tag{7-21}$$

まず，$V_{\text{Local}}(\vec{r})$の平面波基底間の行列要素を考える．ポテンシャル項はすべて格子周期関数であるから，(7-1)，(7-2)式のフーリエ展開表示で

$$V_{\text{Local}}(\vec{r}) = \sum_{\vec{G}} V_{\text{Local}}(\vec{G}) \exp[i\vec{G} \cdot \vec{r}] \tag{7-22}$$

$$V_{\text{Local}}(\vec{G}) = \frac{1}{\Omega_c} \int_{\Omega_c} V_{\text{Local}}(\vec{r}) \exp[-i\vec{G} \cdot \vec{r}] d\vec{r} \tag{7-23}$$

(7-23)式の積分は単位胞(スーパーセル)Ω_c内で良い．行列要素は

$$\langle \vec{k} + \vec{G} | V_{\text{Local}}(\vec{r}) | \vec{k} + \vec{G}' \rangle$$

$$= \frac{1}{\Omega} \int_{\Omega} \exp[-i(\vec{k} + \vec{G}) \cdot \vec{r}] \sum_{\vec{G}''} V_{\text{Local}}(\vec{G}'') \exp[i\vec{G}'' \cdot \vec{r}] \exp[i(\vec{k} + \vec{G}') \cdot \vec{r}] d\vec{r}$$

$$= \sum_{\vec{G}''} V_{\text{Local}}(\vec{G}'') \frac{1}{\Omega} \int_{\Omega} \exp[i(\vec{G}' + \vec{G}'' - \vec{G}) \cdot \vec{r}] d\vec{r}$$

$$= \sum_{\vec{G}''} V_{\text{Local}}(\vec{G}'') \delta_{\vec{G}'', \vec{G} - \vec{G}'}$$

$$= V_{\text{Local}}(\vec{G} - \vec{G}') \tag{7-24}$$

となる．(7-3)式を使っている．これは$V_{\text{Local}}(\vec{r})$のフーリエ変換(7-23)式の$\vec{G} - \vec{G}'$の項である．

$V_{\text{Local}}(\vec{G} - \vec{G}')$は，各ポテンシャルのフーリエ成分$V_{\text{local}}^{\text{PS}}(\vec{G})$，$V_H(\vec{G})$，$\mu_{\text{xc}}(\vec{G})$の$\vec{G} - \vec{G}'$項の和である．静電ポテンシャル$V_H(\vec{G})$は

$$V_H(\vec{r}) = e^2 \int \frac{\rho(\vec{r}')}{|\vec{r} - \vec{r}'|} d\vec{r}' \quad ((2\text{-}6)\text{式})$$

が**ポアソン**(Poisson)**方程式**[54]

$$\nabla^2 V_H(\vec{r}) = -4\pi e^2 \rho(\vec{r}) \tag{7-25}$$

を満たす．左辺にフーリエ展開形を入れると

$$\nabla^2 V_H(\vec{r}) = \sum_{\vec{G}} V_H(\vec{G}) \nabla^2 \exp[i\vec{G} \cdot \vec{r}] = -\sum_{\vec{G}} V_H(\vec{G}) |\vec{G}|^2 \exp[i\vec{G} \cdot \vec{r}]$$

で，右辺のフーリエ展開形

$$-4\pi e^2 \sum_{\vec{G}} \rho(\vec{G}) \exp[i\vec{G} \cdot \vec{r}]$$

と合わせて$V_H(\vec{G})$は以下になる．

$$V_H(\vec{G}) = 4\pi e^2 \rho(\vec{G}) / |\vec{G}|^2 \tag{7-26}$$

7.5 平面波基底でのハミルトニアン：運動エネルギー項と局所ポテンシャル項　　115

前節で触れた $\rho(\vec{r})$ のフーリエ成分 $\rho(\vec{G})$ を用いる．

　交換相関ポテンシャル $\mu_{xc}(\vec{G})$ は，LDA では実空間メッシュ点毎の $\rho(\vec{r})$ の値から $\mu_{xc}(\vec{r})$ を求め（(2-16), (2-17) 式，GGA では $|\nabla\rho(\vec{r})|$ も使用），(7-2) 式のフーリエ変換から求める．以上のハミルトニアンの V_H と μ_{xc} は固有状態計算の出力である ρ に依存する．SCF 計算のループで ρ と共に更新する．

(2)　局所擬ポテンシャル項

　V_{Local} 中の残りの原子の局所擬ポテンシャルの総和

$$V_{\text{local}}^{\text{PS}}(\vec{r}) = \sum_{\vec{R}}\sum_a V_{\text{local}}^a(\vec{r} - \vec{t}_a - \vec{R})$$

のフーリエ成分 $V_{\text{local}}^{\text{PS}}(\vec{G})$ は，(7-2) 式から

$$\begin{aligned}
V_{\text{local}}^{\text{PS}}(\vec{G}) &= \frac{1}{\Omega_c}\int_{\Omega_c} V_{\text{local}}^{\text{PS}}(\vec{r})\exp[-i\vec{G}\cdot\vec{r}]d\vec{r}\\
&= \frac{1}{\Omega_c}\int_{\Omega_c}\sum_{\vec{R}}\sum_a V_{\text{local}}^a(\vec{r} - \vec{t}_a - \vec{R})\exp[-i\vec{G}\cdot\vec{r}]d\vec{r}\\
&= \frac{1}{\Omega_c}\sum_{\vec{R}}\sum_a \exp[-i\vec{G}\cdot(\vec{t}_a + \vec{R})]\\
&\quad\times\int_{\Omega_c} V_{\text{local}}^a(\vec{r} - \vec{t}_a - \vec{R})\exp[-i\vec{G}\cdot(\vec{r} - \vec{t}_a - \vec{R})]d\vec{r}\\
&= \frac{1}{\Omega_c}\sum_a \exp[-i\vec{G}\cdot\vec{t}_a]\\
&\quad\times\sum_{\vec{R}}\int_{\Omega_c} V_{\text{local}}^a(\vec{r} - \vec{t}_a - \vec{R})\exp[-i\vec{G}\cdot(\vec{r} - \vec{t}_a - \vec{R})]d\vec{r}\\
&= \frac{1}{\Omega_c}\sum_a \exp[-i\vec{G}\cdot\vec{t}_a]\int_{\Omega} V_{\text{local}}^a(r)\exp[-i\vec{G}\cdot\vec{r}]d\vec{r}\\
&= \frac{1}{\Omega_c}\sum_a \exp[-i\vec{G}\cdot\vec{t}_a]\,V_{\text{local}}^a(\vec{G}) \tag{7-27}
\end{aligned}$$

最後から 3 行目で，$\vec{R}$ の全単位胞からのポテンシャルを中心の単位胞 Ω_c 内で積分する計算は，次行で中心の単位胞の $\vec{t}_a$ にあるポテンシャルの結晶全体 $N\Omega_c = \Omega$（実質，全空間）での積分に替えることができる．$V_{\text{local}}^a(r)$ はクーロン形が遠方まで及ぶのでリーズナブルである．最終形の a の和は一つの単位胞内の全原子である．

　(7-27) 式の最後の $V_{\text{local}}^a(\vec{G})$ 項をあらかじめすべての $\vec{G}$ で計算しておく．$V_{\text{local}}^a(\vec{G})$ は格子周期関数のフーリエ変換ではなく，単一原子の（球対称の）局所擬ポテンシャル

116　第7章　NCPP法での平面波基底とハミルトニアンの詳細

$V_{\text{local}}^a(r)$ の原点を中心とする空間全体でのフーリエ変換[59]で

$$V_{\text{local}}^a(\vec{G}) = \int V_{\text{local}}^a(r)\exp[-i\vec{G}\cdot\vec{r}]\,d\vec{r}$$

$$= \iiint V_{\text{local}}^a(r)\exp[-i|\vec{G}|r\cos\theta]\,r^2\sin\theta\,drd\theta d\phi$$

$$= \iiint V_{\text{local}}^a(r)\exp[i|\vec{G}|r\omega]\,r^2 drd\omega d\phi$$

$$= 2\pi\int_0^\infty V_{\text{local}}^a(r)\,r^2\left[\frac{\exp[i|\vec{G}|r\omega]}{i|\vec{G}|r}\right]_{-1}^1 dr$$

$$= \frac{4\pi}{|\vec{G}|}\int_0^\infty V_{\text{local}}^a(r)\,r\sin(|\vec{G}|r)\,dr \tag{7-28}$$

となる．積分は $\vec{G}$ ベクトル方向を z 軸とした極座標積分

$$d\vec{r} = r^2\sin\theta\,drd\theta d\phi$$

で行っている．ϕ の積分で 2π，θ の $0\sim\pi$ の積分は，$\omega = -\cos\theta$，$\omega = -1\sim1$ の積分で，$d\omega = \sin\theta\,d\theta$ である．最終的に r の積分を行う．

　原子の局所擬ポテンシャル $V_{\text{local}}^a(r)$ は，r_c 外で $-e^2 Z_a/r$ になり，r_c 内で底上げされた形で（第4章参照），r_c 外で $-e^2 Z_a/r$ になる適当な解析関数と r_c 内の残差で表せる．(7-28)式の最終形の r 積分は，解析関数部分は1行目に戻って解析式で行い（7.7 式の証明に解析関数部分の積分形を載せる），残差部分は r のメッシュの数値積分（台形則）で行う．

　ところで，(7-26)式のフーリエ成分 $V_{\text{H}}(\vec{G})$ は，その形から $\vec{G}=0$ の項が発散成分を持つ（$|\vec{G}|^{-2}$ の存在）．(7-27) 式の $V_{\text{local}}^{\text{PS}}(\vec{G})$ の $\vec{G}=0$ 項も同様で，(7-28) 式の $V_{\text{local}}^a(\vec{G})$ の $\vec{G}=0$ 項が発散成分を持つ（詳しくは 8.2 節）．これら $V_{\text{H}}(\vec{G})$ と $V_{\text{local}}^{\text{PS}}(\vec{G})$ の $\vec{G}=0$ 項は，(7-24)式からハミルトニアンの対角項（$\vec{G}=\vec{G}'$）にだけ出現するが，ハミルトニアンの固有状態計算時には，簡単のためゼロとして扱われる．固有値全体の値のシフトに対応するが問題は生じない（固有値の絶対値が不定性を持つことになる）．しかし，第8章で扱う全エネルギーでは，$V_{\text{H}}(\vec{G})$ と $V_{\text{local}}^{\text{PS}}(\vec{G})$ の $\vec{G}=0$ 項における発散成分と残留成分が厳密に処理される．

7.6 平面波基底でのハミルトニアン：
非局所擬ポテンシャル項

(1) 非分離型の非局所擬ポテンシャル

(7-20), (7-21)式に戻って，非局所擬ポテンシャル

$$V_{NL}^{PS}(\vec{r}) = \sum_{\vec{R}} \sum_a V_{NL}^a(\vec{r} - \vec{t}_a - \vec{R})$$

の平面波基底間の行列要素を考える．(4-14)式の非分離型

$$V_{NL}^a(\vec{r}) = \sum_l \sum_{m=-l}^{+l} |Y_{lm}(\hat{r})\rangle \Delta V_{a,l}^{NL} \langle Y_{lm}(\hat{r})| \quad (Y_{lm} \text{は球面調和関数})$$

の場合，射影演算子で $\vec{t}_a + \vec{R}$ の位置の a 原子の周りで平面波の各 l 波成分を抜き出して $\Delta V_{a,l}^{NL}(r)$ を l 毎に作用させる．(7-24), (7-27)式を参考に
$\langle \vec{k} + \vec{G}| V_{NL}^{PS}(\vec{r})|\vec{k} + \vec{G}'\rangle$

$$= \frac{1}{\Omega} \int_\Omega \exp[-i(\vec{k}+\vec{G}) \cdot \vec{r}] \sum_{\vec{R}} \sum_a V_{NL}^a(\vec{r} - \vec{t}_a - \vec{R}) \exp[i(\vec{k}+\vec{G}') \cdot \vec{r}] d\vec{r}$$

$$= \frac{1}{\Omega} \sum_{\vec{R}} \sum_a \int_\Omega \exp[-i(\vec{k}+\vec{G}) \cdot \vec{r}] V_{NL}^a(\vec{r} - \vec{t}_a - \vec{R}) \exp[i(\vec{k}+\vec{G}') \cdot \vec{r}] d\vec{r}$$

$$= \frac{N}{\Omega} \sum_a \int_{\Omega_c} \exp[-i(\vec{k}+\vec{G}) \cdot \vec{r}] V_{NL}^a(\vec{r} - \vec{t}_a) \exp[i(\vec{k}+\vec{G}') \cdot \vec{r}] d\vec{r}$$

$$= \frac{1}{\Omega_c} \sum_a \exp[i(\vec{G}'-\vec{G}) \cdot \vec{t}_a] \int_{\Omega_c} \exp[-i(\vec{k}+\vec{G}) \cdot \vec{r}] V_{NL}^a(\vec{r}) \exp[i(\vec{k}+\vec{G}') \cdot \vec{r}] d\vec{r}$$

$$= \frac{1}{\Omega_c} \sum_a \exp[i(\vec{G}'-\vec{G}) \cdot \vec{t}_a]$$

$$\times \sum_{lm} \int_{\Omega_c} \exp[-i(\vec{k}+\vec{G}) \cdot \vec{r}] |Y_{lm}\rangle \Delta V_{a,l}^{NL}(r) \langle Y_{lm}| \exp[i(\vec{k}+\vec{G}') \cdot \vec{r}] d\vec{r}$$

$$\tag{7-29}$$

と展開できる．3行目から4行目の変形は，全単位胞 $\vec{R}$ での和が一つの単位胞での各原子の作用で代表できるので，結晶 Ω 内の単位胞総数 N を掛け，積分を単位胞内としている．これは，非局所擬ポテンシャルが半径 r_c 内のみで作用する $(r > r_c$ で $\Delta V_{a,l}^{NL}(r) = 0)$ ためである．5行目で実空間積分の原点を a 原子位置に移す．

(7-29)式の最終行の原子球内積分を考える．射影演算子の作用は，次式の平面波の原点の周りの**球関数展開**（**部分波展開**）を利用する．

118　第7章　NCPP法での平面波基底とハミルトニアンの詳細

$$\exp[i(\vec{k}+\vec{G})\cdot\vec{r}]=4\pi\sum_l\sum_{m=-l}^{+l}i^l j_l(|\vec{k}+\vec{G}|r)\,Y_{lm}(\hat{r})\,Y_{lm}^*(\widehat{k+G}) \tag{7-30}$$

l の和は $l=0,1,2,\dots$，m の和は l 毎に $-l$ から $+l$ まで．j_l は球ベッセル関数(実数の関数)，Y_{lm} は球面調和関数，$\hat{r}$ や $\widehat{k+G}$ は，$\vec{r}$ や $\vec{k}+\vec{G}$ の方位座標 (θ,ϕ) である．この展開式や各特殊関数は，多くの応用数学・物理数学の本(森口ら[39]，アルフケンとウェーバー[40])に詳しく出ており，電子構造計算関連で頻繁に使われる．

(7-29)式の最終行の被積分関数は(7-30)式の展開式を使うと以下になる．

$$\exp[-i(\vec{k}+\vec{G})\cdot\vec{r}]\,|\,Y_{lm}\rangle\Delta V_{a,l}^{\mathrm{NL}}(r)\langle Y_{lm}|\exp[i(\vec{k}+\vec{G}')\cdot\vec{r}]$$

$$=4\pi\sum_{l'm'}(-i)^{l'}j_{l'}(|\vec{k}+\vec{G}|r)\,Y_{l'm'}^*(\hat{r})\,Y_{l'm'}(\widehat{k+G})\,|\,Y_{lm}\rangle\Delta V_{a,l}^{\mathrm{NL}}(r)\langle Y_{lm}|$$

$$\times 4\pi\sum_{l'm''}i^{l'}j_{l'}(|\vec{k}+\vec{G}'|r)\,Y_{l'm''}(\hat{r})\,Y_{l'm''}^*(\widehat{k+G'}) \tag{7-31}$$

この式の積分を r_c 球内極座標積分($d\hat{r}=r^2\sin\theta\,drd\theta d\phi$)で方位座標 $\hat{r}=(\theta,\phi)$ と動径座標 r に分けて行う($\widehat{k+G}$，$\widehat{k+G'}$ は積分と関わらない)．方位座標 $\hat{r}$ の積分を先に実行する．以下の球面調和関数の規格直交性を用いる(θ は $0\sim\pi$，ϕ は $0\sim2\pi$ の積分)．

$$\iint Y_{lm}^*(\theta,\phi)\,Y_{l'm'}(\theta,\phi)\sin\theta\,d\theta d\phi=\delta_{ll'}\delta_{mm'} \tag{7-32}$$

積分は

$$(4\pi)^2 Y_{lm}(\widehat{k+G})\,Y_{lm}^*(\widehat{k+G'})\,j_l(|\vec{k}+\vec{G}|r)\,j_l(|\vec{k}+\vec{G}'|r)\,\Delta V_{a,l}^{\mathrm{NL}}(r)$$

となり，最終的に(7-29)式は以下のようになる．

$$\langle\vec{k}+\vec{G}|\,V_{\mathrm{NL}}^{\mathrm{PS}}(\vec{r})\,|\vec{k}+\vec{G}'\rangle$$

$$=\frac{(4\pi)^2}{\Omega_c}\sum_a\exp[i(\vec{G}'-\vec{G})\cdot\vec{t}_a]\sum_l\int_0^{r_c}j_l(|\vec{k}+\vec{G}|r)\,j_l(|\vec{k}+\vec{G}'|r)\Delta V_{a,l}^{\mathrm{NL}}(r)\,r^2dr$$

$$\times\sum_{m=-l}^{+l}Y_{lm}(\widehat{k+G})\,Y_{lm}^*(\widehat{k+G'}) \tag{7-33}$$

r の積分は細かいメッシュ点で数値的に行う．

(2)　分離型の非局所擬ポテンシャル

非分離型の非局所擬ポテンシャルでは，(7-33)式の $\vec{k}+\vec{G}$ と $\vec{k}+\vec{G}'$ の異なる $\vec{G}$ の全組み合わせ($N_G\times N_G$ 個)で積分を用意せねばならず，膨大な手間になる．そこでKB型の分離型擬ポテンシャル(5-6)式が用いられる[45]．同じ $\Delta V_{a,l}^{\mathrm{NL}}(r)$ 成分で射影演算子部分に以下の表現を使う．

7.6 平面波基底でのハミルトニアン：非局所擬ポテンシャル項　119

$$
V_{\mathrm{NL}}^a(\vec{r}) = \sum_l \sum_{m=-l}^{+l} \frac{|\Delta V_{a,l}^{\mathrm{NL}}(r) R_{a,l}^{\mathrm{PS}}(r) Y_{lm}\rangle\langle\Delta V_{a,l}^{\mathrm{NL}}(r) R_{a,l}^{\mathrm{PS}}(r) Y_{lm}|}{\langle R_{a,l}^{\mathrm{PS}}(r) Y_{lm}|\Delta V_{a,l}^{\mathrm{NL}}(r)|R_{a,l}^{\mathrm{PS}}(r) Y_{lm}\rangle}
$$

$$
= \sum_l \sum_{m=-l}^{+l} \frac{|\Delta V_{a,l}^{\mathrm{NL}}(r) R_{a,l}^{\mathrm{PS}}(r) Y_{lm}\rangle\langle\Delta V_{a,l}^{\mathrm{NL}}(r) R_{a,l}^{\mathrm{PS}}(r) Y_{lm}|}{C_{a,l}} \tag{7-34}
$$

$$
C_{a,l} = \langle R_{a,l}^{\mathrm{PS}}(r) Y_{lm}|\Delta V_{a,l}^{\mathrm{NL}}(r)|R_{a,l}^{\mathrm{PS}}(r) Y_{lm}\rangle = \int_0^{r_c} \Delta V_{a,l}^{\mathrm{NL}}(r) R_{a,l}^{\mathrm{PS}}(r)^2 r^2 dr
$$

である．$R_{a,l}^{\mathrm{PS}}(r)$ が a 原子の擬ポテンシャルの l 成分を構築するときの擬動径波動関数，$R_{a,l}^{\mathrm{PS}}(r) Y_{lm}(\theta,\phi)$ が擬原子軌道の波動関数である．これに $\Delta V_{a,l}^{\mathrm{NL}}$ を掛けたものをプロジェクターに用いる（4.4 節の表記，第 5 章では $\tilde{\phi}_l(r) Y_{lm}(\theta,\phi)$ の表記を使用）．非分離型の擬ポテンシャルと KB 型の分離型擬ポテンシャルは，波動関数に対し同じ作用をすることが証明される（証明は，5.6 式の証明(A)）．

分離型(7-34)式を使うと，(7-29)式の最終形の原子位置を原点とした積分部分は，(7-30)～(7-32)式を参考に

$$
(4\pi)^2 \sum_l \frac{1}{C_{a,l}} \int_0^{r_c} j_l(|\vec{k}+\vec{G}|r)\Delta V_{a,l}^{\mathrm{NL}}(r) R_{a,l}^{\mathrm{PS}}(r) r^2 dr
$$

$$
\times \int_0^{r_c} j_l(|\vec{k}+\vec{G}'|r)\Delta V_{a,l}^{\mathrm{NL}}(r) R_{a,l}^{\mathrm{PS}}(r) r^2 dr \times \sum_{m=-l}^{+l} Y_{lm}\widehat{(k+G)} Y_{lm}^*\widehat{(k+G')}
$$

$$
\tag{7-35}
$$

となる．演算子の積分は，左右別個に極座標で r を含めて行える．r^2 は極座標積分による．結局，(7-29)式の行列要素は，

$$
\langle \vec{k}+\vec{G}|V_{\mathrm{NL}}^{\mathrm{PS}}(\vec{r})|\vec{k}+\vec{G}'\rangle = \sum_a \sum_l C_{a,l}^{-1} \sum_{m=-l}^{+l} A_{a,lm}(\vec{k}+\vec{G})^* A_{a,lm}(\vec{k}+\vec{G}')
$$

$$
\tag{7-36}
$$

$$
A_{a,lm}(\vec{k}+\vec{G}) = \exp[i\vec{G}\cdot\vec{t}_a] 4\pi\Omega_c^{-1/2} Y_{lm}^*\widehat{(k+G)}
$$

$$
\times \int_0^{r_c} j_l(|\vec{k}+\vec{G}|r)\Delta V_{a,l}^{\mathrm{NL}}(r) R_{a,l}^{\mathrm{PS}}(r) r^2 dr \tag{7-37}
$$

となる．a の和は単位胞内の原子のみで，$\vec{t}_a$ は a 原子の内部座標である．これらは，第 5 章, (5-8)式, (5-7)式に対応する．分離型では N_G 個のオーダーの $A_{a,lm}(\vec{k}+\vec{G})$ だけをあらかじめ計算してメモリーし，適宜(7-36)式に入れれば行列要素が求まる．非分離型(7-33)式の $N_G \times N_G$ のオーダーに比べ，メモリーと計算の負荷が N_G のオーダーに低減化される．

これまでの各項をまとめると，平面波基底でのハミルトニアンの行列要素は以下と

120 第7章 NCPP法での平面波基底とハミルトニアンの詳細

なる.

$$\langle \vec{k} + \vec{G} | H | \vec{k} + \vec{G}' \rangle$$

$$= \frac{\hbar^2}{2m} |\vec{k} + \vec{G}|^2 \delta_{\vec{G}, \vec{G}'} + V_{\text{local}}^{\text{PS}}(\vec{G} - \vec{G}') + \langle \vec{k} + \vec{G} | V_{\text{NL}}^{\text{PS}}(\vec{r}) | \vec{k} + \vec{G}' \rangle$$

$$+ V_{\text{H}}(\vec{G} - \vec{G}') + \mu_{\text{xc}}(\vec{G} - \vec{G}') \tag{7-38}$$

右辺の第1項は(7-19)式, 第2項は(7-27), (7-28)式, 第3項は(7-36), (7-37)式(分離型), 第4項は(7-26)式を参照. 第5項は $\mu_{\text{xc}}(\vec{r})$ のフーリエ成分. 行列の対角項に出てくる $V_{\text{local}}^{\text{PS}}(\vec{G}=0), V_{\text{H}}(\vec{G}=0)$ は, 上述のように発散項を持つ. 固有状態計算の段階では, これらをゼロとして扱う(全エネルギー計算では発散項と残留項を厳密に処理, 第8章参照).

7.7 式の証明

[証明] (7-28)式の原子の局所擬ポテンシャルのフーリエ変換 $V_{\text{local}}^a(\vec{G})$ の計算で, $V_{\text{local}}^a(r)$ の解析関数部分の寄与の計算の詳細を説明する. (7-38)式のように, ここでは $\vec{G} = 0$ 項は除く($\vec{G} = 0$ 項の詳細は8.2節(2)で扱う).

$V_{\text{local}}^a(r)$ を解析関数と残差 $RD(r)$ で例えば以下のように表す. 係数 a_0, a_j, C_j は fitting で決められる(残差部分を減らし, 数値誤差を減らすための解析関数の例, 別のやり方もある).

$$V_{\text{local}}^a(r) = -\frac{e^2 Z_a}{r} \text{erf}[a_0^{1/2} r] + \sum_{j=1}^{5} C_j \exp[-a_j r^2] + RD(r) \tag{7-39}$$

ここで,

$$\text{erf}[x] = \frac{2}{\sqrt{\pi}} \int_0^x e^{-t^2} dt, \ \text{erf}[0] = 0, \ \text{erf}[\infty] = 1$$

である.

まず, 第1項の $-e^2 Z_a \text{erf}[a_0^{1/2} r]/r$ を(7-28)式に入れた計算は e^{-Kr}(Kは正)を掛けた積分とし, あとで $K \to 0+$ にする.

$$-e^2 Z_a \int \frac{\text{erf}[a_0^{1/2} r]}{r} e^{-Kr} \exp[-i\vec{G} \cdot \vec{r}] d\vec{r}$$

$$= -2\pi e^2 Z_a \iint r \, \text{erf}[a_0^{1/2} r] e^{-Kr} \exp[-i|\vec{G}| r \cos\theta] \sin\theta \, d\theta dr$$

$$= -2\pi e^2 Z_a \iint r\, \mathrm{erf}[\alpha_0^{1/2} r] e^{-Kr} \exp[i|\vec{G}|r\omega]\, d\omega dr$$

$$= -2\pi e^2 Z_a \int_0^\infty \mathrm{erf}[\alpha_0^{1/2} r] e^{-Kr} \left[\frac{\exp[i|\vec{G}|r\omega]}{i|\vec{G}|}\right]_{-1}^{1} dr$$

$$= -\frac{4\pi e^2 Z_a}{|\vec{G}|} \int_0^\infty \mathrm{erf}[\alpha_0^{1/2} r] e^{-Kr} \sin(|\vec{G}|r)\, dr$$

$$= -\frac{4\pi e^2 Z_a}{|\vec{G}|} \left\{\left[\mathrm{erf}[\alpha_0^{1/2} r] e^{-Kr} \frac{\cos(|\vec{G}|r)}{-|\vec{G}|}\right]_0^\infty\right.$$

$$\left. + \frac{1}{|\vec{G}|} \int_0^\infty (\mathrm{erf}[\alpha_0^{1/2} r] e^{-Kr})' \cos(|\vec{G}|r)\, dr\right\}$$

$$= -\frac{4\pi e^2 Z_a}{|\vec{G}|^2} \int_0^\infty \left\{\frac{2\alpha_0^{1/2}}{\sqrt{\pi}} e^{-\alpha_0 r^2} e^{-Kr} - K e^{-Kr} \mathrm{erf}[\alpha_0^{1/2} r]\right\} \cos(|\vec{G}|r)\, dr$$

$$= -\frac{4\pi e^2 Z_a}{|\vec{G}|^2} \int_0^\infty \alpha_0^{1/2} \frac{2}{\sqrt{\pi}} e^{-\alpha_0 r^2} \cos(|\vec{G}|r)\, dr$$

下から3行目の $r=0$ と $r=\infty$ との差の項は e^{-Kr} の存在のため消える．下から2行目で $K \to 0+$ を実行し，最終行になる．数学公式[39]

$$\int_0^\infty e^{-a^2 x^2} \cos(bx)\, dx = \frac{\sqrt{\pi}}{2a} e^{-b^2/4a^2}$$

を使い，次式になる．

$$与式 = -\frac{4\pi e^2 Z_a}{|\vec{G}|^2} \exp\left[-\frac{|\vec{G}|^2}{4\alpha_0}\right] \tag{7-40}$$

次に (7-39) 式の第2項の $C_j \exp[-\alpha_j r^2]$ を (7-28) 式に入れた計算は以下になる．

$$C_j \int \exp[-\alpha_j r^2]\exp[-i\vec{G}\cdot\vec{r}]\, d\vec{r}$$

$$= 2\pi C_j \int_0^\infty r \exp[-\alpha_j r^2] \left[\frac{\exp[i|\vec{G}|r\omega]}{i|\vec{G}|}\right]_{-1}^{1} dr$$

$$= \frac{4\pi C_j}{|\vec{G}|} \int_0^\infty r \exp[-\alpha_j r^2]\sin(|\vec{G}|r)\, dr$$

$$= \frac{4\pi C_j}{|\vec{G}|} \left\{\left[\frac{\exp[-\alpha_j r^2]}{-2\alpha_j}\sin(|\vec{G}|r)\right]_0^\infty + \frac{|\vec{G}|}{2\alpha_j}\int_0^\infty \exp[-\alpha_j r^2]\cos(|\vec{G}|r)\, dr\right\}$$

$$= \frac{2\pi C_j}{\alpha_j}\int_0^\infty \exp[-\alpha_j r^2]\cos(|\vec{G}|r)\, dr = C_j\left(\frac{\pi}{\alpha_j}\right)^{3/2}\exp\left[-\frac{|\vec{G}|^2}{4\alpha_j}\right] \tag{7-41}$$

122   第7章   NCPP 法での平面波基底とハミルトニアンの詳細

最終行で上記の公式を使っている.

平面波基底の方法では,こうした解析関数のフーリエ変換の計算が頻出する.

8

第 8 章

NCPP 法での全エネルギーと原子に働く力の詳細

8.1 全エネルギーの各項の逆空間表現

ハミルトニアンの固有状態計算を繰り返し，SCF ループの収束で自己無撞着な $\{C^n_{\vec{k}+\vec{G}}\}, \rho(\vec{r})$ を求める．その後，NCPP 法での全エネルギー E_{tot} を (4-17) 式のように計算する．周期系での E_{tot} の各項の逆空間表現（平面波基底展開やフーリエ級数展開を駆使した表現）を詳しく説明する [56-58]．単位胞（スーパーセル）当たりの E_{tot} で，イオン（裸の擬ポテンシャル）と価電子がばらばらに無限遠に遠ざかった静的状態を原点とする．通常の系では必ず負の値である．

(1) 運動エネルギー

(4-17) 式の第 1 項の運動エネルギー E_{kin} は，(2-3) 式のように運動エネルギー演算子の期待値で，(3-7)，(7-17) 式のように占有準位の重み付きの和として

$$E_{\text{kin}} = \sum_n^{\text{occ}} \sum_{\vec{k}_i} w_{\vec{k}_i n} \int_\Omega \phi^*_{\vec{k}_i n}(\vec{r}) \left(-\frac{\hbar^2}{2m} \nabla^2 \right) \phi_{\vec{k}_i n}(\vec{r}) \, d\vec{r}$$

$$= \sum_n^{\text{occ}} \sum_{\vec{k}_i} w_{\vec{k}_i n} \sum_{\vec{G}} \sum_{\vec{G}'} C^{n*}_{\vec{k}_i + \vec{G}} C^n_{\vec{k}_i + \vec{G}'} \langle \vec{k}_i + \vec{G} | -\frac{\hbar^2}{2m} \nabla^2 | \vec{k}_i + \vec{G}' \rangle$$

$$= \sum_n^{\text{occ}} \sum_{\vec{k}_i} w_{\vec{k}_i n} \sum_{\vec{G}} \frac{\hbar^2}{2m} |C^n_{\vec{k}_i + \vec{G}}|^2 |\vec{k}_i + \vec{G}|^2 \tag{8-1}$$

である．$w_{\vec{k}_i n}$ は $\vec{k}$ 点重みとスピン含めた占有率の積（3.4 節）．(7-19) 式を使っている．波動関数は結晶 Ω で規格化し，Ω で積分しているが，占有状態の和を単位胞 Ω_c 当たりの電子数に取れば単位胞当たりのエネルギーと言える．(7-12) 式から

$$|C^n_{-\vec{k}+\vec{G}}|^2 = |C^n_{\vec{k}-\vec{G}}|^2, \quad |-\vec{k}+\vec{G}|^2 = |\vec{k}-\vec{G}|^2,$$

(7-16) 式から

$$|C^n_{S\vec{k}+\vec{G}}|^2 = |C^n_{\vec{k}+S^{-1}\vec{G}}|^2, \quad |S\vec{k}+\vec{G}|^2 = |\vec{k}+S^{-1}\vec{G}|^2$$

であるので，(8-1) 式の $\vec{k}_i$ 点の和はブリルアンゾーン（以下 BZ）の既約領域に限って

124　　第 8 章　NCPP 法での全エネルギーと原子に働く力の詳細

よい（ただし $\vec{k}$ 点重みの調整が必要）.

(2)　局所，非局所擬ポテンシャルエネルギー

(4-17)式の第 2 項の局所擬ポテンシャルによるエネルギーE_{L} は，

$$V_{\mathrm{local}}^{\mathrm{PS}}(\vec{r}) = \sum_{\vec{R}}\sum_a V_{\mathrm{local}}^a(\vec{r} - \vec{t}_a - \vec{R})$$

のフーリエ成分(7-27)，(7-28)式，$\rho(\vec{r})$ のフーリエ成分を使い，単位胞当たりで

$$
\begin{aligned}
E_{\mathrm{L}} &= \int_{\Omega_c} V_{\mathrm{local}}^{\mathrm{PS}}(\vec{r})\rho(\vec{r})d\vec{r} \\
&= \sum_{\vec{G}}\sum_{\vec{G}'} V_{\mathrm{local}}^{\mathrm{PS}}(\vec{G})\rho(\vec{G}')\int_{\Omega_c}\exp[i(\vec{G}+\vec{G}')\cdot\vec{r}]d\vec{r} \\
&= \Omega_c\sum_{\vec{G}\neq 0} V_{\mathrm{local}}^{\mathrm{PS}}(\vec{G})\rho(-\vec{G}) + \lim_{\vec{G}\to 0}\Omega_c V_{\mathrm{local}}^{\mathrm{PS}}(\vec{G})\rho(-\vec{G})
\end{aligned}
\tag{8-2}
$$

となる．(7-3)式を使っている．$V_{\mathrm{local}}^{\mathrm{PS}}(\vec{G})$ の $\vec{G}=0$ 項には発散成分が含まれるので，項を分けて別扱いにしている．その処理は次節で説明する．

非局所擬ポテンシャル $V_{\mathrm{NL}}^{\mathrm{PS}}(\vec{r})$ によるエネルギーE_{NL} は，射影演算子を含むので，占有された波動関数に作用させる形で以下となる．

$$
\begin{aligned}
E_{\mathrm{NL}} &= \sum_n^{\mathrm{occ}}\sum_{\vec{k}_i} w_{\vec{k}_i n}\int_\Omega \psi_{\vec{k}_i n}^*(\vec{r}) V_{\mathrm{NL}}^{\mathrm{PS}}(\vec{r})\psi_{\vec{k}_i n}(\vec{r})d\vec{r} \\
&= \sum_n^{\mathrm{occ}}\sum_{\vec{k}_i} w_{\vec{k}_i n}\sum_{\vec{G}}\sum_{\vec{G}'} C_{\vec{k}_i+\vec{G}}^{n*} C_{\vec{k}_i+\vec{G}'}^n \langle\vec{k}_i+\vec{G}|V_{\mathrm{NL}}^{\mathrm{PS}}(\vec{r})|\vec{k}_i+\vec{G}'\rangle \\
&= \sum_n^{\mathrm{occ}}\sum_{\vec{k}_i} w_{\vec{k}_i n}\sum_{\vec{G}}\sum_{\vec{G}'} C_{\vec{k}_i+\vec{G}}^{n*} C_{\vec{k}_i+\vec{G}'}^n \sum_a\sum_l C_{a,l}^{-1} \\
&\quad \times\sum_{m=-l}^{+l} A_{a,lm}(\vec{k}_i+\vec{G})^* A_{a,lm}(\vec{k}_i+\vec{G}') \\
&= \sum_n^{\mathrm{occ}}\sum_{\vec{k}_i} w_{\vec{k}_i n}\sum_a\sum_l C_{a,l}^{-1}\sum_{m=-l}^{+l}|\sum_{\vec{G}} C_{\vec{k}_i+\vec{G}}^n A_{a,lm}(\vec{k}_i+\vec{G})|^2
\end{aligned}
\tag{8-3}
$$

2 行目で行列要素の展開にし，(7-36)，(7-37)式の分離型のものを用いている．前章で説明したように $\{A_{a,lm}(\vec{k}_i+\vec{G})\}$ は単位胞内全原子 a と lm 成分，すべての $\vec{k}_i$ 点，$\vec{G}$ 点であらかじめ計算しておく．(8-1)式の場合と同様，占有状態の和は，単位胞当たりの電子数分取れば良い．

(8-3)式の $\vec{k}_i$ 点の和は，(8-1)式と同様に既約領域内のものに限って良い（全体の $\vec{k}$ 点重みの調整が必要）．その理由は，(7-16)式や(7-37)式の $A_{a,lm}(\vec{k}_i+\vec{G})$ 内の Y_{lm} や j_l の性質から(8-3)式の当該項で

$$\sum_a\sum_l C_{a,l}^{-1}\sum_{m=-l}^{+l}|\sum_{\vec{G}} C_{S\vec{k}_i+\vec{G}}^n A_{a,lm}(S\vec{k}_i+\vec{G})|^2$$

$$= \sum_a \sum_l C_{a,l}^{-1} \sum_{m=-l}^{+l} |\sum_{\vec{G}} C_{\vec{k}_i+\vec{G}}^n A_{a,lm}(\vec{k}_i+\vec{G})|^2 \tag{8-4}$$

が成り立つからである(S は系の持つ点対称操作の行列). 反転対称性のない系の場合も時間反転対称から一般に

$$\sum_{m=-l}^{+l} |\sum_{\vec{G}} C_{-\vec{k}_i+\vec{G}}^n A_{a,lm}(-\vec{k}_i+\vec{G})|^2 = \sum_{m=-l}^{+l} |\sum_{\vec{G}} C_{\vec{k}_i+\vec{G}}^n A_{a,lm}(\vec{k}_i+\vec{G})|^2 \tag{8-5}$$

が成り立つ(両式の証明は, 8.4 式の証明(A)). こうして, 既約領域の $\vec{k}_i$ 点での(8-3)式の和は, $S\vec{k}_i$ や $-\vec{k}_i$ での和と同じになるので, 既約領域の $\vec{k}_i$ 点のみの和で良い.

(3) 静電相互作用, 交換相関相互作用エネルギー

(4-17)式の第 4 項の静電相互作用エネルギー E_H は

$$\begin{aligned}
E_H &= \frac{1}{2} \int_{\Omega_c} V_H(\vec{r}) \rho(\vec{r}) d\vec{r} \\
&= \frac{1}{2} \sum_{\vec{G}} \sum_{\vec{G}'} V_H(\vec{G}) \rho(\vec{G}') \int_{\Omega_c} \exp[i(\vec{G}+\vec{G}')\cdot\vec{r}] d\vec{r} \\
&= \frac{1}{2} \Omega_c \sum_{\vec{G}} V_H(\vec{G}) \rho(-\vec{G}) \\
&= 2\pi e^2 \Omega_c \sum_{\vec{G}\neq 0} |\rho(\vec{G})|^2/|\vec{G}|^2 + 2\pi e^2 \Omega_c \lim_{\vec{G}\to 0} |\rho(\vec{G})|^2/|\vec{G}|^2
\end{aligned} \tag{8-6}$$

となる. (7-26)式

$$V_H(\vec{G}) = 4\pi e^2 \rho(\vec{G})/|\vec{G}|^2$$

と実関数 $\rho(\vec{r})$ のフーリエ成分間の関係式

$$\rho(-\vec{G}) = \rho(\vec{G})^*$$

を使っている. $V_H(\vec{G})$ の $\vec{G}=0$ 項には発散成分が含まれるので, 最終形は項を分けて別扱いにしている. その処理は次節で説明する.

(4-17) 式の第 5 項の交換相関エネルギー E_{xc} は, (2-15) 式の LDA の場合, $\int \varepsilon_{xc}(\vec{r}) \rho(\vec{r}) d\vec{r}$ である. $\rho(\vec{r})$ を使って実空間メッシュ点の交換相関エネルギー密度 $\varepsilon_{xc}(\vec{r})$ を求め, フーリエ変換した $\varepsilon_{xc}(\vec{G})$ から, (8-2), (8-6)式と同様に次式で計算される(GGA については 10.4 節参照).

$$E_{xc} = \Omega_c \sum_{\vec{G}} \varepsilon_{xc}(\vec{G}) \rho(-\vec{G}) \tag{8-7}$$

以上, 式(4-17)の E_{tot} のうち, E_{I-J}(正イオン間静電相互作用)以外の項の詳細(逆空

126 　第 8 章　NCPP 法での全エネルギーと原子に働く力の詳細

間表現)を説明した.

8.2 Ewald 法と発散項の処理

　残りの正イオン間クーロン相互作用 $E_{\mathrm{I-J}}$ は，**Ewald 法**で計算される．無限周期系
の正イオン間静電相互作用なので発散項が含まれるが，上述の $E_{\mathrm{L}}, E_{\mathrm{H}}$ 内のフーリエ
成分の $\vec{G}=0$ 項に含まれる発散成分(無限系の電子-イオン，電子-電子の各静電相互
作用の発散項)と打ち消し合い，E_{tot} 全体では問題ない[56]．本節ではそれらを含め
て説明する．

(1)　Ewald 和

$\{\vec{R}\}$ の周期系の単位胞当たりの正イオン間クーロン相互作用の総和は

$$E_{\mathrm{I-J}} = \frac{e^2}{2}\sum_a\left\{\sum_{\vec{R}\neq 0}\frac{Z_a^2}{|\vec{R}|} + \sum_{a'\neq a}\sum_{\vec{R}}\frac{Z_a Z_{a'}}{|\vec{R}+\vec{t}_{a'}-\vec{t}_a|}\right\}$$

$$= \frac{e^2}{2}\sum_a Z_a^2\sum_{\vec{R}\neq 0}\frac{1}{|\vec{R}|} + \frac{e^2}{2}\sum_a\sum_{a'\neq a}Z_a Z_{a'}\sum_{\vec{R}}\frac{1}{|\vec{R}+\vec{r}_{aa'}|} \tag{8-8}$$

と表現できる．a, a' は単位胞内原子，Z_a, $Z_{a'}$ は正イオンのイオン価，

$$\vec{r}_{aa'} = \vec{t}_{a'} - \vec{t}_a$$

である．同値原子間と同値でない原子 a, a' 間の和で，単位胞を超えた距離が格子ベ
クトル $\vec{R}$ を加えて表現される．

　(8-8)式の $\sum_{\vec{R}\neq 0}\dfrac{1}{|\vec{R}|}$ と $\sum_{\vec{R}}\dfrac{1}{|\vec{R}+\vec{r}_{aa'}|}$ の和は，順に遠方の $\vec{R}$ を入れていくと，

寄与は r^{-1} で小さくなるが，その分，格子点数が r^2 で増え，和の収束は覚束ない．
そこで，Ewald 法により次式のように実格子と逆格子の和に変換すれば，原点周囲
の比較的短範囲の $\vec{R}, \vec{G}$ の和で収束する．

$$\sum_{\vec{R}\neq 0}\frac{1}{|\vec{R}|} = \sum_{\vec{R}\neq 0}\frac{\mathrm{erfc}[|\vec{R}|\gamma]}{|\vec{R}|} + \frac{\pi}{\gamma^2\Omega_{\mathrm{c}}}\sum_{\vec{G}\neq 0}\frac{\exp[-|\vec{G}|^2/4\gamma^2]}{|\vec{G}|^2/4\gamma^2}$$

$$- \frac{2\gamma}{\sqrt{\pi}} - \frac{\pi}{\gamma^2\Omega_{\mathrm{c}}} + \frac{4\pi}{\Omega_{\mathrm{c}}}\lim_{\vec{G}\to 0}|\vec{G}|^{-2} \tag{8-9}$$

$$\sum_{\vec{R}}\frac{1}{|\vec{R}+\vec{r}_{aa'}|}$$

8.2 Ewald 法と発散項の処理　127

$$
= \sum_{\vec{R}} \frac{\mathrm{erfc}[|\vec{R}+\vec{r}_{aa'}|\gamma]}{|\vec{R}+\vec{r}_{aa'}|} + \frac{\pi}{\gamma^2 \Omega_\mathrm{c}} \sum_{\vec{G}\neq 0} \exp[-i\vec{G}\cdot\vec{r}_{aa'}] \frac{\exp[-|\vec{G}|^2/4\gamma^2]}{|\vec{G}|^2/4\gamma^2}
$$

$$
- \frac{\pi}{\gamma^2 \Omega_\mathrm{c}} + \frac{4\pi}{\Omega_\mathrm{c}} \lim_{\vec{G}\to 0} |\vec{G}|^{-2}
\tag{8-10}
$$

erfc は補誤差関数

$$
\mathrm{erfc}[x] = \frac{2}{\sqrt{\pi}} \int_x^\infty e^{-t^2} dt
$$

である．$\dfrac{\mathrm{erfc}[r]}{r}, \dfrac{\exp[-g^2]}{g^2}$ の形の項は大きな r, g について急速に減少し，格子点が増える効果を凌駕して和が収束する．γ は収束が速くなるように適当に選ぶパラメータである．両式の変形の証明は，8.4 式の証明 (B) に示す．もともと (8-10) 式の導出の後，$\vec{r}_{aa'}\to 0$ の極限として (8-9) 式が導出される．

　(8-9) 式では $\vec{R}, \vec{G}$ の項の和が，(8-10) 式では $\vec{G}$ の項の和が，$\vec{R}=0$ や $\vec{G}=0$ の項を除いている．発散成分があるからである．その分，それらの項で $\vec{R}\to 0, \vec{G}\to 0$ とした極限の残留項，発散項が各式に追加されている．(8-9) 式の第 3, 4, 5 項，(8-10) 式の第 3, 4 項である（これらの導出も，8.4 式の証明 (B) 参照）．

　(8-9)，(8-10) 式を (8-8) 式の $E_{\mathrm{I-J}}$ に入れると $\dfrac{e^2}{2}\sum_a Z_a^2$ や $\dfrac{e^2}{2}\sum_a\sum_{a'\neq a} Z_a Z_{a'}$ を掛けた形の和になり，残留項，発散項もまとめて記すと次式になる．

$$
E_{\mathrm{I-J}} = \left(\frac{e^2}{2}\sum_a Z_a^2 \right)\left(\sum_{\vec{R}\neq 0} \frac{\mathrm{erfc}[|\vec{R}|\gamma]}{|\vec{R}|} + \frac{\pi}{\gamma^2 \Omega_\mathrm{c}} \sum_{\vec{G}\neq 0} \frac{\exp[-|\vec{G}|^2/4\gamma^2]}{|\vec{G}|^2/4\gamma^2} \right)
$$

$$
+ \frac{e^2}{2}\sum_a\sum_{a'\neq a} Z_a Z_{a'} \left(\sum_{\vec{R}} \frac{\mathrm{erfc}[|\vec{R}+\vec{r}_{aa'}|\gamma]}{|\vec{R}+\vec{r}_{aa'}|} \right.
$$

$$
\left. + \frac{\pi}{\gamma^2 \Omega_\mathrm{c}} \sum_{\vec{G}\neq 0} \exp[-i\vec{G}\cdot\vec{r}_{aa'}] \frac{\exp[-|\vec{G}|^2/4\gamma^2]}{|\vec{G}|^2/4\gamma^2} \right)
$$

$$
- \frac{e^2\gamma}{\sqrt{\pi}}\sum_a Z_a^2 - \frac{\pi e^2 N_\mathrm{c}^2}{2\gamma^2 \Omega_\mathrm{c}} + \frac{2\pi e^2 N_\mathrm{c}^2}{\Omega_\mathrm{c}} \lim_{\vec{G}\to 0} |\vec{G}|^{-2}
\tag{8-11}
$$

最後の行が残留項と発散項で，

$$
\sum_a Z_a = N_\mathrm{c}, \quad \sum_a Z_a^2 + \sum_a\sum_{a'\neq a} Z_a Z_{a'} = \sum_a\sum_{a'} Z_a Z_{a'} = N_\mathrm{c}^2
$$

の関係を使っている．N_c は単位胞 (スーパーセル) 当たりのイオン価総数 (価電子総

128　第8章　NCPP法での全エネルギーと原子に働く力の詳細

数). 正負のイオンを含む古典系では $N_c = 0$ なので発散項 $\dfrac{2\pi e^2 N_c^2}{\Omega_c} \lim\limits_{\vec{G} \to 0} |\vec{G}|^{-2}$ は消えるが, 第一原理計算の E_{I-J} は正イオン間のみで, 発散項は E_{I-J} 内に残る(後述のように E_L, E_H に関わる発散項と打ち消し合う).

(2)　発散項の処理

(a)　E_H 起源の発散項と残留項

(8-2), (8-6)式の E_L, E_H のフーリエ成分の積の和の $\vec{G} = 0$ 項が発散成分と残留成分を含むので, $\Omega_c \lim\limits_{\vec{G} \to 0} \{ V_{\text{local}}^{\text{PS}}(\vec{G}) \rho(-\vec{G}) \}$ と $2\pi e^2 \Omega_c \lim\limits_{\vec{G} \to 0} |\rho(\vec{G})|^2 / |\vec{G}|^2$ を検討する. $\rho(-\vec{G})$ は小さい $\vec{G}$ で $\rho(-\vec{G}) = N_c / \Omega_c + \beta |\vec{G}|^2 + (\text{高次項})$ と展開できる[56]. N_c / Ω_c は価電子の平均濃度, β は平均からの局所的なズレの効果に関する係数.

$2\pi e^2 \Omega_c \lim\limits_{\vec{G} \to 0} |\rho(\vec{G})|^2 / |\vec{G}|^2$ を先に扱う. 小さな $\vec{G}$ についての

$$|\rho(\vec{G})|^2 \approx N_c^2 / \Omega_c^2 + 2 N_c \beta |\vec{G}|^2 / \Omega_c + (|\vec{G}|^4 \text{以上の項})$$

の展開を代入し

$$\Omega_c \lim\limits_{\vec{G} \to 0} \left\{ \frac{2\pi e^2 |\rho(\vec{G})|^2}{|\vec{G}|^2} \right\} = \frac{2\pi e^2 N_c^2}{\Omega_c} \lim\limits_{\vec{G} \to 0} |\vec{G}|^{-2} + 4\pi e^2 N_c \beta \qquad (8\text{-}12)$$

となり, 発散項 $\dfrac{2\pi e^2 N_c^2}{\Omega_c} \lim\limits_{\vec{G} \to 0} |\vec{G}|^{-2}$ と残留項 $4\pi e^2 N_c \beta$ を持つ.

(b)　E_L 起源の発散項と残留項

一方, $\Omega_c \lim\limits_{\vec{G} \to 0} \{ V_{\text{local}}^{\text{PS}}(\vec{G}) \rho(-\vec{G}) \}$ のうち $\lim\limits_{\vec{G} \to 0} V_{\text{local}}^{\text{PS}}(\vec{G})$ は, (7-27)式から

$$\lim\limits_{\vec{G} \to 0} V_{\text{local}}^{\text{PS}}(\vec{G}) = \frac{1}{\Omega_c} \sum_a \lim\limits_{\vec{G} \to 0} V_{\text{local}}^a(\vec{G})$$

である. (7-28)式につき, $\lim\limits_{\vec{G} \to 0} V_{\text{local}}^a(\vec{G})$ の発散成分は, 原子の局所擬ポテンシャル $V_{\text{local}}^a(r)$ が r_c 外でクーロン形を持つことに起因する. $V_{\text{local}}^a(r)$ を長距離のクーロン形 $(-e^2 Z_a / r)$ と短範囲の残差

$$V_{\text{local}}^a(r) - (-e^2 Z_a / r)$$

に分け, (7-28)式の1行目

$$V_{\text{local}}^a(\vec{G}) = \int V_{\text{local}}^a(r) \exp[-i\vec{G} \cdot \vec{r}] d\vec{r} \quad (\text{積分範囲は全空間})$$

を考える.

短範囲の残差の積分は,$\vec{G}=0$ を入れ,極座標積分 $(r^2 \sin\theta \, dr d\theta d\phi)$ が

$$4\pi \int_0^\infty (V_{\text{local}}^a(r) - (-e^2 Z_a/r)) r^2 dr = \alpha_a$$

となる(α_a は残差の数値積分,4π は θ, ϕ の積分).

$$\lim_{\vec{G}\to 0} V_{\text{local}}^{\text{PS}}(\vec{G}) = \frac{1}{\Omega_c} \sum_a \lim_{\vec{G}\to 0} V_{\text{local}}^a(\vec{G})$$

への寄与は以下である.

$$\frac{1}{\Omega_c} \sum_a 4\pi \int_0^\infty (V_{\text{local}}^a(r) - (-e^2 Z_a/r)) r^2 dr = \frac{1}{\Omega_c} \sum_a \alpha_a \tag{8-13}$$

一方,長距離形 $(-e^2 Z_a/r)$ の寄与は,(7-28)式の1行目で $\vec{G}\neq 0$ のまま変形すると

$$\int (-e^2 Z_a/r) \exp[-i\vec{G}\cdot\vec{r}] d\vec{r} = -\frac{4\pi e^2 Z_a}{|\vec{G}|^2} \tag{8-14}$$

である.これは,クーロンポテンシャルのフーリエ変換として有名な式である(証明は,8.4 式の証明(C)参照).

(8-14)式の $\vec{G}\to 0$ の極限を考え,(8-13)式も加えると,$\displaystyle\lim_{\vec{G}\to 0} V_{\text{local}}^{\text{PS}}(\vec{G})$ は,以下の残留項と発散項となる.

$$\lim_{\vec{G}\to 0} V_{\text{local}}^{\text{PS}}(\vec{G}) = \frac{1}{\Omega_c} \sum_a \alpha_a - \frac{1}{\Omega_c} \lim_{\vec{G}\to 0} \sum_a \frac{4\pi e^2 Z_a}{|\vec{G}|^2} = \frac{1}{\Omega_c} \sum_a \alpha_a - \frac{4\pi e^2 N_c}{\Omega_c} \lim_{\vec{G}\to 0} |\vec{G}|^{-2} \tag{8-15}$$

$\sum_a Z_a = N_c$ を使っている.(8-15)式を

$$\rho(-\vec{G}) = N_c/\Omega_c + \beta|\vec{G}|^2 + (\text{高次項})$$

の展開と合わせて代入すると以下になる.

$$\Omega_c \lim_{\vec{G}\to 0} \{V_{\text{local}}^{\text{PS}}(\vec{G}) \rho(-\vec{G})\} = -\frac{4\pi e^2 N_c^2}{\Omega_c} \lim_{\vec{G}\to 0} |\vec{G}|^{-2} - 4\pi e^2 N_c \beta + \frac{N_c}{\Omega_c} \sum_a \alpha_a \tag{8-16}$$

発散項が $-\dfrac{4\pi e^2 N_c^2}{\Omega_c} \displaystyle\lim_{\vec{G}\to 0} |\vec{G}|^{-2}$,残留項が $-4\pi e^2 N_c \beta$,$\dfrac{N_c}{\Omega_c} \displaystyle\sum_a \alpha_a$ である.

(c) 全体の発散項と残留項の整理

(8-11)式の $E_{\text{I-J}}$ 内発散項

130　第8章　NCPP法での全エネルギーと原子に働く力の詳細

$$\frac{2\pi e^2 N_{\mathrm{c}}^2}{\Omega_{\mathrm{c}}} \lim_{\vec{G} \to 0} |\vec{G}|^{-2}$$

と，(8-12)，(8-16)式の E_{H}, E_{L} の $\vec{G}=0$ での発散項

$$\frac{2\pi e^2 N_{\mathrm{c}}^2}{\Omega_{\mathrm{c}}} \lim_{\vec{G} \to 0} |\vec{G}|^{-2}, \quad -\frac{4\pi e^2 N_{\mathrm{c}}^2}{\Omega_{\mathrm{c}}} \lim_{\vec{G} \to 0} |\vec{G}|^{-2}$$

の三つの総和がゼロになる．E_{H}, E_{L} の $\vec{G}=0$ での残留項の和は，$4\pi e^2 N_{\mathrm{c}} \beta$ の項が消え，(8-16)式の $\dfrac{N_{\mathrm{c}}}{\Omega_{\mathrm{c}}}\sum_a \alpha_a$ のみになる．

(8-11)式の $E_{\mathrm{I-J}}$ 内の残留項2項と(8-16)式の残留項 $\dfrac{N_{\mathrm{c}}}{\Omega_{\mathrm{c}}}\sum_a \alpha_a$ に留意しながら，$E_{\mathrm{I-J}}$ を含めた E_{tot} をまとめる．(8-11)式の $E_{\mathrm{I-J}}$ から発散項を除いたものを E_{Ewald} として

$$E_{\mathrm{Ewald}} = \left(\frac{e^2}{2}\sum_a Z_a^2\right)\left(\sum_{\vec{R}\neq 0} \frac{\mathrm{erfc}[|\vec{R}|\gamma]}{|\vec{R}|} + \frac{\pi}{\gamma^2 \Omega_{\mathrm{c}}}\sum_{\vec{G}\neq 0} \frac{\exp[-|\vec{G}|^2/4\gamma^2]}{|\vec{G}|^2/4\gamma^2}\right)$$

$$+ \frac{e^2}{2}\sum_a \sum_{a'\neq a} Z_a Z_{a'}\left(\sum_{\vec{R}} \frac{\mathrm{erfc}[|\vec{R}+\vec{r}_{aa'}|\gamma]}{|\vec{R}+\vec{r}_{aa'}|}\right.$$

$$\left. + \frac{\pi}{\gamma^2 \Omega_{\mathrm{c}}}\sum_{\vec{G}\neq 0} \exp[-i\vec{G}\cdot\vec{r}_{aa'}] \frac{\exp[-|\vec{G}|^2/4\gamma^2]}{|\vec{G}|^2/4\gamma^2}\right)$$

$$-\frac{e^2\gamma}{\sqrt{\pi}}\sum_a Z_a^2 - \frac{\pi e^2 N_{\mathrm{c}}^2}{2\gamma^2 \Omega_{\mathrm{c}}} \tag{8-17}$$

である（残留項二つ）．最終的に E_{tot} は次のようになる．

$$E_{\mathrm{tot}} = \sum_n^{\mathrm{occ}} \sum_{\vec{k}_i} w_{\vec{k}_i n} \sum_{\vec{G}} \frac{\hbar^2}{2m} |C_{\vec{k}_i+\vec{G}}^{\eta}|^2 |\vec{k}_i+\vec{G}|^2$$

$$+ \Omega_{\mathrm{c}}\sum_{\vec{G}\neq 0} V_{\mathrm{local}}^{\mathrm{PS}}(\vec{G})\rho(-\vec{G}) + \frac{N_{\mathrm{c}}}{\Omega_{\mathrm{c}}}\sum_a \alpha_a$$

$$+ \sum_n^{\mathrm{occ}} \sum_{\vec{k}_i} w_{\vec{k}_i n} \sum_a \sum_l C_{a,l}^{-1} \sum_{m=-l}^{+l} \left|\sum_{\vec{G}} C_{\vec{k}_i+\vec{G}}^{\eta} A_{a,lm}(\vec{k}_i+\vec{G})\right|^2$$

$$+ 2\pi e^2 \Omega_{\mathrm{c}}\sum_{\vec{G}\neq 0} |\rho(\vec{G})|^2/|\vec{G}|^2 + \Omega_{\mathrm{c}}\sum_{\vec{G}} \varepsilon_{xc}(\vec{G})\rho(-\vec{G}) + E_{\mathrm{Ewald}} \tag{8-18}$$

各エネルギー項は(8-1)～(8-3)，(8-6)，(8-7)式を使っている．E_{kin} 項，E_{NL} 項は占有状態の固有ベクトルの $\vec{k}$ 点の和（BZ内積分）と平面波基底の $\vec{G}$ の和である．$\vec{k}$ 点は対

称性を利用して既約領域に絞ってよい. E_L 項, E_H 項, E_{xc} 項はフーリエ級数展開の $\vec{G}$ 点の和である. 前二者は $\vec{G}=0$ の項を含まない. $\vec{G}=0$ 項に関わる発散項は, E_{I-J} 項内の発散項と打ち消し合い, 残留項は E_{I-J} 項起源以外は $\dfrac{N_c}{\Omega_c}\sum_a \alpha_a$ のみ.

第5,6章で扱った USPP 法, PAW 法でも, E_{tot} の各項が基本的に類似した逆空間表現で与えられるが[53], E_{NL} については様子がかなり異なる. E_{I-J} と E_H, E_L に関する発散成分, 残留成分の問題も同様に存在し, 同様の残留項が扱われる.

8.3 原子に働く力の計算法

(1) Hellmann-Feynman の定理

第一原理計算では, 原子に働く力は **Hellmann-Feynman 力**[60]と呼ばれ, 全エネルギー E_{tot} の原子の位置ベクトルによる微分に負符号をつけたものである. ここでは, NCPP 法や周期系に限らず, 密度汎関数理論の一般論を考える. E_{tot} を原子位置 $\{\vec{R}_a\}$ と占有された波動関数のセット $\{\phi_i\}$ の関数(汎関数)とみなせば, (2-2)～(2-4) 式から

$$E_{tot}[\{\vec{R}_a\}, \{\phi_i\}] = \sum_i^{occ} f_i \int \phi_i^*(\vec{r})\left(-\frac{\hbar^2}{2m}\nabla^2\right)\phi_i(\vec{r})\,d\vec{r} + \int V_I(\vec{r})\rho(\vec{r})\,d\vec{r}$$
$$+ \frac{e^2}{2}\iint \frac{\rho(\vec{r})\rho(\vec{r}')}{|\vec{r}-\vec{r}'|}\,d\vec{r}d\vec{r}' + E_{xc}[\{\phi_i\}] + E_{I-J} \tag{8-19}$$

$$\rho(\vec{r}) = \sum_i^{occ} f_i \phi_i^*(\vec{r})\phi_i(\vec{r}) \tag{8-20}$$

となる(f_i はスピン含めた占有数, occ は占有状態の和の意味). $V_I(\vec{r})$ は, 全系の原子からのポテンシャル(擬ポテンシャル)の和で, 簡単のため局所項の形で表している.

(8-20)式を踏まえながら, 具体的に(8-19)式の原子の位置ベクトルによる微分を考える. 原子位置に直接依存する項は $V_I(\vec{r})$ と E_{I-J} で, さらに $\phi_i(\vec{r}), \phi_i^*(\vec{r})$ の原子位置依存性について, E_{tot} の ϕ_i, ϕ_i^* による汎関数微分を通じて検討する.

$$\vec{F}_a = -\frac{\partial E_{tot}}{\partial \vec{R}_a}$$
$$= -\int \frac{\partial V_I(\vec{r})}{\partial \vec{R}_a}\rho(\vec{r})\,d\vec{r} - \frac{\partial E_{I-J}}{\partial \vec{R}_a} - \sum_i^{occ} f_i \int \frac{\delta E_{tot}}{\delta \phi_i^*}\frac{\partial \phi_i^*(\vec{r})}{\partial \vec{R}_a}\,d\vec{r}$$

132　第8章　NCPP 法での全エネルギーと原子に働く力の詳細

$$-\sum_i^{occ} f_i \int \frac{\delta E_{tot}}{\delta \psi_i} \frac{\partial \psi_i(\vec{r})}{\partial \vec{R}_a} d\vec{r}$$

$$= -\int \frac{\partial V_I(\vec{r})}{\partial \vec{R}_a} \rho(\vec{r}) d\vec{r} - \frac{\partial E_{I-J}}{\partial \vec{R}_a} - \sum_i^{occ} f_i \int \frac{\partial \psi_i^*(\vec{r})}{\partial \vec{R}_a} H \psi_i(\vec{r}) d\vec{r}$$

$$\quad - \sum_i^{occ} f_i \int \psi_i^*(\vec{r}) H \frac{\partial \psi_i(\vec{r})}{\partial \vec{R}_a} d\vec{r}$$

$$= -\int \frac{\partial V_I(\vec{r})}{\partial \vec{R}_a} \rho(\vec{r}) d\vec{r} - \frac{\partial E_{I-J}}{\partial \vec{R}_a} - \sum_i^{occ} f_i E_i \int \left\{ \frac{\partial \psi_i^*(\vec{r})}{\partial \vec{R}_a} \psi_i(\vec{r}) + \psi_i^*(\vec{r}) \frac{\partial \psi_i(\vec{r})}{\partial \vec{R}_a} \right\} d\vec{r}$$

$$= -\int \frac{\partial V_I(\vec{r})}{\partial \vec{R}_a} \rho(\vec{r}) d\vec{r} - \frac{\partial E_{I-J}}{\partial \vec{R}_a} - \sum_i^{occ} f_i E_i \frac{\partial}{\partial \vec{R}_a} \int \psi_i^*(\vec{r}) \psi_i(\vec{r}) d\vec{r} = \vec{F}_a^1 + \vec{F}_a^2$$

$$(8\text{-}21)$$

$\rho(\vec{r})$ の原子位置依存性は，(8-20)式より $\psi_i(\vec{r}), \psi_i^*(\vec{r})$ の依存性で扱っている．1行目の $V_I(\vec{r})$ と E_{I-J} の寄与以外は，(2-8)式の Kohn-Sham 方程式の導出過程を参考に $\delta E_{tot}/\delta\psi_i^* \times \partial\psi_i^*/\partial\vec{R}_a$，$\delta E_{tot}/\delta\psi_i \times \partial\psi_i/\partial\vec{R}_a$（$\rho$ 依存項は $\delta E_{tot}/\delta\rho \times \delta\rho/\delta\psi_i^* \times \partial\psi_i^*/\partial\vec{R}_a$ 等）である．Kohn-Sham 方程式の固有関数 ψ_i が $H\psi_i = E_i\psi_i$ を満たし，ψ_i^* も $\psi_i^* H = E_i \psi_i^*$ で，下から2行目の $E_i \int \left\{ \frac{\partial \psi_i^*(\vec{r})}{\partial \vec{R}_a} \psi_i(\vec{r}) + \psi_i^*(\vec{r}) \frac{\partial \psi_i(\vec{r})}{\partial \vec{R}_a} \right\} d\vec{r}$ が出てくる．規格化条件

$$\int \psi_i^*(\vec{r}) \psi_i(\vec{r}) d\vec{r} = 1 \quad \text{（定数）}$$

から，この微分項は消える．

　最終的に原子に働く力は，原子からのポテンシャルの和 $V_I(\vec{r})$ を原子位置で微分した項

$$\vec{F}_a^1 = -\int \frac{\partial V_I(\vec{r})}{\partial \vec{R}_a} \rho(\vec{r}) d\vec{r},$$

正イオン間静電相互作用 E_{I-J} を原子位置で微分した項

$$\vec{F}_a^2 = -\frac{\partial E_{I-J}}{\partial \vec{R}_a}$$

の2項のみ．E_{tot} の原子座標への直接依存項の微分のみで，$\rho(\vec{r})$ や $\psi_i(\vec{r})$ を通じた依存性は消えることを特に Hellmann-Feynman の定理と呼ぶ．応力（ストレス）テン

ソルの計算も同様の考え方で行われる(10.5節参照).

なお，USPP法，PAW法の場合，S演算子や補償電荷の原子位置依存性が加わり，複雑になる．10.7節で紹介する．

(2) NCPP法での原子に働く力

平面波基底のNCPP法における $\vec{F}_a^1, \vec{F}_a^2$ の具体的表式を考える．第一原理分子動力学法や構造最適化計算で頻繁に用いられる．周期セルの内部座標 $\vec{t}_a$ についての微分で，各周期セルの同じ原子の一斉の変位についてのエネルギー微分である．まず，$\vec{F}_a^2$ の方は，Ewald法(8-17)式の $\vec{r}_{aa'}(\vec{t}_a)$ 依存項の微分で次式になる．

$$
\vec{F}_a^2 = -\frac{\partial E_{\text{Ewald}}}{\partial \vec{t}_a}
$$

$$
= -\frac{e^2\pi}{\gamma^2\Omega_c} Z_a \sum_{a' \neq a} Z_{a'} \sum_{\vec{G} \neq 0} i\vec{G} \exp[-i\vec{G}\cdot\vec{r}_{aa'}] \frac{\exp[-|\vec{G}|^2/4\gamma^2]}{|\vec{G}|^2/4\gamma^2}
$$

$$
- e^2 Z_a \sum_{a' \neq a} Z_{a'} \sum_{\vec{R}} \frac{\vec{R}+\vec{r}_{aa'}}{|\vec{R}+\vec{r}_{aa'}|} \left\{ \frac{1}{|\vec{R}+\vec{r}_{aa'}|^2} \operatorname{erfc}(|\vec{R}+\vec{r}_{aa'}|\gamma) \right.
$$

$$
\left. + \frac{2\gamma}{\sqrt{\pi}} \frac{1}{|\vec{R}+\vec{r}_{aa'}|} \exp[-|\vec{R}+\vec{r}_{aa'}|^2\gamma^2] \right\}
$$

$$
\tag{8-22}
$$

$\vec{r}_{aa'} = \vec{t}_{a'} - \vec{t}_a, a, a'$ は単位胞(周期セル)内である．導出は，$\vec{r}_{a'a}$ の場合や $-\vec{G}, -\vec{R}$ の和にも留意し((8-17)式の係数1/2が消える)，また

$$
d\operatorname{erfc}(x)/dx = -2/\sqrt{\pi}\,e^{-x^2}
$$

を用いている．Ewald法と同様，パラメータ γ を適当に選べば比較的短範囲の $\vec{R}, \vec{G}$ の和で収束する．

$\vec{F}_a^1$ は，(8-2), (8-3)式の E_L, E_{NL} 内の $\vec{t}_a$ への直接依存項の微分で

$$
\vec{F}_a^1 = -\frac{\partial(E_L + E_{\text{NL}})}{\partial \vec{t}_a}
$$

$$
= \sum_{\vec{G} \neq 0} i\vec{G} \exp[-i\vec{G}\cdot\vec{t}_a] V_{\text{local}}^a(\vec{G})\rho(-\vec{G})
$$

$$
- \sum_n^{\text{occ}} \sum_{\vec{k}_i} w_{\vec{k}_i n} \sum_l C_{a,l}^{-1} \sum_{m=-l}^{+l} \left\{ \left(\sum_{\vec{G}} C_{\vec{k}_i+\vec{G}}^n A_{a,\,lm}(\vec{k}_i+\vec{G}) \right)^* \right.
$$

$$
\left. \times \left(\sum_{\vec{G}} i\vec{G} C_{\vec{k}_i+\vec{G}}^n A_{a,\,lm}(\vec{k}_i+\vec{G}) \right) + c.c. \right\} \tag{8-23}
$$

134　第8章　NCPP法での全エネルギーと原子に働く力の詳細

となる．自己無撞着な $\{C_{k+\vec{G}}^n\}$, $\rho(\vec{G})$ をそのまま入れれば計算できる．1項目が E_{L} の寄与で，(8-2)式の $V_{\mathrm{local}}^{\mathrm{PS}}(\vec{G})$ に含まれる $\exp[-i\vec{G}\cdot\vec{t}_a]$ 項の微分による ((7-27)式)．なお，(8-18)式のように $\vec{G}$ の和は $\vec{G}=0$ を含まない．

　(8-23)式の2項目が E_{NL}（分離型）の寄与で，$A_{a,lm}(\vec{k}_i+\vec{G})$ 内の $\exp[i\vec{G}\cdot\vec{t}_a]$ の微分による ((7-37)式)．この第2項の $\vec{k}_i$ 点の和は，実質上，既約領域の $\vec{k}_i$ 点に絞ることができる．これは，(7-16)式や(7-37)式の $A_{a,lm}(\vec{k}_i+\vec{G})$ 内の Y_{lm} や j_l の性質から，(8-4)式に似た次式が成り立つためである（S は点対称操作の行列，証明は，8.4 式の証明(D)参照）．

$$\sum_l C_{a,l}^{-1}\sum_{m=-l}^{+l}\Bigg\{\Bigg(\sum_{\vec{G}} C_{S\vec{k}_i+\vec{G}}^n A_{a,lm}(S\vec{k}_i+\vec{G})\Bigg)^*$$
$$\times\Bigg(\sum_{\vec{G}} i\vec{G}C_{S\vec{k}_i+\vec{G}}^n A_{a,lm}(S\vec{k}_i+\vec{G})\Bigg)+c.c.\Bigg\}$$
$$=S\sum_l C_{b,l}^{-1}\sum_{m=-l}^{+l}\Bigg\{\Bigg(\sum_{\vec{G}} C_{k_i+\vec{G}}^n A_{b,lm}(\vec{k}_i+\vec{G})\Bigg)^*$$
$$\times\Bigg(\sum_{\vec{G}} i\vec{G}C_{k_i+\vec{G}}^n A_{b,lm}(\vec{k}_i+\vec{G})\Bigg)+c.c.\Bigg\}\qquad(8\text{-}24)$$

(8-24)式の左辺は，(8-23)式の第2項の $\vec{k}_i$ 点の積算の部分を $S\vec{k}_i$ 点の積算に替えたものである．これは，右辺のように $\vec{k}_i$ 点の固有ベクトル $C_{k_i+\vec{G}}^n$ を用いた式に変形できる．ただし，$A_{a,lm}$, $C_{a,l}$ でなく $A_{b,lm}$ と $C_{b,l}$（a 原子に対称操作 $\{S|\vec{t}_S\}$ で移るセル内の同値原子 b のもの）を用いた表式になり，さらに最後に全体に行列 S を作用させる．

　こうして，①(8-23)式の第2項を既約領域内の $\vec{k}_i$ 点で計算し，積算したもの（$\vec{G}$ があるので三次元ベクトル）に，②(8-24)式の右辺に従って b 原子についての $A_{b,lm}$ に同じ $\vec{k}_i$ 点の固有ベクトルをかけ，$C_{b,l}^{-1}$ を使い，積算し（同じく三次元ベクトル），それに行列 S を施したもの（$S\vec{k}_i$ 点で①の演算を行ったものに相当）を，次々に（系のすべての対称操作の S で順に）足していけば，BZ 全体の $\vec{k}$ 点で計算したことになる．固有ベクトルは既約領域内の $\{C_{k_i+\vec{G}}^n\}$ だけを使うので，計算が簡略化される．

　一方，(8-24)式に関連して，反転対称性のない系でも時間反転対称から $\vec{k}_i$ と $-\vec{k}_i$ について，(8-5)式に似た以下の関係式が成り立つ（証明は，8.4 式の証明(D)）．

$$\sum_l C_{a,l}^{-1}\sum_{m=-l}^{+l}\Bigg\{\Bigg(\sum_{\vec{G}} C_{-k_i+\vec{G}}^n A_{a,lm}(-\vec{k}_i+\vec{G})\Bigg)^*$$

$$\times \left(\sum_{\vec{G}} i\vec{G} C^n_{-\vec{k}_i+\vec{G}} A_{a,lm}(-\vec{k}_i+\vec{G}) \right) + c.c. \Big\}$$

$$= \sum_l C^{-1}_{a,l} \sum_{m=-l}^{+l} \left\{ \left(\sum_{\vec{G}} C^n_{\vec{k}_i+\vec{G}} A_{a,lm}(\vec{k}_i+\vec{G}) \right)^* \right.$$

$$\left. \times \left(\sum_{\vec{G}} i\vec{G} C^n_{\vec{k}_i+\vec{G}} A_{a,lm}(\vec{k}_i+\vec{G}) \right) + c.c. \right\} \tag{8-25}$$

これから，(8-23)式の第2項の既約領域の $\vec{k}_i$ での積算は，$-\vec{k}_i$ による積算と同じであると言える（$-\vec{k}_i$ での積算は不要）．したがって，上記①，②の過程で利用する系の点対称操作の行列 S は既約領域を BZ の半分に広げるものだけで良い．

なお，(7-16)式で $\{C^n_{\vec{k}_i+\vec{G}}\}$ から $\{C^n_{S\vec{k}_i+\vec{G}}\}$ を組み立て，そのまま (8-23) 式の第2項を $A_{a,lm}(S\vec{k}_i+\vec{G})$ を使って実行する方法もあり得るが，$A_{a,lm}(S\vec{k}_i+\vec{G})$ を多くの S で準備する手間を考えると，本節で説明したように b 原子の $A_{b,lm}(\vec{k}_i+\vec{G})$ を扱うやり方のほうが全体では効率的な場合が多い．

以上，本章と第7章では，NCPP 法の逆空間表現の詳細を紹介した．実際のコードでの演算は，こうした逆空間表現の数式で最終的に行われる．USPP 法や PAW 法もそうである．後者の逆空間表現については，例えば香山[53] など参照のこと．

8.4 式の証明

(A) E_{NL} 計算での $\vec{k}_i$ 点抽出領域に関する (8-4)，(8-5) 式の証明

(8-4)式の左辺を変形していく．

$$\sum_a \sum_l C^{-1}_{a,l} \sum_{m=-l}^{+l} \left| \sum_{\vec{G}} C^n_{S\vec{k}_i+\vec{G}} A_{a,lm}(S\vec{k}_i+\vec{G}) \right|^2$$

$$= \sum_a \sum_l C^{-1}_{a,l} \sum_{m=-l}^{+l} \sum_{\vec{G}} \sum_{\vec{G}'} C^{n*}_{S\vec{k}_i+\vec{G}} C^n_{S\vec{k}_i+\vec{G}'} A_{a,lm}(S\vec{k}_i+\vec{G})^* A_{a,lm}(S\vec{k}_i+\vec{G}')$$

$$= \sum_a \sum_l C^{-1}_{a,l} \sum_{m=-l}^{+l} \sum_{\vec{G}} \sum_{\vec{G}'} C^{n*}_{\vec{k}_i+S^{-1}\vec{G}} C^n_{\vec{k}_i+S^{-1}\vec{G}'} e^{i(\vec{G}-\vec{G}')\cdot t_S}$$

$$\times A_{a,lm}(S\vec{k}_i+\vec{G})^* A_{a,lm}(S\vec{k}_i+\vec{G}') \tag{8-26}$$

S は点対称操作の行列，固有ベクトルの変形は (7-16) 式を使っている．ここで m の和は (7-37) 式の $A_{a,lm}$ の内部の Y_{lm} のみに関わり，

$$\sum_{m=-l}^{+l} Y^*_{lm}(\hat{r}_1) Y_{lm}(\hat{r}_2) = (2l+1) P_l(\cos\gamma)/4\pi$$

136　第8章　NCPP法での全エネルギーと原子に働く力の詳細

（加法定理[40]，P_l はルジャンドル多項式，γ は $\hat{r_1}, \hat{r_2}$ 間の方位差）

から，$\hat{r_1}, \hat{r_2}$ の両方に同じ回転をさせても m の和は不変なので

$$\sum_{m=-l}^{+l} A_{a,lm}(S\vec{k_i}+\vec{G})^* A_{a,lm}(S\vec{k_i}+\vec{G}')$$

$$= \sum_{m=-l}^{+l} Y_{lm}\widehat{(Sk_i+G)}\, Y_{lm}^*\widehat{(Sk_i+G')}\, e^{-i(\vec{G}-\vec{G}')\cdot t_a}$$

$$\times 4\pi\Omega_c^{-1/2}\int_0^{r_c} j_l(|S\vec{k_i}+\vec{G}|r)\Delta V_{a,l}^{\mathrm{NL}}(r) R_{a,l}^{\mathrm{PS}}(r) r^2 dr$$

$$\times 4\pi\Omega_c^{-1/2}\int_0^{r_c} j_l(|S\vec{k_i}+\vec{G}'|r)\Delta V_{a,l}^{\mathrm{NL}}(r) R_{a,l}^{\mathrm{PS}}(r) r^2 dr$$

$$= e^{-iS^{-1}(\vec{G}-\vec{G}')\cdot S^{-1}t_a}\sum_{m=-l}^{+l} Y_{lm}\widehat{(k_i+S^{-1}G)}\, Y_{lm}^*\widehat{(k_i+S^{-1}G')}$$

$$\times 4\pi\Omega_c^{-1/2}\int_0^{r_c} j_l(|\vec{k_i}+S^{-1}\vec{G}|r)\Delta V_{a,l}^{\mathrm{NL}}(r) R_{a,l}^{\mathrm{PS}}(r) r^2 dr$$

$$\times 4\pi\Omega_c^{-1/2}\int_0^{r_c} j_l(|\vec{k_i}+S^{-1}\vec{G}'|r)\Delta V_{a,l}^{\mathrm{NL}}(r) R_{a,l}^{\mathrm{PS}}(r) r^2 dr$$

である．ここで，

$$|S\vec{k_i}+\vec{G}| = |\vec{k_i}+S^{-1}\vec{G}|$$

および内積の等式

$$\vec{G}\cdot\vec{t_a} = S^{-1}\vec{G}\cdot S^{-1}\vec{t_a}$$

を使っている．これに(8-26)式の固有ベクトル部分をつけ，exp項を整理すると

$$C_{k_i+S^{-1}G}^{n*}\, C_{k_i+S^{-1}G'}^{n}\, e^{i(\vec{G}-\vec{G}')\cdot t_S}\sum_{m=-l}^{+l} A_{a,lm}(S\vec{k_i}+\vec{G})^* A_{a,lm}(S\vec{k_i}+\vec{G}')$$

$$= C_{k_i+S^{-1}G}^{n*}\, C_{k_i+S^{-1}G'}^{n}\, e^{iS^{-1}(\vec{G}-\vec{G}')\cdot S^{-1}t_S}e^{-iS^{-1}(\vec{G}-\vec{G}')\cdot S^{-1}t_a}$$

$$\times \sum_{m=-l}^{+l} Y_{lm}\widehat{(k_i+S^{-1}G)}\, Y_{lm}^*\widehat{(k_i+S^{-1}G')}$$

$$\times 4\pi\Omega_c^{-1/2}\int_0^{r_c} j_l(|\vec{k_i}+S^{-1}\vec{G}|r)\Delta V_{a,l}^{\mathrm{NL}}(r) R_{a,l}^{\mathrm{PS}}(r) r^2 dr$$

$$\times 4\pi\Omega_c^{-1/2}\int_0^{r_c} j_l(|\vec{k_i}+S^{-1}\vec{G}'|r)\Delta V_{a,l}^{\mathrm{NL}}(r) R_{a,l}^{\mathrm{PS}}(r) r^2 dr$$

$$= C_{k_i+S^{-1}G}^{n*}\, C_{k_i+S^{-1}G'}^{n}\, e^{-iS^{-1}\vec{G}\cdot S^{-1}(t_a-t_S)}e^{iS^{-1}\vec{G}'\cdot S^{-1}(t_a-t_S)}$$

$$\times \sum_{m=-l}^{+l} Y_{lm}\widehat{(k_i+S^{-1}G)}\, Y_{lm}^*\widehat{(k_i+S^{-1}G')}$$

$$\times 4\pi\Omega_c^{-1/2}\int_0^{r_c} j_l(|\vec{k_i}+S^{-1}\vec{G}|r)\Delta V_{a,l}^{\mathrm{NL}}(r) R_{a,l}^{\mathrm{PS}}(r) r^2 dr$$

$$\times 4\pi\Omega_c^{-1/2}\int_0^{r_c} j_l(|\vec{k_i}+S^{-1}\vec{G}'|r)\Delta V_{a,l}^{\mathrm{NL}}(r) R_{a,l}^{\mathrm{PS}}(r) r^2 dr$$

$$
= C_{\vec{k}_i + S^{-1}\vec{G}}^{n*} \, C_{\vec{k}_i + S^{-1}\vec{G}'}^{n} \, e^{-iS^{-1}\vec{G}\cdot\,\hat{t}_b} e^{iS^{-1}\vec{G}'\cdot\,\hat{t}_b}
$$

$$
\times \sum_{m=-l}^{+l} Y_{lm}\widehat{(\vec{k}_i + S^{-1}\vec{G})}\, Y_{lm}^*\widehat{(\vec{k}_i + S^{-1}\vec{G}')}
$$

$$
\times 4\pi\Omega_{\mathrm{c}}^{-1/2} \int_0^{r_c} j_l(|\vec{k}_i + S^{-1}\vec{G}|r)\Delta V_{b,l}^{\mathrm{NL}}(r) R_{b,l}^{\mathrm{PS}}(r)\, r^2 dr
$$

$$
\times 4\pi\Omega_{\mathrm{c}}^{-1/2} \int_0^{r_c} j_l(|\vec{k}_i + S^{-1}\vec{G}'|r)\Delta V_{b,l}^{\mathrm{NL}}(r) R_{b,l}^{\mathrm{PS}}(r)\, r^2 dr
$$

$$
= C_{\vec{k}_i + S^{-1}\vec{G}}^{n*} \, C_{\vec{k}_i + S^{-1}\vec{G}'}^{n} \sum_{m=-l}^{+l} A_{b,lm}(\vec{k}_i + S^{-1}\vec{G})^* A_{b,lm}(\vec{k}_i + S^{-1}\vec{G}') \tag{8-27}
$$

ここで,

$$
\hat{t}_b = S^{-1}(\hat{t}_a - \hat{t}_S) = \{S\,|\,\hat{t}_S\}^{-1}\hat{t}_a
$$

で, 単位胞内 a 原子に対称操作 $\{S\,|\,\hat{t}_S\}$ で移る b 原子の内部位置ベクトルである. 同じ元素なので非局所擬ポテンシャルと擬動径波動関数は共通で, $\hat{t}_b$ を含んで $A_{b,lm}$ で表現できる. $\vec{G}, \vec{G}'$ はすべて $S^{-1}\vec{G}$, $S^{-1}\vec{G}'$ に替わる.

(8-27)式の最終形を(8-26)式の最終形の $a, l, \vec{G}, \vec{G}'$ の和に入れる. $\{\vec{G}\}$ は S で一対一に移るので, $S^{-1}\vec{G}, S^{-1}\vec{G}'$ の和は $\vec{G}, \vec{G}'$ の和であり, 同様に a 原子の和も b 原子の和もセル内全原子の和なので同じで, また同種元素なので $C_{a,l} = C_{b,l}$ である. 結局, (8-26)式((8-4)式)の左辺は次式になる.

$$
\sum_a \sum_l C_{a,l}^{-1} \sum_{m=-l}^{+l} \left| \sum_{\vec{G}} C_{S\vec{k}_i + \vec{G}}^n A_{a,lm}(S\vec{k}_i + \vec{G}) \right|^2
$$

$$
= \sum_a \sum_l C_{b,l}^{-1} \sum_{m=-l}^{+l} \sum_{\vec{G}} \sum_{\vec{G}'} C_{\vec{k}_i + S^{-1}\vec{G}}^{n*} C_{\vec{k}_i + S^{-1}\vec{G}'}^{n}
$$

$$
\times A_{b,lm}(\vec{k}_i + S^{-1}\vec{G})^* A_{b,lm}(\vec{k}_i + S^{-1}\vec{G}')
$$

$$
= \sum_a \sum_l C_{a,l}^{-1} \sum_{m=-l}^{+l} \left| \sum_{\vec{G}} C_{\vec{k}_i + \vec{G}}^n A_{a,lm}(\vec{k}_i + \vec{G}) \right|^2 \tag{8-28}
$$

最終形は(8-4)式の右辺である. (証明終わり)

次に反転対称性がない系でも時間反転対称から(8-5)式

$$
\sum_{m=-l}^{+l} \left| \sum_{\vec{G}} C_{-\vec{k}_i + \vec{G}}^n A_{a,lm}(-\vec{k}_i + \vec{G}) \right|^2 = \sum_{m=-l}^{+l} \left| \sum_{\vec{G}} C_{\vec{k}_i + \vec{G}}^n A_{a,lm}(\vec{k}_i + \vec{G}) \right|^2
$$

が成り立つことを示す.

左辺の $\vec{G}$ の和の部分について, (7-12), (7-37)式から

$$
\sum_{\vec{G}} C_{-\vec{k}_i + \vec{G}}^n A_{a,lm}(-\vec{k}_i + \vec{G})
$$

$$
= \sum_{\vec{G}} C_{\vec{k}_i - \vec{G}}^{n*} \exp[i\vec{G}\cdot\hat{t}_a] 4\pi\Omega_{\mathrm{c}}^{-1/2} Y_{lm}^* \widehat{(-\vec{k}_i + \vec{G})}
$$

138　　第 8 章　NCPP 法での全エネルギーと原子に働く力の詳細

$$\times \int_0^{r_c} j_l(|-\vec{k}_i+\vec{G}|r)\Delta V_{a,l}^{\mathrm{NL}}(r)R_{a,l}^{\mathrm{PS}}(r)r^2 dr$$

$$= \sum_{\vec{G}} C_{\vec{k}_i-\vec{G}}^{n*}\exp[-i(-\vec{G})\cdot\vec{t}_a]4\pi\Omega_c^{-1/2}(-1)^m(-1)^l Y_{l,-m}(\widehat{\vec{k}_i-\vec{G}})$$

$$\times \int_0^{r_c} j_l(|\vec{k}_i-\vec{G}|r)\Delta V_{a,l}^{\mathrm{NL}}(r)R_{a,l}^{\mathrm{PS}}(r)r^2 dr$$

ここで,

$$Y_{lm}^*(\hat{r}) = (-1)^m Y_{l,-m}(\hat{r}), \quad Y_{lm}(\widehat{-r}) = (-1)^l Y_{lm}(\hat{r})$$

の関係[40]を使っている（$\widehat{-r}$ は方位の反転）. $\vec{G}$ の和を $-\vec{G}$ の和に変える.

$$与式 = (-1)^m(-1)^l \sum_{-\vec{G}} C_{\vec{k}_i+\vec{G}}^{n*}(\exp[i\vec{G}\cdot\vec{t}_a])^*4\pi\Omega_c^{-1/2}(Y_{l,-m}^*(\widehat{\vec{k}_i+\vec{G}}))^*$$

$$\times \int_0^{r_c} j_l(|\vec{k}_i+\vec{G}|r)\Delta V_{a,l}^{\mathrm{NL}}(r)R_{a,l}^{\mathrm{PS}}(r)r^2 dr$$

$$= (-1)^m(-1)^l \sum_{\vec{G}} C_{\vec{k}_i+\vec{G}}^{n*}A_{a,l,-m}(\vec{k}_i+\vec{G})^*$$

まとめると

$$\sum_{\vec{G}} C_{-\vec{k}_i+\vec{G}}^n A_{a,lm}(-\vec{k}_i+\vec{G}) = (-1)^m(-1)^l\sum_{\vec{G}} C_{\vec{k}_i+\vec{G}}^{n*}A_{a,l,-m}(\vec{k}_i+\vec{G})^* \quad (8\text{-}29)$$

である.（8-5）式の左辺は, この（8-29）式の最終形の絶対値の二乗を m の和に入れたもので, 次式になる.

$$\sum_{m=-l}^{+l}\left|(-1)^m(-1)^l\sum_{\vec{G}} C_{\vec{k}_i+\vec{G}}^{n*}A_{a,l,-m}(\vec{k}_i+\vec{G})^*\right|^2$$

$$= \sum_{m=-l}^{+l}\left|\sum_{\vec{G}} C_{\vec{k}_i+\vec{G}}^n A_{a,l,-m}(\vec{k}_i+\vec{G})\right|^2$$

$$= \sum_{m=-l}^{+l}\left|\sum_{\vec{G}} C_{\vec{k}_i+\vec{G}}^n A_{a,lm}(\vec{k}_i+\vec{G})\right|^2$$

これは証明すべき（8-5）式の右辺である.　　　　　　　　　　　　（証明終わり）

(B) Ewald 法の (8-9), (8-10) 式の導出

Ewald 法の（8-10）式,（8-9）式をこの順に導出する. まず, 次の関数を考える.

$$F(\hat{r},t) = \frac{2}{\sqrt{\pi}}\sum_{\vec{R}} e^{-|\vec{R}-\hat{r}|^2 t^2} \tag{8-30}$$

周期系の格子ベクトル $\vec{R}$ の総和で, 格子周期関数である. この関数の逆格子ベクトル・フーリエ級数展開 $\sum_{\vec{G}} F(\vec{G})e^{i\vec{G}\cdot\hat{r}}$ は,（7-2）式よりフーリエ係数が以下で与えられる.

$$F(\vec{G}) = \frac{1}{\Omega_c} \int_{\Omega_c} F(\vec{r},t) e^{-i\vec{G}\cdot\vec{r}} d\vec{r} = \frac{2}{\sqrt{\pi}\,\Omega_c} \int_{\Omega_c} \sum_{\vec{R}} e^{-|\vec{R}-\vec{r}|^2 t^2} e^{-i\vec{G}\cdot\vec{r}} d\vec{r}$$

$$= \frac{2}{\sqrt{\pi}\,\Omega_c} \int_{\Omega_c} \sum_{\vec{R}} e^{-|\vec{R}-\vec{r}|^2 t^2} e^{-i\vec{G}\cdot(\vec{r}-\vec{R})} d\vec{r} = \frac{2}{\sqrt{\pi}\,\Omega_c} \int_{\Omega} e^{-|\vec{r}|^2 t^2} e^{-i\vec{G}\cdot\vec{r}} d\vec{r} \quad (8\text{-}31)$$

(3-3)式の $\vec{G}\cdot\vec{R} = 2\pi \times$ 整数を使っている. 最後の形は, 各 $\vec{R}$ からの中心の単位胞 Ω_c の積分の総和を原点からの結晶全体 Ω(事実上, 全空間)の積分に替えている. 最終形の全空間積分は, $\vec{G}$ 方向を z 軸とする極座標積分で

$$\int_{\Omega} e^{-|\vec{r}|^2 t^2} e^{-i\vec{G}\cdot\vec{r}} d\vec{r} = \iiint e^{-r^2 t^2} e^{-i|\vec{G}|r\cos\theta} r^2 \sin\theta \, dr d\theta d\phi$$

$$= 2\pi \iint e^{-r^2 t^2} e^{i|\vec{G}|r\omega} r^2 dr d\omega = 2\pi \int_0^\infty e^{-r^2 t^2} r^2 \left[\frac{e^{i|\vec{G}|r\omega}}{i|\vec{G}|r} \right]_{\omega=-1}^{\omega=1} dr$$

$$= 2\pi \int_0^\infty e^{-r^2 t^2} r^2 \frac{2\sin(|\vec{G}|r)}{|\vec{G}|r} dr = \frac{4\pi}{|\vec{G}|} \int_0^\infty r e^{-r^2 t^2} \sin(|\vec{G}|r) \, dr$$

$$= \frac{4\pi}{|\vec{G}|} \left\{ \left[-\frac{e^{-r^2 t^2}}{2t^2} \sin(|\vec{G}|r) \right]_{r=0}^{r=\infty} + \frac{|\vec{G}|}{2t^2} \int_0^\infty e^{-r^2 t^2} \cos(|\vec{G}|r) \, dr \right\}$$

$$= \frac{2\pi}{t^2} \int_0^\infty e^{-r^2 t^2} \cos(|\vec{G}|r) \, dr = \frac{2\pi}{t^2} \frac{\sqrt{\pi}}{2t} e^{-|\vec{G}|^2/4t^2} = \frac{\pi^{3/2}}{t^3} e^{-|\vec{G}|^2/4t^2}$$

$$(8\text{-}32)$$

となる. 極座標の積分は $\theta = 0 \sim \pi$, $\phi = 0 \sim 2\pi$, $r = 0 \sim \infty$ で,

$$\omega = -\cos\theta, \quad d\omega = \sin\theta d\theta$$

の変数変換を行っている. 最後から2行目は部分積分で, 左の項はゼロ. 最終行は

$$\int_0^\infty e^{-a^2 x^2} \cos(bx) \, dx = \frac{\sqrt{\pi}}{2a} e^{-b^2/4a^2}$$

の数学公式[39]を用いている. (8-31), (8-32)式から

$$F(\vec{G}) = \frac{2\pi}{\Omega_c t^3} e^{-|\vec{G}|^2/4t^2} \tag{8-33}$$

である. (8-30)式と組み合わせて以下になる.

$$F(\vec{r},t) = \frac{2}{\sqrt{\pi}} \sum_{\vec{R}} e^{-|\vec{R}-\vec{r}|^2 t^2} = \frac{2\pi}{\Omega_c} \sum_{\vec{G}} \frac{1}{t^3} e^{-|\vec{G}|^2/4t^2} e^{i\vec{G}\cdot\vec{r}} \tag{8-34}$$

一方, 上記の数学公式において $a = r$, $b = 0$, $x = t$ とすると

$$\int_0^\infty e^{-r^2 t^2} dt = \frac{\sqrt{\pi}}{2r}$$

140　第8章　NCPP法での全エネルギーと原子に働く力の詳細

であり,

$$\frac{1}{r} = \frac{2}{\sqrt{\pi}} \int_0^\infty e^{-r^2 t^2} dt$$

となる. ここで, r に $|\vec{R} - \vec{r}|$ を入れ, $\vec{R}$ の和を取ると (8-30) 式が現れ, 次式になる.

$$
\begin{aligned}
\sum_{\vec{R}} \frac{1}{|\vec{R} - \vec{r}|} &= \sum_{\vec{R}} \frac{2}{\sqrt{\pi}} \int_0^\infty e^{-|\vec{R} - \vec{r}|^2 t^2} dt \\
&= \sum_{\vec{R}} \frac{2}{\sqrt{\pi}} \int_0^\gamma e^{-|\vec{R} - \vec{r}|^2 t^2} dt + \sum_{\vec{R}} \frac{2}{\sqrt{\pi}} \int_\gamma^\infty e^{-|\vec{R} - \vec{r}|^2 t^2} dt \\
&= \frac{2\pi}{\Omega_c} \sum_{\vec{G}} e^{i\vec{G} \cdot \vec{r}} \int_0^\gamma \frac{1}{t^3} e^{-|\vec{G}|^2/4t^2} dt + \sum_{\vec{R}} \frac{\mathrm{erfc}[|\vec{R} - \vec{r}|\gamma]}{|\vec{R} - \vec{r}|} \\
&= \frac{2\pi}{\Omega_c} \sum_{\vec{G}} e^{i\vec{G} \cdot \vec{r}} \left[\frac{2e^{-|\vec{G}|^2/4t^2}}{|\vec{G}|^2} \right]_{t=0}^{t=\gamma} + \sum_{\vec{R}} \frac{\mathrm{erfc}[|\vec{R} - \vec{r}|\gamma]}{|\vec{R} - \vec{r}|} \\
&= \frac{\pi}{\gamma^2 \Omega_c} \sum_{\vec{G}} e^{i\vec{G} \cdot \vec{r}} \frac{\exp[-|\vec{G}|^2/4\gamma^2]}{|\vec{G}|^2/4\gamma^2} + \sum_{\vec{R}} \frac{\mathrm{erfc}[|\vec{R} - \vec{r}|\gamma]}{|\vec{R} - \vec{r}|} \quad \text{(8-35)}
\end{aligned}
$$

2行目で t による積分の範囲を分ける. 3行目で, 第1項の $t=0$ から γ までの積分の被積分関数を (8-34) 式のフーリエ級数展開に替える. 第2項の $t = \gamma$ から ∞ の積分は補誤差関数

$$\mathrm{erfc}[x] = \frac{2}{\sqrt{\pi}} \int_x^\infty e^{-t^2} dt$$

で表せる. 4行目の第1項で, t の積分を実行.

この (8-35) 式の最終形の第1項の $\vec{G}$ での和は, $\vec{G} = 0$ の項が発散成分を持つので, これだけ取り出して検討する. 小さい $\vec{G}$ での展開

$$\exp[-|\vec{G}|^2/4\gamma^2] \approx 1 - |\vec{G}|^2/4\gamma^2$$

を使うと

$$
\begin{aligned}
\frac{\pi}{\gamma^2 \Omega_c} \lim_{\vec{G} \to 0} e^{i\vec{G} \cdot \vec{r}} \frac{\exp[-|\vec{G}|^2/4\gamma^2]}{|\vec{G}|^2/4\gamma^2} &= \frac{\pi}{\gamma^2 \Omega_c} \lim_{\vec{G} \to 0} \left(\frac{1}{|\vec{G}|^2/4\gamma^2} - 1 \right) \\
&= \frac{4\pi}{\Omega_c} \lim_{\vec{G} \to 0} \frac{1}{|\vec{G}|^2} - \frac{\pi}{\gamma^2 \Omega_c} \quad \text{(8-36)}
\end{aligned}
$$

となる. (8-35) 式に入れると次式になる.

$$\sum_{\vec{R}} \frac{1}{|\vec{R} - \vec{r}|} = \frac{\pi}{\gamma^2 \Omega_c} \sum_{\vec{G} \neq 0} e^{i\vec{G} \cdot \vec{r}} \frac{\exp[-|\vec{G}|^2/4\gamma^2]}{|\vec{G}|^2/4\gamma^2} + \sum_{\vec{R}} \frac{\mathrm{erfc}[|\vec{R} - \vec{r}|\gamma]}{|\vec{R} - \vec{r}|}$$

$$-\frac{\pi}{\gamma^2 \Omega_c} + \frac{4\pi}{\Omega_c} \lim_{\vec{G} \to 0} |\vec{G}|^{-2} \tag{8-37}$$

この式の $\vec{r}$ を $-\vec{r}_{aa'}$ に替えれば，(8-10)式になる． (証明終わり)

次に (8-9)式を証明するため，(8-37)式において $\vec{r} \to 0$ を考える．(8-37)式の左辺の $\dfrac{1}{|\vec{R}-\vec{r}|}$ と右辺第 2 項の $\dfrac{\mathrm{erfc}[|\vec{R}-\vec{r}|\gamma]}{|\vec{R}-\vec{r}|}$ の $\vec{R}$ の和で $\vec{R}=0$ 項が $\vec{r} \to 0$ で発散するので，$1/|\vec{r}|$ と $\mathrm{erfc}[|\vec{r}|\gamma]/|\vec{r}|$ として取り出し，$1/|\vec{r}|$ を右辺に移し，$|\vec{r}|$ を r に変えると $\dfrac{\mathrm{erfc}(r\gamma)-1}{r}$ である．これの $r \to 0$ の極限を考えると

$$\sum_{\vec{R} \neq 0} \frac{1}{|\vec{R}|} = \frac{\pi}{\gamma^2 \Omega_c} \sum_{\vec{G} \neq 0} \frac{\exp[-|\vec{G}|^2/4\gamma^2]}{|\vec{G}|^2/4\gamma^2} + \sum_{\vec{R} \neq 0} \frac{\mathrm{erfc}[|\vec{R}|\gamma]}{|\vec{R}|}$$
$$+ \lim_{r \to 0} \frac{\mathrm{erfc}(r\gamma)-1}{r} - \frac{\pi}{\gamma^2 \Omega_c} + \frac{4\pi}{\Omega_c} \lim_{\vec{G} \to 0} |\vec{G}|^{-2} \tag{8-38}$$

となる．右辺第 3 項は，以下のように変形される．

$$\lim_{r \to 0} \frac{\mathrm{erfc}(r\gamma)-1}{r} = \frac{2}{\sqrt{\pi}} \lim_{r \to 0} \frac{\int_{r\gamma}^{\infty} e^{-t^2} dt - \int_0^{\infty} e^{-t^2} dt}{r} = -\frac{2}{\sqrt{\pi}} \lim_{r \to 0} \frac{\int_0^{r\gamma} e^{-t^2} dt}{r}$$
$$= -\frac{2}{\sqrt{\pi}} \lim_{r \to 0} \frac{\gamma e^{-r^2\gamma^2}}{1} = -\frac{2\gamma}{\sqrt{\pi}} \tag{8-39}$$

ここでは，

$$\mathrm{erfc}[x] = \frac{2}{\sqrt{\pi}} \int_x^{\infty} e^{-t^2} dt, \quad \mathrm{erfc}[0] = \frac{2}{\sqrt{\pi}} \int_0^{\infty} e^{-t^2} dt = 1$$

を使用し，最後の変形は分子と分母を r で微分している．(8-38), (8-39)式から

$$\sum_{\vec{R} \neq 0} \frac{1}{|\vec{R}|} = \frac{\pi}{\gamma^2 \Omega_c} \sum_{\vec{G} \neq 0} \frac{\exp[-|\vec{G}|^2/4\gamma^2]}{|\vec{G}|^2/4\gamma^2} + \sum_{\vec{R} \neq 0} \frac{\mathrm{erfc}[|\vec{R}|\gamma]}{|\vec{R}|} - \frac{2\gamma}{\sqrt{\pi}}$$
$$- \frac{\pi}{\gamma^2 \Omega_c} + \frac{4\pi}{\Omega_c} \lim_{\vec{G} \to 0} |\vec{G}|^{-2} \tag{8-40}$$

となる．この式は (8-9)式にほかならない． (証明終わり)

(C) クーロンポテンシャル形のフーリエ変換 (8-14)式の証明

(8-14)式の導出を説明する．一般の波数ベクトルを $\vec{q}$ として

142 第8章 NCPP法での全エネルギーと原子に働く力の詳細

$$\int (-e^2 Z_a / r) \exp[-i\vec{q} \cdot \vec{r}] d\vec{r} = -\frac{4\pi e^2 Z_a}{|\vec{q}|^2} \tag{8-41}$$

の証明である. 格子周期関数ではないので, 積分は全空間である. クーロン形の積分は, 長距離で問題が生じる可能性があるので, K を正の定数として, e^{-Kr} を掛けた関数 $(-e^2 Z_a / r) e^{-Kr}$ を扱い, 後で $K \to 0+$ を実行する(7.7 式の証明, 参照). $\vec{q}$ を z 軸とする極座標積分で

$$\int \left(-\frac{e^2 Z_a}{r}\right) e^{-Kr} \exp[-i\vec{q} \cdot \vec{r}] d\vec{r}$$

$$= -e^2 Z_a \iiint \frac{e^{-Kr}}{r} \exp[-i|\vec{q}|r\cos\theta] r^2 \sin\theta \, dr d\theta d\phi$$

$$= -2\pi e^2 Z_a \iint r e^{-Kr} \exp[i|\vec{q}|r\omega] dr d\omega$$

$$= -2\pi e^2 Z_a \int_0^\infty r e^{-Kr} \left[\frac{\exp[i|\vec{q}|r\omega]}{i|\vec{q}|r}\right]_{\omega=-1}^{\omega=1} dr$$

$$= -\frac{4\pi e^2 Z_a}{|\vec{q}|} \int_0^\infty e^{-Kr} \sin(|\vec{q}|r) \, dr$$

$$= -\frac{4\pi e^2 Z_a}{|\vec{q}|} \left\{\left[\frac{e^{-Kr}\cos(|\vec{q}|r)}{-|\vec{q}|}\right]_0^\infty - K\int_0^\infty \frac{e^{-Kr}\cos(|\vec{q}|r)}{|\vec{q}|} dr\right\}$$

$$= -\frac{4\pi e^2 Z_a}{|\vec{q}|} \left\{\frac{1}{|\vec{q}|} - K\int_0^\infty \frac{e^{-Kr}\cos(|\vec{q}|r)}{|\vec{q}|} dr\right\} \tag{8-42}$$

極座標積分は $\theta = 0 \sim \pi$, $\phi = 0 \sim 2\pi$, $r = 0 \sim \infty$ で,

$$\omega = -\cos\theta, \quad d\omega = \sin\theta d\theta$$

の変数変換を行っている. 最終行で $K \to 0+$ で第2項が消え, $-\dfrac{4\pi e^2 Z_a}{|\vec{q}|^2}$ となる.

これは(8-41)式である. （証明終わり）

(D) E_{NL} 起源の原子に働く力での $\vec{k}_i$ 点抽出領域に関する(8-24), (8-25)式の証明

(8-24)式の左辺は

$$\sum_l C_{a,l}^{-1} \sum_{m=-l}^{+l} \left\{\left(\sum_{\vec{G}} C_{S\vec{k}_i+\vec{G}}^n A_{a,lm}(S\vec{k}_i + \vec{G})\right)^*\right.$$

$$\times \left(\sum_{\vec{G}} i\vec{G} C^n_{S\vec{k}_i+\vec{G}} A_{a,lm}(S\vec{k}_i+\vec{G}) \right) + c.c. \Bigg\}$$

である．S は点対称操作の行列である．m についての和の部分だけを取り出し，複素共役の $c.c.$ も後で加えるとして，下式の変形を進める．

$$\sum_{m=-l}^{+l} \left(\sum_{\vec{G}} C^n_{S\vec{k}_i+\vec{G}} A_{a,lm}(S\vec{k}_i+\vec{G}) \right)^* \left(\sum_{\vec{G}} i\vec{G} C^n_{S\vec{k}_i+\vec{G}} A_{a,lm}(S\vec{k}_i+\vec{G}) \right) \quad (8\text{-}43)$$

与式 $= \sum_{\vec{G}}\sum_{\vec{G}'} C^{n*}_{S\vec{k}_i+\vec{G}} i\vec{G}' C^n_{S\vec{k}_i+\vec{G}'} \sum_{m=-l}^{+l} A_{a,lm}(S\vec{k}_i+\vec{G})^* A_{a,lm}(S\vec{k}_i+\vec{G}')$

$= \sum_{\vec{G}}\sum_{\vec{G}'} i\vec{G}' C^{n*}_{\vec{k}_i+S^{-1}\vec{G}} C^n_{\vec{k}_i+S^{-1}\vec{G}'} e^{i(\vec{G}-\vec{G}')\cdot t_S} e^{-i(\vec{G}-\vec{G}')\cdot t_a}$

$\times \sum_{m=-l}^{+l} Y_{lm}\overline{(\vec{k}_i+S^{-1}\vec{G})} Y^*_{lm}\overline{(\vec{k}_i+S^{-1}\vec{G}')}$

$\times 4\pi\Omega_c^{-1/2} \int_0^{r_c} j_l(|\vec{k}_i+S^{-1}\vec{G}|r) \Delta V^{\mathrm{NL}}_{a,l}(r) R^{\mathrm{PS}}_{a,l}(r) r^2 dr$

$\times 4\pi\Omega_c^{-1/2} \int_0^{r_c} j_l(|\vec{k}_i+S^{-1}\vec{G}'|r) \Delta V^{\mathrm{NL}}_{a,l}(r) R^{\mathrm{PS}}_{a,l}(r) r^2 dr$

固有ベクトルについての (7-16) 式を使い，(7-37) 式の $A_{a,lm}$ 内の Y_{lm} の加法定理の関係（m の和は同じ方位回転で不変），および

$$|S\vec{k}_i+\vec{G}| = |\vec{k}_i+S^{-1}\vec{G}|$$

を使っている．exp 項を整理すると

与式 $= \sum_{\vec{G}}\sum_{\vec{G}'} i\vec{G}' C^{n*}_{\vec{k}_i+S^{-1}\vec{G}} C^n_{\vec{k}_i+S^{-1}\vec{G}'} e^{-iS^{-1}\vec{G}\cdot S^{-1}(t_a-t_S)} e^{iS^{-1}\vec{G}'\cdot S^{-1}(t_a-t_S)}$

$\times \sum_{m=-l}^{+l} Y_{lm}\overline{(\vec{k}_i+S^{-1}\vec{G})} Y^*_{lm}\overline{(\vec{k}_i+S^{-1}\vec{G}')}$

$\times 4\pi\Omega_c^{-1/2} \int_0^{r_c} j_l(|\vec{k}_i+S^{-1}\vec{G}|r) \Delta V^{\mathrm{NL}}_{a,l}(r) R^{\mathrm{PS}}_{a,l}(r) r^2 dr$

$\times 4\pi\Omega_c^{-1/2} \int_0^{r_c} j_l(|\vec{k}_i+S^{-1}\vec{G}'|r) \Delta V^{\mathrm{NL}}_{a,l}(r) R^{\mathrm{PS}}_{a,l}(r) r^2 dr$

$= \sum_{\vec{G}}\sum_{\vec{G}'} i\vec{G}' C^{n*}_{\vec{k}_i+S^{-1}\vec{G}} C^n_{\vec{k}_i+S^{-1}\vec{G}'} e^{-iS^{-1}\vec{G}\cdot t_b} e^{iS^{-1}\vec{G}'\cdot t_b}$

$\times \sum_{m=-l}^{+l} Y_{lm}\overline{(\vec{k}_i+S^{-1}\vec{G})} Y^*_{lm}\overline{(\vec{k}_i+S^{-1}\vec{G}')}$

$\times 4\pi\Omega_c^{-1/2} \int_0^{r_c} j_l(|\vec{k}_i+S^{-1}\vec{G}|r) \Delta V^{\mathrm{NL}}_{b,l}(r) R^{\mathrm{PS}}_{b,l}(r) r^2 dr$

$\times 4\pi\Omega_c^{-1/2} \int_0^{r_c} j_l(|\vec{k}_i+S^{-1}\vec{G}'|r) \Delta V^{\mathrm{NL}}_{b,l}(r) R^{\mathrm{PS}}_{b,l}(r) r^2 dr$

ここで，

144　第8章　NCPP法での全エネルギーと原子に働く力の詳細

$$\vec{t}_b = S^{-1}(\vec{t}_a - \vec{t}_S) = \{S|\vec{t}_S\}^{-1}\vec{t}_a$$

で，a 原子に対称操作 $\{S|\vec{t}_S\}$ で移る単位胞内の同値原子 b の内部座標である．同じ元素なので非局所擬ポテンシャル，擬波動関数の積分部分は共通．$S^{-1}\vec{G}, S^{-1}\vec{G}'$ の和を $\vec{G}, \vec{G}'$ の和にし，さらに $A_{b,lm}$ でまとめる．

$$
\begin{aligned}
\text{与式} &= \sum_{\vec{G}}\sum_{\vec{G}'} iS\vec{G}'\, C^{n*}_{\vec{k}_i+\vec{G}} C^{n}_{\vec{k}_i+\vec{G}'}\, e^{-i\vec{G}\cdot t_b} e^{i\vec{G}'\cdot t_b} \\
&\quad \times \sum_{m=-l}^{+l} Y_{lm}(\widehat{\vec{k}_i+\vec{G}})\, Y^*_{lm}(\widehat{\vec{k}_i+\vec{G}'}) \\
&\quad \times 4\pi\Omega_c^{-1/2} \int_0^{r_c} j_l(|\vec{k}_i+\vec{G}|r)\Delta V^{\mathrm{NL}}_{b,l}(r) R^{\mathrm{PS}}_{b,l}(r)\, r^2 dr \\
&\quad \times 4\pi\Omega_c^{-1/2} \int_0^{r_c} j_l(|\vec{k}_i+\vec{G}'|r)\Delta V^{\mathrm{NL}}_{b,l}(r) R^{\mathrm{PS}}_{b,l}(r)\, r^2 dr \\
&= \sum_{\vec{G}}\sum_{\vec{G}'} iS\vec{G}'\, C^{n*}_{\vec{k}_i+\vec{G}} C^{n}_{\vec{k}_i+\vec{G}'} \sum_{m=-l}^{+l} A_{b,lm}(\vec{k}_i+\vec{G})^* A_{b,lm}(\vec{k}_i+\vec{G}') \\
&= \sum_{m=-l}^{+l}\left(\sum_{\vec{G}} C^{n}_{\vec{k}_i+\vec{G}} A_{b,lm}(\vec{k}_i+\vec{G})\right)^*\left(\sum_{\vec{G}} iS\vec{G}\, C^{n}_{\vec{k}_i+\vec{G}} A_{b,lm}(\vec{k}_i+\vec{G})\right) \\
&= S\sum_{m=-l}^{+l}\left(\sum_{\vec{G}} C^{n}_{\vec{k}_i+\vec{G}} A_{b,lm}(\vec{k}_i+\vec{G})\right)^*\left(\sum_{\vec{G}} i\vec{G}\, C^{n}_{\vec{k}_i+\vec{G}} A_{b,lm}(\vec{k}_i+\vec{G})\right)
\end{aligned}
$$

$$\tag{8-44}$$

最終形では，行列 S の操作を外に出して最後に行う．(8-43)式がここまで変形された．これを(8-24)式の左辺に入れ，複素共役を加えて $C_{a,l}^{-1}$ を掛けて l の和に入れれば，$C_{a,l} = C_{b,l}$ なので(8-24)式の右辺になる．　　　　　　　（証明終わり）

次に(8-25)式について，先の(8-5)式の証明で出てきた(8-29)式

$$\sum_{\vec{G}} C^{n}_{-\vec{k}_i+\vec{G}} A_{a,lm}(-\vec{k}_i+\vec{G}) = (-1)^m(-1)^l \sum_{\vec{G}} C^{n*}_{\vec{k}_i+\vec{G}} A_{a,l,-m}(\vec{k}_i+\vec{G})^*$$

を利用する．さらに(8-29)式の導出と同じようにして下記も証明される．

$$\sum_{\vec{G}} i\vec{G}\, C^{n}_{-\vec{k}_i+\vec{G}} A_{a,lm}(-\vec{k}_i+\vec{G}) = (-1)^m(-1)^l \sum_{\vec{G}} (i\vec{G})^* C^{n*}_{\vec{k}_i+\vec{G}} A_{a,l,-m}(\vec{k}_i+\vec{G})^*$$

$$\tag{8-45}$$

(8-29)，(8-45)式を(8-25)式の左辺に代入すると

$$
\begin{aligned}
\sum_l C_{a,l}^{-1}\sum_{m=-l}^{+l}\Bigg\{ &\left(\sum_{\vec{G}} C^{n}_{-\vec{k}_i+\vec{G}} A_{a,lm}(-\vec{k}_i+\vec{G})\right)^* \\
&\times \left(\sum_{\vec{G}} i\vec{G}\, C^{n}_{-\vec{k}_i+\vec{G}} A_{a,lm}(-\vec{k}_i+\vec{G})\right) + c.c.\Bigg\}
\end{aligned}
$$

$$= \sum_l C_{a,l}^{-1} \sum_{m=-l}^{+l} \{ ((-1)^m (-1)^l \sum_{\vec{G}} C_{k_i+\vec{G}}^n A_{a,l,-m}(\vec{k}_i+\vec{G}))$$
$$\times ((-1)^m (-1)^l \sum_{\vec{G}} i\vec{G} C_{k_i+\vec{G}}^n A_{a,l,-m}(\vec{k}_i+\vec{G}))^* + c.c. \}$$

$$= \sum_l C_{a,l}^{-1} \sum_{m=-l}^{+l} \left\{ \left(\sum_{\vec{G}} C_{k_i+\vec{G}}^n A_{a,l,-m}(\vec{k}_i+\vec{G}) \right) \right.$$
$$\left. \times \left(\sum_{\vec{G}} i\vec{G} C_{k_i+\vec{G}}^n A_{a,l,-m}(\vec{k}_i+\vec{G}) \right)^* + c.c. \right\}$$

$$= \sum_l C_{a,l}^{-1} \sum_{m=-l}^{+l} \left\{ \left(\sum_{\vec{G}} C_{k_i+\vec{G}}^n A_{a,lm}(\vec{k}_i+\vec{G}) \right) \left(\sum_{\vec{G}} i\vec{G} C_{k_i+\vec{G}}^n A_{a,lm}(\vec{k}_i+\vec{G}) \right)^* + c.c. \right\}$$

となる．これは，複素共役の $c.c$ と入れ替えれば，(8-25)式の右辺と同じである．

(証明終わり)

9

第9章

大規模電子構造計算の計算技術

　平面波基底の第一原理計算において，結晶のみならず様々な大規模スーパーセルの取り扱いや分子動力学計算が可能となったのは，大規模系の計算を飛躍的に効率化する計算技術の開発の賜物である．それは，高速フーリエ変換の活用と Car と Parrinello[5]に始まる大規模電子構造計算（基底状態計算）の高速化技法である．本章では，9.1, 9.2節で前者を，9.3〜9.6節で後者を説明する．

9.1　高速フーリエ変換（FFT）の概要とメッシュ密度

　平面波基底の第一原理計算では，第7,8章で論じたように波動関数の平面波基底展開や格子周期関数の逆格子ベクトル・フーリエ級数展開を用いて，ハミルトニアンや E_{tot} が逆空間で表現される（USPP，PAW法も同様）．一方，E_{xc} や μ_{xc} の計算には，実空間メッシュ点の電子密度値や勾配値（GGA）が必要である．(7-1), (7-2)式のフーリエ変換と逆変換を大規模系で交互に迅速に行うことが必要であり，**高速フーリエ変換**（FFT）が用いられる．

　FFT は，**離散フーリエ変換**である．$\vec{a}_1, \vec{a}_2, \vec{a}_3$ で形成される平行六面体の単位胞（周期セル）内で，$\vec{a}_1, \vec{a}_2, \vec{a}_3$ 方向に各々 M_1, M_2, M_3 の平行分割で，$M_F = M_1 M_2 M_3$ 個の実空間メッシュ点

$$\vec{r}_n = \frac{n_1}{M_1}\vec{a}_1 + \frac{n_2}{M_2}\vec{a}_2 + \frac{n_3}{M_3}\vec{a}_3 \quad (n_i \text{ は整数，} 0 \le n_i \le M_i - 1, \ i = 1 \sim 3)$$

を用意する．格子周期関数 $f(\vec{r})$ の単位胞内データはこのメッシュ点で与えられる．FFT の順変換(7-2)式では，M_F 個の実空間メッシュ上のデータ $\{f(\vec{r}_n)\}$ のセットから，同数の M_F 個の逆格子点

$$\vec{G}_m = m_1 \vec{b}_1 + m_2 \vec{b}_2 + m_3 \vec{b}_3 \quad (m_i \text{ は整数，} 0 \le m_i \le M_i - 1, \ i = 1 \sim 3)$$

につき

$$f(\vec{G}_m) = \frac{1}{M_1 M_2 M_3} \sum_{n_1=0}^{M_1-1} \sum_{n_2=0}^{M_2-1} \sum_{n_3=0}^{M_3-1} f(\vec{r}_n)$$

147

148　第9章　大規模電子構造計算の計算技術

$$\times \exp\left[-i\frac{2\pi n_1 m_1}{M_1}\right]\exp\left[-i\frac{2\pi n_2 m_2}{M_2}\right]\exp\left[-i\frac{2\pi n_3 m_3}{M_3}\right] \qquad (9\text{-}1)$$

の演算でフーリエ係数が得られる．$(m_1 m_2 m_3)$ で指定される $\vec{G}_m$ に対し，(7-2)式

$$\frac{1}{\Omega_c}\int_{\Omega_c} f(\vec{r})\exp[-i\vec{G}_m \cdot \vec{r}]\,d\vec{r}$$

の単位胞内積分を等間隔メッシュ点 $\vec{r}_n$ の n_1, n_2, n_3 についての台形則で行うわけである．$\vec{a}_i \cdot \vec{b}_j = 2\pi\delta_{ij}$ から

$$\exp[-i\vec{G}_m \cdot \vec{r}_n] = \exp\left[-i\frac{2\pi n_1 m_1}{M_1}\right]\exp\left[-i\frac{2\pi n_2 m_2}{M_2}\right]\exp\left[-i\frac{2\pi n_3 m_3}{M_3}\right] \qquad (9\text{-}2)$$

を用いている．一方，逆変換(逆 FFT)は，

$$f(\vec{r}_n) = \sum_{m_1=0}^{M_1-1}\sum_{m_2=0}^{M_2-1}\sum_{m_3=0}^{M_3-1} f(\vec{G}_m)\exp\left[i\frac{2\pi n_1 m_1}{M_1}\right]\exp\left[i\frac{2\pi n_2 m_2}{M_2}\right]\exp\left[i\frac{2\pi n_3 m_3}{M_3}\right]$$

$$(9\text{-}3)$$

のように $(n_1 n_2 n_3)$ で指定される $\vec{r}_n$ 点の $f(\vec{r})$ 値が(7-1)式を M_F 個の $\vec{G}_m$ 点の和

$$\sum_{m=1}^{M_F} f(\vec{G}_m)\exp[i\vec{G}_m \cdot \vec{r}_n]$$

で実行して与えられる．

　FFT の利点は，M_F 個の $\vec{r}_n$ メッシュの実空間データ $\{f(\vec{r}_n)\}$ と M_F 個の $\vec{G}_m$ 点の逆空間データ $\{f(\vec{G}_m)\}$ の互いの変換が，通常なら M_F^2 のオーダーの演算のところを効率的アルゴリズムで $M_F \log_2 M_F$ のオーダーの演算で一度に行えることである[61]．FFT の活用は平面波基底の第一原理計算の効率化に極めて大きく寄与する．

　ところで，実空間のメッシュ点の離散データ $\{f(\vec{r}_n)\}$ は，格子周期で単位胞内のものが繰り返すわけだが，逆格子点上のデータ $\{f(\vec{G}_m)\}$ も $f(\vec{G}_m) = f(\vec{G}_m \pm M_i\vec{b}_i)$ の関係があり，$M_1\vec{b}_1, M_2\vec{b}_2, M_3\vec{b}_3$ を稜とする逆格子点の大きな平行六面体($M_1, M_2,$ M_3 は前述の実空間メッシュ数と同じ)毎にサイクリックに $f(\vec{G}_m)$ の同じ値が繰り返すことが，(9-1)式の形からわかる．$\pm M_i\vec{b}_i$ は，(9-1), (9-2)式の exp 項内で $m_1,$ m_2, m_3 に各々 $\pm M_1, \pm M_2, \pm M_3$ の効果で，exp 項内で $2\pi i \times$ 整数 なので不変で，$f(\vec{G}_m) = f(\vec{G}_m \pm M_i\vec{b}_i)$ が証明される．こうして，逆格子空間データ $\{f(\vec{G}_m)\}$ は，大きな平行六面体の $\{\vec{G}_m\}$ 点(トータル $M_F = M_1 M_2 M_3$ 個)だけを扱えばよい．さらに $\pm M_i\vec{b}_i$ 等のシフトで，原点を中心とする大きな平行六面体に移し，その中の $\{\vec{G}_m\}$ 点の $\{f(\vec{G}_m)\}$ を扱う(**図 9-1**)．

9.1 高速フーリエ変換(FFT)の概要とメッシュ密度 149

実空間データが離散的なので，実空間メッシュより短い波長の $\vec{G}$（大きな $\vec{G}$，$\exp[i\vec{G}\cdot\vec{r}]$ の波長は $2\pi/|\vec{G}|$）は意味がなく，大きな平行六面体（$M_1\vec{b}_1, M_2\vec{b}_2, M_3\vec{b}_3$ で形成）の $\vec{G}_m$ 点だけ扱うことはリーズナブルである．例えば，$\vec{G}_m = M_1\vec{b}_1$ の $\exp[i\vec{G}_m\cdot\vec{r}]$ の波長は，$\vec{a}_1, \vec{a}_2, \vec{a}_3$ の平行六面体の単位胞の $\vec{a}_2, \vec{a}_3$ で作られる面と面の間を $\vec{a}_1$ に沿って M_1 分割したメッシュ間隔に相当し，これより短い波長は不要なので，$\vec{b}_1$ 方向でこれ以上の大きな $\vec{G}_m$ は必要ない．

ここで 7.1, 7.2 節で触れたように，電子密度分布 $\rho(\vec{r})$ など格子周期関数の単位胞内での値の変化の様子に対応して，どこまでの細かい $\vec{r}_n$ メッシュを用いるか（どこまでの大きさの（短波長の）$\vec{G}_m$ を用いるか），M_1, M_2, M_3 の値の設定条件を考える．これは，平面波基底の設定条件(7-10)式と関係している．平面波基底は，カットオフエネルギー

$$E_{\text{cut}} \geq \frac{\hbar^2}{2m} G_{\max}^2$$

で，最大の $\vec{G}$ の大きさ $G_{\max}$ が決まる．V_H, μ_{xc} を含む局所ポテンシャル V_{Local} の平面波基底間の行列要素

$$\langle \vec{k}+\vec{G} | V_{\text{Local}}(\vec{r}) | \vec{k}+\vec{G}' \rangle$$

は，(7-24)式のように $V_{\text{Local}}(\vec{G}-\vec{G}')$ だが，平面波基底 $|\vec{k}+\vec{G}\rangle$ の $\vec{G}$ の範囲を考えると，$\vec{G}-\vec{G}'$ は原点を中心に $2G_{\max}$ と $-2G_{\max}$ の大きさに渡って変化することになる．フーリエ変換で用意する $V_{\text{Local}}(\vec{G})$（$V_{\text{local}}^{\text{PS}}(\vec{G}), V_H(\vec{G}), \mu_{\text{xc}}(\vec{G})$）が，この $\vec{G}-\vec{G}'$ の範囲をカバーせねばならないので，原点を中心に半径 $2G_{\max}$ の球内の $\vec{G}$ 点が，上記の FFT の $M_1\vec{b}_1, M_2\vec{b}_2, M_3\vec{b}_3$ で構成される大きな平行六面体（原点が中心に来るようシフトしたもの）に収容される必要がある（図9-1）．こうして，大きな平行六面体の二面間隔が $4G_{\max}$ 以上ということが，E_{cut} からの FFT の M_1, M_2, M_3 の値の条件である．数式で表現すると次式のようになる．

$$4G_{\max} \leq \frac{M_1(2\pi)^3\Omega_c^{-1}}{|\vec{b}_2\times\vec{b}_3|}, \frac{M_2(2\pi)^3\Omega_c^{-1}}{|\vec{b}_3\times\vec{b}_1|}, \frac{M_3(2\pi)^3\Omega_c^{-1}}{|\vec{b}_1\times\vec{b}_2|} \qquad (9\text{-}4)$$

平行六面体の BZ 体積 $(2\pi)^3\Omega_c^{-1}$ を $|\vec{b}_i\times\vec{b}_j|$ で割れば $\vec{b}_i$ と $\vec{b}_j$ に垂直方向の厚み（二面間隔）になり，M_k 倍すれば大きな平行六面体の厚みになる．

E_{cut} は E_{tot} の収束の様子から決まる．主に擬ポテンシャルの形状が支配因子である（図7-1, 7.2節）．通常，E_{cut} を与えて $G_{\max}$ が決まると，FFT の M_1, M_2, M_3（実空間メッシュと $\vec{G}_m$ の範囲）は上記条件を満たすように与えられる．

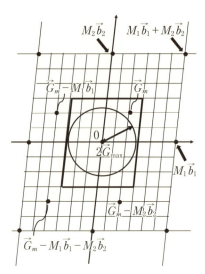

図 9-1 FFT(離散フーリエ変換)で用意される $\vec{G}_m$ 点とフーリエ成分 $f(\vec{G}_m)$ の値の周期性．単位胞内 M_1, M_2, M_3 メッシュの実空間データに対し，フーリエ成分 $f(\vec{G}_m)$ は $\vec{G}_m = m_1\vec{b}_1 + m_2\vec{b}_2 + m_3\vec{b}_3 (0 \leq m_i \leq M_i - 1, i = 1 \sim 3)$ で与えられる．図の細線の交点が $\vec{G}_m$ 点である．太丸は $f(\vec{G}_m) = f(\vec{G}_m \pm M_i\vec{b}_i)$ の関係を示すための $\vec{G}_m$ 点の例で，$\vec{G}_m, \vec{G}_m - M_1\vec{b}_1, \vec{G}_m - M_2\vec{b}_2, \vec{G}_m - M_1\vec{b}_1 - M_2\vec{b}_2$ 等のフーリエ成分は同じ値である．$f(\vec{G}_m)$ の値の周期性から，$M_1\vec{b}_1, M_2\vec{b}_2, M_3\vec{b}_3$ の稜で形成される逆格子点の並びの大きな平行六面体の $(M_1 M_2 M_3 個の) \vec{G}_m$ 点(その $f(\vec{G}_m)$ の値) のみが意味を持つ．一方，周期性から太線のように平行六面体を原点の周りにシフトできる．また，平面波カットオフエネルギー E_{cut} からの平面波基底の最大の $\vec{G}$ ベクトルの大きさ G_{max} につき，ハミルトニアンの行列要素で必要になるフーリエ成分 $\vec{G} - \vec{G}'$ の範囲は $-2G_{max} \sim +2G_{max}$ である．したがって，太線の平行六面体が半径 $2G_{max}$ の球を収容するよう M_1, M_2, M_3 を決める．

9.2 高速フーリエ変換の活用：電子密度分布計算と $H\phi$ 計算

(1) 電子密度分布

FFT の活用として，固有ベクトルを用いた $\rho(\vec{r})$ や $H\phi_i$ の演算が独特の工夫で効率化できる[58,62]．電子密度分布 $\rho(\vec{r})$ は，(7-17), (7-18)式の固有ベクトル成分の

9.2 高速フーリエ変換の活用：電子密度分布計算と $H\psi$ 計算 151

$\vec{G}, \vec{G}'$ の二重ループ方式では演算量が N_{G}^2 オーダーで膨大である（N_{G} は平面波基底数）．そこで，(3-7)式の方式

$$\rho(\vec{r}) = \sum_n^{\mathrm{occ}} \sum_{\vec{k}_i} w_{\vec{k}_i n} |U_{\vec{k}_i n}(\vec{r})|^2$$

を用いる．固有関数を構成する格子周期関数 $U_{\vec{k}_i n}(\vec{r})$ のフーリエ変換 $U_{\vec{k}_i n}(\vec{G})$ は，(7-6)式の議論から固有ベクトルを用いて

$$\{U_{\vec{k}_i n}(\vec{G})\} = \{\Omega_{\mathrm{c}}^{-1/2} C_{\vec{k}_i + \vec{G}}^n\} \tag{9-5}$$

である．ここでは，7.2 節の末尾の議論のように基底関数，固有関数の規格化を単位胞 Ω_{c} で行うとする．固有ベクトルから FFT の $\vec{G}_m$ 点の順で $\{U_{\vec{k}_i n}(\vec{G}_m)\}$ を組み立て，逆 FFT を行えば，単位胞内実空間メッシュ点 $\{\vec{r}_l\}$ の $\{U_{\vec{k}_i n}(\vec{r}_l)\}$ が一度に得られる．これを $|U_{\vec{k}_i n}(\vec{r}_l)|^2$ として(3-7)式に代入すればよい（**図 9-2**（a））．(7-17), (7-18)式の N_{G}^2 オーダーの演算を回避し，FFT の演算量 $M_{\mathrm{F}} \log_2 M_{\mathrm{F}}$ オーダー（M_{F} は FFT の $\vec{G}_m$ 点，メッシュ点の総数）で $\rho(\vec{r})$ が得られる．本章の図 9-1 の例から $M_{\mathrm{F}} \approx 16 N_{\mathrm{G}}$ と見積もれば，N_{G} が 1000，10000 のとき，$M_{\mathrm{F}} \log_2 M_{\mathrm{F}}/N_{\mathrm{G}}^2$ の比は 0.22，0.028 で，大きく低減化できる．

一方，3.5 節の議論から，$S\vec{k}_i$ 点の $|U_{S\vec{k}_i n}(\vec{r})|^2$ は $\vec{k}_i$ 点の $|U_{\vec{k}_i n}(\vec{r})|^2$ を実空間の対称操作 $\{S|\vec{t}_S\}$ で移したもので，また

$$|U_{-\vec{k}_i n}(\vec{r})|^2 = |U_{\vec{k}_i n}(\vec{r})|^2$$

である．したがって，BZ の既約領域(IP)内の $\vec{k}_i$ 点について，$\{U_{\vec{k}_i n}(\vec{r}_l)\}$ を FFT を通じて求めて積算し，

$$\rho_{\mathrm{IP}}(\vec{r}_l) = \sum_n^{\mathrm{occ}} \sum_{\vec{k}_i \subset \mathrm{IP}} w_{\vec{k}_i n} |U_{\vec{k}_i n}(\vec{r}_l)|^2 \tag{9-6}$$

を得た後，この分布に実空間の対称操作 $\{S|\vec{t}_S\}$ を施した分布の重ね合わせ

$$\rho(\vec{r}_l) = \sum_S \{S|\vec{t}_S\} \rho_{\mathrm{IP}}(\vec{r}_l) \tag{9-7}$$

で最終的な分布 $\{\rho(\vec{r}_l)\}$ が求まる．用いる対称操作は，既約領域を BZ の半分に広げるものだけで良い（$|U_{-\vec{k}_i n}(\vec{r})|^2 = |U_{\vec{k}_i n}(\vec{r})|^2$ の関係から）．重み $w_{\vec{k}_i n}$ の調整に注意．

なお，実空間のメッシュ点 $\{\vec{r}_l\}$ が実空間の対称操作と適合的でない（メッシュ点同士が移り合わない）場合もあるので，(9-7)式の対称操作を逆空間表現のものに適用する方法もある．これは，フーリエ展開形

$$f(\vec{r}) = \sum_{\vec{G}} f(\vec{G}) e^{i\vec{G} \cdot \vec{r}}$$

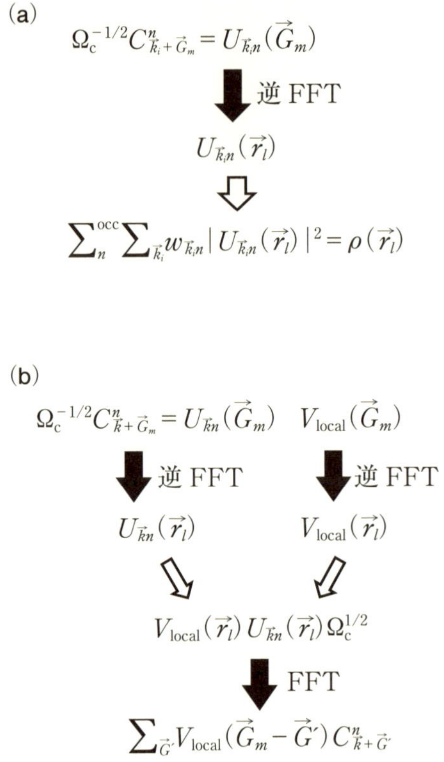

152 第9章 大規模電子構造計算の計算技術

(a)

$$\Omega_{\mathrm{c}}^{-1/2} C_{\vec{k}_i + \vec{G}_m}^n = U_{\vec{k}_i n}(\vec{G}_m)$$

逆FFT

$$U_{\vec{k}_i n}(\vec{r}_l)$$

$$\sum_n^{\mathrm{occ}} \sum_{\vec{k}_i} w_{\vec{k}_i n} |U_{\vec{k}_i n}(\vec{r}_l)|^2 = \rho(\vec{r}_l)$$

(b)

$$\Omega_{\mathrm{c}}^{-1/2} C_{\vec{k} + \vec{G}_m}^n = U_{\vec{k} n}(\vec{G}_m) \qquad V_{\mathrm{local}}(\vec{G}_m)$$

逆FFT   逆FFT

$$U_{\vec{k} n}(\vec{r}_l) \qquad V_{\mathrm{local}}(\vec{r}_l)$$

$$V_{\mathrm{local}}(\vec{r}_l) U_{\vec{k} n}(\vec{r}_l) \Omega_{\mathrm{c}}^{1/2}$$

FFT

$$\sum_{\vec{G}'} V_{\mathrm{local}}(\vec{G}_m - \vec{G}') C_{\vec{k} + \vec{G}'}^n$$

図9-2 FFTを用いた(a)電子密度分布計算，（b）$H\phi$ 計算の効率化の概要.

についての対称操作の(3-10)式から

$$\{S|\vec{t}_S\} f(\vec{r}) = \sum_{\vec{G}} f(\vec{G}) e^{i\vec{G} \cdot S^{-1}(\vec{r} - \vec{t}_S)} = \sum_{\vec{G}} f(S^{-1}\vec{G}) e^{-i\vec{G} \cdot \vec{t}_S} e^{i\vec{G} \cdot \vec{r}} \tag{9-8}$$

を考える. 対称操作した関数のフーリエ成分は元のフーリエ成分 $\{f(\vec{G}_m)\}$ を $\{f(S^{-1}\vec{G}_m) e^{-i\vec{G}_m \cdot \vec{t}_S}\}$ に替えたものである（$\vec{G}_m$ 点の成分として元の $\{f(\vec{G}_m)\}$ の $S^{-1}\vec{G}_m$ の成分に $e^{-i\vec{G}_m \cdot \vec{t}_S}$ を掛けたものを用いる）. したがって，(9-6)式の $\{\rho_{\mathrm{IP}}(\vec{r}_l)\}$ を求めた後, フーリエ変換 $\{\rho_{\mathrm{IP}}(\vec{G}_m)\}$ に対し, $\{S|\vec{t}_S\}$ の操作を行ったものの重ね合わせとして

$$\rho(\vec{G}_m) = \sum_S \rho_{\mathrm{IP}}(S^{-1}\vec{G}_m) e^{-i\vec{G}_m \cdot \vec{t}_S} \tag{9-9}$$

9.2 高速フーリエ変換の活用：電子密度分布計算と $H\phi$ 計算　153

を全 $\vec{G}_m$ 点で用意する．これを逆 FFT すれば実空間の $\{\rho(\vec{r}_l)\}$ が求まる．

(2) $H\phi$ **計算**

9.3 節以降で論じる大規模系の基底状態計算の高速化技法では，波動関数 ϕ の最適化のために $H\phi$（行列×ベクトル）の演算を繰り返す．平面波基底では，H は $N_{\mathrm{G}} \times N_{\mathrm{G}}$ エルミート行列，ϕ はサイズ N_{G} の列ベクトルで，$H\phi$ 計算は N_{G}^2 オーダーの膨大な演算量である．ただし，(7-19) や (7-36) 式から，$H\phi$ 計算内の運動エネルギー項や非局所擬ポテンシャル項（分離型）の部分は演算量を N_{G} オーダーに減らせる．分離型擬ポテンシャル（プロジェクター）で演算の手間が減らせることは，5.1 節，(5-7)，(5-8) 式で議論した．

しかし，(7-24) 式の局所ポテンシャルの行列要素 $V_{\mathrm{Local}}(\vec{G} - \vec{G}')$ の $V_{\mathrm{Local}} \times \phi$ の演算は $\vec{G}$ 毎に $\sum_{\vec{G}'} V_{\mathrm{Local}}(\vec{G} - \vec{G}') C_{k+\vec{G}'}^n$ を求めるものであり，N_{G}^2 オーダーである．この N_{G}^2 オーダーの演算を，以下のように FFT を用いて別の形の演算に替える．(3-4)，(7-6)，(7-22) 式から

$$
\begin{aligned}
V_{\mathrm{Local}}(\vec{r}) \psi_{\vec{k}n}(\vec{r}) &= V_{\mathrm{Local}}(\vec{r}) U_{\vec{k}n}(\vec{r}) \exp[i\vec{k} \cdot \vec{r}] \\
&= \sum_{\vec{G}} V_{\mathrm{Local}}(\vec{G}) \exp[i\vec{G} \cdot \vec{r}] \sum_{\vec{G}'} C_{k+\vec{G}'}^n |\vec{k} + \vec{G}'\rangle \\
&= \sum_{\vec{G}} V_{\mathrm{Local}}(\vec{G}) \exp[i\vec{G} \cdot \vec{r}] \sum_{\vec{G}'} C_{k+\vec{G}'}^n \Omega_{\mathrm{c}}^{-1/2} \exp[i\vec{G}' \cdot \vec{r}] \exp[i\vec{k} \cdot \vec{r}] \\
&= \sum_{\vec{G}} \sum_{\vec{G}'} V_{\mathrm{Local}}(\vec{G}) C_{k+\vec{G}'}^n \Omega_{\mathrm{c}}^{-1/2} \exp[i(\vec{G} + \vec{G}') \cdot \vec{r}] \exp[i\vec{k} \cdot \vec{r}] \\
&= \sum_{\vec{G}} \sum_{\vec{G}'} V_{\mathrm{Local}}(\vec{G} - \vec{G}') C_{k+\vec{G}'}^n \Omega_{\mathrm{c}}^{-1/2} \exp[i\vec{G} \cdot \vec{r}] \exp[i\vec{k} \cdot \vec{r}]
\end{aligned}
\tag{9-10}
$$

となる．$\Omega^{-1/2}$ でなく $\Omega_{\mathrm{c}}^{-1/2}$ を用いている（7.2 節の議論）．$V_{\mathrm{Local}}(\vec{r}) U_{\vec{k}n}(\vec{r})$ と最終形の

$$
\sum_{\vec{G}} \sum_{\vec{G}'} V_{\mathrm{Local}}(\vec{G} - \vec{G}') C_{k+\vec{G}'}^n \Omega_{\mathrm{c}}^{-1/2} \exp[i\vec{G} \cdot \vec{r}]
$$

が共に格子周期関数で等しく

$$
V_{\mathrm{Local}}(\vec{r}) U_{\vec{k}n}(\vec{r}) \Omega_{\mathrm{c}}^{1/2} = \sum_{\vec{G}} \left\{ \sum_{\vec{G}'} V_{\mathrm{Local}}(\vec{G} - \vec{G}') C_{k+\vec{G}'}^n \right\} \exp[i\vec{G} \cdot \vec{r}]
\tag{9-11}
$$

である．格子周期関数

$$
f(\vec{r}) = V_{\mathrm{Local}}(\vec{r}) U_{\vec{k}n}(\vec{r}) \Omega_{\mathrm{c}}^{1/2}
$$

のフーリエ変換が $\vec{G}$ 毎に

154　第9章　大規模電子構造計算の計算技術

$$f(\vec{G}) = \sum_{\vec{G'}} V_{\text{Local}}(\vec{G} - \vec{G'}) C_{k+\vec{G'}}^n$$

ということで，これが目的とする $V_{\text{Local}} \times \phi$ (行列×ベクトル)の演算である．

したがって，$V_{\text{Local}}(\vec{r})\, U_{kn}(\vec{r})\, \Omega_{\text{c}}^{1/2}$ の実空間データを得て，そのフーリエ変換を目指す．(9-5)式の議論のように固有ベクトル $\{C_{k+\vec{G}}^n\}$ が与えられると，FFT の $\vec{G}_m$ 点での

$$\{U_{kn}(\vec{G}_m)\} = \{\Omega_{\text{c}}^{-1/2} C_{k+\vec{G}_m}^n\}$$

を組み立て，逆 FFT で実空間の $\{U_{kn}(\vec{r}_l)\}$ が求まる．同様にハミルトニアン内の $\{V_{\text{Local}}(\vec{G}_m)\}$ から逆 FFT で実空間の $\{V_{\text{Local}}(\vec{r}_l)\}$ が求まる．両者から実空間メッシュ点での積 $\{V_{\text{Local}}(\vec{r}_l)\, U_{kn}(\vec{r}_l)\, \Omega_{\text{c}}^{1/2}\}$ の関数データが決まる．これを FFT すれば，(9-11)式のように

$$\left\{ \sum_{\vec{G'}} V_{\text{Local}}(\vec{G}_m - \vec{G'}) C_{k+\vec{G'}}^n \right\}$$

が全 $\vec{G}_m$ で一度に求まる．FFT の $\{\vec{G}_m\}$ の順番を平面波基底の $\vec{G}_1, \vec{G}_2, \vec{G}_3$ の順に替えれば，目的とする行列 $V_{\text{Local}} \times$ 固有ベクトル ψ_{kn} の平面波基底表示の結果になる．これは convolution 積分の FFT による効率化である．図 9-2(b)に概要を整理して示す．N_{G}^2 オーダーの演算が合計 3 回の逆，順の FFT($3 \times M_{\text{F}} \log_2 M_{\text{F}}$ のオーダーの演算)で実行できる．

(3)　ダブルグリッド法

第 5,6 章で論じたように，USPP 法，PAW 法では，擬波動関数によるスムーズな電子密度分布 $\tilde{\rho}$(NCPP 法での ρ)に，半径 r_{c} の原子球内で補償電荷(PAW 法では $\hat{\rho}$)を加える．その分布は $\tilde{\rho}$ より局所的に急峻で，9.1 節で論じた平面波基底の E_{cut} に基づく $\tilde{\rho}$ 用の FFT メッシュとは別に，密な FFT メッシュを用いる必要がある．ここでは，PAW 法について(6.2 節(3)～(5)参照)，この **double grid** でバルクの電子密度分布 $\tilde{\rho} + \hat{\rho}$ やポテンシャル V_{eff}((6-30)式)を扱い，SCF ループ(図 3-8)を回す過程について概説する．

E_{cut} に基づく $\tilde{\rho}$ 用の粗なメッシュを **coarse grid**，補償電荷 $\hat{\rho}$ 用の密なメッシュを **dense grid** と呼ぶ．後者は前者よりもトータルの FFT メッシュ点($\vec{G}_m$ 点)数(9.1 節の M_{F})が 2～3 倍になるようにとる[35](補償電荷のスムージング(6.2 節(4))にも依存)．図 9-1 の $M_1 \times M_2 \times M_3$ のサイズの $\vec{G}_m$ 点の平行六面体に対して，dense grid の $\vec{G}_m$ 点はさらに大きな $M_1' \times M_2' \times M_3'$ のサイズの平行六面体で，元の平行六面体を

9.2 高速フーリエ変換の活用：電子密度分布計算と $H\phi$ 計算　155

内部に含んで，サイズを周囲三方向に少し拡張したものになる．

まず，（9.2 節(1)の方法で）擬波動関数による電子密度分布 $\tilde{\rho}(\vec{r})$ とフーリエ成分 $\tilde{\rho}(\vec{G})$ が coarse grid で与えられる（SCF ループの input として用意される）．これを $\tilde{\rho}(\vec{r}):C$，$\tilde{\rho}(\vec{G}):C$ と表記する．次に dense grid の $\vec{G}_m$ 点で $\tilde{\rho}(\vec{G}):D$ を組み立てる．これは，coarse grid の $\vec{G}_m$ 点のデータ $\tilde{\rho}(\vec{G}):C$ はそのまま引き継ぎ，拡張した $\vec{G}_m$ 点の値はゼロとして組み立てるのである．これを逆 FFT により $\tilde{\rho}(\vec{r}):D$ にする．一方，補償電荷はプロジェクター関数 ρ_{ij}^I が与えられれば(6-28)式で $\hat{\rho}^I$ が得られ，周期系全体で

$$\hat{\rho} = \sum_I \hat{\rho}^I$$

であり，dense grid データ $\hat{\rho}(\vec{r}):D$ が構築される．全体の電子密度分布が $\rho(\vec{r}):D = \tilde{\rho}(\vec{r}):D + \hat{\rho}(\vec{r}):D$ で与えられ，この分布のメッシュ点の密度値で交換相関ポテンシャル $\mu_{xc}(\vec{r}):D$ が計算される（この際には部分内殻補正も dense grid に加わる，10.3 節）．次に $\rho(\vec{r}):D$ の FFT で $\rho(\vec{G}):D$ を求め，これを使ってバルクの静電ポテンシャル $V_H(\vec{G}):D$ が得られる（(7-26)式）．一方，バルクの局所擬ポテンシャル $V_L(\vec{G}):D$ を組み立てておいて，$V_H(\vec{G}):D + V_L(\vec{G}):D$ を逆 FFT で $V_H(\vec{r}):D + V_L(\vec{r}):D$ にし，上記の $\mu_{xc}(\vec{r}):D$ を加えて dense grid の $V_{eff}(\vec{r}):D$ を得る（V_{eff} は NCPP 法の V_{Local} に相当）．これを(6-30)式の積分

$$\int_{\Omega_I} V_{eff}(\vec{r}) \sum_L \widehat{Q}_{ij}^{L,I}(\vec{r}) \, d\vec{r}$$

で使う．

続いて，$V_{eff}(\vec{r}):D$ を FFT で $V_{eff}(\vec{G}):D$ にし，このデータから coarse grid の $\vec{G}_m$ 点（$M_1 \times M_2 \times M_3$ の部分）のみを取り出し，$V_{eff}(\vec{G}):C$ に入れ，逆 FFT により $V_{eff}(\vec{r}):C$ が作られる．最初に $\tilde{\rho}(\vec{G}):C$ から $\tilde{\rho}(\vec{G}):D$ を組み立て，$\tilde{\rho}(\vec{r}):D$ を求めた過程と逆である．$V_{eff}(\vec{r}):C$ は，本節(2)で説明した $H\phi$ 計算(coarse grid)に用いられる（V_{Local} に相当）．$H\phi$ 計算の繰り返しで固有状態 ϕ が求まる（次節以降参照）．この結果から冒頭の $\tilde{\rho}(\vec{r}):C$，$\tilde{\rho}(\vec{G}):C$ に戻る（SCF ループ）．

バルクの電子密度分布もポテンシャルもエネルギー項も基本的に dense grid で扱いつつ，最も頻繁に行う $H\phi$ 計算の部分は coarse grid に「粗視化」して行う．ϕ の平面波展開の $E_{cut}(G_{max})$ から coarse grid のデータで十分であるためである．coarse と dense を互いに移行するやり方が重要である（Fourier interpolation）．$f(\vec{G}):C$ から拡張した $\vec{G}_m$ 点の値をゼロで $f(\vec{G}):D$ にして逆 FFT で $f(\vec{r}):D$ を，逆に $f(\vec{G}):D$

156 第9章 大規模電子構造計算の計算技術

から拡張した $\vec{G}_m$ 点のデータを捨てて $f(\vec{G}):C$ にして逆 FFT で $f(\vec{r}):C$ を得るというやり方である.

9.3 Car-Parrinello 法と直接最小化法

(1) CP 法と最急降下法

微小時間刻みの原子の動きのたび毎に,そのときの原子配列に対するスーパーセルの電子構造計算を迅速に行い,断熱近似(2.1節)のもとでの電子系の最安定状態(基底状態)を求め,原子に働く力を正確に与え,原子を動かす過程を繰り返す計算を**第一原理分子動力学法**(first-principles molecular-dynamics;**FPMD**)と呼ぶ.これは,平面波基底の第一原理計算(NCPP, USPP, PAW 法)において,大規模スーパーセルの基底状態計算を飛躍的に高速化する計算技術が,**Car-Parrinello(CP)法**[5]を契機に確立・整備されたことで実現した.大規模電子構造計算の高速化技術は,CP 法以外にも関連した各種方法が開発され,大きな展開があり,現在の汎用コードの主要な構成要素となっている.構造緩和で安定構造を求める場合や電子構造を求めるだけの場合も,この計算技術が使われる.本節から三つの節に渡って論じる.主に NCPP 法を対象に説明するが,USPP 法,PAW 法にも同様に使用できる.後二者は S 演算子の存在が NCPP 法と異なるが,これについては 9.6 節で説明する.

平面波基底の第一原理計算では,平面波基底数 N_G は一原子の体積当たり数十〜のレベルで,100 原子を超える大きなスーパーセルでは容易に数千〜一万を超え(N_G は単位胞体積 ≈ 原子数に比例,(7-11)式),$N_G \times N_G$ のハミルトニアンは巨大行列になる.通常の(数値計算ライブラリにある)エルミート行列対角化の固有値・固有状態計算法は,N_G 個すべての固有値を求めるアルゴリズムであり,巨大行列への適用は困難である.実際は,すべての固有状態は必要なく,半導体や絶縁体なら低い順に占有準位のみ,金属的な系でも占有準位と少し上までの固有状態だけで良い(多くても原子数の数倍で,N_G より桁違いに少ない).そこで,行列対角化でなく,扱う状態毎に input した初期ベクトルを**繰り返し法(反復法,** iterative method)で徐々に固有状態に収束させる方法が適すると考えられる(9.4 節で論じる).

一方,Kohn-Sham 方程式のハミルトニアンを扱うのでなく,前段階の(2-4)式の DFT の全エネルギー E_{tot} を占有波動関数のセット $\{\phi_i\}$ の汎関数 $E_{tot}[\{\phi_i\}]$ として直接に最小化することが考えられる(ϕ_i は ϕ_{kn} と同じ意味).適当に作った $\{\phi_i\}$ のセッ

9.3 Car-Parrinello 法と直接最小化法　157

トを input し，規格直交条件の下で $E_{tot}[\{\psi_i\}]$ を下げるよう繰り返し法的に $\{\psi_i\}$ を徐々に変化させ，E_{tot} を最小化する $\{\psi_i\}$ のセットを求めれば，密度汎関数理論の基底状態が(Kohn-Sham 方程式を介さず)求まるはずである．

この方策を最初に実行したのが CP 法である[5]．2.3 節，(2-2) ～ (2-12) 式の Kohn-Sham 方程式の導出過程を思い出そう．Lagrange 未定係数法から，状態間の規格直交化は別過程で付加するとして

$$-\delta\Omega_{tot}[\{\psi_i\}]/\delta\psi_i^* = -H\psi_i + \lambda_i\psi_i = -(H-\lambda_i)\psi_i = \zeta_i \tag{9-12}$$

が全占有状態でゼロになれば，E_{tot} を最小化する基底状態の $\{\psi_i\}$ のセットが求まったことになる．

$$\lambda_i = \langle\psi_i|H|\psi_i\rangle$$

として，ψ_i が基底状態でなければ $H\psi_i \neq \lambda_i\psi_i, \zeta_i \neq 0$ である．

適当に作った初期の占有状態の波動関数セット $\{\psi_i\}$ を $\rho(\vec{r})$ や H, (9-12)式に入れ，徐々に変化させることを考える．この ζ_i (サイズ N_G のベクトル)は変分 $-\delta\Omega_{tot}[\{\psi_i\}]/\delta\psi_i^*$ から，規格直交条件の下で E_{tot} を下げる方向の ψ_i についての**勾配**(gradient)で，ψ_i をその方向に変化させれば(ψ_i に ζ_i の成分を少し混ぜれば)E_{tot} が下がるので，ψ_i に働く「力」とみなせる．ψ_i を変化させる過程で，ψ_i の変化を逐次に $\rho(\vec{r})$ や H に入れることで，λ_i, ζ_i も同時に変化していく．すべての占有状態 i で $\zeta_i = 0$ になるまで ζ_i に従った変化を ψ_i に施せば，$E_{tot}[\{\psi_i\}]$ を規格直交条件下で最小化する $\{\psi_i\}$ のセットに行き着くはずである．

CP 法では，この ψ_i の変化過程を「仮想的力学系の運動」として実行する．具体的には，仮想時間依存性を入れた波動関数 $\psi_i(t)$ について，(9-12)式の右辺の勾配(力)を用いた二階の運動方程式として

$$m_e\ddot{\psi}_i = -(H-\lambda_i)\psi_i = \zeta_i \tag{9-13}$$

が組み立てられる[5]．$\ddot{\psi}_i$ は時間での二階微分で加速度の意味，m_e は電子質量(これは厳密な値でなくパラメータとして扱う)．この式を平面波基底の展開係数(ベクトル) $\{C_{k+\vec{G}}^n(t)\}$ ((7-6)式)の二階の運動方程式として，古典分子動力学法での **Verlet アルゴリズム**[63]に類似した手続きで，微小時間刻み Δt で時間発展させる．(9-13)式の $H\psi_i$ の演算は

158 第9章 大規模電子構造計算の計算技術

$$\sum_{\vec{G}'} \langle \vec{k}+\vec{G}|H|\vec{k}+\vec{G}'\rangle C^n_{\vec{k}+\vec{G}'}(t)$$

で，9.2節のFFTによる効率化法を用いる．λ_iは期待値$\langle\phi_i|H|\phi_i\rangle$である（この部分は別の扱い方もある[63]）．

Δtステップ毎にすべての状態（ベクトル）$\{C^n_{\vec{k}+\vec{G}}(t)\}$を変化させた後，各状態の規格直交化を **Gram-Schmidt の直交化法**[64]で行う．これは，$\vec{k}$毎の$\psi_{\vec{k}n}$の$n=1 \sim M$のM個の状態間で，下の準位から順に次式の処理を行う．

$$\phi_i'' = \phi_i - \sum_{j<i}\langle\phi_j'|\phi_i\rangle\phi_j', \quad \phi_i' = \phi_i''/|\phi_i''| \tag{9-14}$$

ベクトル$\{C^i_{\vec{k}+\vec{G}}(t)\}$から下の準位のベクトル$\{C^j_{\vec{k}+\vec{G}}(t)\}$との重なりを差し引く処理である．プライムのついた波動関数ϕ_j'は，すでに下の準位の波動関数と規格直交化済みである．なお，異なる$\vec{k}$の状態間は自動的に直交している（基底が直交している）．さらにΔtステップ毎にハミルトニアンH内のV_H, μ_{xc}を新しい$\{C^n_{\vec{k}+\vec{G}}(t)\}$による$\rho(\vec{r})$を用いて更新する．更新した$H$で(9-13)式右辺の$H\phi_i$計算を行い，$\zeta_i(t)$を求め，再び$\{C^n_{\vec{k}+\vec{G}}(t)\}$を変化させる．

$\phi_i(t)$の運動（$\{C^n_{\vec{k}+\vec{G}}(t)\}$の運動）は（仮想的）運動エネルギー$\sum_i \frac{1}{2}m_e|\dot{\phi}_i|^2$を徐々に減らし，全状態で$\dot{\phi}_i=0$になるようアニールすれば，固定した原子配列についての基底状態の$\{\phi_i\}$（$\{C^n_{\vec{k}+\vec{G}}\}$）に行きつく．**図 9-3**のように$\{\phi_i\}$の配位座標空間における$E_{tot}[\{\phi_i\}]$の最小点を効率的に見つける問題[64]と考えれば，CP法は，図9-3(a)にように$\{\phi_i(t)\}$の運動とアニールでそれを実現する．

当初のCP法は，原子系の運動と電子系（波動関数）の運動を同じ力学系として（同じラグランジアンの式に表して）解く手法として提案されたが，固定した原子配列に対して，$E_{tot}[\{\phi_i\}]$を規格直交条件のもと最小化する$\{\phi_i\}$のセット（断熱近似での基底状態）を効率的に求める手法と見なせる．そうすると，一階の運動方程式

$$m_e\dot{\phi}_i = -(H-\lambda_i)\phi_i \tag{9-15}$$

から，ϕ_iを勾配方向に直にステップで変化させる**最急降下**（steepest descent；**SD**）**法**（図9-3(b)）も考えられる．単純な系なら，より簡単に$E_{tot}[\{\phi_i\}]$を最小化する$\{\phi_i\}$のセットに到達できる可能性がある．

9.3 Car-Parrinello法と直接最小化法

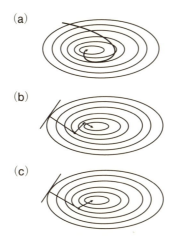

図 9-3 波動関数の配位座標空間で，全エネルギー$E_{\text{tot}}[\{\phi_i\}]$を最小にする占有波動関数のセット$\{\phi_i\}$(基底状態の波動関数のセット)を，繰り返し法による波動関数の逐次更新で効率的に求める方法(直接最小化法)の概念図．丸い等高線がE_{tot}の配位座標空間での様子を示し，曲線または折れ曲がった実線がE_{tot}の最小点を目指すϕ_i(または$\{\phi_i\}$のセット)の軌跡を示す．(a) Car-Parrinello (CP)法，(b) 最急降下(SD)法，(c) 共役勾配(CG)法．

(2) 全エネルギー直接最小化の共役勾配法

一方，$\{\phi_i\}$の配位座標空間における$E_{\text{tot}}[\{\phi_i\}]$の最小化は，非線形最適化問題であり，多変数関数の最小化の**逐次最適化**(sequential optimization)**法**としての**共役勾配**(conjugate gradient; **CG**)**法**[64]の適用が考えられる(図 9-3(c))．$i(\vec{k}n)$毎に適当な初期ベクトルϕ_i^0から始めてmステップ目の波動関数をϕ_i^mとし，ステップを進めることで，全状態について(9-12)式の勾配ζ_iがゼロになる$\{\phi_i\}$を求める．mステップ目のϕ_i^mについての**勾配ベクトル**は(9-12)式から

$$\zeta_i^m = -(H - \lambda_i^m)\phi_i^m, \quad \lambda_i^m = \langle \phi_i^m | H | \phi_i^m \rangle$$

である．しかし，ϕ_i^mに与える変化の方向は，ζ_i^mではなく**共役勾配ベクトル**ϕ_i^mで，前回ステップの勾配ベクトルζ_i^{m-1}，共役勾配ベクトルϕ_i^{m-1}も用いて，

$$\phi_i^m = \zeta_i^m + \eta_m \phi_i^{m-1} \tag{9-16}$$

160　第9章　大規模電子構造計算の計算技術

$$\eta_m = \langle \zeta_i^m | \zeta_i^m \rangle / \langle \zeta_i^{m-1} | \zeta_i^{m-1} \rangle \quad (m>1), \quad \eta_m = 0 \quad (m=1) \tag{9-17}$$

で作られる（逐次補正）．ϕ_i^m と下の準位 $\{\phi_j^m\}$ および ϕ_i^m との直交化処理を(9-14)式で行った後，次のステップの波動関数 ϕ_i^{m+1} を ϕ_i^m と ϕ_i^m の混合（直線探索）で与える（ϕ_i^m と下の準位 $\{\phi_j^m\}$ との直交化処理はすでに行っている）．

$$\phi_i^{m+1} = \alpha \phi_i^m + \beta \phi_i^m \tag{9-18}$$

混合比の α，β（$\alpha = \cos\theta$，$\beta = \sin\theta$，θ で指定）は直接に $E_{\text{tot}}[\{\phi_i\}]$ に ϕ_i^{m+1} を代入した最小化条件から決まる（(8-18)式の E_{tot} で ϕ_i^m の寄与を ϕ_i^{m+1} の寄与で置き換え，θ での微分を計算）．$\phi_i^m, \zeta_i^m, \phi_i^m$ 等，すべてサイズ N_{G} のベクトルである．この共役勾配法のステップを各状態で数回ずつ行い，全 $\vec{k}$ 点の全占有状態（$n = 1 \sim M$）で巡回するループを繰り返せば，$E_{\text{tot}}[\{\phi_i\}]$ を最小化する $\{\phi_i\}$ のセットが，CP法や最急降下法より効率的に決まる可能性がある．

　本節で扱った CP, SD, CG の各方法の演算は，行列対角化によらず，input した初期ベクトル $\{C_{\vec{k}+\vec{G}}^n\}$ の逐次更新（繰り返し法（反復法））による最適化である．初期ベクトルは乱数でランダムに与えたり，N_{G} を小さくして試行的に H の対角化から作ったりする．特徴的なことは，$\{C_{\vec{k}+\vec{G}}^n\}$ の更新のたびに(9-14)式による直交化処理を行い，H 内の波動関数依存項（$\rho(\vec{r})$ 依存項）$V_{\text{H}}, \mu_{\text{xc}}$ の更新も行う．その時点の $\{C_{\vec{k}+\vec{G}}^n\}$ から直に $\rho, V_{\text{H}}, \mu_{\text{xc}}, H$, 勾配 ζ_i, E_{tot} を与えることで，SCF を保ったまま，互いに直交した占有状態 $\{\phi_i\}$ のセットが E_{tot} を最小化する $\{\phi_i\}$ のセットに収束していく．これは，Kohn-Sham 方程式の固有値問題を行列対角化法で解き，$\rho(\vec{r})$ の更新を SCF ループで分けて行う従来法（3.6節）と大きく異なる．その意味で，本節の CP, SD, CG の諸法は E_{tot} の**直接最小化法**（direct minimization）[64] と呼ばれる．

9.4　大規模行列固有状態計算の高速化技法

(1)　期待値最小化の共役勾配法

　前節の一連の手法は，Si など半導体で威力を発揮し，多くの成果が得られた（**図9-4(a)**）．しかし，金属の取り扱いではうまくいかない場合が多い[65]．前節の手法では，占有状態の数を初めから固定して $\{\phi_i\}$ を扱うが，金属的な系の場合，収束過程で占有状態と非占有状態が入れ替わったり，$\vec{k}$ 点によって占有状態の数が変わったり

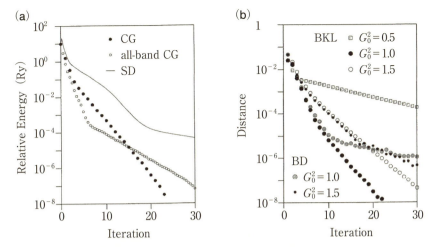

図 9-4 （a）直接最小化法での全エネルギーの収束性の比較[65]. SiC(110)表面スラブ(10原子＋真空層)において，適当な input 波動関数から始めて，全波動関数の一巡の更新 step での全エネルギーの低下・収束の様子（縦軸の単位は Ry ≈ 13.6 eV）. SD, CG は最急降下法, 共役勾配法の結果, all-band CG は, 波動関数の更新を一つずつ逐次に行うのではなく, 全状態を一斉に更新する共役勾配法の結果を示す.

（b）金属的な系も扱える高速計算技法の比較. BKL法(Bylander らの共役勾配法), BD法(ブロック Davidson 法)を Kerker の charge-mixing 法と組み合わせて Al/SiC 界面スーパーセル(15原子＋真空層)に適用した結果[65]. SCF ループでの input と output の電子密度分布の差の平均（メッシュ点での差の二乗平均の平方根）の変化を示す. 電子密度分布の収束は, 全エネルギーの収束と同様である. (9-25)式の mixing パラメータ G_0^2 をうまく選べば BKL 法が効率的であった（A は 1.0 に固定）.

する. そうした変化が $\{\phi_i\}$ と ρ の逐次の更新時に取り入れられると, (9-12)式の $-(H-\lambda_i)\phi_i$ がそのステップで急変し, $\{\phi_i\}$ の最適化の安定な運行が阻害されるためである[65].

そこで, 金属も半導体・絶縁体も扱える方法として, 固有状態計算と SCF ループでの ρ の更新を分けて行う従来のアプローチ(3.6節)に立ち返る. input の $\rho(\vec{r})$ に固定したハミルトニアン行列 H_fix((7-38)式の $V_\text{H}, \mu_\text{xc}$ を固定)の固有状態計算(図 3-8 の二重四角の部分)を, 従来の行列の対角化でなく, input の波動関数(ベクトル)の

162　第9章　大規模電子構造計算の計算技術

繰り返し法(反復法)による最適化で行い，次にSCFループでの ρ, H_{fix} の更新を行い，交互に繰り返す．初期の input の $\rho(\vec{r})$ は，例えば自由原子の価電子密度分布の重ね合わせ等で設定する．

Bylander らは，(9-16)〜(9-18)式の共役勾配法を H_{fix} の期待値最小化の見地で適用し，SCFループと組み合わせる手法を提案した[66]．勾配ベクトルは(9-12)式と同様

$$-(H_{\text{fix}} - \lambda_i)\psi_i = \zeta_i \tag{9-19}$$

で与えられる ($\lambda_i = \langle \psi_i | H_{\text{fix}} | \psi_i \rangle$)．これは E_{tot} でなく，期待値の和 $\sum_i \langle \psi_i | H_{\text{fix}} | \psi_i \rangle$ の規格直交条件付きの最小化のための勾配で，(2-6)式の代わりに

$$\Omega_{\text{tot}}[\{\psi_i\}] = \sum_i \langle \psi_i | H_{\text{fix}} | \psi_i \rangle - \sum_i \lambda_i (\langle \psi_i | \psi_i \rangle - 1)$$

についての $-\delta\Omega_{\text{tot}}[\{\psi_i\}]/\delta\psi_i^*$ から導出される．$H_{\text{fix}}\psi_i$ の演算は，上記のように9.2節のFFTによる効率化法を利用する．

期待値最小化なので，非占有状態も扱える．金属を扱う場合，$\{\psi_i\}$ のセットは占有状態に加え非占有状態も一定数含める．Gram-Schmidt の直交化処理((9-14)式)を行いながら，(9-16)〜(9-18)式の共役勾配法の手順で((9-18)式の混合比は期待値最小化で決定)各状態 ψ_i を各々数回更新する．

すべての状態でこの過程を行った後，同じ $\vec{k}$ の状態の間で **subspace 対角化**を行う．各 $\vec{k}$ で扱っている状態数を非占有含めて M とする ($\psi_{\vec{k}n}$ の n が $n = 1 \sim M$，M は単位胞(スーパーセル)内の価電子総数÷2+α，3.3節参照)．その subspace で $M \times M$ のハミルトニアン行列

$$[H_{\text{fix}}]_{ij} = \langle \psi_i | H_{\text{fix}} | \psi_j \rangle \tag{9-20}$$

を組み立てる(同様の $H_{\text{fix}}\psi_i$ 計算を行う)．この $[H_{\text{fix}}]_{ij}$ 行列は比較的小さいサイズなので，通常法による対角化が可能で，固有ベクトル $\{C_j^i\}$ を求め，波動関数を次式で更新する ($i = 1 \sim M$)．

$$\psi_i' = \sum_{j=1}^{M} C_j^i \psi_j \tag{9-21}$$

subspace 対角化は，変分自由度を大きく下げた対角化なので，本来の大規模ハミルトニアンの固有状態が得られるわけではない．M 個の状態をハミルトニアンの固有状態に近いものに組み替え，固有状態の線形結合に収束するのを防ぐ．全 $\vec{k}$ 点でこの作業を行い，エネルギー期待値の低い順に全状態を並べることで，フェルミ準位や

9.4 大規模行列固有状態計算の高速化技法 163

各状態の占有率が更新される（3.4節(3)，10.2節参照）．output の $\rho(\vec{r})$ が求まり，charge-mixing で次回 SCF ループの input の $\rho(\vec{r})$ が与えられる（(3-16)式，9.4節(4)項参照）．それにより H_{fix} 内の V_H, μ_{xc} を更新し，再び共役勾配法のループに入る．

(2) ブロック Davidson 法

一方，固定した ρ の大規模ハミルトニアン行列 H_{fix} の繰り返し法による固有値解法として，**ブロック Davidson 法**が知られている[67,68]．これは，上記の $\vec{k}$ 点毎の subspace 対角化を，M 個の $\{\phi_i\}$ と M 個の各状態の勾配 $\{\zeta_i\}$（(9-19)式）を合わせた $2M$ 次元の subspace で実行する．あらかじめ(9-14)式で直交化処理を行った後，$2M \times 2M$ のハミルトニアン行列（要素が $\langle \phi_i | H_{\text{fix}} | \phi_j \rangle$，$\langle \phi_i | H_{\text{fix}} | \zeta_j \rangle$，$\langle \zeta_i | H_{\text{fix}} | \phi_j \rangle$，$\langle \zeta_i | H_{\text{fix}} | \zeta_j \rangle$）を組み立て，通常法で対角化して得た固有ベクトル $\{C_j^i\}$ で波動関数を

$$\phi_i' = \sum_{j=1}^{M} C_j^i \phi_j + \sum_{j=M+1}^{2M} C_j^i \zeta_{j-M} \tag{9-22}$$

のように更新する（$i = 1 \sim M$）．勾配 $\{\zeta_i\}$ を subspace に加えることで，それらが混合した，より低い固有値の（真の固有状態により近い）波動関数が効率的に得られる．この過程を数回行い，出力の $\rho(\vec{r})$ から charge-mixing で入力の $\rho(\vec{r})$ を組み立て，V_H, μ_{xc} を更新した H_{fix} で次回の subspace 対角化を行う．

ブロック Davidson 法は，アルゴリズムが簡便で多用されるが，弱点は，大規模スーパーセルで状態数 M が大きい場合（価電子総数が大きい場合），$\{\phi_i\}$ と $\{\zeta_i\}$ による subspace の $2M \times 2M$ のハミルトニアンの行列サイズが大きくなり，通常法で対角化するのに計算時間がかかることである（$(2M)^3$ に比例）．対角化を多数回繰り返すので影響は大きい．そこで，$\vec{k}$ 点毎の全状態 $\{\phi_i\}$ を低い順にいくつかのグループに分け，subspace 対角化をグループ毎に行い，行列サイズを小さくする方策がある．状態数 M を n 分割して，各グループの $\dfrac{M}{n}$ 個の波動関数に関して，対応する $\{\zeta_i\}$ も含めて $\dfrac{2M}{n} \times \dfrac{2M}{n}$ 次元の subspace 対角化をグループ毎に行う．すべての波動関数は，Gram-Schmidt の直交化処理で（グループを超えて）下の準位とあらかじめ直交化させるので，下のグループの準位に落ち込む危険は避けられる．適宜，全状態での subspace 対角化も行う．原子数が大きいスーパーセルでは，M も原子数の数倍以上になるので重要．並列計算機でグループ毎に別のノードで扱えば効率的である．

164　第9章　大規模電子構造計算の計算技術

(3)　Preconditioning

ところで，(9-12)式，(9-19)式で与えられる勾配 ζ_i には，**preconditioning**（**前処理**）の問題がある[64, 69]．(9-19)式で，現在の更新中の波動関数 ϕ_i と正しい固有関数 ϕ_i^0 の間に $\phi_i^0 = \phi_i + \delta\phi_i$ の関係があるとすると，勾配は

$$\zeta_i = -(H_{\mathrm{fix}} - \lambda_i)\phi_i = -(H_{\mathrm{fix}} - \lambda_i)(\phi_i^0 - \delta\phi_i) = (H_{\mathrm{fix}} - \lambda_i)\delta\phi_i \qquad (9\text{-}23)$$

となる．正しい固有状態なので $H_{\mathrm{fix}}\phi_i^0 = \lambda_i \phi_i^0$ の関係を使っている（$\lambda_i \neq \lambda_i^0$ は差が小さいとして無視する）．効率的に ϕ_i を変化させ ϕ_i^0 に近づけるには，勾配ベクトル ζ_i よりも (9-23)式の $\delta\phi_i$ を扱うほうが良いわけで

$$\delta\phi_i = (H_{\mathrm{fix}} - \lambda_i)^{-1}\zeta_i \qquad (9\text{-}24)$$

となる．これは，勾配ベクトルに逆行列 $(H_{\mathrm{fix}} - \lambda_i)^{-1}$ を作用させたものである．簡便のため，逆行列を対角項の逆数で近似し，対角項のみの preconditioning 行列 $[K]_{\vec{G}, \vec{G}}$ を組み立て，勾配ベクトル ζ_i に掛ける処理が行われる．これは，ζ_i の各基底 $|\vec{k} + \vec{G}\rangle$ の成分の誤差が，$|\vec{k} + \vec{G}\rangle$ の運動エネルギー (7-9)式に比例して大きくなるため，各成分を各基底の運動エネルギーで割る作業になる．前節や本節の各手法では，この preconditioning 処理が行われた勾配ベクトルが使用される．

(4)　Charge mixing 法

本節で扱っている，固定した $\rho(\vec{r})$ のもとで H_{fix} の固有状態計算を繰り返し法（共役勾配法やブロック Davidson 法等）による波動関数の更新で行い，SCF ループの charge-mixing での $\rho(\vec{r})$ の更新と組み合わせる手法は，$\{\phi_i\}$ と $\rho(\vec{r})$ の両者が全体として効率的に収束すればよく，必ずしも ρ の更新のつど，H_{fix} の固有状態計算を厳密に行う必要はない．その意味で charge-mixing 法も重要で，(3-16)式の単純な方法に替わる方法として **Kerker 法**[23]がある．

$$\rho_{\mathrm{in}}^{N+1}(\vec{G}) = \rho_{\mathrm{in}}^{N}(\vec{G}) + \frac{A|\vec{G}|^2}{|\vec{G}|^2 + G_0^2}(\rho_{\mathrm{out}}^{N}(\vec{G}) - \rho_{\mathrm{in}}^{N}(\vec{G})) \qquad (9\text{-}25)$$

これは，フーリエ変換した $\vec{G}$ 成分毎の mixing で，N 回目の SCF ループでの input の $\rho_{\mathrm{in}}^{N}(\vec{G})$ と output の $\rho_{\mathrm{out}}^{N}(\vec{G})$ の差を用いて次回の $N+1$ 回目の input の

$\rho_{\text{in}}^{N+1}(\vec{G})$ を組み立てる．直ちに逆変換で $\rho_{\text{in}}^{N+1}(\vec{r})$ が得られる．mixing 係数

$$\frac{A\,|\vec{G}|^2}{|\vec{G}|^2 + G_0^2}$$

は，小さな $\vec{G}$ の $\rho_{\text{out}}^N(\vec{G}) - \rho_{\text{in}}^N(\vec{G})$ に対して小さく，大きな $\vec{G}$ では A に漸近する．長波長（小さな $\vec{G}$）成分の混合比を小さくすることで，金属的な大規模系で観察される SCF 過程の**激しい振動(charge-sloshing)**[65]を抑える効果がある（$\vec{G}$ 成分毎に混合比が変わっても $\vec{G}=0$ 成分が保たれれば charge 総量は保存するので問題ない）．パラメータ G_0^2 が大きいほど，波長による mixing 係数 の変化が顕著だが，$G_0^2=0$ なら

$$\frac{A\,|\vec{G}|^2}{|\vec{G}|^2 + G_0^2} = A$$

で，(3-16)式の simple mixing と同じになる．スーパーセルの大きさや形状，電子構造に応じて G_0^2 と A の最適値をテストして調整する．

図 9-4(b)に金属的な系での Bylander らの共役勾配法，ブロック Davidson 法を(9-25)式の Kerker 法と組み合わせたテスト結果を示す[65]．

なお，金属的な系の SCF 計算での振動防止には，$\vec{k}$ 点メッシュの BZ 積分での占有率の broadening(smearing)の調整も効果がある．3.4節, 10.2節参照．

9.5 残差最小化に基づく高速化技法

(1) RMM-DIIS 法

9.3, 9.4 節で論じた各種の基底状態計算の高速化技法は，対象のサイズや電子構造（金属か非金属か）に応じて使い分けられる（図 9-4）．一方，クラスター計算機など並列計算機の普及で，**並列計算**に適した手法が有利である．並列計算機では，各ノード(CPU)で別々の演算を行い，適宜，データのノード間通信で集計する．$\{\psi_i\}$ のセットの最適化において，各波動関数 ψ_i を別々のノードで扱い，頻繁なノード間通信なしに独立に固有状態に収束させられれば，理想的な効率の並列計算になる．Gram-Schmidt の直交化処理((9-14)式)は，ノード間の大きな波動関数データの通信が必要なので，並列計算効率を落とす．直交化処理が少なくて済む方法が望ましい．

RMM-DIIS (residual minimization/direct inversion in the iterative subspace) **法**[69-71]は，前節で議論した H_{fix} の固有状態計算の繰り返し法による解法の一種で

166　第9章　大規模電子構造計算の計算技術

あるが，提案者にちなんで **Pulay 法**とも呼ばれ，直交化処理が減らせると考えられる．前節までの方法は，全エネルギーやエネルギー期待値の最小化(最低化)の見地から波動関数の更新，最適化を行うが，RMM-DIIS 法では，**残差(residual)**の最小化の見地から波動関数の更新，最適化を行う．残差は，最適化途上の波動関数 ϕ_i につき

$$R_i = (H_{\text{fix}} - \lambda_i)\,\phi_i \tag{9-26}$$

である．λ_i は期待値 $\langle \phi_i | H_{\text{fix}} | \phi_i \rangle$．$R_i$ は ϕ_i と同じくサイズ N_{G} の列ベクトルで，固有状態に収束すれば $H_{\text{fix}}\phi_i = \lambda_i\phi_i$ でゼロとなるので残差と言う．(9-19)式の勾配と符号が違うだけだが意味が異なる．

また，本手法は，過去の波動関数の残差情報から，線形性を想定して残差最小化のための過去の波動関数の最適の mixing をダイレクトに求めて波動関数を更新する点がユニークである(**図 9-5**)．初期の input の波動関数 ϕ_i^1 から更新した m ステップ目の ϕ_i^m まで，過去の m 個の波動関数 $\{\phi_i^j\}(j=1\sim m)$ の線形結合で次のステップの ϕ_i^{m+1} が

$$\bar{\phi}_i^{m+1} = \sum_{j=1}^{m} \alpha_j\,\phi_i^j \tag{9-27}$$

$$\phi_i^{m+1} = \bar{\phi}_i^{m+1} + \eta \bar{R}_i^{m+1} \tag{9-28}$$

と構築される．(9-27)式の線形係数 $\{\alpha_j\}$ は，過去の m 個の波動関数 $\{\phi_i^j\}$ の(9-26)式による残差 $\{R_i^j\}$ の同じ線形係数 $\{\alpha_j\}$ の予測残差 R

$$R = \sum_{j=1}^{m} \alpha_j R_i^j \tag{9-29}$$

の内積 $\langle R|R \rangle$ が，(9-27)式の波動関数 $\bar{\phi}_i^{m+1}$ の規格化条件(ノルムが1)のもとで最小になる条件で決める．係数 $\{\alpha_j\}$ は，$m \times m$ 行列 $[R]_{lj}$, $[S]_{lj}$ を用いた以下の固有値方程式の解となる．

$$\sum_{j=1}^{m} [R]_{lj}\,\alpha_j = \varepsilon \sum_{j=1}^{m} [S]_{lj}\,\alpha_j, \quad l = 1 \sim m \tag{9-30}$$

$$[R]_{lj} = \langle R_i^l | R_i^j \rangle, \quad [S]_{lj} = \langle \phi_i^l | \phi_i^j \rangle \tag{9-31}$$

(9-31)式の各要素はサイズ N_{G} のベクトルの内積である．一方，(9-28)式は trial step と呼ばれ，$\bar{R}_i^{m+1}$ は $\bar{\phi}_i^{m+1}$ を(9-26)式に入れて求めた残差で，preconditioning 処理した後，(9-23), (9-24)式の $\delta\phi_i$ と同じ意味でパラメータ η で加える(定義上，η は負)．この step は線形従属を防ぐ意味で不可欠．

こうして，ϕ_i^{m+1} を加えて拡張した subspace $\{\phi_i^j\}(j=1 \sim m+1)$ で次の RMM-

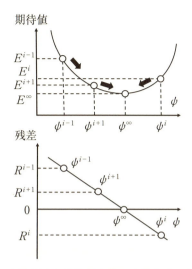

図 9-5 期待値最小化の方法(上)と残差最小化の方法(下)の概念の比較．横軸は波動関数の変化，縦軸はその波動関数による期待値または残差．肩付の i は波動関数の更新の履歴を示す．期待値最小化法では，波動関数 ϕ^i の期待値 E^i を下げる方向の勾配に従い，逐次に波動関数を変化させる．残差最小化法(RMM-DIIS 法)では，過去数回分の波動関数の線形結合で次回の波動関数を組み立てる．その線形係数は，過去の波動関数の残差 R^i の線形結合(予測残差)が最小になるように決める．

DIIS 過程を (9-27) 式から行う．m が進むほど，$[R]_{lj}$ と $[S]_{lj}$ の行列サイズが大きくなるが，m は数ステップで打ち切るので，通常の行列解法で解ける．各状態 $\{\phi_i\}$ で独立にこの過程を行った後，$\vec{k}$ 点毎に全状態で Gram-Schmidt の直交化と subspace 対角化を行い，出力の $\rho(\vec{r})$ の計算，charge-mixing による次回入力の $\rho(\vec{r})$ の構築，H_{fix} の更新を行い，次の RMM-DIIS 過程に入る．

　勾配に従った sequential な波動関数の変化を追う従来法と比べ，過去の試行の残差の線形結合から残差最小化の最適点を見つける(図 9-5)．各波動関数は，近くの固有状態(残差ゼロの状態)に近づいていく．従来手法では，全エネルギーやエネルギー期待値を下げる方向の更新なので，波動関数が Gram-Schmidt の直交化で下の準位と厳密に直交化していないと，複数の状態が同じ低い固有状態に近づく問題が起きる．本手法では各状態の残差は別々なので必ずしもそうならない．Gram-Schmidt の直交化や subspace 対角化は必要だが，頻度を減らすことができ，並列計算に有利で

168　第9章　大規模電子構造計算の計算技術

ある.

(2)　残差最小化法に基づく charge-mixing 法

残差最小化法は，SCF ループの charge-mixing 法としても有効である(**Pulay mixing**)[69,72]. この場合の残差は，N 回目の SCF ループの input, output の差で

$$R^N(\vec{r}_n) = \rho_{\mathrm{out}}^N(\vec{r}_n) - \rho_{\mathrm{in}}^N(\vec{r}_n) \tag{9-32}$$

である. $\{\vec{r}_n\}$ は電子密度の FFT 実空間メッシュ点. 残差 R^N はサイズ M_{F}(FFT のメッシュ点総数)のベクトルである. まず，(9-25)式の Kerker 法[23]による SCF ループを数回繰り返し，input の $\rho_{in}^j(\vec{r}_n)$ と (9-32)式の残差 $R^j(\vec{r}_n)$ のデータをメモリーする. 今，$j = N$ から $j = N + l$ まで $(l+1)$ 回分をメモリーした後，$(N + l + 1)$ 回目の input の ρ を以下の線形結合で与える.

$$\rho_{\mathrm{in}}^{N+l+1}(\vec{r}_n) = \sum_{j=N}^{N+l} \alpha_j \rho_{\mathrm{in}}^j(\vec{r}_n) \tag{9-33}$$

係数 $\{\alpha_j\}$ は，$\sum_{j=N}^{N+l} \alpha_j = 1$ の条件のもと，同じ係数を用いた残差の線形結合からの予想残差

$$R(\vec{r}_n) = \sum_{j=N}^{N+l} \alpha_j R^j(\vec{r}_n) \tag{9-34}$$

の大きさ($\sum_{\vec{r}_n} |R(\vec{r}_n)|^2$, メッシュデータの二乗和)が最小になる条件から決める. (9-30)式に類似した方程式から係数 $\{\alpha_j\}$ が決まり，(9-33)式で次回 input の ρ を構築する. その後，再び数回にわたり Kerker 法((9-25)式)で更新を行い，(9-33)，(9-34)式から次回 input の ρ を更新する. この過程を繰り返す.

図9-5 から明らかなように，この mixing 法は過去の残差(SCF からのずれ)の変化情報を有効に利用できる. Kerker 法など直近の残差のみに基づく方法より優れている. 過去の履歴情報を利用する方法として非線形最適化の典型的手法である **Broyden 法**[73]が SCF 計算に適用されてきたが，本法の方が簡便で利点が多い.

9.6　S 演算子を含む場合

前節までの大規模系の電子構造計算の高速化技法は，NCPP 法の場合で説明した. USPP 法，PAW 法のノルムを保存しない擬波動関数を扱う方法では，S 演算子((5-

9.6 S 演算子を含む場合　　169

25), (5-26) 式) を用いた規格直交化 ((5-27) 式) でノルムを補填する必要がある. Kohn-Sham 方程式も $H\phi_i = \varepsilon_i S\phi_i$ と S が入り, 勾配や残差の計算もそうである.

しかし, S 演算子の存在はそれほど深刻ではなく, 前節までの諸方法はそのまま有効である[69]. 変更点として, (9-14) 式の Gram-Schmidt の直交化処理で, $\langle\phi_j'|\phi_i\rangle$ の重なりの部分を $\langle\phi_j'|S|\phi_i\rangle$ に置き換えて

$$\phi_i'' = \phi_i - \sum_{j<i}\langle\phi_j'|S|\phi_i\rangle\phi_j', \quad \phi_i' = \phi_i''/|\langle\phi_i''|S|\phi_i''\rangle|^{1/2} \tag{9-35}$$

のように行う. この処理をしておけば, ϕ_i の繰り返し法による最適化は通常に行える. S 演算子は平面波基底 $\{|\vec{k}+\vec{G}\rangle\}$ 自身の非直交化を意味するわけでなく, 固有状態 $\{\phi_i\}$ の規格直交条件だけの問題なので, 簡単に処理できるのである.

一方, 勾配や残差は, 例えば (9-19) 式は以下のようになる.

$$-(H_{\mathrm{fix}} - \lambda_i S)\phi_i = \zeta_i \tag{9-36}$$

(9-35) 式と同様に $S\phi_i$ の演算が必要だが, これは行列 × ベクトルだから N_G^2 オーダーであるというわけではなく, $H\phi_i$ 演算内の分離型擬ポテンシャル (プロジェクター) の ϕ_i への作用と同じく, N_G オーダーの演算となり, 負荷は大きくない. S 演算子の中身が分離型プロジェクター

$$\sum_I\sum_{ij}|\tilde{p}_i^I\rangle q_{ij}^I\langle\tilde{p}_j^I|$$

であり, あらかじめ $\{\langle\tilde{p}_i^I|\vec{k}+\vec{G}\rangle\}$ のセットを用意しておけばよいのである (5.1 節 (2) の (5-7), (5-8) 式の議論参照).

以上, 本章では, 大規模スーパーセルの電子構造計算を効率化する計算技術として, 高速フーリエ変換の実際の活用法, CP 法に始まる大規模系の基底状態計算の高速化技法について説明した. 後者には, 様々な種類があり, 計算する対象 (金属か非金属か, スーパーセルの大きさ・形状, あるいは計算機システム) に応じて最適の手法を選択する. なお, 大規模基底状態計算の高速化技法は, 非線形最適化問題や大規模固有値問題のクリロフ部分空間法など, より広い観点からの数値計算法[74,75]に含まれる. 平面波基底法以外でも局在基底法やオーダー N 法開発など[3,4]で注目を集め, 様々に研究されている.

10

第10章

各種の計算方法・計算技術

　本章では，前章までに紹介した方法の追加の詳細説明やいくつかの新たな方法や計算技術の説明を行う．$\vec{k}$点サンプリングや金属系の$\vec{k}$空間積分，部分内殻補正，GGA，応力計算法，静電相互作用計算，PAW法における原子に働く力等，いずれも主役ではないけれど精度の向上や基本的物理量の計算に関わる重要問題である．重要性に比して説明資料は多くなく，原著論文もわかりやすいとは言えない．整理して丁寧に記述する．

10.1　Monkhorst-Pack の $\vec{k}$ 点サンプリング

（1）　MP法 $\vec{k}$ 点サンプリングとは

　3.4節で触れたBZ内積分で多用されるMonkhorst-Pack(MP)の$\vec{k}$点サンプリング法[18]について詳しく説明する．この方法の原理は良く理解されているとは言えない．正確な説明資料も多くない．原著論文がわかりにくいのである．

　一般の周期系における格子ベクトル$\{\vec{R}\}$と逆格子ベクトル$\{\vec{G}\}$を考える．$\vec{a}_1 \sim \vec{a}_3$を基本併進ベクトル，$\vec{b}_1 \sim \vec{b}_3$を基本逆格子ベクトル((3-2)式，$\vec{a}_i \cdot \vec{b}_j = 2\pi\delta_{ij}$)として

$$\vec{R} = l_1\vec{a}_1 + l_2\vec{a}_2 + l_3\vec{a}_3 \tag{10-1}$$

$$\vec{G} = m_1\vec{b}_1 + m_2\vec{b}_2 + m_3\vec{b}_3 \tag{10-2}$$

である．l_i, m_iは整数．$\vec{a}_1 \sim \vec{a}_3$を稜に構成される平行六面体の単位胞(体積$\Omega_c = |\vec{a}_1 \cdot \vec{a}_2 \times \vec{a}_3|$)に対し，$\vec{b}_1 \sim \vec{b}_3$を稜に構成される逆空間の平行六面体(体積$|\vec{b}_1 \cdot \vec{b}_2 \times \vec{b}_3| = (2\pi)^3 \Omega_c^{-1}$)がBZである．**MP法サンプリング**では，原点が平行六面体の中心にくるようシフトしたBZを扱う(図3-3(c))．BZは通常，原点から周囲の$\vec{G}$点への垂直二等分面で構成されるが(図3-3(a))，積分の観点では$\vec{k}$と$\vec{k}+\vec{G}$の固有状態の同値の関係から端の領域をやり取りすれば同じである．

　図10-1に示すように，この BZ で各々$\vec{b}_1, \vec{b}_2, \vec{b}_3$方向に各 $-\frac{1}{2}\vec{b}_i \sim \frac{1}{2}\vec{b}_i$ の範囲を

171

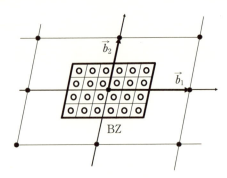

図 10-1 Monkhorst-Pack の $\vec{k}$ 点メッシュ．原点を中心にする平行六面体の BZ 全体を三つの稜に沿って N_r, N_s, N_t の平行分割を行い，各微小平行六面体ブロックの中心(図の中白の丸)を $\vec{k}$ 点としてサンプリングする．$N_r=6, N_s=4$ の例である．

分割数(メッシュ数) N_r, N_s, N_t で等間隔に平行に切り，小さな平行六面体ブロックに分割し(総計 $N_r N_s N_t$ 個)，各ブロックの中心を均一メッシュ点 $\vec{k}_{rst}$ とする．式で表すと以下となる．

$$\vec{k}_{rst} = u_r \vec{b}_1 + u_s \vec{b}_2 + u_t \vec{b}_3 \tag{10-3}$$

$$\begin{aligned} u_r &= (2I_r - N_r - 1)/2N_r, & I_r &= 1 \sim N_r, \\ u_s &= (2I_s - N_s - 1)/2N_s, & I_s &= 1 \sim N_s, \\ u_t &= (2I_t - N_t - 1)/2N_t, & I_t &= 1 \sim N_t \end{aligned} \tag{10-4}$$

I_r, I_s, I_t は正の整数．u_r は $-\frac{1}{2} < u_r < \frac{1}{2}$ の範囲で

$$-(N_r-1)/2N_r, \quad -(N_r-3)/2N_r, \quad -(N_r-5)/2N_r$$

から

$$(N_r-5)/2N_r, \quad (N_r-3)/2N_r, \quad (N_r-1)/2N_r$$

まで，$\frac{1}{N_r}$ の等間隔である．u_s, u_t も同様である．

半導体・絶縁体として(金属は次の 10.2 節で検討)，$\vec{k}$ 空間の関数 $f(\vec{k})$ の BZ 内積分を

$$\frac{\Omega_c}{(2\pi)^3} \int_{BZ} f(\vec{k}) d\vec{k} \approx \sum_{I_r, I_s, I_t} \frac{1}{N_r N_s N_t} f(\vec{k}_{rst}) \tag{10-5}$$

のように MP 法の $\vec{k}$ 点メッシュでの値の均一重み $\dfrac{1}{N_r N_s N_t}$ の和で行う．左辺の $\vec{k}$ 空間積分の係数 $\Omega_c/(2\pi)^3$ は BZ 体積で割る規格化因子，3.4 節参照（本節ではスピンによる 2× は無視する）．

(2) MP 法サンプリングが精度を持つ理由

(10-3)，(10-4)式の MP 法の $\vec{k}$ 点メッシュを(10-5)式の右辺に用いた BZ 積分が高精度である理由を説明する．これは，等間隔メッシュの台形則積分ではなく，被積分関数のフーリエ展開項の打ち消しに基づく**特殊点**(special points)**法**[76,77]の一種である．

まず，特殊点法について説明する．一般に結晶系のエネルギー固有値 $E_{\vec{k}n}$ など $\vec{k}$ 空間で定義される物理量 $f(\vec{k})$ は，$\vec{k}$ 空間で逆格子 $\{\vec{G}\}$ の周期を持つ周期関数である．

$$E_{\vec{k}+\vec{G},n}=E_{\vec{k}n}, \quad f(\vec{k}+\vec{G})=f(\vec{k})$$

実空間の格子周期関数が逆格子ベクトル・フーリエ級数展開で表されるように(7.1 節)，$f(\vec{k})$ は次式のように**格子ベクトル・フーリエ級数**で展開できる．

$$f(\vec{k})=\sum_{\vec{R}} f_{\vec{R}}e^{i\vec{k}\cdot\vec{R}}=f_0+\sum_{\vec{R}\neq 0} f_{\vec{R}}e^{i\vec{k}\cdot\vec{R}} \tag{10-6}$$

$$f_{\vec{R}}=\frac{\Omega_c}{(2\pi)^3}\int_{\mathrm{BZ}} f(\vec{k})e^{-i\vec{k}\cdot\vec{R}}d\vec{k} \tag{10-7}$$

これは，式(10-6)の各 $\vec{R}$ の $e^{i\vec{k}\cdot\vec{R}}$ について厳密に

$$\frac{\Omega_c}{(2\pi)^3}\int_{\mathrm{BZ}} e^{i\vec{k}\cdot\vec{R}}d\vec{k}=\delta_{\vec{R},0} \tag{10-8}$$

が成り立つからである．(10-7)，(10-8)式の BZ 内積分は稠密な $\vec{k}$ での積分である．(10-8)式は，逆格子ベクトル・フーリエ級数展開の証明(7-3)，(7-4)式と同様に証明できる．

(10-6)，(10-7)式の $f_{\vec{R}}$ はフーリエ係数で，$|\vec{R}|$ が大きくなると減衰する（$\vec{k}$ 空間で $e^{i\vec{k}\cdot\vec{R}}$ の波長 $2\pi/|\vec{R}|$ が $f(\vec{k})$ の変化に比べて短くなるためである）．f_0 は $\vec{R}=0$ のフーリエ係数 $f_{\vec{R}=0}$ である．Monkhorst と Pack[18]，Chadi と Cohen[76]では，対称性から原点周りで同値な格子点で $f_{\vec{R}}$ が共通なので同値な $\vec{R}$ の和をまとめて表しているが，混乱を避けるため(10-6)式のシンプルな表現を用いる（対称性は特に必要としない）．

174 第10章 各種の計算方法・計算技術

目的は，$f(\vec{k})$ の BZ 内積分

$$\Omega_c/(2\pi)^3 \int_{\text{BZ}} f(\vec{k}) \, d\vec{k} = f_0$$

を求めることである．f_0 になるのは，(10-8)式から，(10-6)式の f_0 以外の $e^{i\vec{k}\cdot\vec{R}}$ 項の BZ 内積分が消えるためである．

今，$f(\vec{k})$ の BZ 内積分を（稠密な $\vec{k}$ 点でなく）ある離散的な $\vec{k}_i$ 点での重み付き和 $\sum_i w_i f(\vec{k}_i)$ で行うことを考える（$\sum_i w_i = 1$，w_i は均一でなくてもよい）．(10-8)式が，$\vec{R} \neq 0$ の各 $\vec{R}$ で BZ 内積分を重み付き和 $\sum_i w_i e^{i\vec{k}_i\cdot\vec{R}}$ で置き換えて成り立てば（$\vec{R} \neq 0$ の各 $\vec{R}$ で $e^{i\vec{k}\cdot\vec{R}}$ の重み付き和が厳密にゼロになれば），(10-6)式の f_0 項以外が消えるので

$$\sum_i w_i f(\vec{k}_i) = \sum_i w_i f_0 = f_0$$

となり，完璧である．しかし，あらゆる $\vec{R}$ で(10-8)式の $e^{i\vec{k}\cdot\vec{R}}$ の BZ 内積分をゼロにする離散的な $\vec{k}_i$ 点のセットを見つけることは事実上不可能である．

そこで，ある離散的な $\vec{k}_i$ 点 $\{\vec{k}_i\}$ とその重み $\{w_i\}\left(\sum_i w_i = 1\right)$ のセット（特殊点）で，$\vec{R} \neq 0$ の最小の $|\vec{R}|$ の $\vec{R}$ から始めてある程度の大きさの $\vec{R}(|\vec{R}| \leq C_m)$ までの各 $\vec{R}$ で

$$\sum_i w_i e^{i\vec{k}_i\cdot\vec{R}} = 0 \tag{10-9}$$

が厳密に成り立つとする（すべての $\vec{R}$ は諦め，$|\vec{R}| \leq C_m$ の有限の範囲で見つける）．そうすると $f(\vec{k})$ の特殊点での重み付き和は，(10-6)式の展開から以下となる．

$$\begin{aligned}
\sum_i w_i f(\vec{k}_i) &= \sum_i w_i f_0 + \sum_{\vec{R} \neq 0} f_{\vec{R}} \sum_i w_i e^{i\vec{k}_i\cdot\vec{R}} \\
&= f_0 + \sum_{|\vec{R}| \leq C_m} f_{\vec{R}} \sum_i w_i e^{i\vec{k}_i\cdot\vec{R}} + \sum_{|\vec{R}| > C_m} f_{\vec{R}} \sum_i w_i e^{i\vec{k}_i\cdot\vec{R}} \\
&= f_0 + \sum_{|\vec{R}| > C_m} f_{\vec{R}} \sum_i w_i e^{i\vec{k}_i\cdot\vec{R}} \tag{10-10}
\end{aligned}$$

2行目で $\sum_i w_i = 1$ なので $\sum_i w_i f_0 = f_0$，(10-9)式から第 2 項が

$$\sum_{|\vec{R}| \leq C_m} f_{\vec{R}} \sum_i w_i e^{i\vec{k}_i\cdot\vec{R}} = 0$$

と消える．大きな $\vec{R}$ の $f_{\vec{R}}$ は減衰するので，C_m が十分大きければ，最終形の誤差項

$$\sum_{|\vec{R}| > C_m} f_{\vec{R}} \sum_i w_i e^{i\vec{k}_i\cdot\vec{R}}$$

は小さくなり，

$$f_0 \approx \sum_i w_i f(\vec{k}_i) \tag{10-11}$$

となる. f_0 が $f(\vec{k})$ の BZ 内の稠密な $\vec{k}$ の積分でなく, 離散的な $\vec{k}_i$ 点での $f(\vec{k}_i)$ の重み付き和 $\sum_i w_i f(\vec{k}_i)$ で高精度に求まることになる.

Chadi と Cohen は, いくつかの結晶系の BZ で, こうした特殊点 $\{\vec{k}_i\}$ とその重み $\{w_i\}$ を見出している[76]. これらは必ずしも等間隔メッシュでなく, 均一重みでもないが, MP 法は, 等間隔メッシュで均一重みの特殊点法である.

さて, 実際に (10-3), (10-4) 式の MP 法の等間隔 $\vec{k}$ 点メッシュのセットが, ある範囲の $\{\vec{R}\}$ ($\vec{R} \neq 0$ の最小の $|\vec{R}|$ の $\vec{R}$ から始めて, ある程度の大きさの $\vec{R}$ まで) について, (10-9) 式を満たすこと (特殊点であること) を証明する. (10-9) 式に (10-5) 式の右辺のように MP 法の $\vec{k}$ 点の和を代入すると, $\vec{R} = l_1 \vec{a}_1 + l_2 \vec{a}_2 + l_3 \vec{a}_3$ として

$$\frac{1}{N_r N_s N_t} \sum_{I_r, I_s, I_t} \exp[i \vec{k}_{rst} \cdot \vec{R}]$$

$$= \frac{1}{N_r N_s N_t} \sum_{I_r=1}^{N_r} \sum_{I_s=1}^{N_s} \sum_{I_t=1}^{N_t} e^{2\pi i u_r l_1} e^{2\pi i u_s l_2} e^{2\pi i u_t l_3}$$

$$= \left(\frac{1}{N_r} \sum_{I_r=1}^{N_r} e^{2\pi i u_r l_1} \right) \left(\frac{1}{N_s} \sum_{I_s=1}^{N_s} e^{2\pi i u_s l_2} \right) \left(\frac{1}{N_t} \sum_{I_t=1}^{N_t} e^{2\pi i u_t l_3} \right) \tag{10-12}$$

となる. ここで (10-4) 式から

$$u_r = (2I_r - N_r - 1)/2N_r$$

を代入して

$$\frac{1}{N_r} \sum_{I_r=1}^{N_r} e^{2\pi i u_r l_1} = \frac{1}{N_r} \sum_{I_r=1}^{N_r} e^{\{2\pi i (2I_r - N_r - 1)/2N_r\} \times l_1} \tag{10-13}$$

を考える. 右辺の級数は, $I_r = 1$ の初期値

$$a_0 = \frac{1}{N_r} e^{\{2\pi i (1 - N_r)/2N_r\} \times l_1},$$

比 $a = e^{(2\pi i/N_r) \times l_1}$ の等比級数である (項数 N_r). 今, l_1 が $0 < |l_1| < N_r$ の範囲にあるとして, この等比級数の和を求める. 和の公式

$$S = a_0 \frac{a^{N_r} - 1}{a - 1}$$

で, 比 $a = e^{(2\pi i/N_r) \times l_1}$ の N_r 乗は $a^{N_r} = e^{2\pi i l_1} = 1$ で, $S = 0$ となる. つまり, (10-13) 式で

176　第10章　各種の計算方法・計算技術

$$\frac{1}{N_r}\sum_{I_r=1}^{N_r}e^{2\pi iu_r l_1}=0$$

であり，(10-12)式がゼロと言える．同様に

$$\frac{1}{N_s}\sum_{I_s=1}^{N_s}e^{2\pi iu_s l_2},\quad \frac{1}{N_t}\sum_{I_t=1}^{N_t}e^{2\pi iu_t l_3}$$

についても，$0<|l_2|<N_s$，$0<|l_3|<N_t$ の範囲ならば各級数がゼロで，(10-12)式はゼロになる．一方，$l_1\sim l_3$ のうち，どれかがゼロの場合，その $l_i=0$ についての(10-13)式の形の級数は1である．しかし，$\vec{R}\neq0$ なので，ゼロでない l_i が少なくとも一つはあり，(10-12)式は必ずゼロになる．

こうして，$\vec{R}\neq0$ で，$\vec{R}=l_1\vec{a}_1+l_2\vec{a}_2+l_3\vec{a}_3$ の l_1,l_2,l_3 の絶対値が各々 N_r,N_s,N_t（メッシュ数）以上にならない限り，(10-12)式は常にゼロで，MP法の $\vec{k}$ 点の和で(10-9)式が成り立つ（特殊点である）．

なお，(10-13)式を一般化すると，和 $\sum_{I=1}^{N}e^{i\theta_N(I-1)}$，$\theta_N=2\pi/N$ で，円周上に等間隔で並び，かつ円全体を覆う $e^{i\theta}$ の和は，等比級数からゼロになる．角度が整数 l_1 倍になっても同じである．MP法では等間隔メッシュでBZの各 $\vec{b}_i$ に沿った一周期分 $\left(-\frac{1}{2}\vec{b}_i\sim\frac{1}{2}\vec{b}_i\right)$ を覆うことが本質的に重要と言える．

また，$|l_1|=N_r$ の場合，等比級数の比が $a=e^{\pm2\pi i}=1$ となり，和の公式は破綻するが，a_0 が $\frac{1}{N_r}e^{\pi i(1-N_r)}$ または $\frac{1}{N_r}e^{\pi i(N_r-1)}$ で，和は $e^{\pi i(1-N_r)}$ または $e^{\pi i(N_r-1)}$ である．N_r が偶数なら $\frac{1}{N_r}\sum_{I_r=1}^{N_r}e^{2\pi iu_r l_1}$ は -1，奇数なら $+1$ となる．一般に $|l_1|$ が N_r の整数倍のときに限り $\frac{1}{N_r}\sum_{I_r=1}^{N_r}e^{2\pi iu_r l_1}$ は $+1$ または -1 で，それ以外ではゼロと言える．$|l_2|,|l_3|$ についても，N_s,N_t に対し同じ議論が成り立つ．

結論として，MP法の $\vec{k}$ 点メッシュは，格子点 $\vec{R}=l_1\vec{a}_1+l_2\vec{a}_2+l_3\vec{a}_3$ に対し，$\vec{R}=0$ を除いて $|l_1|<N_r$，$|l_2|<N_s$，$|l_3|<N_t$ の範囲の $\vec{R}$ について(10-9)式が成り立つ特殊点である．したがって，(10-10)，(10-11)式のようにメッシュ点での $f(\vec{k}_i)$ の均一重みの和（(10-5)式右辺）で $f_0(f(\vec{k})$ の厳密なBZ内積分）が高精度に計算できる．(10-10)式の誤差部分 $\sum_{|\vec{R}|>C_m}f_{\vec{R}}\sum_i w_i e^{i\vec{k}_i\cdot\vec{R}}$ を減らすためには，（$f_{\vec{R}}$ が十分に減衰するように）十分大きな C_m，つまり十分大きな N_r,N_s,N_t（メッシュ数）が望ま

しい．(10-7)式の $\vec{R}$ に対する $f_{\vec{R}}$ の減衰の仕方は系や被積分関数に依存するため，精度をアプリオリに決めることはできない(変化の少ない被積分関数ほど $f_{\vec{R}}$ の減衰が速い)．実際は，メッシュ密度を変えて様子を探る必要があろう．

(3) 離散フーリエ変換の観点

MP法の $\vec{k}$ 点は元々微小ブロックの中心に取られるが，一斉にシフトしてブロックの頂点に取っても問題ない．その場合，(10-12),(10-13)式の級数の全体に $\vec{k}$ 点のシフトに起因する位相因子 $e^{i\theta}$ が掛かるだけなので，MP法メッシュ点の特殊点としての条件は満たされる．ブロック頂点の場合，メッシュ数 N_r, N_s, N_t が偶数なら $\vec{k}$ 点セットに原点(Γ点)を含むことになる．ブロック中心の場合もメッシュ数 N_r, N_s, N_t が奇数であれば，同様にΓ点を含む．このΓ点を含むか否か，メッシュ数が奇数か偶数か等で，どちらが有利かいろいろ議論されてきた(汎用コードにより選べるようになっている)．ブロック中心の偶数メッシュでΓ点を含まない立場では，既約領域の表面やエッジ，頂点(Γ点やBZを半分に区切る面など)を $\vec{k}$ 点が含まないので，少ない数の $\vec{k}$ 点で平均を求めるには縮退の点や特異点が除かれて有利との考えがある(3.5節(3))．一方，逆にΓ点があるほうが良いとの意見もある．もちろん密に取れば差は小さくなる．粗なメッシュで精度を上げたい場合の話であり，物質やスーパーセル毎にテストすべきであろう．

ところで，ブロック頂点を取る場合，BZの $\vec{k}$ 点メッシュは9.1節の高速フーリエ変換(離散フーリエ変換)での単位胞内の実空間メッシュに似ている．実は，MP法メッシュは，(10-6),(10-7),(10-8)式の $\vec{k}$ 空間の $\vec{G}$ ベクトル周期関数 $f(\vec{k})$ の実格子ベクトル・フーリエ級数展開において，BZ内積分を等間隔メッシュで代行する「離散フーリエ変換」のメッシュと解釈できる[78]．

9.1節では，格子周期関数 $f(\vec{r})$ の逆格子ベクトル・フーリエ級数展開において，実空間単位胞内の M_1, M_2, M_3 の等間隔メッシュのデータ $\{f(\vec{r}_n)\}$ が離散フーリエ変換で $\{f(\vec{G}_m)\}$ に変換される様子を紹介した．実空間積分が離散メッシュで行われることに対応して，フーリエ成分の $\vec{G}_m$ 点は $M_1\vec{b}_1, M_2\vec{b}_2, M_3\vec{b}_3$ の大きな周期のセル(図9-1)内部の逆格子点に限られる(さらに $f(\vec{G}_m)$ に $\pm M_1\vec{b}_1, \pm M_2\vec{b}_2, \pm M_3\vec{b}_3$ の周期性がある)．このことと同様に，MP法メッシュの均一重み和で(10-7)式のBZ内積分を行う「 $\vec{k}$ 空間から実格子 $\vec{R}$ への離散フーリエ変換」では，(10-6)式のフーリエ級数展開に関わる格子点 $\vec{R}$ は，$N_r\vec{a}_1, N_s\vec{a}_2, N_t\vec{a}_3$ の大きなセル(超格子)の内部の $\vec{R}$

178　第 10 章　各種の計算方法・計算技術

に限られるのである．上述の特殊点法の議論で，(10-8)式が MP 法メッシュの積分で成り立つ((10-9)式が成り立つ)ことが，(10-12)，(10-13)式で等比級数の和から証明されたが，$\vec{R}$ は $N_r\vec{a}_1, N_s\vec{a}_2, N_t\vec{a}_3$ の超格子の内部のものに限られた．離散フーリエ変換であることと照応している．

　この見地から，$f(\vec{k})$ の $\vec{R}=0$ のフーリエ成分($f(\vec{k})$ の BZ 内積分 f_0)を MP 法メッシュ点での値 $f(\vec{k}_i)$ の均一重み和で与えることは，9.1 節の通常の離散フーリエ変換で $f(\vec{r})$ の $\vec{G}=0$ のフーリエ成分($f(\vec{r})$ の実空間単位胞内積分)が実空間メッシュでの $f(\vec{r}_n)$ の均一重み和で与えられることに対応する．そうすると，MP 法メッシュでの BZ 内積分の誤差は，離散フーリエ変換の誤差であり，実格子の並びの大きな超格子の格子点 $N_r\vec{a}_1, N_s\vec{a}_2, N_t\vec{a}_3$ の内の最小サイズのもの($\vec{R}_m, |\vec{R}_m|=C_m$)の厳密なフーリエ成分 $f_{\vec{R}_m}$((10-7)式)がどのくらい減衰しているかで評価することができる．これは，(10-10)式の特殊点法の誤差の議論と同様である．

　$f_{\vec{R}_m}$ の大きさの見積もりは，(10-10)式の展開の議論と同様に，原点から $\vec{R}_m$ への距離で(相対的には)考えられる．9.1 節の通常の離散フーリエ変換では，平面波基底打ち切りエネルギーの条件から必要なメッシュ数が見積もられた((9-4)式，図 9-1)．MP 法($\vec{k}$ 空間から $\vec{R}$ への離散フーリエ変換)の場合，明確な条件がないため，実際に複数の密度の MP 法メッシュで様子を見る必要があろう．

10.2　Gaussian broadening 法

　MP 法の精度が保障されるのは，半導体や絶縁体を対象にした BZ 全体の積分についてである．金属的な電子構造の場合，メッシュ点の和は占有状態の $\vec{k}$ 点(フェルミ面の内部)について取る．この場合，特殊点法としての MP 法は単純には適用できない(下方の完全に占有したバンドについては適用できる)．$\vec{k}$ 空間の被積分関数にフェルミ面で急峻に 1 から 0 に変わる step 関数 $\Theta(\vec{k})$ を掛けたものを考えれば，(10-6)，(10-7)式の格子ベクトル・フーリエ級数の展開は可能で，形式上 MP 法が適用できるが，(10-7)式の $f_{\vec{R}}$ が大きな $\vec{R}$ についても減衰しない((10-10)式の誤差項が減らない)．急峻な step 関数を含む被積分関数のフーリエ係数は容易には減衰しないのである(実空間の急峻な関数の $\vec{G}$ でのフーリエ展開と同様)．大きなメッシュ数が必要で利点が失われる．

　step 関数をなだらかにすれば現実的メッシュで MP 法も可能となるが，なだらか

10.2 Gaussian broadening 法　179

な step 関数での積分は，それ自体が高精度に計算できても物理的に正しい値とは言えない．そこで，MP 法の考え方から離れて，3.4 節 (3)，図 3-7 の議論のように，$\vec{k}$ 点メッシュを細かくすると共に E_F 近辺の $E_{\vec{k}_i n}$ の状態の占有率を，E_F と $E_{\vec{k}_i n}$ との関係に応じて，$\vec{k}_i$ 点の微小ブロックのフェルミ面内部に含まれる体積の fraction に相当するように 1 と 0 の間で broadening で与え，フェルミ面形状に即した積分を実現することを図る．占有率を少しなだらかな step 様関数で与える点では同じであるが描像はすっきりする (3.4 節 (3) で触れたように SCF 計算の安定化という意味もある)．

Gaussian broadening 法[19, 20] では，エネルギー軸上の各固有エネルギー $E_{\vec{k}_i n}$ の分布を δ 関数の替わりに $E_{\vec{k}_i n}$ を中心とした Gaussian で扱い，占有率の step 様関数を導出する．全体の状態密度は以下である．

$$D(E) = \sum_n \sum_{\vec{k}_i} w_i \frac{2}{\sigma\sqrt{\pi}} \exp\left[-\frac{\left(E - E_{\vec{k}_i n}\right)^2}{\sigma^2}\right] \tag{10-14}$$

w_i は MP 法など $\vec{k}$ 点メッシュの重み (BZ 全体の和が 1)．σ は Gaussian の幅を指定．係数 $\frac{1}{\sigma\sqrt{\pi}}$ が Gaussian のエネルギー軸全体での積分を 1 に規格化する．積分公式から

$$\int_{-\infty}^{\infty} \exp[-x^2]\,dx = \sqrt{\pi}, \quad \int_{-\infty}^{\infty} \exp[-ax^2]\,dx = \sqrt{\pi}/\sqrt{a}$$

である．2 はスピンによる．

E_F の近くの $E_{\vec{k}_i n}$ の状態のスピン含めない占有率 $f_{\vec{k}_i n}$ を上記の Gaussian 分布の状態密度の E_F までの積分から求める．

$$
\begin{aligned}
f_{\vec{k}_i n} &= \frac{1}{\sigma\sqrt{\pi}} \int_{-\infty}^{E_F} \exp\left[-\frac{\left(E - E_{\vec{k}_i n}\right)^2}{\sigma^2}\right] dE \\
&= \frac{1}{\sigma\sqrt{\pi}} \left\{ \int_{-\infty}^{E_{\vec{k}_i n}} \exp\left[-\frac{\left(E - E_{\vec{k}_i n}\right)^2}{\sigma^2}\right] dE + \int_{E_{\vec{k}_i n}}^{E_F} \exp\left[-\frac{\left(E - E_{\vec{k}_i n}\right)^2}{\sigma^2}\right] dE \right\} \\
&= \frac{1}{\sigma\sqrt{\pi}} \left\{ \frac{1}{2}\sigma\sqrt{\pi} + \sigma \int_0^{\frac{E_F - E_{\vec{k}_i n}}{\sigma}} \exp[-t^2]\,dt \right\} = \frac{1}{2} + \frac{1}{2}\operatorname{erf}\left[\frac{E_F - E_{\vec{k}_i n}}{\sigma}\right]
\end{aligned}
\tag{10-15}
$$

2 行目の左の項は Gaussian の半分の積分，右の項は E_F までの積分 ($E_{\vec{k}_i n} > E_F$ のときはマイナスに寄与)．3 行目は

$$t = \frac{E - E_{\vec{k}_i n}}{\sigma}, \quad dE = \sigma dt$$

180　第 10 章　各種の計算方法・計算技術

で Gaussian の積分を書き換えている．最終形は

$$\mathrm{erf}[x] = \frac{2}{\sqrt{\pi}} \int_0^x e^{-t^2} dt$$

による．占有率は，

$$\mathrm{erf}[0] = 0, \quad \mathrm{erf}[\pm\infty] = \pm 1$$

から，$E_{\vec{k}_i n} \ll E_{\mathrm{F}}$ で 1，$E_{\vec{k}_i n} = E_{\mathrm{F}}$ で $\frac{1}{2}$，$E_{\vec{k}_i n} \gg E_{\mathrm{F}}$ で 0 である．E_{F} 近傍で 1〜0 の間で step 状に（σ に応じて）連続的に変わる．

(10-15)式中の E_{F} は，(10-14)式の状態密度の占有部分の積分（$f_{\vec{k}_i n}$ の総和）がセル当たりの電子数になるように再帰的に調整して決める．セル当たり電子数は，(10-15)式にスピンを加えて以下である．

$$\int_{-\infty}^{E_{\mathrm{F}}} D(E)\,dE \approx \sum_n \sum_{\vec{k}_i} 2w_i f_{\vec{k}_i n} = N_{\mathrm{c}} \tag{10-16}$$

こうして，金属的な場合の BZ 内積分は(10-15)式の $f_{\vec{k}_i n}$ を用いて次式のようになる．$n-th$ バンド毎の $\vec{k}$ 空間の物理量 $F_n(\vec{k})$ の積分として

$$F = \sum_n \frac{2\Omega_{\mathrm{c}}}{(2\pi)^3} \int_{<\mathrm{FS}} F_n(\vec{k})\,d\vec{k} \approx \sum_n \sum_{\vec{k}_i} 2w_i f_{\vec{k}_i n} F_n(\vec{k}_i) \tag{10-17}$$

である．FS はフェルミ面の意．

σ が非常に小さければ，(10-14)式の Gaussian は δ 関数的で，(10-15)式の $f_{\vec{k}_i n}$ は $E_{\vec{k}_i n}$ に対し E_{F} での急峻な step 関数的になる（$\vec{k}$ 点メッシュが非常に稠密な場合に対応）．実際は適当な粗な $\vec{k}$ 点メッシュで，σ を適当に調整して用いる．

一方，step 様関数に **Fermi-Dirac 分布関数** $f_{\vec{k}_i n} = (\exp[(E_{\vec{k}_i n} - E_{\mathrm{F}})/k_B T] - 1)^{-1}$ を用いる提案も早くからある．この場合，非常に高温にしない限りなだらかにならないが，物理的実態でなく smearing の数値計算手法とみなせる．この方向で δ 関数をエルミート多項式で扱い，上記と同様に step 様関数を得る方法[21]も多用されている．

10.3　部分内殻補正法

(1)　部分内殻補正法の概要

部分内殻補正法(partial core correction)は非常に多用される方法である[50,51]．特に PAW 法では必ず使用する．

10.3 部分内殻補正法　181

　通常の平面波基底の第一原理計算では，価電子のみを扱い，内殻電子の挙動や分布
は直接には扱わない．原子間結合への直接の寄与が小さいためである．しかし，内殻
電子密度の分布が比較的外に出ていて，価電子密度分布との重なりが無視できない場
合，電子系の交換相関エネルギーE_{xc}や交換相関ポテンシャルμ_{xc}を価電子の電子密
度分布ρ_vだけで求めることは正しくない（ここでは平面波基底で解いた周期系の価電
子密度分布をρ_vで表現）．厳密には，内殻電子密度ρ_cと重ね合わせた分布$\rho_v+\rho_c$に
DFTを適用し，$E_{xc}[\rho_v+\rho_c]$や$\mu_{xc}[\rho_v+\rho_c]$を扱わねばならない．$E_{xc}[\rho_v+\rho_c]$を
$E_{xc}[\rho_v]+E_{xc}[\rho_c]$のように分けて扱うことができないためである（非線形性）．

　部分内殻補正法は，（計算を効率化するため）内殻電子密度分布をフルで扱うのでな
く，原子核近傍の大きな密度は除き，原子核から少し離れて価電子密度との重なりが
顕著になる領域の内殻電子密度を**部分内殻電子密度**（partial core density）$\tilde{\rho}_c^a(r)$とし
て扱い（rは原子核からの距離），ρ_vと重ね合わせてE_{xc}, μ_{xc}に使用する．

　各元素のフルの内殻電子密度分布（球対称）$\rho_c^a(r)$を擬ポテンシャル構築時に求めて
おく．部分内殻電子密度$\tilde{\rho}_c^a(r)$は，価電子密度分布との重なりが無視できない距離
r_0以遠は$\rho_c^a(r)$のまま，重なりが顕著でないr_0以内は，大きな密度値をカットし
（フーリエ変換で扱いやすいように）解析関数で置き換える．例えば次式で扱う

$$\tilde{\rho}_c^a(r) = A\sin(Br)/r \quad (r \le r_0),$$
$$\tilde{\rho}_c^a(r) = \rho_c^a(r) \quad (r > r_0) \tag{10-18}$$

パラメータA, Bはr_0での値と一次微分の値の連続性で決める．

　周期系全体での部分内殻電子密度の和$\tilde{\rho}_c(\vec{r})$とそのフーリエ成分$\tilde{\rho}_c(\vec{G})$は，以下
のように与えられる（7.1, 7.5節，(7-27), (7-28)式等参照）．

$$\tilde{\rho}_c(\vec{r}) = \sum_{\vec{R}}\sum_a \tilde{\rho}_c^a(\vec{r}-\vec{t}_a-\vec{R}) \tag{10-19}$$

$$\tilde{\rho}_c(\vec{G}) = \frac{1}{\Omega_c}\int_{\Omega_c} e^{-i\vec{G}\cdot\vec{r}}\tilde{\rho}_c(\vec{r})\,d\vec{r} = \frac{1}{\Omega_c}\int_{\Omega_c} e^{-i\vec{G}\cdot\vec{r}}\sum_{\vec{R}}\sum_a \tilde{\rho}_c^a(\vec{r}-\vec{t}_a-\vec{R})\,d\vec{r}$$

$$= \frac{1}{\Omega_c}\sum_a e^{-i\vec{G}\cdot t_a}\sum_{\vec{R}}\int_{\Omega_c} e^{-i\vec{G}\cdot(\vec{r}-\vec{t}_a-\vec{R})}\tilde{\rho}_c^a(\vec{r}-\vec{t}_a-\vec{R})\,d\vec{r}$$

$$= \frac{1}{\Omega_c}\sum_a e^{-i\vec{G}\cdot t_a}\int_{\Omega} e^{-i\vec{G}\cdot\vec{r}}\tilde{\rho}_c^a(\vec{r})\,d\vec{r} = \frac{1}{\Omega_c}\sum_a e^{-i\vec{G}\cdot t_a}\tilde{\rho}_c^a(\vec{G}) \tag{10-20}$$

$$\tilde{\rho}_c^a(\vec{G}) = \int_{\Omega} e^{-i\vec{G}\cdot\vec{r}}\tilde{\rho}_c^a(\vec{r})\,d\vec{r} = \iiint \exp[-i|\vec{G}|r\cos\theta]\tilde{\rho}_c^a(r)\,r^2\sin\theta\,dr d\theta d\phi$$

182　第10章　各種の計算方法・計算技術

$$= 2\pi \iint \exp[i|\vec{G}|r\omega]\,\tilde{\rho}_{\mathrm{c}}^{a}(r)\,r^2\,d\omega dr = 2\pi \int_0^{\infty}\left[\frac{\exp[i|\vec{G}|r\omega]}{i|\vec{G}|r}\right]_{-1}^{1}\tilde{\rho}_{\mathrm{c}}^{a}(r)\,r^2 dr$$

$$= \frac{4\pi}{|\vec{G}|}\int_0^{\infty}\tilde{\rho}_{\mathrm{c}}^{a}(r)\,r\sin(|\vec{G}|r)\,dr \tag{10-21}$$

Ω_{c} は単位胞(周期セル)体積, Ω は結晶全体(事実上, 全空間)の体積である. (10-21) 式の最終形は, (10-18) 式につき, $r \le r_0$ は $\tilde{\rho}_{\mathrm{c}}^{a}(r)$ の解析形の積分で, $r > r_0$ は $\tilde{\rho}_{\mathrm{c}}^{a}(r)$ の数値データの台形則積分で行う. 解析形の積分は

$$\int_0^{r_0}\sin(Br)\sin(|\vec{G}|r)\,dr = \frac{1}{2}\int_0^{r_0}\{\cos[(B-|\vec{G}|)r]-\cos[(B+|\vec{G}|)r]\}\,dr$$

$$= \frac{1}{2}\left\{\frac{\sin[(B-|\vec{G}|)r_0]}{B-|\vec{G}|}-\frac{\sin[(B+|\vec{G}|)r_0]}{B+|\vec{G}|}\right\}$$

の形である.

　元素毎の $\{\tilde{\rho}_{\mathrm{c}}^{a}(\vec{G})\}$ を(10-21)式で準備しておき, 原子配列 $\{\vec{t}_a\}$ に対して式(10-20) から $\{\tilde{\rho}_{\mathrm{c}}(\vec{G})\}$ を組み立て, 別途求めたバルクの価電子密度分布のフーリエ成分 $\{\rho_{\mathrm{v}}(\vec{G})\}$ との和 $\{\rho_{\mathrm{v}}(\vec{G})+\tilde{\rho}_{\mathrm{c}}(\vec{G})\}$ を逆FFTし, 実空間メッシュ点の $\rho_{\mathrm{v}}(\vec{r})+\tilde{\rho}_{\mathrm{c}}(\vec{r})$ を得る. こうして, 交換相関エネルギー E_{xc}, 交換相関ポテンシャル μ_{xc} は, LDA ((2-15), (2-16)式)の場合,

$$E_{\mathrm{xc}}[\rho_{\mathrm{v}}+\tilde{\rho}_{\mathrm{c}}] = \int_{\Omega_{\mathrm{c}}}\varepsilon_{\mathrm{xc}}(\rho_{\mathrm{v}}+\tilde{\rho}_{\mathrm{c}})(\rho_{\mathrm{v}}+\tilde{\rho}_{\mathrm{c}})\,d\vec{r} \tag{10-22}$$

$$\mu_{\mathrm{xc}}[\rho_{\mathrm{v}}+\tilde{\rho}_{\mathrm{c}}] = \varepsilon_{\mathrm{xc}}(\rho_{\mathrm{v}}+\tilde{\rho}_{\mathrm{c}})+d\varepsilon_{\mathrm{xc}}/d\rho\cdot(\rho_{\mathrm{v}}+\tilde{\rho}_{\mathrm{c}}) \tag{10-23}$$

で与えられる. GGA の場合, $\rho_{\mathrm{v}}+\tilde{\rho}_{\mathrm{c}}$ の gradient

$$\nabla(\rho_{\mathrm{v}}+\tilde{\rho}_{\mathrm{c}})(厳密には |\nabla(\rho_{\mathrm{v}}+\tilde{\rho}_{\mathrm{c}})|)$$

を求めて使用する(10.4節参照).

　また, 擬ポテンシャル構築時の unscreening(4.4節等)では, 自由原子の占有価電子原子軌道の擬波動関数からの $V_{\mathrm{H}},\mu_{\mathrm{xc}}$ を差し引く. 部分内殻補正を用いる場合には, 差し引く μ_{xc} に占有価電子原子軌道の擬波動関数の電子密度分布と $\tilde{\rho}_{\mathrm{c}}^{a}(r)$ の重ね合わせによるものを用いる.

(2)　原子に働く力への寄与

　部分内殻補正は, ハミルトニアンや全エネルギーで $\mu_{\mathrm{xc}},E_{\mathrm{xc}}$ を扱うときだけに使用し, 他のポテンシャル項やエネルギー項は通常に ρ_{v} だけで計算する. 価電子と正イオン(擬ポテンシャル)の系の全エネルギーで, E_{xc} にだけ内殻電子の寄与が部分的に

入るのは奇妙な感じがするが，凝集エネルギーを計算する際の基準となる自由原子の全エネルギーも部分内殻補正を入れるので問題は生じない．

一方，原子に働く力に部分内殻補正の寄与が新たに入る．$\tilde{\rho}_c(\vec{r})$ が原子位置に直接に依存するためである（8.3 節）．力への寄与は，E_{xc} を $\rho_v + \tilde{\rho}_c$ で汎関数微分し，$\tilde{\rho}_c$ を原子の位置座標 $\vec{t}_a$ で微分する．$\tilde{\rho}_c$ の微分は，(10-20)式の逆格子ベクトル・フーリエ展開（逆空間表現）を利用し，$\tilde{\rho}_c(\vec{G})$ 内の $e^{-i\vec{G}\cdot\vec{t}_a}$ 項を微分する．

$$
\begin{aligned}
\vec{F}_{a,c} &= -\frac{\delta E_{xc}}{\delta\tilde{\rho}_c}\frac{\partial\tilde{\rho}_c}{\partial\vec{t}_a} = -\int_{\Omega_c}\mu_{xc}(\rho_v + \tilde{\rho}_c)\frac{\partial\tilde{\rho}_c}{\partial\vec{t}_a}d\vec{r} \\
&= -\int_{\Omega_c}\sum_{\vec{G}}\mu_{xc}(\vec{G})e^{i\vec{G}\cdot\vec{r}}\frac{\partial\sum_{\vec{G'}}\tilde{\rho}_c(\vec{G'})e^{i\vec{G'}\cdot\vec{r}}}{\partial\vec{t}_a}d\vec{r} \\
&= -\int_{\Omega_c}\sum_{\vec{G}}\mu_{xc}(\vec{G})e^{i\vec{G}\cdot\vec{r}}\sum_{\vec{G'}}\frac{-i\vec{G'}}{\Omega_c}e^{-i\vec{G'}\cdot\vec{t}_a}\tilde{\rho}_c^a(\vec{G'})e^{i\vec{G'}\cdot\vec{r}}d\vec{r} \\
&= -\sum_{\vec{G}}\mu_{xc}(\vec{G})i\vec{G}e^{i\vec{G}\cdot\vec{t}_a}\tilde{\rho}_c^a(-\vec{G}) \quad\quad (10\text{-}24)
\end{aligned}
$$

Ω_c は単位胞（セル）体積．最終行で

$$
\int_{\Omega_c}e^{i\vec{G}\cdot\vec{r}}e^{i\vec{G'}\cdot\vec{r}}d\vec{r} = \Omega_c\delta_{\vec{G},-\vec{G'}}
$$

を使っている（(7-3)式）．また，部分内殻補正は応力計算にも寄与する．10.5 節で論じる．

10.4　GGA 関連の計算技術

(1)　GGA の基本式

2.5 節で触れた一般化密度勾配近似 GGA での E_{xc}, μ_{xc} に関する式の展開と計算技術をまとめて説明する（ここでは，スピン非分極の場合のみを論じる）．周期系で E_{xc}, μ_{xc} は $\rho(\vec{r})$ と $|\nabla\rho(\vec{r})|$ の汎関数で以下のように表せる[79]．

$$
E_{xc} = \int_{\Omega_c}f_{xc}(\rho(\vec{r}), |\nabla\rho(\vec{r})|)d\vec{r} \quad\quad (10\text{-}25)
$$

$$
\mu_{xc}(\vec{r}) = \frac{\partial f_{xc}}{\partial\rho}(\vec{r}) - \nabla\cdot\frac{\partial f_{xc}}{\partial|\nabla\rho|}\frac{\nabla\rho}{|\nabla\rho|}(\vec{r}) \quad\quad (10\text{-}26)
$$

Ω_c は単位胞（周期セル）体積である．

184　第10章　各種の計算方法・計算技術

$$f_{xc}(\vec{r}), \quad \frac{\partial f_{xc}}{\partial \rho}(\vec{r}), \quad \frac{\partial f_{xc}}{\partial |\nabla \rho|}(\vec{r})$$

の各関数形は原著論文 Perdew と Wang[12], Perdew ら[13]参照．いずれもかなり複雑な式であるが，実空間メッシュ点毎の $\rho, |\nabla \rho|$ の値を介して，メッシュ点毎に関数値が与えられる．

(10-25)式からの(10-26)式の導出は，まず

$$\delta E_{xc} = \int_{\Omega_c} \left\{ \frac{\partial f_{xc}}{\partial \rho} \delta \rho + \frac{\partial f_{xc}}{\partial |\nabla \rho|} \delta |\nabla \rho| \right\} d\vec{r}$$

から始める．ここで

$$\delta |\nabla \rho| = \delta(\nabla \rho) \cdot \frac{\nabla \rho}{|\nabla \rho|} = \frac{\nabla \rho}{|\nabla \rho|} \cdot \nabla(\delta \rho)$$

を使って変形する．なお，一般に

$$|\vec{A}| = \vec{A} \cdot \frac{\vec{A}}{|\vec{A}|}$$

である(ベクトル $\vec{A}$ のノルム(大きさ)は $\vec{A}$ と $\vec{A}$ の方向ベクトル $\dfrac{\vec{A}}{|\vec{A}|}$ との内積).

$$\delta E_{xc} = \int_{\Omega_c} \left\{ \frac{\partial f_{xc}}{\partial \rho} \delta \rho + \frac{\partial f_{xc}}{\partial |\nabla \rho|} \frac{\nabla \rho}{|\nabla \rho|} \cdot \nabla(\delta \rho) \right\} d\vec{r}$$

$$= \int_{\Omega_c} \left\{ \frac{\partial f_{xc}}{\partial \rho} \delta \rho - \nabla \cdot \frac{\partial f_{xc}}{\partial |\nabla \rho|} \frac{\nabla \rho}{|\nabla \rho|} \delta \rho \right\} d\vec{r}$$

$$= \int_{\Omega_c} \left\{ \frac{\partial f_{xc}}{\partial \rho} - \nabla \cdot \frac{\partial f_{xc}}{\partial |\nabla \rho|} \frac{\nabla \rho}{|\nabla \rho|} \right\} \delta \rho d\vec{r} \tag{10-27}$$

となる．1行目の括弧内2項目 $\dfrac{\partial f_{xc}}{\partial |\nabla \rho|} \dfrac{\nabla \rho}{|\nabla \rho|} \cdot \nabla(\delta \rho)$ について，Green の定理から周期系において

$$\int_{\Omega_c} \nabla f(\vec{r}) \cdot \vec{g}(\vec{r}) d\vec{r} = -\int_{\Omega_c} f(\vec{r}) \nabla \cdot \vec{g}(\vec{r}) d\vec{r}$$

であること[40]を使って2行目の形にしている．最終形の括弧の中身が(10-26)式の μ_{xc} である(マーチン[4], A.2 節).

一方，次のような導出も可能(マーチン[4], 8.3 節).

$$\delta E_{xc} = \int_{\Omega_c} \left\{ \frac{\partial f_{xc}}{\partial \rho} \delta \rho + \frac{\partial f_{xc}}{\partial |\nabla \rho|} \frac{\partial |\nabla \rho|}{\partial \nabla \rho} \cdot \delta(\nabla \rho) \right\} d\vec{r}$$

$$= \int_{\Omega_c} \left\{ \frac{\partial f_{\mathrm{xc}}}{\partial \rho} \delta\rho + \frac{\partial f_{\mathrm{xc}}}{\partial |\nabla\rho|} \frac{\partial |\nabla\rho|}{\partial \nabla\rho} \cdot \nabla(\delta\rho) \right\} d\vec{r}$$

$$= \int_{\Omega_c} \left\{ \frac{\partial f_{\mathrm{xc}}}{\partial \rho} \delta\rho - \nabla \cdot \frac{\partial f_{\mathrm{xc}}}{\partial |\nabla\rho|} \frac{\partial |\nabla\rho|}{\partial \nabla\rho} \delta\rho \right\} d\vec{r}$$

$$= \int_{\Omega_c} \left\{ \frac{\partial f_{\mathrm{xc}}}{\partial \rho} - \nabla \cdot \frac{\partial f_{\mathrm{xc}}}{\partial |\nabla\rho|} \frac{\partial |\nabla\rho|}{\partial \nabla\rho} \right\} \delta\rho \, d\vec{r} \tag{10-28}$$

上式と同様，最終行で Green の定理を使っている．ここで

$$\frac{\partial |\nabla\rho|}{\partial \nabla\rho} = \frac{\nabla\rho}{|\nabla\rho|}$$

なので，(10-28)式は(10-27)式と同じ． $\dfrac{\partial |\nabla\rho|}{\partial \nabla\rho} = \dfrac{\nabla\rho}{|\nabla\rho|}$ は，$\vec{A} = (A_x, A_y, A_z)$ につき

$$\frac{\partial |\vec{A}|}{\partial \vec{A}} = \left(\frac{\partial (A_x^2 + A_y^2 + A_z^2)^{1/2}}{\partial A_x}, \frac{\partial (A_x^2 + A_y^2 + A_z^2)^{1/2}}{\partial A_y}, \frac{\partial (A_x^2 + A_y^2 + A_z^2)^{1/2}}{\partial A_z} \right)$$

$$= (A_x^2 + A_y^2 + A_z^2)^{-1/2}(A_x, A_y, A_z) = \frac{\vec{A}}{|\vec{A}|}$$

であることから理解できる．

(2) 密度勾配や交換相関ポテンシャルの計算法

GGA では，実空間 FFT メッシュ点毎の $\rho, \nabla\rho, |\nabla\rho|$ の値を用いて $E_{\mathrm{xc}}, \mu_{\mathrm{xc}}$ を計算する．まず，$\nabla\rho, |\nabla\rho|$ のメッシュ点毎の値の演算は以下である．$\rho(\vec{r})$ のフーリエ級数展開 $\sum_{\vec{G}} \rho(\vec{G}) e^{i\vec{G}\cdot\vec{r}}$ から

$$\nabla\rho(\vec{r}) = \sum_{\vec{G}} i\vec{G} \rho(\vec{G}) e^{i\vec{G}\cdot\vec{r}} \tag{10-29}$$

で，$\nabla\rho(\vec{r})$ のフーリエ変換が $i\vec{G}\rho(\vec{G})$ である．したがって，FFT の全 $\vec{G}_m$ 点で $\{\rho(\vec{G})\}$ から $\{i\vec{G}\rho(\vec{G})\}$ を組み立て，各 x, y, z 成分

$$\{iG_x\rho(\vec{G})\}, \quad \{iG_y\rho(\vec{G})\}, \quad \{iG_z\rho(\vec{G})\}$$

毎に逆 FFT を行えば，実空間メッシュ点の $\nabla\rho(\vec{r})$ $(x, y, z$ 成分$)$ が得られる．$|\nabla\rho(\vec{r})|$ のデータもメッシュ点毎に得られる．こうして，メッシュ点毎の $\rho(\vec{r})$, $|\nabla\rho(\vec{r})|$ を(10-25)式の f_{xc} に入れて，E_{xc} が計算される．

次に，(10-26)式の $\mu_{\mathrm{xc}}(\vec{r})$ の実空間 FFT メッシュ点毎の値の計算は，発散 "$\nabla\cdot$" を含むので単純ではない．以下の **White-Bird の方法**[79] を用いる．まず

186　第 10 章　各種の計算方法・計算技術

$$\frac{\partial f_{\mathrm{xc}}}{\partial \rho}(\vec{r}), \quad \frac{\partial f_{\mathrm{xc}}}{\partial |\nabla \rho|}(\vec{r}), \quad \frac{\nabla \rho}{|\nabla \rho|}(\vec{r})$$

さらに積 $\dfrac{\partial f_{\mathrm{xc}}}{\partial |\nabla \rho|} \dfrac{\nabla \rho}{|\nabla \rho|}(\vec{r})$ は，実空間メッシュ点毎に $\rho, |\nabla \rho|, \nabla \rho$ のデータから与

えられる．$\dfrac{\partial f_{\mathrm{xc}}}{\partial |\nabla \rho|} \dfrac{\nabla \rho}{|\nabla \rho|}(\vec{r})$ は三次元ベクトルである．発散 $\nabla \cdot \dfrac{\partial f_{\mathrm{xc}}}{\partial |\nabla \rho|} \dfrac{\nabla \rho}{|\nabla \rho|}$ の計

算は，フーリエ変換を用いることで $\dfrac{\partial f_{\mathrm{xc}}}{\partial |\nabla \rho|} \dfrac{\nabla \rho}{|\nabla \rho|}(\vec{r})$ 自体の数値微分を回避する．

$\dfrac{\partial f_{\mathrm{xc}}}{\partial |\nabla \rho|} \dfrac{\nabla \rho}{|\nabla \rho|}(\vec{r})$ は格子周期関数なのでフーリエ展開で以下のように表せる．

$$\frac{\partial f_{\mathrm{xc}}}{\partial |\nabla \rho|} \frac{\nabla \rho}{|\nabla \rho|}(\vec{r}) = \vec{F}(\vec{r}) = \sum_{\vec{G}} \vec{F}(\vec{G}) e^{i\vec{G}\cdot\vec{r}} \tag{10-30}$$

ここで，

$$\vec{F}(\vec{G}) = \frac{\partial f_{\mathrm{xc}}}{\partial |\nabla \rho|} \frac{\nabla \rho}{|\nabla \rho|}(\vec{G})$$

である．これの発散は次式である．

$$
\begin{aligned}
\nabla \cdot \frac{\partial f_{\mathrm{xc}}}{\partial |\nabla \rho|} \frac{\nabla \rho}{|\nabla \rho|}(\vec{r}) &= \nabla \cdot \sum_{\vec{G}} \vec{F}(\vec{G}) e^{i\vec{G}\cdot\vec{r}} \\
&= \sum_{\vec{G}} i\vec{G} \cdot \vec{F}(\vec{G}) e^{i\vec{G}\cdot\vec{r}} \\
&= \sum_{\vec{G}} i\{G_x F_x(\vec{G}) + G_y F_y(\vec{G}) + G_z F_z(\vec{G})\} e^{i\vec{G}\cdot\vec{r}} \tag{10-31}
\end{aligned}
$$

一方，

$$\frac{\partial f_{\mathrm{xc}}}{\partial |\nabla \rho|} \frac{\nabla \rho}{|\nabla \rho|}(\vec{r}) = \vec{F}(\vec{r})$$

の各 x, y, z 成分のメッシュ点データは上述のように得られるので，それを FFT すれ

ば，(10-30)式のように $\{F_x(\vec{G})\}, \{F_y(\vec{G})\}, \{F_z(\vec{G})\}$ の $\vec{G}_m$ 点データが得られる．次

に (10-31)式の関係から $i\{G_x F_x(\vec{G}) + G_y F_y(\vec{G}) + G_z F_z(\vec{G})\}$ を組み立てて逆 FFT

を行えば，

$$\left\{ \nabla \cdot \frac{\partial f_{\mathrm{xc}}}{\partial |\nabla \rho|} \frac{\nabla \rho}{|\nabla \rho|}(\vec{r}) \right\}$$

が実空間メッシュ点データとして得られることになる．3 回の FFT と 1 回の逆 FFT

である．別途求めてある $\dfrac{\partial f_{\mathrm{xc}}}{\partial \rho}(\vec{r})$ と合わせて，(10-26)式から $\mu_{\mathrm{xc}}(\vec{r})$ の実空間メッ

シュ点データが求まる.

また，(10-26)式の $\mu_{\mathrm{xc}}(\vec{r})$ の逆空間表現として，$\dfrac{\partial f_{\mathrm{xc}}}{\partial \rho}(r)$ のフーリエ変換

$$\frac{\partial f_{\mathrm{xc}}}{\partial \rho}(\vec{r}) = \sum_{\vec{G}} \frac{\partial f_{\mathrm{xc}}}{\partial \rho}(\vec{G}) e^{i\vec{G}\cdot\vec{r}}$$

と(10-31)式から

$$\mu_{\mathrm{xc}}(\vec{G}) = \frac{\partial f_{\mathrm{xc}}}{\partial \rho}(\vec{G}) - i\vec{G}\cdot\vec{F}(\vec{G}) = \frac{\partial f_{\mathrm{xc}}}{\partial \rho}(\vec{G}) - i\vec{G}\cdot\frac{\partial f_{\mathrm{xc}}}{\partial|\nabla\rho|}\frac{\nabla\rho}{|\nabla\rho|}(\vec{G}) \qquad (10\text{-}32)$$

である．この表現は 10.5 節(4)で使用する.

10.5 応力計算法

(1) 応力計算法の概要と準備

本節では，Nielsen-Martin[80, 81]に基づく平面波基底の第一原理計算での応力計算法を詳細に説明する．非常に重要な計算にも関わらず，詳細に説明する資料は稀である(原著論文もわかりにくい).

まず本項では，NCPP 法以外も含めた一般論と全エネルギーE_{tot} の歪微分に向けた諸準備を論じる．応力 $\sigma_{\alpha\beta}$ は周期系の一様歪 $\varepsilon_{\alpha\beta}$(格子と内部座標の一様変形)についての E_{tot} の微分で，次式で定義される.

$$\sigma_{\alpha\beta} = \frac{1}{\Omega_{\mathrm{c}}}\frac{\partial E_{\mathrm{tot}}}{\partial \varepsilon_{\alpha\beta}} \qquad (10\text{-}33)$$

Ω_{c} は単位胞(周期セル)体積，E_{tot} は単位胞(周期セル)当たりの全エネルギーである．なお，有限温度の計算の場合，原子の運動エネルギー(振動エネルギー)の寄与も含まれ得るが，本手法で扱うのは絶対零度の内部エネルギーの歪への応答であり，前者は含まれない.

さて，原子に働く力の場合と同様，歪への直接依存項と波動関数を通じた依存項を考え，後者は消える．直接依存項を E_{tot} の逆空間表現(第8章参照)で考えると，$\vec{R}$, $\vec{G}$ や Ω_{c} を含む項の歪依存性がメインとなる．歪テンソル ϵ の成分 $\varepsilon_{\alpha\beta}$($\alpha, \beta = x, y, z$)での微分は，歪導入による変化を $\varepsilon_{\alpha\beta}$ で割り，歪をゼロとした極限である.

格子ベクトル $\vec{R}$，逆格子ベクトル $\vec{G}$ への歪テンソル ϵ 導入の効果は以下である(I は単位行列，$1\sim3 = x\sim z$).

188 第10章 各種の計算方法・計算技術

$$\vec{R}' = (I + \epsilon)\,\vec{R} = \left(R_1 + \sum_{j=1}^{3} \varepsilon_{1j} R_j,\ R_2 + \sum_{j=1}^{3} \varepsilon_{2j} R_j,\ R_3 + \sum_{j=1}^{3} \varepsilon_{3j} R_j \right) \quad (10\text{-}34)$$

$$\vec{G}' = (I - \epsilon)\,\vec{G} = \left(G_1 - \sum_{j=1}^{3} \varepsilon_{1j} G_j,\ G_2 - \sum_{j=1}^{3} \varepsilon_{2j} G_j,\ G_3 - \sum_{j=1}^{3} \varepsilon_{3j} G_j \right) \quad (10\text{-}35)$$

$\vec{R}$ と $\vec{G}$ では ϵ の効果の符号が逆になる. 各ベクトル成分 R_γ, G_γ のテンソル成分 $\varepsilon_{\alpha\beta}$ での微分は, (10-34),(10-35)式で $\varepsilon_{\alpha\beta}$ を含む項は, R'_α に $\varepsilon_{\alpha\beta} R_\beta$ が, G'_α に $-\varepsilon_{\alpha\beta} G_\beta$ があるので, $\varepsilon_{\alpha\beta}$ で割った極限で以下になる.

$$\frac{\partial R_\gamma}{\partial \varepsilon_{\alpha\beta}} = \delta_{\gamma\alpha} R_\beta \quad (10\text{-}36)$$

$$\frac{\partial G_\gamma}{\partial \varepsilon_{\alpha\beta}} = -\,\delta_{\gamma\alpha} G_\beta \quad (10\text{-}37)$$

$|\vec{R}|^2, |\vec{G}|^2$ については, (10-34),(10-35)式のノルムの二乗で $\varepsilon_{\alpha\beta}$ を含む項が $2\varepsilon_{\alpha\beta} R_\alpha R_\beta, -2\varepsilon_{\alpha\beta} G_\alpha G_\beta$ のみで, 以下となる.

$$\frac{\partial |\vec{R}|^2}{\partial \varepsilon_{\alpha\beta}} = 2 R_\alpha R_\beta \quad (10\text{-}38)$$

$$\frac{\partial |\vec{G}|^2}{\partial \varepsilon_{\alpha\beta}} = -2 G_\alpha G_\beta \quad (10\text{-}39)$$

$|\vec{R}|, |\vec{G}|, |\vec{G}|^{-1}, |\vec{G}|^{-2}$ の歪微分も (10-38),(10-39)式から $t = |\vec{R}|^2$, $s = |\vec{G}|^2$ を使って以下のように導出できる.

$$\frac{\partial |\vec{R}|}{\partial \varepsilon_{\alpha\beta}} = \frac{\partial t^{\frac{1}{2}}}{\partial \varepsilon_{\alpha\beta}} = \frac{1}{2} t^{-\frac{1}{2}} \frac{\partial t}{\partial \varepsilon_{\alpha\beta}} = |\vec{R}|^{-1} R_\alpha R_\beta \quad (10\text{-}40)$$

$$\frac{\partial |\vec{G}|}{\partial \varepsilon_{\alpha\beta}} = \frac{\partial s^{\frac{1}{2}}}{\partial \varepsilon_{\alpha\beta}} = \frac{1}{2} s^{-\frac{1}{2}} \frac{\partial s}{\partial \varepsilon_{\alpha\beta}} = -\,|\vec{G}|^{-1} G_\alpha G_\beta \quad (10\text{-}41)$$

$$\frac{\partial |\vec{G}|^{-1}}{\partial \varepsilon_{\alpha\beta}} = \frac{\partial s^{-\frac{1}{2}}}{\partial \varepsilon_{\alpha\beta}} = -\frac{1}{2} s^{-\frac{3}{2}} \frac{\partial s}{\partial \varepsilon_{\alpha\beta}} = |\vec{G}|^{-3} G_\alpha G_\beta \quad (10\text{-}42)$$

$$\frac{\partial |\vec{G}|^{-2}}{\partial \varepsilon_{\alpha\beta}} = \frac{\partial s^{-1}}{\partial \varepsilon_{\alpha\beta}} = -\,s^{-2} \frac{\partial s}{\partial \varepsilon_{\alpha\beta}} = 2|\vec{G}|^{-4} G_\alpha G_\beta \quad (10\text{-}43)$$

単位胞体積 $\Omega_c = \vec{a}_1 \cdot \vec{a}_2 \times \vec{a}_3$ の歪微分を考える. 各基本併進ベクトル

$$\vec{a}_i = (a_{i1}, a_{i2}, a_{i3}) \quad (i = 1 \sim 3)$$

への歪導入は

$$\vec{a}_i' = (I + \epsilon)\,\vec{a}_i = \left(a_{i1} + \sum_{j=1}^{3}\varepsilon_{1j}a_{ij},\ a_{i2} + \sum_{j=1}^{3}\varepsilon_{2j}a_{ij},\ a_{i3} + \sum_{j=1}^{3}\varepsilon_{3j}a_{ij}\right) \quad (10\text{-}44)$$

である．これを用いて単位胞体積を計算すると以下になる．

$$\Omega_c' = \vec{a}_1' \cdot \vec{a}_2' \times \vec{a}_3' = \Omega_c + (\varepsilon_{11} + \varepsilon_{22} + \varepsilon_{33})\Omega_c + (\varepsilon_{ij}\ \text{の二次以上の項}) \quad (10\text{-}45)$$

ε_{ij} の一次の項は対角項 ε_{ii} 以外は消え，次式が成り立つ．

$$\frac{\partial \Omega_c}{\partial \varepsilon_{\alpha\beta}} = \delta_{\alpha\beta}\,\Omega_c \quad (10\text{-}46)$$

また，次式も成り立つ．

$$\frac{\partial \Omega_c^{-1}}{\partial \varepsilon_{\alpha\beta}} = -\delta_{\alpha\beta}\,\Omega_c^{-1} \quad (10\text{-}47)$$

(10-45) 式で $\varepsilon_{\alpha\beta}$ の対角項以外の一次の項が消える理由は，(10-44) 式を実際に $\vec{a}_1' \cdot \vec{a}_2' \times \vec{a}_3'$ に代入すると，$\varepsilon_{\alpha\beta}$ の一次の項の係数は $\vec{a}_i$ ベクトルの三重積の形だが，対角項以外 $(\alpha \neq \beta)$ の場合，三重積中で $a_{1\alpha} \to a_{1\beta}, a_{2\alpha} \to a_{2\beta}, a_{3\alpha} \to a_{3\beta}$ と入れ替えたものになり，行ベクトルで見たときに同じベクトルが出現し，係数としての三重積がゼロになるからである．

　一方，逆空間表現の E_{tot} では $\rho(\vec{G}) = \rho^*(-\vec{G})$ が頻繁に出てくるので，この歪微分を考える．$\rho(\vec{G})$ は (7-17) 式のフーリエ変換の表現から

$$\rho(\vec{G}) = \Omega_c^{-1} \sum_n^{\mathrm{occ}} \sum_{\vec{k}_i n} w_{\vec{k}_i n} \sum_{\vec{G}'} C_{\vec{k}_i + \vec{G}'}^{n^*}\, C_{\vec{k}_i + \vec{G}' + \vec{G}}^{n} \quad (10\text{-}48)$$

と表せる．$w_{\vec{k}_i n}$ は $\vec{k}$ 点重みとその状態の占有率（スピン含む）の積，$C_{\vec{k}_i + \vec{G}}^{n}$ 等は固有ベクトル係数である．上記の議論のように固有関数を通じた歪依存は考えないので，固有ベクトル係数は歪に依存しない．Ω_c^{-1} のみが歪依存項で，$\rho(\vec{G})$ の歪微分は (10-47) 式より以下となる．

$$\partial \rho(\vec{G})/\partial \varepsilon_{\alpha\beta} = -\delta_{\alpha\beta}\,\rho(\vec{G}) \quad (10\text{-}49)$$

(2)　NCPP 法の各エネルギー項の歪微分

(a)　E_{kin} 項の歪微分

以上の準備を踏まえ，NCPP 法の E_{tot}（逆空間表現）の歪への直接依存項の微分を検討する．(8-18) 式の各項についてである．運動エネルギー項 E_{kin} の歪微分は以下である．

190　第 10 章　各種の計算方法・計算技術

$$
\frac{\partial E_{\mathrm{kin}}}{\partial \varepsilon_{\alpha\beta}} = \partial\left\{\sum_{n}^{\mathrm{occ}}\sum_{\vec{k}_i}w_{\vec{k}_i n}\sum_{\vec{G}}\frac{\hbar^2}{2m}|C_{\vec{k}_i+\vec{G}}^n|^2|\vec{k}_i+\vec{G}|^2\right\}/\partial\varepsilon_{\alpha\beta}
$$

$$
= \sum_{n}^{\mathrm{occ}}\sum_{\vec{k}_i}w_{\vec{k}_i n}\sum_{\vec{G}}\frac{\hbar^2}{2m}|C_{\vec{k}_i+\vec{G}}^n|^2\partial|\vec{k}_i+\vec{G}|^2/\partial\varepsilon_{\alpha\beta}
$$

$$
= -2\sum_{n}^{\mathrm{occ}}\sum_{\vec{k}_i}w_{\vec{k}_i n}\sum_{\vec{G}}\frac{\hbar^2}{2m}|C_{\vec{k}_i+\vec{G}}^n|^2(\vec{k}_i+\vec{G})_{\alpha}(\vec{k}_i+\vec{G})_{\beta} \tag{10-50}
$$

(10-39)式を使っている．上述のように固有ベクトル係数の歪依存性はない．対称性を利用して既約領域の $\vec{k}_i$ に絞る場合，(10-50)式の既約領域の $\vec{k}_i$ の和をすべての $\alpha\beta$ ペアで $\Lambda_{\alpha\beta}$ として用意した後，点対称操作の行列 S について以下の操作で与えられる．

$$
\frac{\partial E_{\mathrm{kin}}}{\partial \varepsilon_{\alpha\beta}} = \sum_{S}\sum_{\gamma,\delta}S_{\alpha\gamma}S_{\beta\delta}\Lambda_{\gamma\delta} \tag{10-51}
$$

これは，(7-16)式からの

$$
|C_{S\vec{k}_i+\vec{G}}^n|^2 = |C_{\vec{k}_i+S^{-1}\vec{G}}^n|^2,\quad (S\vec{k}_i+\vec{G})_{\alpha} = \sum_{\gamma}S_{\alpha\gamma}(\vec{k}_i+S^{-1}\vec{G})_{\gamma}
$$

を使って導出される．なお，対称操作は S で BZ の既約領域が BZ の半分を埋める分だけ扱えばよい(式中の $\vec{G}$ の和を $-\vec{G}$ の和とすれば，$S\vec{k}_i$ の寄与が $-S\vec{k}_i$ の寄与と同じであることが証明できるため)．

(b)　E_{H} 項の歪微分

電子間静電相互作用項 E_{H} の歪微分は

$$
\frac{\partial E_{\mathrm{H}}}{\partial \varepsilon_{\alpha\beta}} = \partial\left\{2\pi e^2\Omega_{\mathrm{c}}\sum_{\vec{G}\neq 0}|\rho(\vec{G})|^2/|\vec{G}|^2\right\}/\partial\varepsilon_{\alpha\beta}
$$

$$
= 2\pi e^2\frac{\partial\Omega_{\mathrm{c}}}{\partial\varepsilon_{\alpha\beta}}\sum_{\vec{G}\neq 0}|\rho(\vec{G})|^2/|\vec{G}|^2 + 2\pi e^2\Omega_{\mathrm{c}}\sum_{\vec{G}\neq 0}\left\{\frac{\partial\rho(\vec{G})}{\partial\varepsilon_{\alpha\beta}}\rho^*(\vec{G})+c.c.\right\}/|\vec{G}|^2
$$

$$
+ 2\pi e^2\Omega_{\mathrm{c}}\sum_{\vec{G}\neq 0}|\rho(\vec{G})|^2\frac{\partial|\vec{G}|^{-2}}{\partial\varepsilon_{\alpha\beta}}
$$

$$
= \delta_{\alpha\beta}E_{\mathrm{H}} - 2\delta_{\alpha\beta}E_{\mathrm{H}} + 4\pi e^2\Omega_{\mathrm{c}}\sum_{\vec{G}\neq 0}|\rho(\vec{G})|^2\frac{G_\alpha G_\beta}{|\vec{G}|^4}
$$

$$
= -\delta_{\alpha\beta}E_{\mathrm{H}} + 4\pi e^2\Omega_{\mathrm{c}}\sum_{\vec{G}\neq 0}|\rho(\vec{G})|^2\frac{G_\alpha G_\beta}{|\vec{G}|^4} \tag{10-52}
$$

となる．(10-43)，(10-46)，(10-49)式を使っている．

(c) E_L 項の歪微分

局所擬ポテンシャルエネルギー項 E_L の歪微分は

$$\frac{\partial E_L}{\partial \varepsilon_{\alpha\beta}} = \partial \left\{ \Omega_c \sum_{\vec{G} \neq 0} V_{\text{local}}^{\text{PS}}(\vec{G}) \rho(-\vec{G}) \right\} / \partial \varepsilon_{\alpha\beta}$$

$$= \partial \Omega_c / \partial \varepsilon_{\alpha\beta} \left\{ \sum_{\vec{G} \neq 0} V_{\text{local}}^{\text{PS}}(\vec{G}) \rho(-\vec{G}) \right\}$$

$$+ \Omega_c \sum_{\vec{G} \neq 0} \partial V_{\text{local}}^{\text{PS}}(\vec{G}) / \partial \varepsilon_{\alpha\beta} \cdot \rho(-\vec{G}) + \Omega_c \sum_{\vec{G} \neq 0} V_{\text{local}}^{\text{PS}}(\vec{G}) \partial \rho(-\vec{G}) / \partial \varepsilon_{\alpha\beta}$$

$$\tag{10-53}$$

となる．第1項は (10-46) 式から $\delta_{\alpha\beta} E_L$．第3項の $\partial \rho(-\vec{G})/\partial \varepsilon_{\alpha\beta}$ は (10-49) 式より $-\delta_{\alpha\beta} \rho(-\vec{G})$ で，第3項は $-\delta_{\alpha\beta} E_L$ になり，第1項と打ち消し合う．

第2項の $V_{\text{local}}^{\text{PS}}(\vec{G})$ の歪微分を考える．(7-27) 式から

$$V_{\text{local}}^{\text{PS}}(\vec{G}) = \Omega_c^{-1} \sum_a \exp[-i\vec{G} \cdot \vec{t}_a] V_{\text{local}}^a(\vec{G})$$

で，歪依存項は Ω_c^{-1} と $V_{\text{local}}^a(\vec{G})$．$\exp$ 項は $\vec{G}$ と $\vec{t}_a$ の歪依存性が逆で打ち消す．Ω_c^{-1} の微分は (10-47) 式より $-\delta_{\alpha\beta} \Omega_c^{-1}$ で，歪微分への寄与は $-\delta_{\alpha\beta} V_{\text{local}}^{\text{PS}}(\vec{G})$，$\dfrac{\partial E_L}{\partial \varepsilon_{\alpha\beta}}$ への寄与は $-\delta_{\alpha\beta} E_L$ になる．$V_{\text{local}}^a(\vec{G})$ は (7-28) 式から

$$\frac{4\pi}{|\vec{G}|} \int_0^\infty V_{\text{local}}^a(r) \, r \sin(|\vec{G}|r) \, dr$$

で，歪依存は $\dfrac{4\pi}{|\vec{G}|}$ と $\sin(|\vec{G}|r)$ の部分で，(10-42)，(10-41) 式から

$$\partial V_{\text{local}}^a(\vec{G}) / \partial \varepsilon_{\alpha\beta} = \frac{4\pi}{|\vec{G}|^3} G_\alpha G_\beta \int_0^\infty V_{\text{local}}^a(r) \, r \sin(|\vec{G}|r) \, dr$$

$$- \frac{4\pi}{|\vec{G}|^2} G_\alpha G_\beta \int_0^\infty V_{\text{local}}^a(r) \, r^2 \cos(|\vec{G}|r) \, dr$$

$$= \frac{4\pi}{|\vec{G}|} G_\alpha G_\beta \int_0^\infty V_{\text{local}}^a(r) \, r^3 j_1(|\vec{G}|r) \, dr \tag{10-54}$$

ここで，

$$j_1(x) = \sin x / x^2 - \cos x / x \quad (l = 1 \text{ の球ベッセル関数})$$

である．以上から，(10-53) 式は次式となる．

$$\frac{\partial E_L}{\partial \varepsilon_{\alpha\beta}} = -\delta_{\alpha\beta} E_L$$

192　第10章　各種の計算方法・計算技術

$$+\sum_{\vec{G}\neq 0}\frac{4\pi G_\alpha G_\beta}{|\vec{G}|}\rho(-\vec{G})\sum_a\exp[-i\vec{G}\cdot\vec{t}_a]\int_0^\infty V_{\text{local}}^a(r)\,r^3 j_1(|\vec{G}|r)\,dr$$

(10-55)

(d)　E_{NL} 項の歪微分

非局所擬ポテンシャルエネルギー項 E_{NL}（KB 分離型）の歪微分は

$$\frac{\partial E_{\text{NL}}}{\partial\varepsilon_{\alpha\beta}}=\partial\left\{\sum_n^{\text{occ}}\sum_{\vec{k}_i}w_{\vec{k}_i n}\sum_a\sum_l C_{a,l}^{-1}\sum_{m=-l}^{+l}\left|\sum_{\vec{G}}C_{\vec{k}_i+\vec{G}}^n A_{a,lm}(\vec{k}_i+\vec{G})\right|^2\right\}/\partial\varepsilon_{\alpha\beta}$$

$$=\sum_n^{\text{occ}}\sum_{\vec{k}_i}w_{\vec{k}_i n}\sum_a\sum_l C_{a,l}^{-1}\sum_{m=-l}^{+l}\left[\left\{\sum_{\vec{G}}C_{\vec{k}_i+\vec{G}}^n\partial A_{a,lm}(\vec{k}_i+\vec{G})/\partial\varepsilon_{\alpha\beta}\right\}\right.$$

$$\left.\times\left\{\sum_{\vec{G}}C_{\vec{k}_i+\vec{G}}^n A_{a,lm}(\vec{k}_i+\vec{G})\right\}^*+c.c.\right]$$

(10-56)

で，$A_{a,lm}(\vec{k}_i+\vec{G})$ のみが歪に依存する．(7-37)式を使って

$$\partial A_{a,lm}(\vec{k}_i+\vec{G})/\partial\varepsilon_{\alpha\beta}$$

$$=\partial\{\exp[i\vec{G}\cdot\vec{t}_a]4\pi\Omega_c^{-1/2}Y_{lm}^*(\widehat{\vec{k}_i+\vec{G}})\int_0^{r_c}j_l(|\vec{k}_i+\vec{G}|r)\Delta V_{a,l}^{\text{NL}}(r)\,R_{a,l}^{\text{PS}}(r)\,r^2 dr\}/\partial\varepsilon_{\alpha\beta}$$

$$=-\frac{1}{2}\delta_{\alpha\beta}A_{a,lm}(\vec{k}_i+\vec{G})$$

$$+\exp[i\vec{G}\cdot\vec{t}_a]4\pi\Omega_c^{-1/2}\partial Y_{lm}^*(\widehat{\vec{k}_i+\vec{G}})/\partial\varepsilon_{\alpha\beta}\int_0^{r_c}j_l(|\vec{k}_i+\vec{G}|r)\Delta V_{a,l}^{\text{NL}}(r)\,R_{a,l}^{\text{PS}}(r)\,r^2 dr$$

$$+\exp[i\vec{G}\cdot\vec{t}_a]4\pi\Omega_c^{-1/2}Y_{lm}^*(\widehat{\vec{k}_i+\vec{G}})\int_0^{r_c}\partial j_l(|\vec{k}_i+\vec{G}|r)/\partial\varepsilon_{\alpha\beta}\Delta V_{a,l}^{\text{NL}}(r)\,R_{a,l}^{\text{PS}}(r)\,r^2 dr$$

(10-57)

となる．(10-46)，(10-47)式から

$$\partial\Omega_c^{-1/2}/\partial\varepsilon_{\alpha\beta}=-1/2\delta_{\alpha\beta}\,\Omega_c^{-1/2}$$

で，exp 項は $\vec{G}$ と $\vec{t}_a$ の歪依存性が逆で打ち消し合う．あとは $\vec{k}_i+\vec{G}$ を含む球面調和関数 $Y_{lm}^*(\widehat{\vec{k}_i+\vec{G}})$ と球ベッセル関数 $j_l(|\vec{k}_i+\vec{G}|r)$ の部分が歪依存性を持つ．

球面調和関数部分の歪微分は $\vec{K}=\vec{k}_i+\vec{G}$ として

$$\partial Y_{lm}^*(\widehat{\vec{k}_i+\vec{G}})/\partial\varepsilon_{\alpha\beta}=\frac{1}{2}\left\{\frac{\partial Y_{lm}^*(\widehat{\vec{k}_i+\vec{G}})}{\partial K_\alpha}\frac{\partial K_\alpha}{\partial\varepsilon_{\alpha\beta}}+\frac{\partial Y_{lm}^*(\widehat{\vec{k}_i+\vec{G}})}{\partial K_\beta}\frac{\partial K_\beta}{\partial\varepsilon_{\beta\alpha}}\right\}$$

$$= -\frac{1}{2}\left\{\frac{\partial Y_{lm}^*(\widehat{k_i+G})}{\partial K_\alpha}K_\beta + \frac{\partial Y_{lm}^*(\widehat{k_i+G})}{\partial K_\beta}K_\alpha\right\} \tag{10-58}$$

である. $\dfrac{\partial Y_{lm}^*(\widehat{k_i+G})}{\partial K_\alpha}$ 等は,球面調和関数を $\vec{K} = \vec{k_i} + \vec{G}$ の x, y, z 三成分の関数で

表した形での微分. $\dfrac{\partial K_\alpha}{\partial \varepsilon_{\alpha\beta}}$ と $\dfrac{\partial K_\beta}{\partial \varepsilon_{\beta\alpha}}$ についてだけになるのは (10-37) 式のためである.

球面調和関数の微分形の詳細はアルフケンとウェーバー[40],香山[53]等参照.なお,
(10-58) 式は Lee ら[82]に従い,応力の対称性 ($\sigma_{\alpha\beta} = \sigma_{\beta\alpha}$) を保つように α, β について
の対称形 (α と β を交換しても不変) を用いている (他のエネルギー項の歪微分はすべ
て α, β について対称). 対称形でなく

$$\frac{\partial Y_{lm}^*(\widehat{k_i+G})}{\partial K_\alpha}\frac{\partial K_\alpha}{\partial \varepsilon_{\alpha\beta}}$$

単独でも間違いではない.

球ベッセル関数部分の歪微分は

$$\partial j_l(|\vec{k_i}+\vec{G}|r)/\partial\varepsilon_{\alpha\beta} = -j_l'(|\vec{k_i}+\vec{G}|r)\, r\,\frac{(\vec{k_i}+\vec{G})_\alpha(\vec{k_i}+\vec{G})_\beta}{|\vec{k_i}+\vec{G}|} \tag{10-59}$$

である. (10-41) 式を使っている. 球ベッセル関数 j_l の導関数 j_l' はアルフケンと
ウェーバー[40],香山[53]等参照.

(10-56) 式の $\vec{k_i}$ 点の和は,BZ 全体である. ただし,既約領域の $\vec{k_i}$ 点で求めた固有
ベクトル $\{C_{\vec{k_i}+\vec{G}}^n\}$ から (7-12), (7-16) 式により既約領域外の BZ 全体の固有ベクトル
を組み立てて, (10-56) 式で用いれば良い. もちろん,$A_{a,lm}(\vec{k_i}+\vec{G})$ の $\vec{k_i}$ も既約領
域外のものを用いる.

以上の $E_{\rm L}, E_{\rm NL}$ の寄与は,ポテンシャル形自体は歪で変形しないので (変形するの
は格子と原子位置),もっぱら $\vec{G}, \vec{k_i}+\vec{G}, \Omega_{\rm c}$ 等を通じた歪依存性となる.

(e) $E_{\rm xc}$ 項の歪微分

(8-18) 式の第 6 項の交換相関エネルギー項 $E_{\rm xc}$ の歪微分を考える. LDA の場合と
する (GGA については 10.5 節 (4) 項). $E_{\rm xc}$ は逆空間表現でなく実空間表現で考え,
実空間積分を微細メッシュ点 (微小体積要素 Δ_i) での値の和と考える. 歪微分は

194　第 10 章　各種の計算方法・計算技術

$$
\frac{\partial E_{\mathrm{xc}}}{\partial \varepsilon_{\alpha\beta}} = \frac{\partial \int_{\Omega_{\mathrm{c}}} \varepsilon_{\mathrm{xc}}(\vec{r}) \rho(\vec{r}) d\vec{r}}{\partial \varepsilon_{\alpha\beta}} = \frac{\partial \left\{ \sum_i \Delta_i \, \varepsilon_{\mathrm{xc}}(\vec{r}_i) \rho(\vec{r}_i) \right\}}{\partial \varepsilon_{\alpha\beta}}
$$

$$
= \sum_i \frac{\partial \Delta_i}{\partial \varepsilon_{\alpha\beta}} \varepsilon_{\mathrm{xc}}(\vec{r}_i) \rho(\vec{r}_i) + \sum_i \Delta_i \, \partial \{\varepsilon_{\mathrm{xc}}(\vec{r}_i) \rho(\vec{r}_i)\} / \partial \varepsilon_{\alpha\beta}
$$

$$
= \delta_{\alpha\beta} \sum_i \Delta_i \, \varepsilon_{\mathrm{xc}}(\vec{r}_i) \rho(\vec{r}_i) + \sum_i \Delta_i \, \mu_{\mathrm{xc}}(\vec{r}_i) \, \partial \rho(\vec{r}_i) / \partial \varepsilon_{\alpha\beta}
$$

$$
= \delta_{\alpha\beta} \sum_i \Delta_i (\varepsilon_{\mathrm{xc}}(\vec{r}_i) - \mu_{\mathrm{xc}}(\vec{r}_i)) \rho(\vec{r}_i) = \delta_{\alpha\beta} \int_{\Omega_{\mathrm{c}}} (\varepsilon_{\mathrm{xc}}(\vec{r}) - \mu_{\mathrm{xc}}(\vec{r})) \rho(\vec{r}) d\vec{r}
$$

$$
\tag{10-60}
$$

Δ_i の歪微分は Ω_{c} と同様である（(10-46)式）．3 行目の第 2 項は，(2-16)式のように $\varepsilon_{\mathrm{xc}}(\vec{r}_i) \rho(\vec{r}_i)$ を密度分布 ρ で汎関数微分して $\mu_{\mathrm{xc}}(\vec{r}_i)$ になり，$\rho(\vec{r}_i)$ の歪微分を掛ける．$\rho(\vec{r})$ の歪微分は実空間でも $-\delta_{\alpha\beta}\rho(\vec{r})$ である（(10-49)式と同様）．

(f)　$\dfrac{N_{\mathrm{c}}}{\Omega_{\mathrm{c}}} \sum_a \alpha_a$ 項の歪微分

(8-18)式の第 3 項（発散処理の残留項）の歪微分は以下．

$$
\partial \left\{ \frac{N_{\mathrm{c}}}{\Omega_{\mathrm{c}}} \sum_a \alpha_a \right\} / \partial \varepsilon_{\alpha\beta} = \frac{\partial \Omega_{\mathrm{c}}^{-1}}{\partial \varepsilon_{\alpha\beta}} N_{\mathrm{c}} \sum_a \alpha_a = - \delta_{\alpha\beta} \frac{N_{\mathrm{c}}}{\Omega_{\mathrm{c}}} \sum_a \alpha_a
\tag{10-61}
$$

(10-47)式を使っている．α_a 項（(8-13)式）自体は局所擬ポテンシャルの短距離のクーロン形からのずれの積分で歪依存性はない．

(g)　Ewald 項の歪微分

(8-18)式の残りの E_{Ewald} 項，(8-17)式にある

$$
E_{\mathrm{Ewald}} = \left(\frac{e^2}{2} \sum_a Z_a^2 \right) \left(\sum_{\vec{R} \neq 0} \frac{\mathrm{erfc}[|\vec{R}|\gamma]}{|\vec{R}|} + \frac{\pi}{\gamma^2 \Omega_{\mathrm{c}}} \sum_{\vec{G} \neq 0} \frac{\exp[-|\vec{G}|^2/4\gamma^2]}{|\vec{G}|^2/4\gamma^2} \right)
$$

$$
- \frac{e^2 \gamma}{\sqrt{\pi}} \sum_a Z_a^2 - \frac{\pi e^2 N_{\mathrm{c}}^2}{2\gamma^2 \Omega_{\mathrm{c}}}
$$

$$
+ \frac{e^2}{2} \sum_a \sum_{a' \neq a} Z_a Z_{a'} \left(\sum_{\vec{R}} \frac{\mathrm{erfc}[|\vec{R} + \vec{r}_{aa'}|\gamma]}{|\vec{R} + \vec{r}_{aa'}|} \right.
$$

$$
\left. + \frac{\pi}{\gamma^2 \Omega_{\mathrm{c}}} \sum_{\vec{G} \neq 0} \exp[-i\vec{G} \cdot \vec{r}_{aa'}] \frac{\exp[-|\vec{G}|^2/4\gamma^2]}{|\vec{G}|^2/4\gamma^2} \right)
$$

10.5　応力計算法　　**195**

の歪微分を考える．(10-39)〜(10-43), (10-47)式を使うと

$$\frac{\partial E_{\text{Ewald}}}{\partial \varepsilon_{\alpha\beta}}$$

$$= \left(\frac{e^2}{2}\sum_a Z_a^2\right)\left\{\sum_{\vec{R}\neq 0}\left(-\frac{\text{erfc}[|\vec{R}|\gamma]}{|\vec{R}|^3} - \frac{2\gamma\exp[-|\vec{R}|^2\gamma^2]}{\sqrt{\pi}|\vec{R}|^2}\right)R_\alpha R_\beta\right.$$

$$-\delta_{\alpha\beta}\frac{\pi}{\gamma^2\Omega_c}\sum_{\vec{G}\neq 0}\frac{\exp[-|\vec{G}|^2/4\gamma^2]}{|\vec{G}|^2/4\gamma^2}$$

$$\left.+\frac{\pi}{\gamma^2\Omega_c}\sum_{\vec{G}\neq 0}\frac{2G_\alpha G_\beta}{|\vec{G}|^2}\left(1+\frac{|\vec{G}|^2}{4\gamma^2}\right)\frac{\exp[-|\vec{G}|^2/4\gamma^2]}{|\vec{G}|^2/4\gamma^2}\right\}$$

$$+\delta_{\alpha\beta}\frac{\pi e^2 N_c^2}{2\gamma^2\Omega_c} + \frac{e^2}{2}\sum_a\sum_{a'\neq a}Z_a Z_{a'}$$

$$\times\left\{\sum_{\vec{R}}\left(-\frac{\text{erfc}[|\vec{R}+\vec{r}_{aa'}|\gamma]}{|\vec{R}+\vec{r}_{aa'}|^3} - \frac{2\gamma\exp[-|\vec{R}+\vec{r}_{aa'}|^2\gamma^2]}{\sqrt{\pi}|\vec{R}+\vec{r}_{aa'}|^2}\right)(\vec{R}+\vec{r}_{aa'})_\alpha(\vec{R}+\vec{r}_{aa'})_\beta\right.$$

$$-\delta_{\alpha\beta}\frac{\pi}{\gamma^2\Omega_c}\sum_{\vec{G}\neq 0}\exp[-i\vec{G}\cdot\vec{r}_{aa'}]\frac{\exp[-|\vec{G}|^2/4\gamma^2]}{|\vec{G}|^2/4\gamma^2}$$

$$\left.+\frac{\pi}{\gamma^2\Omega_c}\sum_{\vec{G}\neq 0}\exp[-i\vec{G}\cdot\vec{r}_{aa'}]\frac{2G_\alpha G_\beta}{|\vec{G}|^2}\left(1+\frac{|\vec{G}|^2}{4\gamma^2}\right)\frac{\exp[-|\vec{G}|^2/4\gamma^2]}{|\vec{G}|^2/4\gamma^2}\right\}$$

$$\tag{10-62}$$

となる．(10-42)式から $|\vec{R}|^{-1}$ の歪微分は $-|\vec{R}|^{-3}R_\alpha R_\beta$ である．また，

$$\text{erfc}[\alpha x] = \frac{2}{\sqrt{\pi}}\int_{\alpha x}^\infty e^{-t^2}dt, \quad \frac{d\,\text{erfc}[\alpha x]}{dx} = -\frac{2\alpha}{\sqrt{\pi}}e^{-\alpha^2 x^2}$$

である．$\exp[-i\vec{G}\cdot\vec{r}_{aa'}]$ 項は $\vec{G}$ と $\vec{r}_{aa'}$ の歪依存性が逆なので関与しない．

　以上をまとめると

$$\sigma_{\alpha\beta} = \frac{1}{\Omega_c}\left\{\frac{\partial E_{\text{kin}}}{\partial\varepsilon_{\alpha\beta}} + \frac{\partial E_{\text{H}}}{\partial\varepsilon_{\alpha\beta}} + \frac{\partial E_{\text{L}}}{\partial\varepsilon_{\alpha\beta}} + \frac{\partial E_{\text{NL}}}{\partial\varepsilon_{\alpha\beta}} + \frac{\partial E_{\text{xc}}}{\partial\varepsilon_{\alpha\beta}} + \frac{\partial E_{\text{Ewald}}}{\partial\varepsilon_{\alpha\beta}} - \delta_{\alpha\beta}\frac{N_c}{\Omega_c}\sum_a\alpha_a\right\}$$

$$\tag{10-63}$$

である．第8章の NCPP 法の E_{tot}（(8-18)式）についての表式である．各項毎に体積
や格子，逆格子，電子密度分布への歪の効果が取り入れられている．$\delta_{\alpha\beta}$ を掛けた項
が頻出するが，これは応力テンソルの対角項にのみ寄与する成分である．応力テンソ
ルの対角和は圧力 P と関係している（$P = (\sigma_{xx} + \sigma_{yy} + \sigma_{zz})/3$）．以上の逆空間表現に

196　第 10 章　各種の計算方法・計算技術

よる応力の表式は，Nielsen-Martin の文献[81]と合致している．なお文献[80]では実空間表現による応力表式が議論されている．

（3）　部分内殻補正の応力への寄与

10.3 節で説明した部分内殻補正を取り入れた場合の E_{xc} の応力（歪微分）への寄与を考える．通常の価電子密度分布を $\rho_v(\vec{r})$ で，部分内殻補正の内殻電子密度分布を $\tilde{\rho}_c(\vec{r})$ で表す．(10-19)式のように原子毎の $\tilde{\rho}_c^a$ の和で

$$\tilde{\rho}_c(\vec{r}) = \sum_{\vec{R}} \sum_a \tilde{\rho}_c^a(\vec{r} - \vec{t}_a - \vec{R})$$

である．上述の LDA の場合の(10-60)式を参考に微小体積要素 Δ_i を使った表現で

$$\frac{\partial E_{xc}}{\partial \varepsilon_{\alpha\beta}} = \frac{\partial \int_{\Omega_c} \varepsilon_{xc}(\vec{r})(\rho_v(\vec{r}) + \tilde{\rho}_c(\vec{r})) d\vec{r}}{\partial \varepsilon_{\alpha\beta}} = \frac{\partial \left\{ \sum_i \Delta_i \varepsilon_{xc}(\vec{r}_i)(\rho_v(\vec{r}_i) + \tilde{\rho}_c(\vec{r}_i)) \right\}}{\partial \varepsilon_{\alpha\beta}}$$

$$= \sum_i \frac{\partial \Delta_i}{\partial \varepsilon_{\alpha\beta}} \varepsilon_{xc}(\vec{r}_i)(\rho_v(\vec{r}_i) + \tilde{\rho}_c(\vec{r}_i)) + \sum_i \Delta_i \partial \{\varepsilon_{xc}(\vec{r}_i)(\rho_v(\vec{r}_i) + \tilde{\rho}_c(\vec{r}_i))\} / \partial \varepsilon_{\alpha\beta}$$

$$= \delta_{\alpha\beta} \sum_i \Delta_i \varepsilon_{xc}(\vec{r}_i)(\rho_v(\vec{r}_i) + \tilde{\rho}_c(\vec{r}_i))$$

$$+ \sum_i \Delta_i \mu_{xc}(\vec{r}_i)\{\partial \rho_v(\vec{r}_i)/\partial \varepsilon_{\alpha\beta} + \partial \tilde{\rho}_c(\vec{r}_i)/\partial \varepsilon_{\alpha\beta}\}$$

$$= \delta_{\alpha\beta} \int_{\Omega_c} (\varepsilon_{xc}(\vec{r}) - \mu_{xc}(\vec{r})) \rho_v(\vec{r}) d\vec{r} + \delta_{\alpha\beta} \int_{\Omega_c} \varepsilon_{xc}(\vec{r}) \tilde{\rho}_c(\vec{r}) d\vec{r}$$

$$+ \Omega_c \sum_{\vec{G}} \mu_{xc}(-\vec{G}) \partial \tilde{\rho}_c(\vec{G})/\partial \varepsilon_{\alpha\beta} \tag{10-64}$$

$\dfrac{\partial \Delta_i}{\partial \varepsilon_{\alpha\beta}} = \delta_{\alpha\beta} \Delta_i$ で，$\rho_v(\vec{r})$ の歪微分は実空間でも $-\delta_{\alpha\beta} \rho_v(\vec{r})$ である．最終項は

$$\int_{\Omega_c} \mu_{xc}(\vec{r}) \partial \tilde{\rho}_c(\vec{r})/\partial \varepsilon_{\alpha\beta} d\vec{r}$$

を逆空間表現にしたもの．$\tilde{\rho}_c(\vec{G})$ の歪微分は 10.3 節の(10-20), (10-21)式から
$\partial \tilde{\rho}_c(\vec{G})/\partial \varepsilon_{\alpha\beta}$

$$= \frac{\partial \Omega_c^{-1}}{\partial \varepsilon_{\alpha\beta}} \sum_a e^{-i\vec{G} \cdot t_a} \tilde{\rho}_c^a(\vec{G}) + \frac{1}{\Omega_c} \sum_a e^{-i\vec{G} \cdot t_a} \partial \tilde{\rho}_c^a(\vec{G})/\partial \varepsilon_{\alpha\beta}$$

$$= -\delta_{\alpha\beta} \tilde{\rho}_c(\vec{G}) + \frac{1}{\Omega_c} \sum_a e^{-i\vec{G} \cdot t_a} \partial \left\{ \frac{4\pi}{|\vec{G}|} \int_0^\infty \tilde{\rho}_c^a(r) r \sin[|\vec{G}|r] dr \right\} / \partial \varepsilon_{\alpha\beta}$$

$$
\begin{aligned}
&= -\delta_{\alpha\beta}\,\tilde{\rho}_{\mathrm{c}}(\vec{G}) + \frac{1}{\Omega_{\mathrm{c}}}\sum_a e^{-i\vec{G}\cdot t_a}\left\{\frac{4\pi}{|\vec{G}|^3}G_\alpha G_\beta\int_0^\infty \tilde{\rho}_{\mathrm{c}}^a(r)\,r\sin(|\vec{G}|r)\,dr\right.\\
&\hspace{5cm}\left. -\frac{4\pi}{|\vec{G}|^2}G_\alpha G_\beta\int_0^\infty \tilde{\rho}_{\mathrm{c}}^a(r)\,r^2\cos(|\vec{G}|r)\,dr\right\}\\
&= -\delta_{\alpha\beta}\,\tilde{\rho}_{\mathrm{c}}(\vec{G}) + \frac{1}{\Omega_{\mathrm{c}}}\sum_a e^{-i\vec{G}\cdot t_a}\frac{4\pi}{|\vec{G}|}G_\alpha G_\beta\int_0^\infty \tilde{\rho}_{\mathrm{c}}^a(r)\,r^3\left\{\frac{\sin(|\vec{G}|r)}{r^2|\vec{G}|^2}-\frac{\cos(|\vec{G}|r)}{r|\vec{G}|}\right\}dr\\
&= -\delta_{\alpha\beta}\,\tilde{\rho}_{\mathrm{c}}(\vec{G}) + \frac{1}{\Omega_{\mathrm{c}}}\sum_a e^{-i\vec{G}\cdot t_a}\frac{4\pi}{|\vec{G}|}G_\alpha G_\beta\int_0^\infty \tilde{\rho}_{\mathrm{c}}^a(r)\,r^3 j_1(|\vec{G}|r)\,dr
\end{aligned}\tag{10-65}
$$

(10-47), (10-42), (10-41) 式を使い, (10-54), (10-55) 式を参考にしている.
$j_1(x) = \sin x/x^2 - \cos x/x$ ($l=1$ の球ベッセル関数)である. まとめると

$$
\begin{aligned}
\frac{\partial E_{\mathrm{xc}}}{\partial \varepsilon_{\alpha\beta}} &= \delta_{\alpha\beta}\int_{\Omega_{\mathrm{c}}}(\varepsilon_{\mathrm{xc}}(\vec{r})-\mu_{\mathrm{xc}}(\vec{r}))\rho_{\mathrm{v}}(\vec{r})\,d\vec{r} + \delta_{\alpha\beta}\int_{\Omega_{\mathrm{c}}}\varepsilon_{\mathrm{xc}}(\vec{r})\tilde{\rho}_{\mathrm{c}}(\vec{r})\,d\vec{r}\\
&\quad -\delta_{\alpha\beta}\,\Omega_{\mathrm{c}}\sum_{\vec{G}}\mu_{\mathrm{xc}}(-\vec{G})\tilde{\rho}_{\mathrm{c}}(\vec{G})\\
&\quad +\sum_{\vec{G}}\mu_{\mathrm{xc}}(-\vec{G})\sum_a e^{-i\vec{G}\cdot t_a}\frac{4\pi}{|\vec{G}|}G_\alpha G_\beta\int_0^\infty \tilde{\rho}_{\mathrm{c}}^a(r)\,r^3 j_1(|\vec{G}|r)\,dr\\
&= \delta_{\alpha\beta}\int_{\Omega_{\mathrm{c}}}(\varepsilon_{\mathrm{xc}}(\vec{r})-\mu_{\mathrm{xc}}(\vec{r}))(\rho_{\mathrm{v}}(\vec{r})+\tilde{\rho}_{\mathrm{c}}(\vec{r}))\,d\vec{r}\\
&\quad +\sum_{\vec{G}}\mu_{\mathrm{xc}}(-\vec{G})\sum_a e^{-i\vec{G}\cdot t_a}\frac{4\pi G_\alpha G_\beta}{|\vec{G}|}\int_0^\infty \tilde{\rho}_{\mathrm{c}}^a(r)\,r^3 j_1(|\vec{G}|r)\,dr
\end{aligned}\tag{10-66}
$$

通常の LDA の(10-60)式と比べ, 第1項に $\tilde{\rho}_{\mathrm{c}}(\vec{r})$ が入り, 第2項が新たに加わる(第2項は(10-55)式の第2項に似ている). もちろん, $\varepsilon_{\mathrm{xc}}(\vec{r}), \mu_{\mathrm{xc}}(\vec{r})$ は $\rho_{\mathrm{v}}+\tilde{\rho}_{\mathrm{c}}$ についてのもの.

(4) GGA での E_{xc} の歪微分

10.4 節で説明した GGA での交換相関エネルギー E_{xc}((10-25)式等)の歪微分 $\dfrac{\partial E_{\mathrm{xc}}}{\partial \varepsilon_{\alpha\beta}}$ を検討する. LDA での $\dfrac{\partial E_{\mathrm{xc}}}{\partial \varepsilon_{\alpha\beta}}$((10-60)式)を参考に積分を微小体積要素 Δ_i 毎の和として

$$
\frac{\partial E_{\mathrm{xc}}}{\partial \varepsilon_{\alpha\beta}} = \frac{\partial\displaystyle\int_{\Omega_{\mathrm{c}}}f_{\mathrm{xc}}(\rho(\vec{r}),|\nabla\rho(\vec{r})|)\,d\vec{r}}{\partial \varepsilon_{\alpha\beta}}
$$

198　第 10 章　各種の計算方法・計算技術

$$
= \frac{\partial \sum_i \Delta_i f_{\mathrm{xc}}(\rho(\vec{r}_i), |\nabla \rho(\vec{r}_i)|)}{\partial \varepsilon_{\alpha\beta}}
$$

$$
= \sum_i \frac{\partial \Delta_i}{\partial \varepsilon_{\alpha\beta}} f_{\mathrm{xc}}(\rho(\vec{r}_i), |\nabla \rho(\vec{r}_i)|) + \sum_i \Delta_i \frac{\partial f_{\mathrm{xc}}}{\partial \varepsilon_{\alpha\beta}}
$$

$$
= \delta_{\alpha\beta} \sum_i \Delta_i f_{\mathrm{xc}}(\rho(\vec{r}_i), |\nabla \rho(\vec{r}_i)|) + \sum_i \Delta_i \left\{ \frac{\partial f_{\mathrm{xc}}}{\partial \rho} \frac{\partial \rho}{\partial \varepsilon_{\alpha\beta}} + \frac{\partial f_{\mathrm{xc}}}{\partial |\nabla \rho|} \frac{\partial |\nabla \rho|}{\partial \nabla \rho} \cdot \frac{\partial \nabla \rho}{\partial \varepsilon_{\alpha\beta}} \right\}
$$

$$
= \delta_{\alpha\beta} E_{\mathrm{xc}} + \int_{\Omega_{\mathrm{c}}} \left\{ \frac{\partial f_{\mathrm{xc}}}{\partial \rho} \frac{\partial \rho}{\partial \varepsilon_{\alpha\beta}} + \frac{\partial f_{\mathrm{xc}}}{\partial |\nabla \rho|} \frac{\nabla \rho}{|\nabla \rho|} \cdot \frac{\partial \nabla \rho}{\partial \varepsilon_{\alpha\beta}} \right\} d\vec{r} \tag{10-67}
$$

(10-46)式のように $\dfrac{\partial \Delta_i}{\partial \varepsilon_{\alpha\beta}} = \delta_{\alpha\beta} \Delta_i$, (10-27), (10-28)式の議論や $\dfrac{\partial |\nabla \rho|}{\partial \nabla \rho} = \dfrac{\nabla \rho}{|\nabla \rho|}$ を

使っている.

　最終行の第 2 項を逆空間表現で扱う.

$$
\frac{\partial f_{\mathrm{xc}}}{\partial \rho}, \quad \frac{\partial f_{\mathrm{xc}}}{\partial |\nabla \rho|} \frac{\nabla \rho}{|\nabla \rho|}
$$

は格子周期関数で, 10.4 節のように与えられ, (10-30)式の議論のように

$$
\frac{\partial f_{\mathrm{xc}}}{\partial \rho}(\vec{r}) = \sum_{\vec{G}} \frac{\partial f_{\mathrm{xc}}}{\partial \rho}(\vec{G}) e^{i\vec{G} \cdot \vec{r}},
$$

$$
\frac{\partial f_{\mathrm{xc}}}{\partial |\nabla \rho|} \frac{\nabla \rho}{|\nabla \rho|}(\vec{r}) = \sum_{\vec{G}} \frac{\partial f_{\mathrm{xc}}}{\partial |\nabla \rho|} \frac{\nabla \rho}{|\nabla \rho|}(\vec{G}) e^{i\vec{G} \cdot \vec{r}}
$$

と展開され, FFT から

$$
\left\{ \frac{\partial f_{\mathrm{xc}}}{\partial \rho}(\vec{G}) \right\}, \quad \left\{ \frac{\partial f_{\mathrm{xc}}}{\partial |\nabla \rho|} \frac{\nabla \rho}{|\nabla \rho|}(\vec{G}) \right\}
$$

が得られる $\left(\dfrac{\partial f_{\mathrm{xc}}}{\partial |\nabla \rho|} \dfrac{\nabla \rho}{|\nabla \rho|}(\vec{r})$ と $\dfrac{\partial f_{\mathrm{xc}}}{\partial |\nabla \rho|} \dfrac{\nabla \rho}{|\nabla \rho|}(\vec{G})$ は各々 x, y, z 成分を持つベクト

ル$\Big)$. 一方, $\dfrac{\partial \rho}{\partial \varepsilon_{\alpha\beta}}, \dfrac{\partial \nabla \rho}{\partial \varepsilon_{\alpha\beta}}$ について, (10-29)式も使って

$$
\frac{\partial \rho(\vec{r})}{\partial \varepsilon_{\alpha\beta}} = \frac{\partial \left(\sum_{\vec{G}} \rho(\vec{G}) e^{i\vec{G} \cdot \vec{r}} \right)}{\partial \varepsilon_{\alpha\beta}} = \sum_{\vec{G}} \frac{\partial \rho(\vec{G})}{\partial \varepsilon_{\alpha\beta}} e^{i\vec{G} \cdot \vec{r}},
$$

$$
\frac{\partial \nabla \rho}{\partial \varepsilon_{\alpha\beta}} = \frac{\partial \left(\sum_{\vec{G}} i\vec{G} \rho(\vec{G}) e^{i\vec{G} \cdot \vec{r}} \right)}{\partial \varepsilon_{\alpha\beta}} = \sum_{\vec{G}} i \left(\frac{\partial \vec{G}}{\partial \varepsilon_{\alpha\beta}} \rho(\vec{G}) + \vec{G} \frac{\partial \rho(\vec{G})}{\partial \varepsilon_{\alpha\beta}} \right) e^{i\vec{G} \cdot \vec{r}} \tag{10-68}
$$

10.5 応力計算法 **199**

これらのフーリエ展開形を(10-67)式の第2項に入れ，実空間積分を実行すると

$$\int_{\Omega_c}\left\{\frac{\partial f_{xc}}{\partial\rho}\frac{\partial\rho}{\partial\varepsilon_{\alpha\beta}}+\frac{\partial f_{xc}}{\partial|\nabla\rho|}\frac{\nabla\rho}{|\nabla\rho|}\cdot\frac{\partial\nabla\rho}{\partial\varepsilon_{\alpha\beta}}\right\}d\vec{r}$$

$$=\Omega_c\sum_{\vec{G}}\left\{\frac{\partial f_{xc}}{\partial\rho}(\vec{G})\frac{\partial\rho(-\vec{G})}{\partial\varepsilon_{\alpha\beta}}\right.$$

$$\left.+\frac{\partial f_{xc}}{\partial|\nabla\rho|}\frac{\nabla\rho}{|\nabla\rho|}(\vec{G})\cdot(-i)\left(\frac{\partial\vec{G}}{\partial\varepsilon_{\alpha\beta}}\rho(-\vec{G})+\vec{G}\frac{\partial\rho(-\vec{G})}{\partial\varepsilon_{\alpha\beta}}\right)\right\}$$

$$=\Omega_c\sum_{\vec{G}}\left\{\frac{\partial f_{xc}}{\partial\rho}(\vec{G})-i\vec{G}\cdot\frac{\partial f_{xc}}{\partial|\nabla\rho|}\frac{\nabla\rho}{|\nabla\rho|}(\vec{G})\right\}\frac{\partial\rho(-\vec{G})}{\partial\varepsilon_{\alpha\beta}}$$

$$-i\Omega_c\sum_{\vec{G}}\frac{\partial f_{xc}}{\partial|\nabla\rho|}\frac{\nabla\rho}{|\nabla\rho|}(\vec{G})\cdot\frac{\partial\vec{G}}{\partial\varepsilon_{\alpha\beta}}\rho(-\vec{G})$$

$$=\Omega_c\sum_{\vec{G}}\mu_{xc}(\vec{G})\frac{\partial\rho(-\vec{G})}{\partial\varepsilon_{\alpha\beta}}-i\Omega_c\sum_{\vec{G}}\frac{\partial f_{xc}}{\partial|\nabla\rho|}\frac{\nabla\rho}{|\nabla\rho|}(\vec{G})\cdot\frac{\partial\vec{G}}{\partial\varepsilon_{\alpha\beta}}\rho(-\vec{G})\quad(10\text{-}69)$$

最終行の第1項は(10-32)式を使っている．(10-49)式から

$$\frac{\partial\rho(-\vec{G})}{\partial\varepsilon_{\alpha\beta}}=-\delta_{\alpha\beta}\rho(-\vec{G})$$

(10-37)式から

$$\frac{\partial\vec{G}}{\partial\varepsilon_{\alpha\beta}}=(-\delta_{1\alpha}G_\beta,\ -\delta_{2\alpha}G_\beta,\ -\delta_{3\alpha}G_\beta)$$

で，これらを(10-67)，(10-69)式に代入すると

$$\frac{\partial E_{xc}}{\partial\varepsilon_{\alpha\beta}}=\delta_{\alpha\beta}E_{xc}-\delta_{\alpha\beta}\Omega_c\sum_{\vec{G}}\mu_{xc}(\vec{G})\rho(-\vec{G})$$

$$-i\Omega_c\sum_{\vec{G}}\rho(-\vec{G})\frac{\partial f_{xc}}{\partial|\nabla\rho|}\frac{\nabla\rho}{|\nabla\rho|}(\vec{G})\cdot\frac{\partial\vec{G}}{\partial\varepsilon_{\alpha\beta}}$$

$$=\delta_{\alpha\beta}E_{xc}-\delta_{\alpha\beta}\Omega_c\sum_{\vec{G}}\mu_{xc}(\vec{G})\rho(-\vec{G})$$

$$+i\Omega_c\sum_{\vec{G}}\rho(-\vec{G})\frac{\partial f_{xc}}{\partial|\nabla\rho|}\frac{\nabla\rho}{|\nabla\rho|}(\vec{G})\cdot(\delta_{1\alpha}G_\beta,\delta_{2\alpha}G_\beta,\delta_{3\alpha}G_\beta)\quad(10\text{-}70)$$

となる．第2項目まではLDAの表式と形が似ている（式(10-60)）.

200   第10章　各種の計算方法・計算技術

10.6　静電相互作用の別表現

(1)　Gaussian による正イオンの電荷密度分布

点電荷の正イオン間静電相互作用を扱う Ewald 法(8.2節)とは別のアプローチとして，正イオンを点電荷でなく Gaussian によるブロードな正電荷密度分布で置き換えて扱う方法をまとめる．計算結果は Ewald 法と同じだが，発散項を陽に扱わずに計算できる利点がある．Bachelet ら[83]で用いられている．**エネルギー密度，応力密度**(局所エネルギー，局所応力)の方法では，このアプローチを用いる[84-86]．

$\vec{R}_a$ の位置の Z_a 価正イオン電荷を点電荷でなく Gaussian の電荷密度の連続体分布で表す．

$$\rho^a_{\mathrm{ion}}(\vec{r} - \vec{R}_a) = -\frac{Z_a}{\pi^{3/2} R_c^3} \exp\left[-\frac{|\vec{r} - \vec{R}_a|^2}{R_c^2}\right] \tag{10-71}$$

R_c が Gaussian の幅を指定．電子から見た電荷なので正電荷は負で扱う．係数 $\dfrac{Z_a}{\pi^{3/2} R_c^3}$ は

$$\int \rho^a_{\mathrm{ion}}(\vec{r} - \vec{R}_a)\, d\vec{r} = -Z_a \tag{10-72}$$

になるように与えている．

$$\int \exp\left[-\frac{|\vec{r} - \vec{R}_a|^2}{R_c^2}\right] d\vec{r} = \pi^{3/2} R_c^3$$

だからである．この証明は以下(積分は極座標で行う)．

$$\int \exp\left[-\frac{|\vec{r} - \vec{R}_a|^2}{R_c^2}\right] d\vec{r} = \int \exp\left[-\frac{r^2}{R_c^2}\right] d\vec{r}$$

$$= 4\pi \int_0^\infty r^2 \exp\left[-\frac{r^2}{R_c^2}\right] dr = 4\pi \frac{R_c^3}{4}\sqrt{\pi} = \pi^{3/2} R_c^3 \tag{10-73}$$

最終の

$$\int_0^\infty r^2 \exp\left[-\frac{r^2}{R_c^2}\right] dr = \frac{R_c^3}{4}\sqrt{\pi}$$

は，公式[39]

$$\int_0^\infty x^{2n} \exp[-ax^2]\,dx = \frac{(2n-1)!!}{2^{n+1}}\sqrt{\frac{\pi}{a^{2n+1}}}$$

による $(n=1, a=R_c^{-2})$. $(2n-1)!!$ は $(2n-1)(2n-3)\cdots5\cdot3\cdot1$.

点電荷による静電相互作用

$$E_{\mathrm{I-J}} = \frac{e^2}{2}\sum_{i \neq j}\frac{Z_i Z_j}{|\vec{R}_i - \vec{R}_j|}$$

を Gaussian 正イオン電荷 ρ_{ion}^i の相互作用で形式上置き換える.

$$\begin{aligned}
E_{\mathrm{I-J}} = {} & \frac{e^2}{2}\sum_{i \neq j}\frac{Z_i Z_j}{|\vec{R}_i - \vec{R}_j|} + \frac{e^2}{2}\sum_{i,j}\iint d\vec{r}\,d\vec{r}'\,\frac{\rho_{\mathrm{ion}}^i(\vec{r}-\vec{R}_i)\rho_{\mathrm{ion}}^j(\vec{r}'-\vec{R}_j)}{|\vec{r}-\vec{r}'|} \\
& - \frac{e^2}{2}\sum_i\iint d\vec{r}\,d\vec{r}'\,\frac{\rho_{\mathrm{ion}}^i(\vec{r}-\vec{R}_i)\rho_{\mathrm{ion}}^i(\vec{r}'-\vec{R}_i)}{|\vec{r}-\vec{r}'|} \\
& - \frac{e^2}{2}\sum_{i \neq j}\iint d\vec{r}\,d\vec{r}'\,\frac{\rho_{\mathrm{ion}}^i(\vec{r}-\vec{R}_i)\rho_{\mathrm{ion}}^j(\vec{r}'-\vec{R}_j)}{|\vec{r}-\vec{r}'|}
\end{aligned} \tag{10-74}$$

第 3, 4 項の和が第 2 項を打ち消すので, $E_{\mathrm{I-J}}$ の値自体は第 1 項の点電荷の相互作用のまま不変である. 第 2 項に全系の Gaussian 正イオン電荷分布

$$\rho_{\mathrm{ion}}(\vec{r}) = \sum_i \rho_{\mathrm{ion}}^i(\vec{r}-\vec{R}_i)$$

を用いて, 式は以下のように表示できる.

$$E_{\mathrm{I-J}} = \frac{e^2}{2}\iint d\vec{r}\,d\vec{r}'\,\frac{\rho_{\mathrm{ion}}(\vec{r})\rho_{\mathrm{ion}}(\vec{r}')}{|\vec{r}-\vec{r}'|} - E_{\mathrm{self}} + E_{\mathrm{ovrl}} \tag{10-75}$$

$$E_{\mathrm{self}} = \frac{e^2}{2}\sum_i\iint d\vec{r}\,d\vec{r}'\,\frac{\rho_{\mathrm{ion}}^i(\vec{r}-\vec{R}_i)\rho_{\mathrm{ion}}^i(\vec{r}'-\vec{R}_i)}{|\vec{r}-\vec{r}'|} \tag{10-76}$$

$$E_{\mathrm{ovrl}} = \frac{e^2}{2}\sum_{i \neq j}\frac{Z_i Z_j}{|\vec{R}_i - \vec{R}_j|} - \frac{e^2}{2}\sum_{i \neq j}\iint d\vec{r}\,d\vec{r}'\,\frac{\rho_{\mathrm{ion}}^i(\vec{r}-\vec{R}_i)\rho_{\mathrm{ion}}^j(\vec{r}'-\vec{R}_j)}{|\vec{r}-\vec{r}'|} \tag{10-77}$$

ここで, 以下の公式がある[83]. Gaussian 分布電荷

$$\rho_A(r) = -Z_A\left(\frac{\alpha_A}{\pi}\right)^{3/2}\exp[-\alpha_A r^2],\ \ \rho_B(r) = -Z_B\left(\frac{\alpha_B}{\pi}\right)^{3/2}\exp[-\alpha_B r^2]$$

(各々積分が $-Z_A, -Z_B$ になるよう規格化)

に対し, $R_{AB} = |\vec{R}_A - \vec{R}_B|$ として

$$\iint d\vec{r}\,d\vec{r}'\,\frac{\rho_A(\vec{r}-\vec{R}_A)\rho_B(\vec{r}'-\vec{R}_B)}{|\vec{r}-\vec{r}'|} = \frac{Z_A Z_B}{R_{AB}}\,\mathrm{erf}\!\left[R_{AB}\left(\frac{\alpha_A \alpha_B}{\alpha_A + \alpha_B}\right)^{1/2}\right] \tag{10-78}$$

202   第10章　各種の計算方法・計算技術

である．ここで，

$$\text{erf}[x] = \frac{2}{\sqrt{\pi}} \int_0^x e^{-t^2} dt$$

である．(10-78)式を(10-77)式の第2項に当てはめると

$$\alpha_A = \alpha_B = R_c^{-2}, \quad \left(\frac{\alpha_A \alpha_B}{\alpha_A + \alpha_B}\right)^{1/2} = \frac{1}{\sqrt{2}\, R_c},$$

$$E_{\text{ovrl}} = \frac{e^2}{2} \sum_{i \neq j} \frac{Z_i Z_j}{|\vec{R}_i - \vec{R}_j|} \left(1 - \text{erf}\left[\frac{|\vec{R}_i - \vec{R}_j|}{\sqrt{2}\, R_c}\right]\right) = \frac{e^2}{2} \sum_{i \neq j} \frac{Z_i Z_j}{|\vec{R}_i - \vec{R}_j|} \text{erfc}\left[\frac{|\vec{R}_i - \vec{R}_j|}{\sqrt{2}\, R_c}\right]$$

(10-79)

となる $(\text{erfc}[x] = 1 - \text{erf}[x])$．一方，(10-76)式の積分は(10-78)式で $A = B = i$，$\vec{R}_A = \vec{R}_B = \vec{R}_i$，$\alpha_A = \alpha_B = R_c^{-2}$ とした場合に対応し，R_{AB} がゼロである．それは

$$Z_i^2 \lim_{r \to 0} \frac{1}{r} \text{erf}\left[\frac{r}{\sqrt{2}\, R_c}\right] = Z_i^2 \frac{2}{\sqrt{\pi}} \frac{1}{\sqrt{2}\, R_c} \lim_{r \to 0} \exp\left[-\frac{r^2}{2R_c^2}\right] = Z_i^2 \frac{\sqrt{2}}{\sqrt{\pi}\, R_c}$$

となる $\left(\frac{1}{r}\text{erf}\left[\frac{r}{\sqrt{2}\, R_c}\right]$ の分子分母を r で微分している$\right)$．こうして(10-76)式は $\frac{e^2}{2}$ を掛けて以下になる．

$$E_{\text{self}} = \frac{e^2}{\sqrt{2\pi}} \sum_i \frac{Z_i^2}{R_c}$$

(10-80)

以上から，正イオン間相互作用は，Ewald法を使わずに以下で表現できる．

$$E_{\text{I-J}} = \frac{e^2}{2} \iint d\vec{r} d\vec{r}' \frac{\rho_{\text{ion}}(\vec{r}) \rho_{\text{ion}}(\vec{r}')}{|\vec{r} - \vec{r}'|} - \frac{e^2}{\sqrt{2\pi}} \sum_i \frac{Z_i^2}{R_c}$$

$$+ \frac{e^2}{2} \sum_{i \neq j} \frac{Z_i Z_j}{|\vec{R}_i - \vec{R}_j|} \text{erfc}\left[\frac{|\vec{R}_i - \vec{R}_j|}{\sqrt{2}\, R_c}\right]$$

(10-81)

第1項は，自分自身を含めた正イオンのGaussian分布の静電相互作用，第2項((10-80)式)は第1項に含まれる各イオン自身の分布内部の相互作用(定数)を差し引く．第3項((10-79)式)は，本来の異なる位置の点電荷間相互作用から第1項内の異なる位置のGaussian間の相互作用を差し引いている．遠距離では点電荷間もGaussian間も同じになるので第3項は比較的短範囲の和で収束する(後述のようにEwald法の(8-17)式に出てくる実空間和と同じ)．

（2） 静電相互作用全体の別表現

E_{I-J} のみならず，電子–電子，電子–イオンの静電相互作用もまとめて，

$$E_H + E_L + E_{I-J}$$

を考える．NCPP 法での E_{tot} のうち，運動エネルギー項 E_{kin}，非局所擬ポテンシャルエネルギー項 E_{NL}，交換相関エネルギー項 E_{xc} 以外の項の総和である（(8-18)式）．ここでは実空間表現を考える．$\rho(\vec{r})$ は系全体の価電子密度分布で，E_H, E_L は $\rho(\vec{r})$ を用いて表される．一方，正イオン電荷密度分布と併せて

$$\rho_{tot}(\vec{r}) = \rho(\vec{r}) + \rho_{ion}(\vec{r})$$

を連続体で扱い，(10-81)式を使って以下になる．

$$E_H + E_L + E_{I-J}$$

$$= \frac{e^2}{2} \iint d\vec{r} d\vec{r}' \frac{\rho(\vec{r}) \rho(\vec{r}')}{|\vec{r} - \vec{r}'|} + \int V_{local}^{PS}(\vec{r}) \rho(\vec{r}) d\vec{r} + \frac{e^2}{2} \iint d\vec{r} d\vec{r}' \frac{\rho_{ion}(\vec{r}) \rho_{ion}(\vec{r}')}{|\vec{r} - \vec{r}'|}$$

$$\quad - E_{self} + E_{ovrl}$$

$$= \frac{e^2}{2} \iint d\vec{r} d\vec{r}' \frac{\rho_{tot}(\vec{r}) \rho_{tot}(\vec{r}')}{|\vec{r} - \vec{r}'|} - e^2 \iint d\vec{r} d\vec{r}' \frac{\rho(\vec{r}) \rho_{ion}(\vec{r}')}{|\vec{r} - \vec{r}'|} + \int V_{local}^{PS}(\vec{r}) \rho(\vec{r}) d\vec{r}$$

$$\quad - E_{self} + E_{ovrl}$$

$$= \frac{e^2}{2} \iint d\vec{r} d\vec{r}' \frac{\rho_{tot}(\vec{r}) \rho_{tot}(\vec{r}')}{|\vec{r} - \vec{r}'|} + \int \rho(\vec{r}) \left\{ V_{local}^{PS}(\vec{r}) - e^2 \int \frac{\rho_{ion}(\vec{r}')}{|\vec{r} - \vec{r}'|} d\vec{r}' \right\} d\vec{r}$$

$$\quad - E_{self} + E_{ovrl}$$

$$= \frac{e^2}{2} \iint d\vec{r} d\vec{r}' \frac{\rho_{tot}(\vec{r}) \rho_{tot}(\vec{r}')}{|\vec{r} - \vec{r}'|} + \int \rho(\vec{r}) \sum_a \left\{ V_{local}^a(\vec{r} - \vec{R}_a) - e^2 \int \frac{\rho_{ion}^a(\vec{r}' - \vec{R}_a)}{|\vec{r} - \vec{r}'|} d\vec{r}' \right\} d\vec{r}$$

$$\quad - E_{self} + E_{ovrl} \tag{10-82}$$

最終形の第1項の ρ_{tot} 間相互作用に価電子密度 ρ と正イオンの ρ_{ion} との間の相互作用が勘定されているが，それは本来，E_L の中身に入っている項で不要である．そこで，第2項で ρ と ρ_{ion} の相互作用を差し引いている．それを原子毎に局所擬ポテンシャル $V_{local}^a(\vec{r} - \vec{R}_a)$ から Gaussian 正電荷が作るポテンシャル

$$e^2 \int \frac{\rho_{ion}^a(\vec{r}' - \vec{R}_a)}{|\vec{r} - \vec{r}'|} d\vec{r}'$$

を差し引いた形にし，価電子との相互作用の形で表している．$\vec{R}_a$ は正イオン位置，局所擬ポテンシャル V_{local}^a は unscreening 後のものである（第4章参照）．

204　第 10 章　各種の計算方法・計算技術

　この Gaussian 正電荷 ρ_{ion}^a(10-71)式の生む静電ポテンシャルは以下のように表現できる.

$$
e^2 \int \frac{\rho_{\mathrm{ion}}^a(\vec{r}' - \vec{R}_a)}{|\vec{r} - \vec{r}'|} d\vec{r}' = -\frac{e^2 Z_a}{\pi^{3/2} R_c^3} \int \frac{\exp\left[-\dfrac{|\vec{r}' - \vec{R}_a|^2}{R_c^2}\right]}{|\vec{r} - \vec{r}'|} d\vec{r}'
$$

$$
= -\frac{e^2 Z_a}{|\vec{r} - \vec{R}_a|} \, \mathrm{erf}\left[\frac{|\vec{r} - \vec{R}_a|}{R_c}\right] \tag{10-83}
$$

この証明は以下である.

[証明]　原点上の Gaussian 電荷を

$$
\rho_A(r) = -Z_A \left(\frac{\alpha_A}{\pi}\right)^{3/2} \exp[-\alpha_A r^2]
$$

として $(\alpha_A = R_c^{-2})$, 球対称電荷密度分布内の静電ポテンシャル(原点からの距離の関数)の一般式(r の内側の球対称電荷と外側の球対称電荷の各寄与の積分, (4-10)式)から

$$
V(r) = e^2 \frac{1}{r} \int_0^r 4\pi r_1^2 \rho_A(r_1) \, dr_1 + e^2 \int_r^\infty \frac{1}{r_1} 4\pi r_1^2 \rho_A(r_1) \, dr_1
$$

$$
= -4\pi e^2 Z_A \left(\frac{\alpha_A}{\pi}\right)^{3/2} \left\{ \frac{1}{r} \int_0^r r_1^2 \exp[-\alpha_A r_1^2] \, dr_1 + \int_r^\infty r_1 \exp[-\alpha_A r_1^2] \, dr_1 \right\}
$$

$$
= -4\pi e^2 Z_A \left(\frac{\alpha_A}{\pi}\right)^{3/2} \left\{ \frac{1}{r} \left[r_1 \frac{-1}{2\alpha_A} \exp[-\alpha_A r_1^2] \right]_0^r + \frac{1}{2\alpha_A r} \int_0^r \exp[-\alpha_A r_1^2] \, dr_1 \right.
$$

$$
\left. + \left[\frac{-1}{2\alpha_A} \exp[-\alpha_A r_1^2] \right]_r^\infty \right\}
$$

$$
= -4\pi e^2 Z_A \left(\frac{\alpha_A}{\pi}\right)^{3/2} \frac{1}{2\alpha_A r} \int_0^r \exp[-\alpha_A r_1^2] \, dr_1
$$

$$
= -4\pi e^2 Z_A \left(\frac{\alpha_A}{\pi}\right)^{3/2} \frac{1}{2\alpha_A r} \frac{\sqrt{\pi}}{2\alpha_A^{1/2}} \, \mathrm{erf}[\alpha_A^{1/2} r]
$$

$$
= -\frac{e^2 Z_A}{r} \, \mathrm{erf}[\alpha_A^{1/2} r] \tag{10-84}
$$

となる. 3行目で第1項と第3項は打ち消し合う. 下から2行目で

$$
\int_0^r \exp[-\alpha_A r_1^2] \, dr_1 = \frac{\sqrt{\pi}}{2\alpha_A^{1/2}} \mathrm{erf}[\alpha_A^{1/2} r]
$$

10.6 静電相互作用の別表現 **205**

である．$a_A^{1/2} = R_c^{-1}$ と置けば，(10-84)式は(10-83)式と同じである．　(証明終わり)

こうして，(10-82)式の最終形の第2項は，以下の形

$$V_{\text{local}}^a{}'(\vec{r} - \vec{R}_a) = V_{\text{local}}^a(\vec{r} - \vec{R}_a) - e^2 \int \frac{\rho_{\text{ion}}^a(\vec{r}' - \vec{R}_a)}{|\vec{r} - \vec{r}'|} d\vec{r}'$$

$$= V_{\text{local}}^a(\vec{r} - \vec{R}_a) + \frac{e^2 Z_a}{|\vec{r} - \vec{R}_a|} \text{erf}\left[\frac{|\vec{r} - \vec{R}_a|}{R_c} \right] \tag{10-85}$$

のポテンシャル $V_{\text{local}}^a{}'(\vec{r} - \vec{R}_a)$ と価電子密度の相互作用で表せる．$V_{\text{local}}^a(\vec{r} - \vec{R}_a)$ も

$-\dfrac{e^2 Z_a}{|\vec{r} - \vec{R}_a|} \text{erf}\left[\dfrac{|\vec{r} - \vec{R}_a|}{R_c} \right]$ も原子から離れると急速にクーロン形 $-\dfrac{e^2 Z_a}{|\vec{r} - \vec{R}_a|}$ に近づ

くので(erf$[\infty] = 1$)，$V_{\text{local}}^a{}'(\vec{r} - \vec{R}_a)$ は原子近傍のみの短範囲ポテンシャルになる．

$$V_{\text{local}}^{\text{PS}}{}'(\vec{r}) = \sum_a V_{\text{local}}^a{}'(\vec{r} - \vec{R}_a)$$

と表すと(10-82)式は以下のようになる．

$$E_{\text{H}} + E_{\text{L}} + E_{\text{I-J}} = E_{\text{H}}' + E_{\text{L}}' - E_{\text{self}} + E_{\text{ovrl}} \tag{10-86}$$

$$E_{\text{H}}' = \frac{e^2}{2} \iint d\vec{r} d\vec{r}' \frac{\rho_{\text{tot}}(\vec{r}) \rho_{\text{tot}}(\vec{r}')}{|\vec{r} - \vec{r}'|} \tag{10-87}$$

$$E_{\text{L}}' = \int \sum_a V_{\text{local}}^a{}'(\vec{r} - \vec{R}_a) \rho(\vec{r}) d\vec{r} = \int V_{\text{local}}^{\text{PS}}{}'(\vec{r}) \rho(\vec{r}) d\vec{r} \tag{10-88}$$

E_{H}' 項は，価電子(正)と正イオン(負)の両方を連続体で扱い，両者の和 ρ_{tot} 間の相互作用で計算する．後述のようにポアソン方程式が使える．E_{L}' 項は，上述の短範囲ポテンシャルと価電子の相互作用．残りの E_{self} 項，E_{ovrl} 項は，前述のように正イオン Gaussian 電荷の自分自身の寄与を E_{H}' から差し引き，正イオン間の Gaussian 電荷間相互作用と点電荷間相互作用の違いの補正(これも短範囲)である((10-80)，(10-79)式)．

Ewald 法では $E_{\text{H}}, E_{\text{L}}, E_{\text{I-J}}$ の各々に発散項があったが，今回の表現では発散項は出てこない．$-E_{\text{self}} + E_{\text{ovrl}}$ には発散項がない．E_{L}' は原子近傍の短範囲ポテンシャル $V_{\text{local}}^{\text{PS}}{}'(\vec{r})$ と電子密度の積の積分，E_{H}' も $\rho_{\text{tot}}(\vec{r})$ が積分するとゼロ(正と負の電荷で中性)なので，共に発散項を持たない(詳しくは後述)．

206 第10章 各種の計算方法・計算技術

(3) 逆空間表現

(a) 正イオンの電荷密度分布

$(10\text{-}86) \sim (10\text{-}88)$ 式の $E'_{\mathrm{H}} + E'_{\mathrm{L}} - E_{\mathrm{self}} + E_{\mathrm{ovrl}}$ を周期系として扱い，単位胞当たりの各エネルギー項の逆空間表現(第7, 8章参照)を考える．周期系での Gaussian 正電荷分布 $\rho_{\mathrm{ion}}(\vec{r})$ のフーリエ成分 $\rho_{\mathrm{ion}}(\vec{G})$ は，$(10\text{-}20)$, $(10\text{-}21)$ 式も参考に以下になる．

$$
\begin{aligned}
\rho_{\mathrm{ion}}(\vec{G}) &= \frac{1}{\Omega_{\mathrm{c}}} \int_{\Omega_{\mathrm{c}}} \rho_{\mathrm{ion}}(\vec{r}) e^{-i\vec{G}\cdot\vec{r}} d\vec{r} \\
&= \frac{1}{\Omega_{\mathrm{c}}} \int_{\Omega_{\mathrm{c}}} \sum_{\vec{R}} \sum_a \rho^a_{\mathrm{ion}}(\vec{r} - \vec{t}_a - \vec{R}) e^{-i\vec{G}\cdot\vec{r}} d\vec{r} \\
&= \frac{1}{\Omega_{\mathrm{c}}} \sum_a e^{-i\vec{G}\cdot\vec{t}_a} \sum_{\vec{R}} \int_{\Omega_{\mathrm{c}}} \rho^a_{\mathrm{ion}}(\vec{r} - \vec{t}_a - \vec{R}) e^{-i\vec{G}\cdot(\vec{r} - \vec{t}_a - \vec{R})} d\vec{r} \\
&= \frac{1}{\Omega_{\mathrm{c}}} \sum_a e^{-i\vec{G}\cdot\vec{t}_a} \int_{\Omega} \rho^a_{\mathrm{ion}}(\vec{r}) e^{-i\vec{G}\cdot\vec{r}} d\vec{r}
\end{aligned}
\tag{10-89}
$$

a は単位胞内原子，Ω_{c} は単位胞(周期セル)体積，Ω は結晶(周期系)全体の体積．最終形の Ω での積分は，実質全空間積分で，極座標で実行する．

$$
\begin{aligned}
\rho^a_{\mathrm{ion}}(\vec{G}) &= \int_{\Omega} \rho^a_{\mathrm{ion}}(\vec{r}) e^{-i\vec{G}\cdot\vec{r}} d\vec{r} \\
&= -\frac{Z_a}{\pi^{3/2} R_{\mathrm{c}}^3} \int_{\Omega} e^{-r^2/R_{\mathrm{c}}^2} e^{-i\vec{G}\cdot\vec{r}} d\vec{r} \\
&= -\frac{Z_a}{\pi^{3/2} R_{\mathrm{c}}^3} \iiint e^{-r^2/R_{\mathrm{c}}^2} e^{-i|\vec{G}|r\cos\theta} r^2 dr \sin\theta \, d\theta d\phi \\
&= -\frac{2\pi Z_a}{\pi^{3/2} R_{\mathrm{c}}^3} \iint e^{-r^2/R_{\mathrm{c}}^2} e^{i|\vec{G}|r\omega} r^2 dr d\omega \\
&= -\frac{2\pi Z_a}{\pi^{3/2} R_{\mathrm{c}}^3} \int_0^\infty r^2 e^{-r^2/R_{\mathrm{c}}^2} \frac{2\sin(|\vec{G}|r)}{|\vec{G}|r} dr \\
&= -\frac{4 Z_a}{\pi^{1/2} R_{\mathrm{c}}^3 |\vec{G}|} \int_0^\infty r e^{-r^2/R_{\mathrm{c}}^2} \sin(|\vec{G}|r) dr \\
&= -\frac{4 Z_a}{\pi^{1/2} R_{\mathrm{c}}^3 |\vec{G}|} \left\{ \left[-\frac{R_{\mathrm{c}}^2}{2} e^{-r^2/R_{\mathrm{c}}^2} \sin(|\vec{G}|r) \right]_0^\infty + \frac{R_{\mathrm{c}}^2 |\vec{G}|}{2} \int_0^\infty e^{-r^2/R_{\mathrm{c}}^2} \cos(|\vec{G}|r) dr \right\}
\end{aligned}
$$

$$
= -\frac{2Z_a}{\pi^{1/2}R_c}\int_0^\infty e^{-r^2/R_c^2}\cos(|\vec{G}|r)\,dr
$$

$$
= -\frac{2Z_a}{\pi^{1/2}R_c}\frac{\sqrt{\pi}R_c}{2}\exp\left[-\frac{R_c^2|\vec{G}|^2}{4}\right]
$$

$$
= -Z_a\exp\left[-\frac{R_c^2|\vec{G}|^2}{4}\right] \tag{10-90}
$$

数学公式

$$
\int_0^\infty e^{-a^2x^2}\cos(bx)\,dx = \frac{\sqrt{\pi}}{2a}\exp\left[-\frac{b^2}{4a^2}\right]
$$

を使っている[39] $(a=R_c^{-1}$, $b=|\vec{G}|)$. $\rho_{\rm ion}^a(\vec{G})$ は Gaussian の形 (Z_a, R_c) だけで決まる. 以上から次式になる.

$$
\rho_{\rm ion}(\vec{G}) = \frac{1}{\Omega_c}\sum_a e^{-i\vec{G}\cdot t_a}\rho_{\rm ion}^a(\vec{G}) = -\frac{1}{\Omega_c}\sum_a e^{-i\vec{G}\cdot t_a}Z_a\exp\left[-\frac{R_c^2|\vec{G}|^2}{4}\right] \tag{10-91}
$$

(b) $E_{\rm H}'$ 項

(10-87)式の $E_{\rm H}'$ を考える. $\rho_{\rm tot}(\vec{G})=\rho(\vec{G})+\rho_{\rm ion}(\vec{G})$ なので, 上述の $\{\rho_{\rm ion}(\vec{G})\}$ に価電子系の $\{\rho(\vec{G})\}$ を加えて $\{\rho_{\rm tot}(\vec{G})\}$ が得られ, ポアソン方程式(7-26)式から(8-6)式と同様に単位胞当たり

$$
E_{\rm H}' = 2\pi e^2\Omega_c\sum_{\vec{G}\neq 0}|\rho_{\rm tot}(\vec{G})|^2/|\vec{G}|^2
$$

$$
= 2\pi e^2\Omega_c\sum_{\vec{G}\neq 0}\{|\rho(\vec{G})|^2 + |\rho_{\rm ion}(\vec{G})|^2 + (\rho_{\rm ion}(\vec{G})\rho(-\vec{G}) + c.c.)\}/|\vec{G}|^2
$$

$$
\tag{10-92}
$$

となる. $\rho(-\vec{G})=\rho^*(\vec{G})$ である. 2 行目の表現は従来法との比較のためである. 従来法では次式である.

$$
E_{\rm H} = 2\pi e^2\Omega_c\sum_{\vec{G}\neq 0}|\rho(\vec{G})|^2/|\vec{G}|^2
$$

$E_{\rm H}'$ の $\vec{G}=0$ の寄与は $\rho_{\rm tot}(\vec{G}=0)$ がゼロ($\vec{G}=0$ 項は電荷密度のセル内実空間積分で, 正と負の電荷が同量)なので除外できる. 残留項を生む可能性は, 価電子の場合, 小さい $\vec{G}$ に対して $\rho(\vec{G})\approx N_c/\Omega_c + \beta|\vec{G}|^2 +$ 高次項で, $|\rho(\vec{G})|^2/|\vec{G}|^2$ では, ゼロ次と二次の項の積 $N_c\beta/\Omega_c$ が残留項に関わった(式(8-12)). 正イオンの方も(10-91)式で小さい $\vec{G}$ に対し $\rho_{\rm ion}(\vec{G})$ が

208　第10章　各種の計算方法・計算技術

$$-\frac{1}{\Omega_c}\sum_a Z_a = -N_c/\Omega_c$$

および二次$(|\vec{G}|^2)$以上の項とすれば，$\rho_{\text{tot}}(\vec{G}) = \rho(\vec{G}) + \rho_{\text{ion}}(\vec{G})$ は，小さい $\vec{G}$ に対し，$(N_c/\Omega_c - N_c/\Omega_c) +$ 二次以上の項(ゼロ+二次以上の項)になる．ゼロ次項がないので，(10-92)式の $|\rho_{\text{tot}}(\vec{G})|^2/|\vec{G}|^2$ の分子は $|\vec{G}|^4$ 以上の寄与だけで，分母 $|\vec{G}|^2$ で割ると $\vec{G} \to 0$ で消え，残留項は生まない．

(c)　E_L' 項

(10-88)式の E_L' は，$V_{\text{local}}^{\text{PS}}{}'(\vec{r})$ のフーリエ変換が(10-85)式から以下になる．

$$
\begin{aligned}
V_{\text{local}}^{\text{PS}}{}'(\vec{G}) &= \frac{1}{\Omega_c}\int_{\Omega_c} V_{\text{local}}^{\text{PS}}{}'(\vec{r}) e^{-i\vec{G}\cdot\vec{r}} d\vec{r} \\
&= \frac{1}{\Omega_c}\int_{\Omega_c}\sum_{\vec{R}}\sum_a V_{\text{local}}^a{}'(\vec{r}-\vec{t}_a-\vec{R}) e^{-i\vec{G}\cdot\vec{r}} d\vec{r} \\
&= \frac{1}{\Omega_c}\sum_a e^{-i\vec{G}\cdot\vec{t}_a}\sum_{\vec{R}}\int_{\Omega_c} V_{\text{local}}^a{}'(\vec{r}-\vec{t}_a-\vec{R}) e^{-i\vec{G}\cdot(\vec{r}-\vec{t}_a-\vec{R})} d\vec{r} \\
&= \frac{1}{\Omega_c}\sum_a e^{-i\vec{G}\cdot\vec{t}_a}\int_{\Omega} V_{\text{local}}^a{}'(\vec{r}) e^{-i\vec{G}\cdot\vec{r}} d\vec{r} = \frac{1}{\Omega_c}\sum_a e^{-i\vec{G}\cdot\vec{t}_a} V_{\text{local}}^a{}'(\vec{G})
\end{aligned}
$$

$$(10\text{-}93)$$

$$
\begin{aligned}
V_{\text{local}}^a{}'(\vec{G}) &= \int_{\Omega}\left\{V_{\text{local}}^a(r) + \frac{e^2 Z_a}{r}\,\text{erf}\!\left[\frac{r}{R_c}\right]\right\} e^{-i\vec{G}\cdot\vec{r}} d\vec{r} \\
&= \int_{\Omega} V_{\text{local}}^a(r) e^{-i\vec{G}\cdot\vec{r}} d\vec{r} + \int_{\Omega}\frac{e^2 Z_a}{r}\,\text{erf}\!\left[\frac{r}{R_c}\right] e^{-i\vec{G}\cdot\vec{r}} d\vec{r}
\end{aligned}
$$

$$(10\text{-}94)$$

(10-94)式の最終形の Ω での積分は実質全空間積分で，第1項は(7-28)，(10-21)式と同様

$$V_{\text{local}}^a(\vec{G}) = \frac{4\pi}{|\vec{G}|}\int_0^\infty V_{\text{local}}^a(r)\, r\sin(|\vec{G}|r)\, dr$$

である．第2項は $e^{-\kappa r}$ を

$$\frac{e^2 Z_a}{r}\,\text{erf}\!\left[\frac{r}{R_c}\right]$$

に掛けた関数を扱い，最後に $\kappa \to 0+$ にする．第1項と同様

$$\frac{4\pi e^2 Z_a}{|\vec{G}|}\int_0^\infty \text{erf}\!\left[\frac{r}{R_c}\right] e^{-\kappa r}\sin(|\vec{G}|r)\, dr$$

　　　　　　　　　　　　　　　　　　　　　　　10.6　静電相互作用の別表現　　209

にまで変形され，以下になる．

$$\frac{4\pi e^2 Z_a}{|\vec{G}|} \int_0^\infty \mathrm{erf}\left[\frac{r}{R_\mathrm{c}}\right] e^{-\kappa r} \sin(|\vec{G}|r)\, dr = \frac{4\pi e^2 Z_a}{|\vec{G}|^2} \exp\left[-\frac{R_\mathrm{c}^2|\vec{G}|^2}{4}\right] \tag{10-95}$$

この式の展開は，7.7 式の証明の(7-40)式で扱われているので省略する．

　以上を(10-94)式に入れて

$$V_\mathrm{local}^{a}{}'(\vec{G}) = \frac{4\pi}{|\vec{G}|} \int_0^\infty V_\mathrm{local}^{a}(r)\, r \sin(|\vec{G}|r)\, dr + \frac{4\pi e^2 Z_a}{|\vec{G}|^2} \exp\left[-\frac{R_\mathrm{c}^2|\vec{G}|^2}{4}\right]$$

$$= V_\mathrm{local}^{a}(\vec{G}) - \frac{4\pi e^2}{|\vec{G}|^2} \rho_\mathrm{ion}^{a}(\vec{G}) \tag{10-96}$$

第 1 項は従来法と同じ．第 2 項は式(10-90)から $\rho_\mathrm{ion}^{a}(\vec{G})$ である．(10-96)式を(10-93)式に入れて

$$V_\mathrm{local}^\mathrm{PS}{}'(\vec{G}) = \frac{1}{\Omega_\mathrm{c}} \sum_a e^{-i\vec{G}\cdot t_a} V_\mathrm{local}^{a}{}'(\vec{G})$$

$$= \frac{1}{\Omega_\mathrm{c}} \sum_a e^{-i\vec{G}\cdot t_a} \left\{ V_\mathrm{local}^{a}(\vec{G}) - \frac{4\pi e^2}{|\vec{G}|^2} \rho_\mathrm{ion}^{a}(\vec{G}) \right\}$$

$$= V_\mathrm{local}^\mathrm{PS}(\vec{G}) - \frac{4\pi e^2}{|\vec{G}|^2} \rho_\mathrm{ion}(\vec{G}) \tag{10-97}$$

となる．第 1 項は(7-27)，(7-28)式参照．第 2 項は(10-91)式を使っている（なお，ポアソン方程式(7-26)を(10-91)式に適用しても出てくる）．

　こうして，(10-88)式の E_L' は以下になる（単位胞当たり）．

$$E_\mathrm{L}' = \int V_\mathrm{local}^\mathrm{PS}{}'(\vec{r})\, \rho(\vec{r})\, d\vec{r}$$

$$= \Omega_\mathrm{c} \sum_{\vec{G}} V_\mathrm{local}^\mathrm{PS}{}'(\vec{G})\, \rho(-\vec{G})$$

$$= \Omega_\mathrm{c} \sum_{\vec{G}} \left\{ V_\mathrm{local}^\mathrm{PS}(\vec{G})\, \rho(-\vec{G}) - \frac{4\pi e^2}{|\vec{G}|^2} \rho_\mathrm{ion}(\vec{G})\, \rho(-\vec{G}) \right\} \tag{10-98}$$

従来法の E_L は 3 行目の第 1 項のみ．E_L' では Gaussian 正電荷との相互作用を差し引く．

　E_L と異なり $\vec{G}=0$ の寄与を含む．この寄与は，(10-98)式の 2 行目の表式で

$$\rho(\vec{G}=0) = \frac{N_\mathrm{c}}{\Omega_\mathrm{c}}$$

であり，$V_\mathrm{local}^\mathrm{PS}{}'(\vec{G}=0)$ は式(10-94)を使うと $V_\mathrm{local}^{a}{}'(\vec{G}=0)$ が全空間の実空間積分な

210 第 10 章 各種の計算方法・計算技術

ので以下となる.

$$V_{\text{local}}^{\text{PS}}{}'(\vec{G}=0) = \frac{1}{\Omega_{\text{c}}} \sum_a V_{\text{local}}^a{}'(\vec{G}=0)$$

$$= \frac{1}{\Omega_{\text{c}}} \sum_a \int_{\Omega} \left\{ V_{\text{local}}^a(r) + \frac{e^2 Z_a}{r} \operatorname{erf}\left[\frac{r}{R_{\text{c}}}\right] \right\} d\vec{r}$$

$$= \frac{1}{\Omega_{\text{c}}} \sum_a \int_0^{\infty} \left\{ V_{\text{local}}^a(r) + \frac{e^2 Z_a}{r} \operatorname{erf}\left[\frac{r}{R_{\text{c}}}\right] \right\} 4\pi r^2 dr$$

$$= \frac{1}{\Omega_{\text{c}}} \sum_a \int_0^{\infty} \left\{ \left(V_{\text{local}}^a(r) + \frac{e^2 Z_a}{r} \right) + \left(\frac{e^2 Z_a}{r} \operatorname{erf}\left[\frac{r}{R_{\text{c}}}\right] - \frac{e^2 Z_a}{r} \right) \right\} 4\pi r^2 dr$$

$$= \frac{1}{\Omega_{\text{c}}} \sum_a 4\pi \int_0^{\infty} \left\{ V_{\text{local}}^a(r) - \left(-\frac{e^2 Z_a}{r} \right) \right\} r^2 dr$$

$$\qquad + \frac{4\pi e^2}{\Omega_{\text{c}}} \sum_a Z_a \int_0^{\infty} r \left(\operatorname{erf}\left[\frac{r}{R_{\text{c}}}\right] - 1 \right) dr$$

$$= \frac{1}{\Omega_{\text{c}}} \sum_a \alpha_a - \frac{\pi e^2 R_{\text{c}}^2}{\Omega_{\text{c}}} \sum_a Z_a = \frac{1}{\Omega_{\text{c}}} \left(\sum_a \alpha_a - \pi e^2 R_{\text{c}}^2 N_{\text{c}} \right) \qquad (10\text{-}99)$$

最後の項には $\sum_a Z_a = N_{\text{c}}$ を使っている. 最後から 2 行目の第 1 項は (8-13) 式から α_a を使う表現になる. 第 2 項は次の式の展開を使っている.

$$\int_0^{\infty} r \left(\operatorname{erf}\left[\frac{r}{R_{\text{c}}}\right] - 1 \right) dr = \left[\frac{r^2}{2} \left(\operatorname{erf}\left[\frac{r}{R_{\text{c}}}\right] - 1 \right) \right]_0^{\infty} - \int_0^{\infty} \frac{r^2}{2} \left(\operatorname{erf}\left[\frac{r}{R_{\text{c}}}\right] - 1 \right)' dr$$

$$= -\frac{1}{\sqrt{\pi} R_{\text{c}}} \int_0^{\infty} r^2 \exp\left[-\frac{r^2}{R_{\text{c}}^2} \right] dr = -\frac{R_{\text{c}}^2}{4} \qquad (10\text{-}100)$$

ここで,

$$\operatorname{erf}[0] = 0, \quad \operatorname{erf}[\infty] = 1, \quad \operatorname{erf}[x]' = \frac{2}{\sqrt{\pi}} \exp[-x^2]$$

であり, (10-73) 式の議論と同様

$$\int_0^{\infty} r^2 \exp\left[-\frac{r^2}{R_{\text{c}}^2} \right] dr = \frac{R_{\text{c}}^3}{4} \sqrt{\pi}$$

である. また先の

$$\left[\frac{r^2}{2} \left(\operatorname{erf}\left[\frac{r}{R_{\text{c}}}\right] - 1 \right) \right]_0^{\infty}$$

の項は，$r=0$ でゼロ，$r=\infty$ では $r^2 \operatorname{erf}\left[\dfrac{r}{R_c}\right]$ と r^2 の比を考えると発散しないのでやはりゼロになる.

以上から，(10-98)式の E_L' における $\vec{G}=0$ の寄与は，(10-99)式と $\rho(\vec{G}=0)$ の値から

$$\Omega_c V_{\text{local}}^{\text{PS}}{}'(\vec{G}=0)\,\rho(\vec{G}=0) = \frac{N_c}{\Omega_c}\sum_a \alpha_a - \frac{\pi e^2 R_c^2 N_c^2}{\Omega_c} \tag{10-101}$$

となる. 後述のようにこれらは Ewald 法で残留項として出てくるものと同じである. こうして，(10-98)式を書き換えると次式になる.

$$
\begin{aligned}
E_L' &= \int V_{\text{local}}^{\text{PS}}{}'(\vec{r})\,\rho(\vec{r})\,d\vec{r} \\
&= \Omega_c \sum_{\vec{G}} V_{\text{local}}^{\text{PS}}{}'(\vec{G})\,\rho(-\vec{G}) \\
&= \Omega_c \sum_{\vec{G}\neq 0} V_{\text{local}}^{\text{PS}}{}'(\vec{G})\,\rho(-\vec{G}) + \frac{N_c}{\Omega_c}\sum_a \alpha_a - \frac{\pi e^2 R_c^2 N_c^2}{\Omega_c} \\
&= \Omega_c \sum_{\vec{G}\neq 0}\left\{ V_{\text{local}}^{\text{PS}}(\vec{G})\,\rho(-\vec{G}) - \frac{4\pi e^2}{|\vec{G}|^2}\rho_{\text{ion}}(\vec{G})\,\rho(-\vec{G})\right\} + \frac{N_c}{\Omega_c}\sum_a \alpha_a - \frac{\pi e^2 R_c^2 N_c^2}{\Omega_c}
\end{aligned}
\tag{10-102}
$$

(d)　$-E_{\text{self}} + E_{\text{ovrl}}$ **項**

(10-79)，(10-80)式の $-E_{\text{self}} + E_{\text{ovrl}}$ の周期系における表現は以下である（単位胞当たり）．$\vec{R}, \vec{t}_a$ が格子ベクトル，内部座標，a, a' が単位胞内原子である.

$$
\begin{aligned}
-E_{\text{self}} + E_{\text{ovrl}} = &-\frac{e^2}{\sqrt{2\pi}}\sum_a \frac{Z_a^2}{R_c} + \frac{e^2}{2}\sum_a Z_a^2 \sum_{\vec{R}\neq 0}\frac{1}{|\vec{R}|}\operatorname{erfc}\left[\frac{|\vec{R}|}{\sqrt{2}\,R_c}\right] \\
&+ \frac{e^2}{2}\sum_a\sum_{a'\neq a} Z_a Z_{a'}\sum_{\vec{R}}\frac{1}{|\vec{R}+\vec{t}_{a'}-\vec{t}_a|}\operatorname{erfc}\left[\frac{|\vec{R}+\vec{t}_{a'}-\vec{t}_a|}{\sqrt{2}\,R_c}\right]
\end{aligned}
\tag{10-103}
$$

(e)　まとめ

(10-92)，(10-102)，(10-103)式で全体をまとめる.

$$E_H + E_L + E_{I-J}$$

212　第10章　各種の計算方法・計算技術

$$= E_{\mathrm{H}}' + E_{\mathrm{L}}' - E_{\mathrm{self}} + E_{\mathrm{ovrl}}$$

$$= 2\pi e^2 \Omega_{\mathrm{c}} \sum_{\vec{G} \neq 0} \{ |\rho(\vec{G})|^2 + |\rho_{\mathrm{ion}}(\vec{G})|^2 + (\rho_{\mathrm{ion}}(\vec{G})\rho(-\vec{G}) + c.c.) \} / |\vec{G}|^2$$

$$+ \Omega_{\mathrm{c}} \sum_{\vec{G} \neq 0} \left\{ V_{\mathrm{local}}^{\mathrm{PS}}(\vec{G})\rho(-\vec{G}) - \frac{4\pi e^2}{|\vec{G}|^2} \rho_{\mathrm{ion}}(\vec{G})\rho(-\vec{G}) \right\}$$

$$+ \frac{N_{\mathrm{c}}}{\Omega_{\mathrm{c}}} \sum_a \alpha_a - \frac{\pi e^2 R_{\mathrm{c}}^2 N_{\mathrm{c}}^2}{\Omega_{\mathrm{c}}} - \frac{e^2}{\sqrt{2\pi}} \sum_a \frac{Z_a^2}{R_{\mathrm{c}}}$$

$$+ \frac{e^2}{2} \sum_a Z_a^2 \sum_{\vec{R} \neq 0} \frac{1}{|\vec{R}|} \, \mathrm{erfc}\left[\frac{|\vec{R}|}{\sqrt{2}\,R_{\mathrm{c}}} \right]$$

$$+ \frac{e^2}{2} \sum_a \sum_{a' \neq a} Z_a Z_{a'} \sum_{\vec{R}} \frac{1}{|\vec{R} + \vec{t}_{a'} - \vec{t}_a|} \, \mathrm{erfc}\left[\frac{|\vec{R} + \vec{t}_{a'} - \vec{t}_a|}{\sqrt{2}\,R_{\mathrm{c}}} \right]$$

$$= 2\pi e^2 \Omega_{\mathrm{c}} \sum_{\vec{G} \neq 0} \{ |\rho(\vec{G})|^2 + |\rho_{\mathrm{ion}}(\vec{G})|^2 \} / |\vec{G}|^2$$

$$+ \Omega_{\mathrm{c}} \sum_{\vec{G} \neq 0} V_{\mathrm{local}}^{\mathrm{PS}}(\vec{G})\rho(-\vec{G})$$

$$+ \frac{N_{\mathrm{c}}}{\Omega_{\mathrm{c}}} \sum_a \alpha_a - \frac{\pi e^2 R_{\mathrm{c}}^2 N_{\mathrm{c}}^2}{\Omega_{\mathrm{c}}} - \frac{e^2}{\sqrt{2\pi}} \sum_a \frac{Z_a^2}{R_{\mathrm{c}}}$$

$$+ \frac{e^2}{2} \sum_a Z_a^2 \sum_{\vec{R} \neq 0} \frac{1}{|\vec{R}|} \, \mathrm{erfc}\left[\frac{|\vec{R}|}{\sqrt{2}\,R_{\mathrm{c}}} \right]$$

$$+ \frac{e^2}{2} \sum_a \sum_{a' \neq a} Z_a Z_{a'} \sum_{\vec{R}} \frac{1}{|\vec{R} + \vec{t}_{a'} - \vec{t}_a|} \, \mathrm{erfc}\left[\frac{|\vec{R} + \vec{t}_{a'} - \vec{t}_a|}{\sqrt{2}\,R_{\mathrm{c}}} \right] \qquad (10\text{-}104)$$

E_{H}' 内と E_{L}' 内の $\rho_{\mathrm{ion}}(\vec{G})\rho(-\vec{G})/|\vec{G}|^2$ 項が打ち消し合い消える.

(4)　通常の Ewald 法との関係

(8-17), (8-18) 式の Ewald 法の場合の $E_{\mathrm{H}} + E_{\mathrm{L}} + E_{\mathrm{I-J}}$ と，(10-104) 式の $E_{\mathrm{H}}' + E_{\mathrm{L}}' - E_{\mathrm{self}} + E_{\mathrm{ovrl}}$ との比較を論じる.

式 (10-104) 内の $-E_{\mathrm{self}}$ 起源の

$$- \frac{e^2}{\sqrt{2\pi}} \sum_a \frac{Z_a^2}{R_{\mathrm{c}}},$$

E_{L}' の $\vec{G} = 0$ の寄与の

$$\frac{N_{\mathrm{c}}}{\Omega_{\mathrm{c}}} \sum_a \alpha_a, \quad - \frac{\pi e^2 R_{\mathrm{c}}^2 N_{\mathrm{c}}^2}{\Omega_{\mathrm{c}}}$$

の計 3 項は, $R_c = \dfrac{1}{\sqrt{2}\,\gamma}$ とおけば

$$-\frac{e^2\gamma}{\sqrt{\pi}}\sum_a Z_a^2, \quad \frac{N_c}{\Omega_c}\sum_a \alpha_a, \quad -\frac{\pi e^2 N_c^2}{2\gamma^2 \Omega_c}$$

で, Ewald 法を用いた場合の三つの残留項に等しい.

(8-17)式の Ewald 和のうちの実空間和は, (10-104)式の E_{ovrl} 部分で $R_c = \dfrac{1}{\sqrt{2}\,\gamma}$ と置いた以下のものと同じである.

$$E_{\mathrm{ovrl}} = \frac{e^2}{2}\sum_a Z_a^2 \sum_{\vec{R}\neq 0}\frac{1}{|\vec{R}|}\,\mathrm{erfc}[|\vec{R}|\gamma]$$

$$+ \frac{e^2}{2}\sum_a \sum_{a'\neq a} Z_a Z_{a'}\sum_{\vec{R}}\frac{1}{|\vec{R}+\vec{t}_{a'}-\vec{t}_a|}\,\mathrm{erfc}[|\vec{R}+\vec{t}_{a'}-\vec{t}_a|\gamma]$$

また Ewald 和の逆空間和は, (10-104)式内の E_{H}' 起源の

$$2\pi e^2 \Omega_c \sum_{\vec{G}\neq 0}|\rho_{\mathrm{ion}}(\vec{G})|^2/|\vec{G}|^2$$

に相当する. $R_c = \dfrac{1}{\sqrt{2}\,\gamma}$ を使うと(10-91)式で

$$\rho_{\mathrm{ion}}(\vec{G}) = -\frac{1}{\Omega_c}\sum_a e^{-i\vec{G}\cdot\vec{t}_a} Z_a \exp\left[-\frac{|\vec{G}|^2}{8\gamma^2}\right]$$

となり, 以下になる.

$$2\pi e^2 \Omega_c \sum_{\vec{G}\neq 0}|\rho_{\mathrm{ion}}(\vec{G})|^2/|\vec{G}|^2$$

$$= 2\pi e^2 \frac{1}{\Omega_c}\sum_a \sum_{a'} Z_a Z_{a'}\sum_{\vec{G}\neq 0}\frac{1}{|\vec{G}|^2} e^{-i\vec{G}\cdot(\vec{t}_{a'}-\vec{t}_a)}\exp\left[-\frac{|\vec{G}|^2}{4\gamma^2}\right]$$

$$= \frac{\pi e^2}{2\gamma^2 \Omega_c}\sum_a \sum_{a'} Z_a Z_{a'}\sum_{\vec{G}\neq 0} e^{-i\vec{G}\cdot(\vec{t}_{a'}-\vec{t}_a)}\frac{\exp\left[-\dfrac{|\vec{G}|^2}{4\gamma^2}\right]}{|\vec{G}|^2/4\gamma^2} \tag{10-105}$$

これは $a=a'$ と $a\neq a'$ の場合を分けて表現すると(8-17)式の Ewald 和の逆空間和と同じである.

(10-104)式の

$$2\pi e^2 \Omega_c \sum_{\vec{G}\neq 0}|\rho(\vec{G})|^2/|\vec{G}|^2, \quad \Omega_c \sum_{\vec{G}\neq 0} V_{\mathrm{local}}^{\mathrm{PS}}(\vec{G})\rho(-\vec{G})$$

が残りの項であり, 従来法の $E_{\mathrm{H}}, E_{\mathrm{L}}$ と同一である. 以上から, 従来の Ewald 法を用

214   第 10 章   各種の計算方法・計算技術

いる $E_H + E_L + E_{I-J}$ における各項 ((8-17), (8-18) 式) は，今回の

$$E'_H + E'_L - E_{\text{self}} + E_{\text{ovrl}}$$

で全てカバーされ，同一である.

10.7   PAW 法での原子に働く力

　8.3 節で原子に働く力について Hellmann-Feynman の定理と NCPP 法での平面波基底による詳細形を紹介した．原子位置依存項の微分だけで比較的容易に計算できる．ただし，USPP 法，PAW 法においては，第 5, 6 章で論じたように，補償電荷や S 演算子，プロジェクター関数の存在のため複雑になる.

　PAW 法について概要を紹介する (Blöchl[34]，Kresse と Joubert[35] の記述はわかりにくいので整理して論じる)．まず，(6-18)〜(6-21) 式の E_{tot} 表式で

$$\vec{F}_a = -\partial E_{\text{tot}}/\partial \vec{R}_a = -\partial \tilde{E}/\partial \vec{R}_a - \partial (E_1^I - \tilde{E}_1^I)/\partial \vec{R}_a - \partial E_{I-J}/\partial \vec{R}_a$$

を検討する ($\vec{R}_a$ 位置の原子に関する E_1^I，$\tilde{E}_1^I$ 項を E_1^a，$\tilde{E}_1^a$ と表す)．NCPP 法の場合と同様の原子位置への直接依存項は，正イオン間静電相互作用 E_{I-J} と $\tilde{E}$ 内の $\int (\bar{\rho} + \hat{\rho}) V_L d\vec{r}$ 項である．$\tilde{E}$ 内の E_{xc} 項も部分内殻補正を通じた依存性がある．力への寄与は次式になる.

$$-\partial E_{I-J}/\partial \vec{R}_a - \int (\bar{\rho}(\vec{r}) + \hat{\rho}(\vec{r})) \frac{\partial V_{\text{local}}^{\text{US},a}(\vec{r} - \vec{R}_a)}{\partial \vec{R}_a} d\vec{r} - \int \mu_{\text{xc}}(\vec{r}) \frac{\partial \tilde{\rho}_c}{\partial \vec{R}_a} d\vec{r} \quad (10\text{-}106)$$

$V_L = \sum_I V_{\text{loval}}^{\text{US},I}(\vec{r} - \vec{R}_I)$ で (6-19) 式参照．第 3 項は部分内殻補正を通じた依存で，(10-24) 式参照.

　次に 8.3 節で検討したように波動関数を通じた依存性を考える．(8-21) 式の当該項と異なり，S 演算子のため依存項が生じる．E_{tot} 全体を $\tilde{\Psi}_{kn}^*$，$\tilde{\Psi}_{kn}$ で汎関数微分し (6.2 節 (5) 参照)，$\tilde{\Psi}_{kn}^*$，$\tilde{\Psi}_{kn}$ を原子座標で微分する．Kohn-Sham 方程式

$$H\tilde{\Psi}_{kn} = E_{kn} S \tilde{\Psi}_{kn}$$

が出てきて，力への寄与は以下である (f_{kn} はスピン含めた占有率).

$$-\sum_{kn}^{\text{occ}} f_{kn} \int \{\delta E_{\text{tot}}/\delta \tilde{\Psi}_{kn}^* \times \partial \tilde{\Psi}_{kn}^*/\partial \vec{R}_a + \delta E_{\text{tot}}/\delta \tilde{\Psi}_{kn} \times \partial \tilde{\Psi}_{kn}/\partial \vec{R}_a\} d\vec{r}$$

$$= -\sum_{kn}^{\text{occ}} f_{kn} \int \{H\tilde{\Psi}_{kn} \times \partial \tilde{\Psi}_{kn}^*/\partial \vec{R}_a + \tilde{\Psi}_{kn}^* H \times \partial \tilde{\Psi}_{kn}/\partial \vec{R}_a\} d\vec{r}$$

10.7 PAW 法での原子に働く力 **215**

$$
= -\sum_{\acute{k}n}^{\mathrm{occ}} f_{\acute{k}n} E_{\acute{k}n} \int \{S\tilde{\Psi}_{\acute{k}n} \times \partial\tilde{\Psi}_{\acute{k}n}^{*}/\partial\vec{R}_a + \tilde{\Psi}_{\acute{k}n}^{*} S \times \partial\tilde{\Psi}_{\acute{k}n}/\partial\vec{R}_a\} d\vec{r}
$$

$$
= -\sum_{\acute{k}n}^{\mathrm{occ}} f_{\acute{k}n} E_{\acute{k}n} \{\partial\langle\tilde{\Psi}_{\acute{k}n}|S|\tilde{\Psi}_{\acute{k}n}\rangle/\partial\vec{R}_a - \langle\tilde{\Psi}_{\acute{k}n}|\frac{\partial S}{\partial\vec{R}_a}|\tilde{\Psi}_{\acute{k}n}\rangle\}
$$

$$
= \sum_{\acute{k}n}^{\mathrm{occ}} f_{\acute{k}n} E_{\acute{k}n} \langle\tilde{\Psi}_{\acute{k}n}|\frac{\partial S}{\partial\vec{R}_a}|\tilde{\Psi}_{\acute{k}n}\rangle
$$

$$
= \sum_{\acute{k}n}^{\mathrm{occ}} f_{\acute{k}n} E_{\acute{k}n} \langle\tilde{\Psi}_{\acute{k}n}|\sum_{ij} q_{ij}^{a}\frac{\partial|\tilde{p}_i^a\rangle\langle\tilde{p}_j^a|}{\partial\vec{R}_a}|\tilde{\Psi}_{\acute{k}n}\rangle \tag{10-107}
$$

下から 3 行目，2 行目の変形は，(5-27)式から $\tilde{\Psi}_{\acute{k}n}$ は $\langle\tilde{\Psi}_{\acute{k}n}|S|\tilde{\Psi}_{\acute{k}n}\rangle = 1$ で規格化され

$$
S = 1 + \sum_{I}\sum_{ij}|\tilde{p}_i^I\rangle q_{ij}^I\langle\tilde{p}_j^I|
$$

であり((5-26)式)，次式が成り立つからである．

$$
\partial\langle\tilde{\Psi}_{\acute{k}n}|S|\tilde{\Psi}_{\acute{k}n}\rangle/\partial\vec{R}_a = \langle\frac{\partial\tilde{\Psi}_{\acute{k}n}}{\partial\vec{R}_a}|S|\tilde{\Psi}_{\acute{k}n}\rangle + \langle\tilde{\Psi}_{\acute{k}n}|\frac{\partial S}{\partial\vec{R}_a}|\tilde{\Psi}_{\acute{k}n}\rangle
$$

$$
+ \langle\tilde{\Psi}_{\acute{k}n}|S|\frac{\partial\tilde{\Psi}_{\acute{k}n}}{\partial\vec{R}_a}\rangle = 0 \tag{10-108}
$$

こうして，(10-107)式の展開で波動関数を通じた依存項が残る((8-21)式のようには消えない)．

　上記以外の原子位置依存項として，(6-19)式のバルクの $\tilde{E}$ 内の補償電荷 $\tilde{\rho}$ 内の $\vec{R}_a$ 原子の

$$
\tilde{\rho}^a = \sum_{ij}\rho_{ij}^a\sum_L\hat{Q}_{ij}^{a,L}(\vec{r} - \vec{R}_a)
$$

の $\hat{Q}_{ij}^{a,L}$ を通じた依存，さらに，$\tilde{E}$ と E_1^a，$\tilde{E}_1^a$ 内のプロジェクター関数 ρ_{ij}^a((5-29)式) を通じた $\vec{R}_a$ 依存性がある．前者は，$\tilde{E}$ の各項を電子密度分布で汎関数微分した後に $\tilde{\rho}$ 内の $\tilde{\rho}^a$ の $\hat{Q}_{ij}^{a,L}$ の原子位置による微分である．(6-30)式の Kohn-Sham 方程式導出過程での $\delta\tilde{E}/\delta\tilde{\Psi}_{\acute{k}n}^{*}$ の変形を参考に，力への寄与は以下である．

$$
-\int\{V_{\mathrm{eff}}(\vec{r})\sum_{ij}\rho_{ij}^a\sum_L\partial\hat{Q}_{ij}^{a,L}(\vec{r} - \vec{R}_a)/\partial\vec{R}_a\} d\vec{r} \tag{10-109}
$$

V_{eff} は(6-30)式のバルクのポテンシャル項

$$
V_{\mathrm{L}} + V_{\mathrm{H}}[\tilde{\rho} + \hat{\rho}] + \mu_{\mathrm{xc}}[\tilde{\rho} + \hat{\rho} + \tilde{\rho}_{\mathrm{c}}]
$$

である．なお，$\tilde{E}_1^a$ 内の $\hat{\rho}^a$ の $\hat{Q}_{ij}^{a,L}(\vec{r})$ は原子位置への直接依存項ではないので無視

216 **第 10 章 各種の計算方法・計算技術**

してよい.

後者の ρ_{ij}^a を通じた項は,ρ_{ij}^a が $\tilde{E}$ 内の $\tilde{\rho}$ や E_1^a,$\tilde{E}_1^a$ 内のすべての項に含まれ((6-19)〜(6-21)式),ρ_{ij}^a による微分や関係する密度項での汎関数微分を経て,最終的に $\partial \rho_{ij}^a / \partial \vec{R}_a$ を掛ける.ハミルトニアン導出((6-30)〜(6-33)式)での $\sum_{ij} |\tilde{p}_i^I\rangle \tilde{D}_{ij}^I \langle \tilde{p}_j^I|$ のタイプの項の導出と同様の作業となる.なお

$$\partial \rho_{ij}^a / \partial \vec{R}_a = \sum_{\dot{k}n}^{\mathrm{occ}} f_{\dot{k}n} \langle \tilde{\Psi}_{\dot{k}n}| \sum_{ij} \frac{\partial |\tilde{p}_i^a\rangle\langle\tilde{p}_j^a|}{\partial \vec{R}_a} |\tilde{\Psi}_{\dot{k}n}\rangle$$

である($\tilde{\Psi}_{\dot{k}n}$ 等の微分は(10-107)式ですでに検討すみ).したがって以下になる.

$$-\sum_{ij} (\tilde{D}_{ij}^a + D_{ij}^{1,\,a} - \tilde{D}_{ij}^{1,\,a}) \sum_{\dot{k}n}^{\mathrm{occ}} f_{\dot{k}n} \langle \tilde{\Psi}_{\dot{k}n}| \frac{\partial |\tilde{p}_i^a\rangle\langle\tilde{p}_j^a|}{\partial \vec{R}_a} |\tilde{\Psi}_{\dot{k}n}\rangle \tag{10-110}$$

$\tilde{D}_{ij}^a, D_{ij}^{1,\,a}, \tilde{D}_{ij}^{1,\,a}$ は $\vec{R}_a$ 位置の原子の $\tilde{D}_{ij}^I, D_{ij}^{1,\,I}, \tilde{D}_{ij}^{1,\,I}$ 項である.(6-30)〜(6-32)式参照.

以上をまとめると以下になる.

$$\vec{F}_a = -\int (\tilde{\rho}(\vec{r}) + \hat{\rho}(\vec{r})) \frac{\partial V_{\mathrm{local}}^{\mathrm{US},a}(\vec{r} - \vec{R}_a)}{\partial \vec{R}_a} d\vec{r} - \int \mu_{\mathrm{xc}}(\vec{r}) \frac{\partial \tilde{\rho}_{\mathrm{c}}}{\partial \vec{R}_a} d\vec{r}$$

$$- \int \{ V_{\mathrm{eff}}(\vec{r}) \sum_{ij} \rho_{ij}^a \sum_{\mathrm{L}} \partial \widehat{Q}_{ij}^{a,\,\mathrm{L}}(\vec{r} - \vec{R}_a) / \partial \vec{R}_a \} d\vec{r}$$

$$- \sum_{ij} \sum_{\dot{k}n}^{\mathrm{occ}} (\tilde{D}_{ij}^a + D_{ij}^{1,\,a} - \tilde{D}_{ij}^{1,\,a} - q_{ij}^a E_{\dot{k}n}) f_{\dot{k}n} \langle \tilde{\Psi}_{\dot{k}n}| \frac{\partial |\tilde{p}_i^a\rangle\langle\tilde{p}_j^a|}{\partial \vec{R}_a} |\tilde{\Psi}_{\dot{k}n}\rangle$$

$$- \partial E_{\mathrm{I-J}} / \partial \vec{R}_a \tag{10-111}$$

第 3,4 項が PAW 法特有の項である.プロジェクター等の原子位置ベクトルでの微分項の計算は,周期系で逆空間表現にすれば容易に実行できる[53].なお,PAW 法は応力計算も様々な項の寄与が入り,複雑である[53].

11

第11章

ま と め

11.1 各章のまとめ

(a) 第2, 3章

　密度汎関数理論(DFT)やブロッホの定理など第一原理計算の基礎を論じた．密度汎関数理論により電子間多体相互作用を取り入れた全エネルギーや安定構造の定量的計算が可能になった．全エネルギー汎関数を最小化する基底状態の電子密度分布を求める問題となり，Kohn-Sham方程式を自己無撞着(SCF)に解くことで達成される．交換相関エネルギー，交換相関ポテンシャルの表現が精度の鍵を握り，LDAからGGAへの発展があった．自己相互作用の打ち消しの問題など弱点の克服法やDFTを超える試みなど，研究が行われている．結晶やスーパーセルのような周期系のKohn-Sham方程式は，ブロッホの定理からBZ内の$\vec{k}$点毎に固有値，固有関数(波動関数)を求める．電子密度分布や全エネルギーの計算には$\vec{k}$点についてのBZ内積分が必要であり，効率的な$\vec{k}$点メッシュの構築法，フェルミ面のある金属的な系での占有部分の積分法，対称性を利用して$\vec{k}$点の抽出領域を既約領域に絞る等の計算技術が重要である．

(b) 第4章

　平面波基底を用いる第一原理擬ポテンシャル法として，最初に開発されたノルム保存擬ポテンシャル(NCPP)法の原理と構築法を詳細に論じた．固体中の価電子の波動関数は，ポテンシャルが比較的平坦な原子間領域でスムーズであるが，深いポテンシャルの原子核近傍では内殻軌道との直交化のため激しく振動する(ノードを持つ)．そこで，原子間領域で正確な挙動をし，原子核近傍(半径r_cの原子球内)でノードを持たない(ノルムは保存する)価電子波動関数を出力するような原子毎の底上げした人工的ポテンシャル(擬ポテンシャル)を構築し，価電子と正イオン(擬ポテンシャル)の系に密度汎関数理論を適用する．ノードを持たないスムーズな価電子波動関数(擬波

217

218   第11章　ま　と　め

動関数)は平面波基底で効率的に展開される．擬ポテンシャルは，自由原子の全電子軌道計算から構築される．半径 r_c の原子球内で底上げされ，r_c で全電子ポテンシャルに接続する，スムーズな局所擬ポテンシャルと，原子周りの軌道角運動量 l 成分毎に作用する非局所擬ポテンシャルから構成される．原子球内で波動関数のノルムが正しく再現されるように作るので，価電子に対して正しい散乱の性質を持ち，様々な環境下で精度が保証される(transferability)．

(c)　第5, 6章

NCPP 法からウルトラソフト擬ポテンシャル(USPP)法，PAW(projector augmented wave)法への発展と各手法の原理，概要を説明した．NCPP 法は，分離型の一般化擬ポテンシャル，複数の参照エネルギーの方法へと発展した．元素毎に自由原子において，半径 r_c 内で底上げした局所擬ポテンシャル(r_c で全電子ポテンシャルに接続)と，軌道角運動量 l 毎に複数の参照エネルギーで解いた価電子原子軌道の AE partial waves(R まで解いた全電子波動関数 $\{\Phi_i\}$, $R \geq r_c$, $i = lm, \tau$), r_c でスムーズに Φ_i に接続し，r_c 内でノードがなくノルムが保存する PS partial waves $\{\tilde{\Phi}_i\}$ を構築する．PS partial waves と dual な(一対一に射影する)projector $|\tilde{p}_i\rangle$ を用意し，非局所擬ポテンシャルに用いる．こうした擬ポテンシャルの配列のもとでの平面波基底でのバルクの固有関数(擬波動関数)$\tilde{\Psi}_{kn}$ は，各原子の半径 r_c の原子球内で $|\tilde{p}_i\rangle$ での射影で抽出した係数 $\langle \tilde{p}_i | \tilde{\Psi}_{kn} \rangle$ を用いた PS partial waves での展開で表現できる．

USPP 法は，複数の参照エネルギーの NCPP 法に対し，ノルムを保存しない PS partial waves を構築して用いる．バルクの擬波動関数 $\tilde{\Psi}_{kn}$ は原子球内でよりスムーズになり，必要な平面波基底数が格段に減らせるが，$\tilde{\Psi}_{kn}$ は各原子球内でノルムを保存しない．そこで，次式のように原子球内の PS partial waves $\{\tilde{\Phi}_i^I\}$ での展開を，同じ展開係数の AE partial waves $\{\Phi_i^I\}$ の展開で置き換えることで波動関数のノルムを回復させる．

$$\Psi_{kn} = \tilde{\Psi}_{kn} + \sum_I \sum_i (\Phi_i^I - \tilde{\Phi}_i^I) \langle \tilde{p}_i^I | \tilde{\Psi}_{kn} \rangle \quad \text{(肩付きの } I \text{ は原子球を指定)}$$

これにより擬波動関数の規格直交化に S 演算子が加わりノルムが補填され，電子密度分布に補償電荷が加わり，高精度計算が可能となる．

この手法の発展形である PAW 法では，同様の過程で原子球内を AE partial waves の展開で置き換えた波動関数 Ψ_{kn} を，内殻軌道と直交した厳密な全電子波動関数と

考える．全エネルギー(ハミルトニアン)に原子球内の AE partial waves での展開部分の効果も正しく取り入れることで，(変分計算はバルクの擬波動関数 $\tilde{\Psi}_{kn}$ で行いながら)原子球内の AE partial waves の展開部分の最適化も projector $|\tilde{p}_i^I\rangle$ を介して行う．半径 r_c の原子球の内と外の両方で正しい価電子の波動関数と価電子密度分布を得ることができ，全電子法に匹敵する精度が可能となる．

NCPP 法から USPP 法，PAW 法への発展進化の統一的な視点からの説明は国内外に希有である．PAW 法，USPP 法を真に理解するには，この発展の経緯の理解が欠かせない．

(d) 第7, 8章

平面波基底での NCPP 法のハミルトニアンや全エネルギー，原子に働く力の具体的表式(逆空間表現)を詳しく紹介した．実際のコードで最終的に計算に用いられる式である．格子周期関数であるポテンシャルの各項や電子密度分布は逆格子ベクトル・フーリエ級数展開で表現される．ハミルトニアンや全エネルギーの各項は，こうしたフーリエ係数や波動関数の平面波基底展開のベクトル係数(固有ベクトル)，それらの間の積の $\vec{G}$ 点や $\vec{k}$ 点の総和等で統一的に表される．擬ポテンシャルの非局所項は原子周りの軌道角運動量成分毎の射影演算子の平面波への作用を通じて扱われる．固有ベクトルを含む項の $\vec{k}$ 点についての BZ 内積分で，点対称操作(S 行列)を利用して $\vec{k}$ 点を既約領域に絞るために，各種のエネルギー項や原子に働く力の項の $\vec{k}$ と $S\vec{k}$ の入れ替えの分析が重要である．正イオン間静電相互作用は Ewald 法で計算される．無限に繰り返す系の電子-電子，電子-イオン，イオン-イオンの各静電相互作用の発散成分は厳密に打ち消し合う．原子に働く力は，擬ポテンシャル項と Ewald 項の原子座標微分で計算できる．以上の NCPP 法の詳細は，独自にコード開発できる程度の情報を含んでいる．

USPP 法，PAW 法でも平面波基底での逆空間表現は基本的に同様のやり方で導出される．PAW 法での逆空間表現の詳細は，例えば香山[53]にある．

(e) 第9章

大規模スーパーセルの電子構造計算や第一原理分子動力学計算を可能にする計算技術として，①高速フーリエ変換(FFT)の活用による効率化，②大規模系の基底状態計算の高速化技法を論じた．前者では，$\rho(\vec{r})$ や $H\phi$ の計算において，$\vec{G}$ 点について

220   第11章 ま と め

の二重ループ演算が FFT の活用で回避でき，大幅に効率化される．後者は，CP 法
を契機に大きな発展があった．Kohn-Sham 方程式の固有状態計算を通常の行列対角
化法で行うのではなく，input した個々の波動関数（ベクトル）を，規格直交条件のも
と，勾配や残差に従い，繰り返し法（反復法）で逐次に変化させ，subspace 対角化も
駆使して，全エネルギーやエネルギー期待値，あるいは残差の最小化の見地で効率的
に最適化し，効率的な SCF ループも併せて，迅速に基底状態に到達させるアプロー
チである．

当時の研究開発の経緯，流れに沿って記述した．半導体・絶縁体用の全エネルギー
の直接最小化法から，金属を安定的に扱うための方法，subspace 対角化を駆使する
方法，期待値最小化から残差最小化の方法，charge-mixing の効率的方法等と展開し
てきた．NCPP 法，USPP 法，PAW 法の全てに適用できる．これらの計算技術は，
非線形最適化法や線形計算におけるクリロフ部分空間法などに含まれ，他の局在基底
法やオーダー N 法との関連でも注目されている．

(f) 第 10 章

いくつかの重要問題を補遺として説明した．Monkhorst-Pack（MP）の $\vec{k}$ 点メッ
シュ法，金属系の BZ 内積分のための Gaussian broadening 法，交換相関エネル
ギー・ポテンシャルに内殻電子密度の効果を含める部分内殻補正法，LDA よりも高
精度の GGA に関わる数値計算技術，さら全エネルギーの各項の歪微分による応力の
計算法，Ewald 法以外の静電相互作用の計算方法，PAW 法での原子に働く力の計算
法等である．

いずれも，より進んだ理解のために重要である．原著論文はわかりやすくないた
め，詳細な説明や展開式を加えて記述した．GGA や応力計算の実際は，重要性に比
して広くは知られておらず，明確な説明資料は希有である．また，MP 法の原理につ
いて，特殊点法と離散フーリエ変換の両面から説明を加えた．こうした明確な説明
は，従来ほとんどないものである（MP 法のネット情報には間違った記述も散見され
るので注意のこと）．

11.2 第一原理計算を用いた研究の振興のために

(a) 本書で示したこと

本書では，「平面波基底の第一原理計算」の汎用コードを構成する三つの主要部分，①密度汎関数理論やブロッホの定理に関わる理論や手法，②平面波基底での第一原理擬ポテンシャル法（NCPP 法，USPP 法，PAW 法）による電子構造や全エネルギー，原子に働く力を計算する手法，③大規模電子構造計算を高速に実行するための数値計算技術について，主に説明した．どれが欠けても第一原理計算の今日の隆盛はなかった．これらの原理，手法，計算技術のうち，著者らがコード開発する際に気になった点や重要性を実感した点などは，かなり詳しく論じた．また，MP 法の原理，NCPP 法から USPP 法を経て PAW 法に至る発展の経緯，CP 法と関連する各手法の相互の関係や違い等については，類書や既存資料にない明確な説明をすることができたと自負している．

(b) さらに進んだ理解のために

本書では，全エネルギーや原子に働く力など基本的な物理量の計算をメインに論じたが，物質・材料の様々な性質や諸現象を平面波基底の第一原理計算の枠内で扱う方法論や関連コードも各種開発されている．弾性的・機械的性質，格子振動や熱的性質，相安定性，光学的性質や内殻励起スペクトル，電子伝導物性，誘電関数や誘電率，磁気的性質，電気化学的性質，化学反応や拡散の素過程などである．汎用コードを付加的なサブルーチンや専用コード，特別なスーパーセルと組み合わせるなどで実行する．マーチン[4]や関連文献を参照されたい．

ところで，材料科学や工学では，結晶自体よりも，表面・界面，格子欠陥，粒界，不純物や溶質，異相界面や析出など，局所的に特別な原子配列や組成を持つ部分の電子状態や原子間結合が鍵を握る場合が多い．平面波基底の第一原理計算では，大きなスーパーセルの計算でそれらを含む系の安定原子配列や電子状態が高精度に得られる．しかし，局所的な原子間結合の様子を深く探るには，局所状態密度（local density of states；LDOS）や結合次数（bond order）の分析など，原子軌道基底を用いる局所解析法[87]を平面波基底の方法で求めた構造に適用することが有益で，そのためのコードも開発されている．平面波基底の手法の枠内では，著者らが開発した局所エネ

222 第11章 ま と め

ルギー・局所応力の方法も有益であろう[84-86, 88].

一方，第一原理計算の結果の意味を理解し，正しく解釈するためには，様々な物質系での原子間結合の支配因子や価電子挙動の知識を持っていることが望ましい．固体材料の場合，著者の経験では，ハリソン[89]，ペティフォー[90]，津田ら[91]，小口[92]などの書籍が有益であった．これらの書籍にあるように，固体での原子間結合の支配因子や価電子挙動は，単純金属，遷移金属，半導体，典型元素の化合物，遷移金属化合物等の各々の系で大きく異なる特徴を持つ．歴史的に強結合近似法(4.1節のLCAO法の簡略版)や経験的擬ポテンシャル法(実験的パラメータを用いる簡便法)を用いたモデル解析で，本質が捉えられてきた．もちろん，第一原理計算でさらに豊かな解明が進展している．

最後に，多くの方が平面波基底の第一原理計算の原理と計算技術を理解し，汎用コードを豊かに使いこなすことを通じて，物質科学，材料科学・工学に多くの貢献をされるとともに，計算材料科学や材料設計，物質設計の世界を豊かにされることを期待したい．

参 考 文 献

[1] 金森順次郎，米沢富美子，川村清，寺倉清之：固体-構造と物性，岩波書店 (1994)

[2] 小口多美夫：バンド理論，内田老鶴圃 (1999)

[3] 藤原毅夫：固体電子構造論，内田老鶴圃 (2015)

[4] R. M. マーチン：物質の電子状態 (上, 下)，丸善出版 (2012)

[5] R. Car and M. Parrinello : Phys. Rev. Lett., **55** (1985), 2471

[6] P. Hohenberg and W. Kohn : Phys. Rev., **136** (1964), B864

[7] W. Kohn and L. J. Sham : Phys. Rev., **140** (1965), A1133

[8] 高田康民：多体問題特論—第一原理からの多電子問題，朝倉書店 (2009)

[9] 大野かおる：第一原理計算の基礎と応用—計算物質科学への誘い，共立出版 (2022)

[10] J. F. Janak : Phys. Rev. B, **18** (1978), 7165

[11] J. P. Perdew and A. Zunger : Phys. Rev. B, **23** (1981), 5048

[12] J. P. Perdew and Y. Wang : Phys. Rev. B, **45** (1992), 13244

[13] J. P. Perdew, K. Burke, and M. Ernzerhof : Phys. Rev. Lett., **77** (1996), 3865

[14] I. Hamada : Phys. Rev. B, **89** (2014), 121103

[15] W. M. C. Foulkes, L. Mitas, R. J. Needs, and G. Rajagopal : Rev. Mod. Phys., **73** (2001), 33

[16] G. バーンズ：物性物理学のための群論入門，培風館 (1983)

[17] 香山正憲：まてりあ，第 **60** 巻，第 11 号 (2021), 717

[18] H. J. Monkhorst and J. D. Pack : Phys. Rev. B, **13** (1976), 5188

[19] C. -L. Fu and K. -M. Ho : Phys. Rev. B, **28** (1983), 5480

[20] R. J. Needs, R. M. Martin, and O. H. Nielsen : Phys. Rev. B, **33** (1986), 3778

[21] M. Methfessel and A. T. Paxton : Phys. Rev. B, **40** (1989), 3616

[22] V. Heine : Group Theory in Quantum Mechanics, Dover (1993), p. 290

[23] G. P. Kerker : Phys. Rev. B, **23** (1981), 3082

[24] G. Lehmann and M. Taut : Phys. Stat. Sol. B, **54** (1972), 469

[25] J. R. Chelikowsky, T. J. Wagener, J. H. Weaver, and A. Jin : Phys. Rev. B, **40** (1989), 9644

224　参考文献

[26]　S. Ono, Y. Noguchi, R. Sahara, Y. Kawazoe, and K. Ohno : Comput. Phys. Commun., **189**(2015), 20

[27]　O. K. Andersen : Phys. Rev. B, **12**(1975), 3060

[28]　K. Schwarz and P. Blaha : Lecture Notes in Chemistry, **67**(1996), 139

[29]　M. Methfessel, C. O. Rodriguez, and O. K. Andersen : Phys. Rev. B, **40**(1989) 2009

[30]　D. R. Hamann, M. Schlüter, and C. Chiang : Phys. Rev. Lett., **43**(1979), 1494

[31]　G. B. Bachelet, D. R. Hamann, and M. Schlüter : Phys. Rev. B, **26**(1982), 4199

[32]　D. Vanderbilt : Phys. Rev. B, **41**(1990), 7892

[33]　K. Laasonen, A. Pasquarello, R. Car, C. Lee, and D. Vanderbilt : Phys. Rev. B, **47** (1993), 10142

[34]　P. E. Blöchl : Phys. Rev. B, **50**(1994), 17953

[35]　G. Kresse and D. Joubert : Phys. Rev. B, **59**(1999), 1758

[36]　J. C. スレーター : スレーター分子軌道計算，東京大学出版会(1982)

[37]　和光信也 : コンピュータで見る固体の中の電子—バンド計算の基礎と応用，講談社(1992)

[38]　D. R. Hamann : Phys. Rev. B, **40**(1989), 2980

[39]　森口繁一，宇田川銈久，一松信 : 岩波　数学公式 I - Ⅲ，岩波書店(1987)

[40]　ジョージ・アルフケン，ハンス・ウェーバー : 基礎物理数学，第4版，Vol. 1-4，講談社(1999)

[41]　大野豊，磯田和男監修 : 新版数値計算ハンドブック，オーム社(1990)

[42]　A. M. Rappe, K. M. Rabe, E. Kaxiras, and J. D. Joannopoulos : Phys. Rev. B, **41** (1990), 1227

[43]　N. Troullier and J. L. Martins : Phys. Rev. B, **43**(1991), 1993

[44]　S. Goedecker and K. Maschke : Phys. Rev. A, **45**(1992), 88

[45]　L. Kleinman and D. M. Bylander : Phys. Rev. Lett., **48**(1982), 1425

[46]　P. E. Blöchl : Phys. Rev. B, **41**(1990), 5414

[47]　G. Kresse and J. Hafner : J. Phys. Condens. Matter, **6**(1994), 8245

[48]　C. G. Van de Walle and P. E. Blöchl : Phys. Rev. B, **47**(1993), 4244

[49]　E. Wimmer, H. Krakauer, M. Weinert, and A. J. Freeman : Phys. Rev. B, **24** (1981), 864

[50]　S. G. Louie, S. Froyen, and M. L. Cohen : Phys. Rev. B, **26**(1982), 1738

[51]　M. M. Dacorogna and M. L. Cohen : Phys. Rev. B, **34**(1986), 4996

[52]　N. A. W. Holzwarth, G. E. Matthews, R. B. Dunning, A. R. Tackett, and Y. Zeng :

Phys. Rev. B, **55**(1997), 2005

[53] 香山正憲：PAW ノート，Ver. 1.7 (2011)（入手希望者は，masanori-kohyama 2021@outlook.jp まで）

[54] 太田浩一：電磁気学 I，丸善出版(2000), p. 105

[55] C. Herring：Phys. Rev., **57**(1940), 1169

[56] J. Ihm, A. Zunger, and M. L. Cohen：J. Phys. C, **12**(1979), 4409

[57] M. T. Yin and M. L. Cohen：Phys. Rev. B, **26**(1982), 3259

[58] W. E. Picket：Comp. Phys. Rep., **9**(1989), 115

[59] 今村勤：物理とフーリエ変換，岩波書店(1976)

[60] R. P. Feynman：Phys. Rev., **56**(1939), 340

[61] 杉原正顕，室田一雄：数値計算法の数理，岩波書店(1994)，第 6 章

[62] J. L. Martins and M. L. Cohen：Phys. Rev. B, **37**(1988), 6134

[63] 小口多美夫：原子・分子モデルを用いる数値シミュレーション（日本機械学会編），コロナ社(1996)，第 2 章

[64] M. C. Payne, M. P. Teter, D. C. Allan, T. A. Arias, and J. D. Joannopoulos：Rev. Mod. Phys., **64**(1992), 1045

[65] M. Kohyama：Modelling Simul. Mater. Sci. Eng., **4**(1996), 397

[66] D. M. Bylander, L. Kleinman, and S. Lee：Phys. Rev. B, **42**(1990), 1394

[67] D. Singh：Phys. Rev. B, **40**(1989), 5428

[68] C. H. Park, I.-H. Lee, and K. J. Chang：Phys. Rev. B, **47**(1993), 15996

[69] G. Kresse and J. Furthmüller：Phys. Rev. B, **54**(1996), 11169

[70] P. Pulay：Chem. Phys. Lett., **73**(1980), 393

[71] 香山正憲，田中真悟，岡崎一行：材料，**52**(2003), 260

[72] P. Pulay：J. Comput. Chem., **3**(1982), 556

[73] D. D. Johnson：Phys. Rev. B, **38**(1988), 12087

[74] 藤田宏，今野浩，田邊國士：最適化法（岩波講座応用数学 9 ［方法 7］），岩波書店(1994)

[75] 森正武，杉原正顕，室田一雄：線形計算（岩波講座応用数学 8 ［方法 2］），岩波書店(1994)

[76] D. J. Chadi and M. L. Cohen：Phys. Rev. B, **8**(1973), 5747

[77] D. J. Chadi：Phys. Rev. B, **16**(1977), 1746

[78] J. Moreno and J. M. Soler：Phys. Rev. B, **45**(1992), 13891

[79] J. A. White and D. M. Bird：Phys. Rev. B, **50**(1994), 4954

[80] O. H. Nielsen and R. M. Martin：Phys. Rev. B, **32**(1985), 3780

226   参 考 文 献

[81] O. H. Nielsen and R. M. Martin : Phys. Rev. B, **32**(1985), 3792

[82] I. -H. Lee, S. -G. Lee, and K. J. Chang : Phys. Rev. B, **51**(1995), 14697

[83] G. B. Bachelet, H. S. Greenside, G. A. Baraff, and M. Schlütter : Phys. Rev. B, **24**
(1981), 4745

[84] N. Chetty and R. M. Martin : Phys. Rev. B, **45**(1992), 6074

[85] A. Filippetti and V. Fiorentini : Phys. Rev. B, **61**(2000), 8433

[86] Y. Shiihara, M. Kohyama, and S. Ishibashi : Phys. Rev. B, **81**(2010), 075441

[87] S. Maintz, V. L. Deringer, A. L. Tchougreeff, and R. Dronskowski : J. Comput.
Chem., **37**(2016), 1030

[88] M. Kohyama, S. Tanaka, and Y. Shiihara : Mater. Trans., **62**(2021), 1

[89] W. A. ハリソン : 固体の電子構造と物性―化学結合の物理―(上, 下), 現代工学
社(1984)

[90] D. ペティフォー : 分子・固体の結合と構造, 技報堂出版(1997)

[91] 津田惟雄, 那須奎一郎, 藤森淳, 白鳥紀一 : 電気伝導性酸化物(改訂版), 裳華
房(1993)

[92] 小口多美夫 : 遷移金属のバンド理論, 内田老鶴圃(2012)

総索引

あ

アーベル群·····23
アニール·····158

い

一次元既約表現·····23
一様電子ガス·····13
一様歪·····187
一粒子系の量子力学·····12
一対一の射影·····64
一体問題·····12
一般化擬ポテンシャル·····59,62
一般化密度勾配近似（GGA）
·····14,183,197

う

ウルトラソフト擬ポテンシャル法
（USPP 法）·····39,73
運動エネルギー·····9,123
運動エネルギー演算子·····10
運動エネルギー項·····113

え

エネルギー密度·····200

お

応力計算法·····187
応力密度·····200

か

ガウスの法則·····45
カットオフエネルギー·····109,147
価電子波動関数·····38,41
加法定理·····136,143

き

完全性·····82
　　——の式·····68,81

期待値最小化·····162
　　——の共役勾配法·····160
　　——法·····162,167
基底関数·····1
　　——系·····37
軌道エネルギー·····13
軌道角運動量量子数·····43
擬動径波動関数·····47,52
擬波動関数（PS partial waves）
·····40,42,66,68,81
擬ポテンシャル·····41
　　——形状·····109
基本逆格子ベクトル·····21
基本並進ベクトル·····19
逆空間表現·····105,123,187
逆格子空間·····19,21
逆格子点·····21
逆格子ベクトル·····21,22,105,147
逆変換（逆 FFT）·····148
既約領域·····24,30,32,152
球関数展開·····117
球対称場·····42
球対称ポテンシャル場·····43
球ベッセル関数·····93,118,191,193,197
球面調和関数·····43,76,118
　　——の加法定理·····76
　　——の規格直交性·····118
球面波展開·····39
共役勾配ベクトル·····159
共役勾配法（CG 法）·····159,162

228　総索引

行列固有値問題·····················37
局所応力······················200,222
局所エネルギー···············200,221
局所擬ポテンシャル·············81,115
　　——によるエネルギー··········124
　　——のフーリエ変換···········120
局所項·····························50
局所状態密度····················221
局所成分···························50
局所密度近似(LDA)··················13

く

空間群··························31,32
空間反転対称性·····················32
繰り返し法···········156,157,159,160
クリロフ部分空間法·················169
群論·····························23

け

$\vec{k}$ 空間························19,21
$\vec{k}$ 空間積分······················27
結合次数·························221
結晶粒界···························20
原子間領域·························39
原子軌道計算·······················42
原子球内項·····················84,99
原子に働く力···········131,183,213
原子の固有値方程式··············65,72

こ

交換項························11,14
交換相関エネルギー··········10,13,125
　　——密度·······················13
交換相関ポテンシャル············11,13
交換相互作用·······················7
格子周期関数····················22,105
格子周期性·························20

格子点····························19
格子ベクトル·············19,22,173
高速フーリエ変換(FFT)···107,147,148
　　逆FFT······················148
勾配····························157
勾配ベクトル·················159,162
固有ベクトル·····················108

さ

最急降下法(SD法)·········156,158,159
残留項························127,130
残差····························166
残差最小化法···········165,167,168
散乱の性質·························51

し

時間反転対称······················110
　　——性·····················30,32
磁気量子数·························43
自己相互作用····················11,14
　　——補正·······················14
自己無撞着(SCF)計算················12
四面体法·························35
射影演算子·····················50,61
自由原子···························42
　　——の固有値方程式··········72,75
　　——のハミルトニアン········96,97
主量子数·························43
巡回群···························23
順変換·······················105,147
準粒子法·························14
状態密度(DOS)·····················35
真の価電子波動関数·················81
真の価電子密度分布·················83

す

スーパーセル···················19,20

スピン軌道相互作用……………………30
スピン分極…………………… 11,27
スムージング……………………… 85,93

せ

正イオン間静電相互作用…………… 126
静電相互作用エネルギー…………10,125
静電相互作用の仕分け………………87
全エネルギー汎関数………………… 8
線形化………………………………39
全電子波動関数(AE partial waves)
………………………… 66,81
全電子法…………………………39,103
　　──計算………………… 42,83
全電子ポテンシャル……… 38,41,45,46

そ

相関相互作用………………………… 7
相対論効果……………………………43
ゾーン境界……………………………33
束縛状態………………………………52
粗視化…………………………………155

た

第一原理 LCAO 法 ………………………39
第一原理擬ポテンシャル……… 41,42,46
　　──法……………… 39,40,42,59
第一原理バンド計算法…………………39
第一原理分子動力学法(FPMD)
………………… 3,156,157,159
第一 BZ ………………… 21,22,24
大規模行列固有状態計算………………158
大規模電子構造計算………… 147,156
対称性による縮退……………………33
対称操作…………………………30,111
対数微分……………………51,56,57
多重極展開…………………………100

多体波動関数……………………7,8,15
多体問題………………………………12
多電子波動関数………………………15
ダブルグリッド法……………………154
多粒子系の量子力学…………………15
単位胞………………………………19
断熱近似……………………………… 7

ち

逐次更新……………………………160
逐次最適化法…………………………159
直接最小化法………………… 156,160
直線探索……………………………160

て

電荷密度分布の仕分け…………………84
電子格子相互作用……………………… 7
電子相関……………………… 7,11,14
電子配置………………………………52
電子密度分布………………… 112,150
点対称操作……………………… 30,32

と

動径座標成分…………………………42
動径波動関数……………… 43,45,46,52
動径波動関数の対数微分………………51
動径方程式……………………………43
特異点…………………………………33
特殊点法……………………………28,173
独立粒子近似………………………… 7

な

内殻軌道……………………………40

の

ノード………………………… 40,44,45
ノルム…………………… 41,47,52,56

ノルム保存擬ポテンシャル法(NCPP 法)
················ 39, 40, 42, 59
ノルムの補填の演算子················69
ノルム非保存の PS partial waves······68
ノルム保存条件················67

は

ハイブリッド法················14
パウリの原理················7
激しい振動················165
発散項················126-128, 130
ハミルトニアン················74, 95
バルク項················84, 99
汎関数················8
　　──微分················8
バンド················25
バンド計算················2
バンド計算法················1, 37
バンド構造················25
バンド構造図················35
バンド指標················23, 25, 107
バンド分散················25
反復法················156, 157, 159, 160
汎用コード················1, 2
　　──開発················3

ひ

非局所項················50
非局所擬ポテンシャル················78, 117
　　──によるエネルギー················124
非局所成分················50
歪テンソル················187
歪微分················188
非線形最適化················169
非束縛状態················52
非分離型················61, 78

ふ

ファンデルワールス相互作用··········14
フーリエ逆変換················105
フーリエ級数展開··········105, 147, 173
フーリエ係数················105
フーリエ成分················105
フーリエ変換················105, 120
フェルミ準位················25, 26
フェルミ面················28
フェルミ粒子················7
複数の参照エネルギー················63
　　──の方法················59, 79
複素共役演算子················30
部分内殻電子密度················181
部分内殻補正法················91, 180
部分波展開················117
ブリルアンゾーン(BZ)················21
　　第一──················21, 22, 24
フルの内殻電子密度分布··········91, 95
プロジェクター················50, 61, 64
　　──関数················71, 95
　　分離型──················169
ブロック Davidson 法 ················163
ブロッホの定理················22, 23
分子軌道法················1, 2
分離型················61, 78
　　──プロジェクター················169
　　──擬ポテンシャル
················59, 62, 118, 119

へ

平均場近似················7
並進操作················23
並進対称性················20, 22
平面波打ち切りエネルギー········109
平面波基底················1, 39, 149
　　──展開················107

総索引　231

平面波の運動エネルギー……………108
並列計算……………………………165
変数分離…………………………42,54

ほ

ポアソン方程式……………………114
方位座標成分………………………42
ボケ…………………………………28
補償電荷…………………71,81,83
ボルン-フォン　カルマンの周期境界条件
………………………19,23,107

み

密度勾配……………………………14
密度汎関数理論(DFT) ……………7,41

も

モーメント…………………85,87,93

よ

予測子修正子法………………………44

り

離散フーリエ変換………………147,177
離散メッシュ………………………27
量子モンテカルロ法………………14
量子力学……………………………2

る

ルジャンドル陪関数…………………43

欧字先頭語索引

A

ABINIT ····························· 1
AE partial waves ················ 66,81

B

Born-Oppenheimer 近似 ············· 7
Born-von Karman の周期境界条件
····························· 19,23,107
broadening ····················· 28,165
Broyden 法 ························ 168
BZ····································21
 第一——··················21,22,24
BZ 内積分·····················27,172

C

Car-Parrienllo(CP)法 ···· 3,156,157,159
CASTEP ····························· 1
CG 法····························· 159,162
charge-mixing 法 ··········34,164,168
charge-sloshing···················· 165
coarse grid····························· 154
convolution 積分 ···················· 154
CP 法···················· 3,156,157,159

D

dense grid···························· 154
DFT ································· 7
DOS ·································35
double grid ························· 154
dual なプロジェクター················81
dual 化······························64
 ——の方法·····················65

E

Ewald 法 ························ 126,138

F

Fermi-Dirac 分布関数···················· 180
FFT ····················· 107,147,148
 逆——························· 148
FLAPW 法·····························39
Fourier interpolation················ 155
FP-LMTO 法·····························39
FPMD ·············· 3,156,157,159
frozen core の全電子法················83

G

Gaunt 係数·······················93,101
Gaussian ························· 200
Gaussian broadening 法·······29,178,179
Gaussian シリーズ ··················· 2
Gaussian の方法·····················28
generalized separable pseudopotentials
····························63
GGA ··················14,183,197
GGA+U(LDA+U)法·············14
Gram-Schmidt の直交化法······ 158,169
Green の定理························· 184
GW 近似····························14

H

Hartree-Fock 近似······················· 7
Hellmann-Feynman の定理······ 131,132
Hellmann-Feynman 力··············· 131
Hohenberg-Kohn の定理·············8,15
$H\phi$ 計算························· 153

233

J

Janak の定理 ······························ 13,16

K

KB 型の擬ポテンシャル ···················62
Kerker 法 ································· 164
$\vec{k}$ 空間 ······························ 19,21
$\vec{k}$ 空間積分 ·····························27
Kleinmann-Bylander (KB) 型の分離型擬
ポテンシャル···············61,78,119
Kohn-Sham 方程式 ·····················9,11

L

LCAO 法 ·································39
LDA ·····································13

M

Monkhorst-Pack の $\vec{k}$ 点サンプリング
(MP 法) ·················27,171,173
Monkhorst-Pack の $\vec{k}$ 点メッシュ
································28,172
MP 法································27,171,173

N

NCPP 法················· 39,40,42,59,123

O

OPW 法································· 103

P

PAW 法 ····················39,59,81,214
　　──での全エネルギー表式·········90
　　──におけるハミルトニアン······94
　　──の全エネルギー·············84
preconditioning ······················ 164
PHASE ·································1
PS partial waves ········40,42,66,68,81

ノルム保存の──·····················68
Psi-k プロジェクト ·····················3
Pulay mixing································ 168
Pulay 法 ································· 166

R

RMM-DIIS 法 ················· 165,167

S

S 演算子 ·············70,71,81,83,169
S 行列 ································71
SCF の収束判定条件····················34
SCF ループ·····················33,34
SCF 計算·······························12
screened の擬ポテンシャル·············52
SD 法 ···············156,158,159
Slater 行列式 ·····························7
smearing 法 ·····················28,165
step 関数 ································· 178
step 様関数·················29,179,180
subspace 対角化 ··············· 162,163

T

transferability ·····················51,52
transformation 演算子·····················82

U

unscreening ·········48,61,73,75,76,98
USPP 法 ·······················39,73

V

VASP ·····································1
Verlet アルゴリズム ····················· 157

W

White-Bird の方法 ····················· 185
Wigner-Seitz 半径·····················13

著者略歴

香山　正憲（こうやま　まさのり）
1957 年　岡山県に生まれる
1982 年　東京大学工学部金属材料学科卒業
1985 年　東京大学大学院工学系研究科博士課程中退
1985 年　工業技術院大阪工業技術試験所（現産業技術総合研究所関西センター）
　　　　入所
2004 年　産業技術総合研究所　ユビキタスエネルギー研究部門　グループ長
2015 年　産業技術総合研究所　エネルギー・環境領域　電池技術研究部門
　　　　首席研究員
2021 年～　同　名誉リサーチャー

工学博士

2024 年 11 月 25 日　第 1 版発行

検印省略

平面波基底の第一原理計算法
原理と計算技術・汎用コードの理解のために

著　者　香　山　正　憲
発行者　内　田　　　学
印刷者　山　岡　影　光

発行所　株式会社　内田老鶴圃　〒112-0012 東京都文京区大塚 3 丁目34番 3 号
電話（03）3945-6781（代）・FAX（03）3945-6782
http://www.rokakuho.co.jp/　　　印刷・製本/三美印刷 K.K.

Published by UCHIDA ROKAKUHO PUBLISHING CO., LTD.
3-34-3 Otsuka, Bunkyo-ku, Tokyo, Japan

U. R. No. 684-1

ISBN 978-4-7536-5560-1 C3042　　©2024 香山正憲

材料電子論入門 第一原理計算の材料科学への応用

田中　功・松永克志・大場史康・世古敦人　共著

A5・200 頁・定価 3190 円（本体 2900 円＋税 10%）ISBN978-4-7536-5559-5

第1章　電子を記述する
1.1　シュレディンガー方程式の導出
1.2　演算子について
1.3　固有方程式，固有関数と固有値
1.4　平均値（期待値）と分散
1.5　量子論での測定値と平均値（期待値），不確定性
1.6　電子の位置
1.7　電子の角運動量

第2章　シュレディンガー方程式の解法
2.1　1次元の無限に深い井戸型ポテンシャル中の電子
2.2　2次元と3次元の場合
2.3　円環中の電子：周期的境界条件

第3章　原子の電子構造
3.1　水素原子に束縛された電子についてのシュレディンガー方程式
3.2　電子の角運動量の極座標表示
3.3　水素原子についての原子オービタル
(1) 波動関数が球対称であるとき／(2) 波動関数が球対称でないとき
3.4　電子のスピンと，それに関わる量子数
3.5　2電子原子の電子構造
3.6　電子雲による遮蔽効果
3.7　一般の原子の電子構造と周期表

第4章　分子の電子構造─分子オービタル法
4.1　変分原理
4.2　リッツの変分法
4.3　分子オービタル法 (1)─水素分子イオン
4.4　分子オービタル法 (2)─水素分子
4.5　分子オービタル法 (3)──一般的な分子
4.6　等核2原子分子
4.7　結合の次数
4.8　異核2原子分子
4.9　共有結合性とイオン性

第5章　遷移金属錯体の電子構造
5.1　結晶場理論と分子のスピン状態
5.2　配位子場理論
5.3　錯体の着色

第6章　結晶の電子構造─模式図
6.1　単体結晶の電子構造
6.2　単純金属酸化物結晶の電子構造
6.3　遷移金属酸化物結晶の電子構造

第7章　結晶の電子構造─バンド計算法
7.1　水素原子の1次元の鎖─有限長さから無限長さまで
7.2　ブロッホの定理
7.3　バンド計算法
(1) 自由電子モデル／(2) ポテンシャルが1次元の周期性を持っている場合／(3) 3次元への拡張／(4) 空格子近似による2次元および3次元結晶のバンド構造
7.4　状態密度

第8章　密度汎関数論による電子状態計算
8.1　密度汎関数論
8.2　原子核に及ぼされる力
8.3　巨視的な応力および圧力

第9章　結晶の電子構造─密度汎関数バンド計算法による計算例
9.1　自由電子モデルが電子構造のよい近似となる物質─単純金属
9.2　自由電子モデルから大きく離れた電子構造を持つ物質─遷移金属，共有結合性物質
9.3　酸化物結晶の電子構造

第10章　第一原理計算の材料科学への応用
10.1　統計力学における熱力学関数
10.2　第一原理計算による構造最適化
10.3　第一原理計算による相転移圧力
10.4　第一原理計算に基づいたフォノン状態と有限温度物性
10.5　擬調和近似による熱膨張とギブズ自由エネルギー
10.6　多成分系における相安定性
10.7　多成分系における固溶体および平衡状態図の計算
10.8　第一原理分子動力学計算
10.9　格子欠陥の構造と電子状態

付録1　電子の角運動量に関する交換関係
付録2　演算子の極座標表示
付録3　水素原子の無限鎖の波動関数のエネルギー ε_k と波数 k の関係
付録4　平面波をベース関数としたときの永年方程式
付録5　バンド構造と波数ベクトルの記号
付録6　空格子近似による2次元正方格子についてのバンド構造

物質・材料テキストシリーズ
固体電子構造論
密度汎関数理論から電子相関まで
藤原毅夫　著
A5・248 頁・定価 4620 円（本体 4200 円＋税 10%）
ISBN978-4-7536-2302-0

材料学シリーズ
バンド理論
物質科学の基礎として
小口多美夫　著
A5・144 頁・定価 3080 円（本体 2800 円＋税 10%）
ISBN978-4-7536-5609-7

http://www.rokakuho.co.jp/